Bettina Dilcher
Christoph Emminghaus (Hrsg.)

Leistungsorientierte Vergütung

Herausforderung für die Organisations- und Personalentwicklung

Umsetzung und Wirkung von Leistungsentgeltsystemen in der betrieblichen Praxis

GABLER

Bibliografische Information der Deutschen Nationalbibliothek
Die Deutsche Nationalbibliothek verzeichnet diese Publikation in der Deutschen Nationalbibliografie; detaillierte bibliografische Daten sind im Internet über <http://dnb.d-nb.de> abrufbar.

1. Auflage 2010

Lektorat: Ulrike M. Vetter

Gabler ist Teil der Fachverlagsgruppe Springer Science+Business Media.
www.gabler.de

Umschlaggestaltung: KünkelLopka Medienentwicklung, Heidelberg
Druck und buchbinderische Verarbeitung: MercedesDruck, Berlin
Gedruckt auf säurefreiem und chlorfrei gebleichtem Papier
Printed in Germany

ISBN 978-3-8349-1355-5

Bettina Dilcher / Christoph Emminghaus (Hrsg.)

Leistungsorientierte Vergütung

Vorwort

„A fool with a tool is still a fool."

Einige grundlegende Kriterien müssen erfüllt sein, damit Veränderungen von und in Unternehmen nicht nur stringent konzipiert, sondern auch erfolgreich umgesetzt werden können. Das gilt für die Einführungen neuer Produkte, aber auch für Markterschließungen, für Fusionen und Abspaltungen, für die Etablierung neuer Vergütungssysteme. Die Kriterien beziehen sich in erster Linie auf das Vorgehen bei Veränderungen, weniger auf die inhaltlichen, rein fachlichen Aspekte. Denn genau in der Art, wie vorgegangen wird, werden die meisten Fehler gemacht, und umgekehrt, genau da liegt auch das hauptsächliche Verbesserungspotenzial. Diese Kriterien galten schon zu Zeiten, als Veränderungen eher unter dem Oberbegriff Organisationsentwicklung angesiedelt wurden; sie gelten auch heute noch für alle relevanten Ansätze von wirklichem Change Management:

Erstens: Einen ganzheitlichen Ansatz, das heißt Veränderungsvorhaben nicht fachlich eingegrenzt bzw. isoliert, sondern von vornherein in ihrem jeweiligen Kontext und Geflecht von Vernetzungen betrachten und daraus die Konsequenzen für das Vorgehen ableiten! Die wesentlichen Dimensionen dabei sind die eigentlichen Ziele oder der Sinn des Unternehmens, sein relevantes Umfeld (Markt, Kunden, Wettbewerb, gesellschaftliche Rahmenbedingungen), die Strategie, Systeme, Prozesse, Strukturen und das Personal mit seiner inneren Einstellung und seinen Qualifikationen – und selbstverständlich auch die Vorgeschichte, die solche Projekte oft haben. Das Dilemma: Jeder hat häufig eine Lieblingsdimension, in der er sich auskennt und schaut deshalb ausschließlich durch diese Brille. In den meisten Fällen sind die Dimensionen aber so stark miteinander vernetzt, dass eine Dimension nicht zu berücksichtigen gleichzeitig bedeutet, dass das Veränderungsvorhaben in seiner Wirkung stark geschmälert oder völlig ausgebremst wird. Was nützen zum Beispiel die beste Personalauswahl und Personalentwicklung, wenn die Geschäftsprozesse oder die Strukturen nicht stimmen? Oder was sollen noch so ausgefeilte strategische Überlegungen bewirken, wenn das Ziel diffus ist? Oder was ist das beste zielfokussierte strategische Konzept wert, wenn die betroffenen Mitarbeiter nicht gewillt oder auch nicht fähig sind, die Strategie in operatives Handeln umzusetzen? Ohne gute Diagnose des Gesamtsystems und seiner internen und externen Verflechtungen ist jedes isolierte Teilhandeln ein Vabanque-Spiel.

Zweitens: Betroffene zu Beteiligten machen! Wer Betroffene nicht rechtzeitig und in angemessener Form in die Entwicklung von Veränderungen einbezieht, minimal in Form eines wirklichen Dialogs über die unterschiedlichen Erwartungen und Befürchtungen, darf sich nicht wundern, wenn Widerstand auftritt – gegebenenfalls bis zum Grad absoluter Obstruktion. Warum soll jemand ein Veränderungsvorhaben innerlich mittragen oder gar mitgestalten, wenn seine Interessen nicht berücksichtigt oder nicht einmal zur Kenntnis genommen werden? Nur die ernst gemeinte Beteiligung schafft die Voraussetzung, dass die Betroffenen ihre Gestaltungsenergie einbringen. Darüber hinaus bietet die Beteiligung den Betroffenen auch die Chance, zu lernen, wie bestimmte Themen konkret angegangen werden – ein Lerngewinn für das gesamte Unternehmen.

Drittens: Schrittweise vorgehen! Viele Projekte werden nach wie vor am grünen Tisch gleich zu Beginn in einem Netzplan von Anfang bis Ende klar durchstrukturiert – so als ob sie innerhalb eines geschützten Rahmens, ohne jegliche Beeinflussungen von außen durchgeführt werden könnten. Das pflegt natürlich den Manager-Mythos der absoluten Machbarkeit und Steuerbarkeit. Jeder weiß, dass es in dieser Reinform nicht laufen wird. Wer klug ist, hat zwar ein klares Ziel vor Augen, plant aber schrittweise und sorgt dafür, dass die wichtigsten Projektmitarbeiter nach jeder Phase intensiv ihre Erfahrungen und Eindrücke austauschen, die sie in dem jeweiligen Schritt über das Unternehmen und seine Muster gewonnen haben – und wie sie diese Erkenntnisse für die nächsten Schritte nutzen können.

Viertens: Insgesamt geht es immer auch um Macht und Einfluss! Wer etwas bewegen will, braucht Macht. Da gibt es sehr unterschiedliche Quellen, die in irgendeiner Weise alle gleichzeitig von Bedeutung sein können und entsprechend genutzt werden müssen, wenn das Vorhaben gelingen soll: Viele starren wie gebannt nur auf hierarchische Positionsmacht. Die ist sicher wichtig und es ist naiv, sie aus dem Spiel zu lassen. Daneben gibt es aber auch die Macht bestimmter Funktionen, die Macht auf der Basis fachlicher oder auch sozialer Kompetenz, die Macht, die aus differenzierten Kommunikationsstrategien erwächst – und nicht zu vergessen die Widerstands- oder Blockademacht derer, die ihre Interessen nicht ausreichend berücksichtigt sehen. Wer relevante Projekte erfolgreich ans Ziel bringen will, kommt nicht umhin, eine geschickte Mikropolitik zu betreiben, um diese Kräftefelder von unterschiedlichen Perspektiven, Interessen und daraus resultierenden Erwartungen nach Einfluss einzukalkulieren – und entsprechende Bündnisse zu schließen.

Für diese Art des Vorgehens wird sich allerdings nur entscheiden können, wer eine Führungskultur in seinem Unternehmen pflegt, die einerseits immer den erlebbaren Nutzen des Kunden im Auge hat, die aber gleichzeitig Wert darauf legt und davon überzeugt ist, dass die Zukunftsfähigkeit eines Unternehmens desto mehr gewährleistet ist, je mehr Mitarbeiter bereit und fähig sind, die Verantwortung für ihr Handeln selbst zu übernehmen, statt diese Verantwortung immer sehr schnell nach oben durchzureichen. Dazu sind allerdings Voraussetzungen notwendig – und dazu zählen nicht zuletzt eine faire Bezahlung und Beurteilung der erbrachten Leistung.

Dr. Klaus Doppler
Management- und Organisationsberater
Experte für Change Management

Inhaltsverzeichnis

Einordnung der Praxisbeispiele

Zum Schluss: Transfer in die Praxis

Teil II

Einführung

Leistung und Vergütung – Ein Thema, das niemand mag?

Bettina Dilcher / Christoph Emminghaus

„Nach Golde drängt,
am Golde hängt doch alles.
Ach wir Armen ...!“

Wer kennt ihn nicht, den Stoßseufzer des Gretchens im Faust, und vielleicht ist er so manchem Personalverantwortlichen in den Sinn gekommen, wenn es um die Einführung eines leistungsbezogenen Vergütungsanteils ging, bei der allzu sehr die Diskussion um die Gestaltung des Prämiensystems und die Höhe der Prämiensumme und weniger die beabsichtigte Leistungsverbesserung im Mittelpunkt stand. Wer mit einem solchen Vorhaben beginnt, stellt schnell fest, dass zunächst einige Stolpersteine aus dem Weg geräumt werden müssen und dass Alltagsroutinen, zumal dann, wenn es ums Geld geht, enorm beharrlich sind. Wirklich verwundern wird dies niemanden, denn mit jedem Versuch, in ein bestehendes Vergütungssystem einzugreifen, wird an den Grundfesten des Arbeitslebens gerüttelt, nämlich an der bis dahin geltenden und mehr oder weniger ausbalancierten Übereinkunft zum Verständnis von Leistung und Entgeltgerechtigkeit.

Bisherige Lohnsysteme waren stets allein auf den Grundsatz „gleicher Lohn für gleiche Arbeit“ (im Sinne gleicher Anforderungen vergleichbarer Stellen) ausgerichtet: Dabei blieb die individuelle Leistung – zumindest im Angestelltenbereich – im Wesentlichen ohne explizite Berücksichtigung. Im Bereich der Arbeiter wurden zwar Prämiensysteme zur Leistungsdifferenzierung zugelassen, diese werden aber tarifpolitisch zumeist derart abgesichert, dass sie sich mit der Zeit zu einem fixen Entgeltbestandteil entwickelten, der nur in Ausnahmefällen und bei wirklich bedeutsamen Leistungsschwankungen abgesenkt wurde.

Inzwischen hat sich der aktuelle tarifpolitische Rahmen entscheidend verändert: Vor allem mit dem Tarifvertrag des öffentlichen Dienstes (TVöD) und in der Elektro- und Metallindustrie mit dem Entgelt-Rahmenvertrag (ERA) wurden die Voraussetzungen dafür geschaffen, zusätzlich zum auf die Stelle bezogenen Grundentgelt ein variables Leistungsentgelt zu zahlen, welches jährlich auf der Grundlage einer individuellen Leistungsfeststellung immer wieder neu ermittelt werden muss. Zusätzlich wurden die beiden genannten Entgeltkomponenten zu einem einheitlichen, für Angestellte und Arbeiter gleichermaßen geltenden Tarifsystem zusammengefasst. Die konkrete Ausgestaltung des variablen Entgelts und eines dazu passenden Leistungsbewertungssystems[1] wurde außerdem weitgehend in die Hand der betrieblichen Akteure vor Ort gelegt. Damit gilt auch für die tariflich Beschäftigten, was für die außertariflichen Angestellten in vielen Unternehmen schon eine längst erprobte Praxis war und ist: Organisationen haben die Möglichkeit, die individuelle Leistung stärker in den Vordergrund zu rücken und diese direkt über eine variable Leistungsentgeltkomponente zu entlohnen.

Mit der Einführung und Umsetzung eines variablen, leistungsbezogenen Entgeltbestandteils bietet sich nunmehr die Chance, einen Veränderungsprozess anzustoßen, bei dem die Koordinaten für die Leistungskultur einer Organisation[2] für alle Beschäftigten und auf allen Ebenen neu ausgerichtet werden, unter anderem mit der Konsequenz – dies ist für Führungskräfte, insbesondere auf der Ebene der Meister und Teamleiter eine echte Herausforderung –, dass Leistungsbeurteilungen, Zielvereinbarungen und die Verpflichtung zum Führen von Mitarbeitergesprächen nun für alle Mitarbeiter obligatorisch sind.

---

1 Wenn hier im Weiteren von „Leistungsbewertung" gesprochen wird, sind immer beide Instrumente gemeint. Der Begriff (systematische) Leistungsbeurteilung wird von uns immer dann verwendet, wenn es darum geht, eine Leistung, bezogen auf das gezeigte Arbeitsverhalten, zu beurteilen. Das Instrument der Zielvereinbarung bezieht sich auf die Feststellung der Zielerreichung, gemessen an der Qualität des Ergebnisses. In der Praxis lässt sich mitunter eine gewisse Begriffsverwirrung feststellen, weil im TVöD von systematischer Leistungsbewertung in bewusster Abgrenzung zur alten Regelbeurteilung und im ERA von Leistungsbeurteilung gesprochen wird; beide Begriffe sind aber synonym verwendbar.

2 Wir verwenden hier im Weiteren den Begriff der Organisation. Gemeint sind der Profitals auch der Non-Profitbereich.

Herausforderungen für die Personal- und Organisationsentwicklung

Die Entwicklung und Einführung eines Leistungsbewertungssystems und des damit verbundenen variablen Entgeltbestandteils sind nur auf den ersten Blick die ausschließliche Aufgabe des Personalmanagements. Bei genauerer Betrachtung, zeigt sich sehr schnell, dass ein solches Vorhaben in der Regel erhebliche Anforderungen an die Führungskräfte mit sich bringt und oft auch Strukturveränderungen auslöst, die allein auf administrativem Wege nicht zu erreichen sind. Damit rüttelt die Einführung leistungsbezogener Vergütungssysteme teilweise an den Grundwerten einer Organisation und bedeutet eine nicht zu unterschätzende Herausforderung auf allen beteiligten Managementebenen. Ein Top-Management-Support ist daher unabdingbar.

Die Begleitung eines solchen Einführungsprozesses ist damit auch zu einem erheblichen Teil die Aufgabe der Personal- und Organisationsentwicklung. Aber gerade hier fehlt es bei den Verantwortlichen oft an der entsprechenden Begeisterung, um sich einer solchen Herausforderung mit dem nötigen Elan zu stellen. Ein Personalentwickler brachte uns gegenüber diese in der Praxis häufig zu beobachtende Zurückhaltung einmal folgendermaßen auf den Punkt: *„Wir wollen uns doch an dem Vergütungsthema nicht auch noch die Finger verbrennen.“* Einmal davon abgesehen, dass der Zusatz *„auch noch“* nicht gerade auf eine einfache Situation der Personalentwicklung in diesem Unternehmen hinweist, wird die Brisanz des Themas von dem Personalentwickler durchaus richtig eingeschätzt. Denn bei unserer Arbeit sind wir auch in anderen Unternehmen und Organisationen immer wieder auf solche oder ähnliche Reaktionen beim Thema Leistungsvergütung gestoßen.

Leistungsbewertungssysteme, ob sie nun in Form von Zielvereinbarungen oder durch die Beurteilung des Arbeitsverhaltens aufgrund definierter Leistungskriterien umgesetzt werden, sind bei Führungskräften wie bei Mitarbeitern zumeist nicht allzu beliebt.

Deshalb bleibt festzuhalten: Ohne ein passendes, das heißt genau auf die Bedingungen einer Organisation abgestimmtes Konzept zur Einführung und Umsetzung, und ohne eine intensive Vorbereitung der Führungskräfte trägt ein Leistungsbewertungs- und Anreizsystem weder zur besseren Steuerung von Arbeitsprozessen noch zur Motivation der Mitarbeiter bei. Wenn alle für den Umsetzungsprozess verantwortlichen Akteure anerkennen, dass es sich bei den Themen Leistungsbewertung und Leistungsentgelt um einen wirklichen Paradigmenwechsel handelt, bei dem es darum geht, die Leistung eines Mitarbeiters aufgrund der veränderten tariflichen Bedingungen jetzt direkt bewerten und das Ergebnis im Rahmen eines mindestens jährlich stattfindenden Mitarbeitergesprächs (in der Regel gepaart mit einer klar operationalisierten, individuellen Zielvereinbarung) begründen zu müssen, ist eine wesentliche Voraussetzung dafür geschaffen, insbesondere die Teamleiter und Meister aber auch alle anderen Führungskräfte von dem neuen System zu überzeugen.

Fühlen sich die Führungskräfte hingegen allein gelassen und unzureichend auf das neue System vorbereitet, werden sie alles daran setzen, dieses möglichst zu verhindern oder es so lange umzudeuten, bis es keine Wirkung mehr entfalten kann. Der Ärger über das alte Prämiensystem, bei dem nicht adäquate Leistungen kaum sanktioniert und hervorragende Leistungen nicht entsprechend honoriert werden konnten, gerät dann schnell in Vergessenheit. Und ist es erst einmal zu dieser Abwehrhaltung gekommen, ist es kaum noch möglich, die mit einer solchen Systemeinführung verbundene Chance zur Veränderung der Leistungskultur in Richtung einer höheren Aufgabentransparenz und Stärkung der Eigenverantwortung der Mitarbeiter zu nutzen.

Die Praxis zeigt, dass dies nur dort funktioniert, wo der Einführungsprozess im Kontext der Organisationsentwicklung gesehen und durch ein abgestimmtes Change Management begleitet wird. Sobald jede Führungskraft erkennen kann, was es für den Erfolg des eigenen Bereichs bringt, Ziele zu vereinbaren und/oder Leistungserwartungen zu formulieren, die dann, ergänzt durch ein Anreizsystem, in einer direkten Leistungsrückmeldung an den Mitarbeiter münden, und wenn jeder Mitarbeiter davon überzeugt ist, dass sich Leistung sowohl in pekuniärer Hinsicht als auch für die eigene berufliche Entwicklung lohnt, wird ein leistungsbezogenes Vergütungssystem akzeptiert werden.

Wie ein solcher Prozess optimal angelegt und erfolgreich gestaltet werden kann, ist Thema dieses Buches. Wir werden an konkreten Praxisbeispielen und einer genauen Beschreibung der kritischen Erfolgsfaktoren aufzeigen, warum sich Leistungsbewertungssysteme und die damit verbundene Vergütungsstruktur so schwer verallgemeinern lassen und warum es nicht das „eine richtige System“ gibt. Letztlich geht es vor allem darum darzustellen, wie sich die Entwicklung und der Einführungsprozess passgenau zu den Bedingungen der jeweiligen Organisation gestalten lassen.

Die Bedeutung eines gut durchdachten Change-Management-Prozesses für die erfolgreiche Einführung eines leistungsorientierten Vergütungssystems

Auf eine der wesentlichen Veränderungen, die insbesondere der ERA und der TVöD zur Folge haben, wurde bereits hingewiesen, nämlich auf den Zuwachs an Verantwortung, den solche Bewertungssysteme für Führungskräfte – insbesondere auch auf den unteren Ebenen – mit sich bringen. Gerade Meister und Teamleiter müssen sich in der Regel in die Rolle des Beurteilenden erst langsam hineinfinden. Andere Führungskräfte hingegen sind es zumeist schon gewohnt, über Zielvereinbarungen zu steuern und zu führen. Doch auch für diese ist es überwiegend eine neue Erfahrung, dass die Zielerreichung jetzt eine unmittelbare Auswirkung auf das Entgelt hat und damit die Verbindlichkeit und Ernsthaftigkeit einer solchen Vereinbarung steigt. Daneben – und dies ist für die Gesprächskultur einer Organisation nicht zu unterschätzen – verändert sich der Charakter der Mitarbeitergespräche. Sie dienen jetzt nicht mehr allein der Rückmeldung zum Arbeitsverhalten und zur Qualität der Zusammenarbeit, sondern der konkreten Vereinbarung von Zielen und/oder der Festlegung definierter Leistungserwartungen an den Mitarbeiter. Es geht um eine weitreichende Veränderung der Strukturen, Einstellungen und Haltungen der Akteure.

Die als Change-Management-Prozess angelegte Einführung eines Leistungsbewertungs- und Anreizsystems sollte im Sinne einer nachhaltigen Veränderung der Organisation zunächst darauf ausgerichtet sein, die spezifischen Ausgangsbedingungen einer Organisation zu erfassen. Leider zeigt sich in der Praxis immer wieder, dass der wichtige erste Schritt, nämlich die genauere Analyse der Wechselwirkung zwischen dem bestehenden Leistungsverständnis und dem Gerechtigkeitsempfinden innerhalb einer Organisation, übersprungen wird. Hierin sehen wir eine Ursache für im späteren Prozess häufig auftretende Überforderungs- oder Widerstandssymptome.

Erst im Anschluss daran kann mit der Entwicklung geeigneter Verfahren, Methoden und Instrumente begonnen werden. Diese sind zwischen den

- verantwortlichen Akteuren und
- Schnittstellen der involvierten Bereiche

zu koordinieren, dies gilt insbesondere zwischen den Bereichen Arbeitswirtschaft, Personalplanung, Personalentwicklung sowie dem Betriebs- bzw. Personalrat.

Je nach Selbstverständnis gibt es recht unterschiedliche Routinen, Normen, Erwartungen und Meinungen zum Leistungsverständnis und Gerechtigkeitsempfinden; und dies nicht nur zwischen den unterschiedlichen Organisationen, sondern auch schon innerhalb ein und desselben betrieblichen Zusammenhangs. Die Wechselwirkung zwischen Leistung und den in der Organisation feststellbaren „Denkstilen der Gerechtigkeit“[3] ist sehr stark an die Organisationskultur gebunden. Die jeweiligen Kulturspezifika wie beispielsweise bürokratische oder kooperative Strukturen haben einen direkten Einfluss darauf, ob ein Entgeltsystem – dies gilt insbesondere für ein solches mit Leistungsbezug – als gerecht empfunden wird oder nicht. Die folgenden Ausgangsbedingungen sollten deshalb genauer betrachtet werden:

a) Die gründliche Analyse der eigenen Leistungskultur! Dazu gehört die Beantwortung der Frage nach dem Leistungsverständnis, welches in einer Organisation vorherrscht, in welcher Form die Führungskräfte darauf Einfluss nehmen können und ob dieses Verständnis von Leistung sich zu dem der Mitarbeiter kongruent verhält.

b) Die Analyse des vorherrschenden Gerechtigkeitsempfindens, wenn es um die Anerkennung und Beurteilung von Leistungen und deren Vergütung geht.

c) Die Analyse der Haltungen und Meinungen der einzelnen Akteure, bei der Unterstützer, aber auch Bedenkenträger für den Einführungsprozess identifiziert werden. Beide Typen können quer zu Abteilungen oder Funktionen gefunden werden. Gerade in Organisationen, die etwa infolge einer Fusion gerade erst einen Veränderungsprozess durchlaufen haben, sind große Unterschiede zwischen verschiedenen Bereichen zu erwarten.

Klärung der Ausgangsbedingungen als wichtiger erster Schritt

In der Praxis wird oft versucht, den vermeintlich einfacheren Weg zu beschreiten, indem auf Leistungsbewertungs- und Prämiensysteme anderer Organisationen zurückgegriffen wird. Zumeist zeigt sich dann bald, dass die übernommenen Konzepte nicht wirklich zum eigenen Betrieb passen und sich damit mehr Arbeit und Ärger, aber keinerlei Entlastung oder Leistungsverbesserung eingehandelt wurden. Beim Versuch, die Leistung eines Mitarbeiters bewerten zu wollen, wird

3 Wir verwenden hier einen auf Liebig und Lengfeld zurückgehenden Begriff, den wir im Weiteren noch erläutern werden.

schnell deutlich, dass sich dieses Vorhaben weder losgelöst von der Art der Aufgabe noch vom Arbeitsumfeld glaubhaft umsetzen lässt. Jeder, der schon einmal eine Bewertung der Leistungen eines Mitarbeiters vornehmen musste – unabhängig davon, ob durch eine Methode, bei der das Arbeitsverhalten oder das Ergebnis im Vordergrund stand, – weiß: Nur wer seine Bewertung auf die konkrete Aufgabe und/oder das gezeigte Arbeitshandeln beziehen kann, wird vom Mitarbeiter ernst genommen. Dagegen scheitert jeder Versuch, abstrakte, das heißt von der Positionsbeschreibung unabhängige Leistungskriterien zu definieren und diese dann ohne direkten Bezug zur Aufgabe „objektiv messen" zu wollen, nicht nur an der Komplexität des Arbeitshandelns, sondern auch an der mangelnden Akzeptanz der Mitarbeiter. Um sich eine solche Erfahrung zu ersparen, sollte im Vorfeld der Entwicklung und Umsetzung eines leistungsorientierten Vergütungssystems zunächst stets mit der Beantwortung folgender Fragen begonnen werden:

- Durch welche Verfahren und Methoden wollen wir die Arbeitsleistungen beurteilen?
- Wie können wir herausfinden, ob das ins Auge gefasste Bewertungs- und Anreizsystem tatsächlich zu unserer Organisationskultur passt?

In der Praxis haben sich drei Vorgehensweisen bei der Bewertung durchgesetzt, bei denen vor einer Systementscheidung überprüft werden muss, in welcher Ausprägung sie zur Organisation passen.

1. Zielvereinbarungen als Grundlage zur Bewertung des Zielerreichungsgrades sind auf ein konkretes Ergebnis ausgerichtet
2. Leistungsbeurteilungen bzw. Leistungsbewertungen[4] beziehen sich auf eine Bewertung des gezeigten Arbeitshandelns.
3. Die Kombination von Zielvereinbarungen und Leistungsbewertungen

Beide Verfahren weisen mit Blick auf den Entwicklungsaufwand und deren Einsetzbarkeit folgende spezifische Vor- und Nachteile auf:

4 Der TVöD spricht von Leistungsbeurteilung, um von vorneherein die Abgrenzung zur Regelbeurteilung kenntlich zu machen. Die Begriffe Leistungsbeurteilung und Leistungsbewertung können aber synonym verwendet werden.

	Systematische Leistungsbeurteilung	Zielvereinbarungen
Vorteile	■ Prozesse, Stellen und Anforderungen können in einen Bezug zueinander gebracht werden ■ Bei entsprechender methodischer Vorarbeit ist diese Bewertungsform auch gut zur Qualifizierungsplanung bzw. für die Personalentwicklung nutzbar ■ Mitarbeiter kennen ihre Aufgabenstellungen und wissen was von ihnen in ihrer Position verlangt wird	■ Bringen die Steuerungsfähigkeit der Organisation des Unternehmens voran ■ Sind an einem Ergebnis orientiert ■ Stärken die Verantwortlichkeit der Mitarbeiter ■ Aktivieren die Mitarbeiter zu eigenen Ideen und erweitern deren Handlungsspielraum ■ Können (auch) für Teams genutzt werden
Nachteile	■ Relativ hoher Entwicklungsaufwand ■ Relativ hoher Trainingsaufwand (Führungstraining) ■ Gefahr, dass das System nicht gut genug gepflegt wird (Prozess- und Stellenbeschreibungen werden nicht zeitgleich angepasst) ■ Ist sehr stark an die Aufgabe u. Position gebunden und kann nicht unmittelbar an die strategische und operative Planung angepasst werden ■ Eignet sich nicht für Teams	■ Relativ hoher Trainingsaufwand (Führungstraining) ■ Zielthemen und Mess-Indikatoren anfangs z. T. schwer zu finden ■ Erfordern ein gelebtes MBO-Konzept ■ Sind ohne eine Anbindung an das Controlling (evtl. auf BSC- Basis) nicht wirklich effektiv ■ Störfaktoren können Zielerreichung behindern

Abbildung 1: *Vor- und Nachteile systematischer Leistungsbewertungen und Zielvereinbarungen*

Das Vereinbaren von Zielen will gelernt sein!

Die zwischen der Führungskraft und dem Mitarbeiter vereinbarten Ziele werden mit Blick auf das erwünschte Ergebnis abgesprochen. Dabei müssen bestimmte Gütekriterien sowie vorher festgelegte Verfahrensschritte eingehalten werden, um für den Mitarbeiter klare und nachvollziehbare Standards für die Bewertung des Ergebnisses zu garantieren.

Welche Ziele?	Welcher Zielwert?	Welche Gewichtung?	Welche Maßnahmen?	Welche Zeitvorgabe?	Wer soll es tun?	Welche kritischen Erfolgsfaktoren?
Ziele werden pro Ebene – immer in Abhängigkeit von den strategischen Vorhaben – definiert	Ermittlung des Ist-Wertes und Festlegung der Indikatoren zur Messung der Zielerreich-ung (Zielwert)	Gewichtung des Ziels hinsichtlich seiner Bedeutung für den Bereich – aber immer bezogen auf die strategische Vorgabe	Festlegung der konkreten Umsetzungs-schritte zur Zielerreichung	Ziele werden immer für einen bestimmten Zeitraum vereinbart.	Ziele können für das gesamte Team und/oder für einzelne Teammitglied er festgelegt werden	Bereits bei der Zielverein-barung müssen mögliche Störgrößen, Ressourcen und sonstige Rahmen-bedingungen mit aufgenommen werden

Abbildung 2: *Gestaltungsmerkmale einer Zielvereinbarung*

Der jährlich ablaufende Zielvereinbarungsprozess eignet sich darüber hinaus in Verbindung mit dem Einsatz einer Balanced Scorecard[5] besonders gut zur Steuerung der Planung sowie der Abstimmung auf jeder betrieblichen Ebene und zwischen den Ebenen. Zudem ist er, bei entsprechender Vorbereitung (strategische Vorgaben durch das Top-Management), die Grundlage für die Arbeitsplanung der einzelnen Bereiche, bis hinunter auf die Team und Mitarbeiterebene.

5 Die Balanced Scorecard dient der Darstellung und Vernetzung von Ursache-Wirkungs-Beziehungen und der Reduzierung der Komplexität der wesentlichen Erfolgstreiber Finanzen, Prozesse, Lernen und Innovation sowie Kunden. Sie erleichtert die Ausrichtung auf und Einbeziehung in die Führungs- und Entscheidungsprozesse der Organisation und sie lässt die Berücksichtigung von qualitativen Kennzahlen und die Verknüpfung quantitativer sowie qualitativer Kennzahlen zu (vgl. Kaplan/Norton 1996).

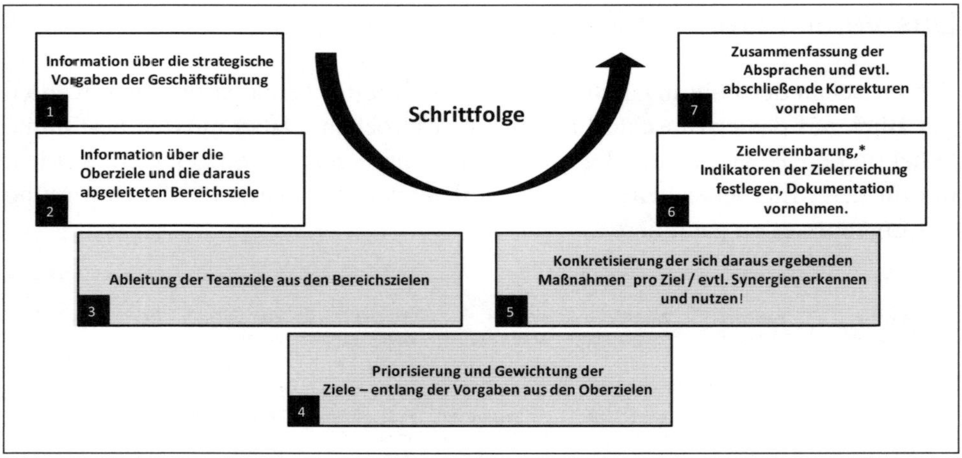

Abbildung 3: *Ablauf einer Zielkonferenz am Beispiel der Teamebene*

Als Nachteil von Zielvereinbarungen nennen Führungskräfte oft die Schwierigkeit, aufgrund der Orientierung an Kennzahlen sogenannte Softskills bewerten zu können. Deshalb bestünde die Gefahr, dass Mitarbeiter sich ausschließlich und um jeden Preis auf ihre individuelle Zielerreichung konzentrieren und die sozialen Anforderungen zum Beispiel von Teamarbeit weniger im Blick hätten. Aus diesem Grund sind viele Betriebe dazu übergegangen, das Verfahren der Zielvereinbarungen mit dem der Leistungsbeurteilung zu kombinieren, um auf diese Weise auch das Verhalten des Mitarbeiters in den Blick nehmen zu können.

Die Beurteilung einer Leistung setzt die Kenntnis der Anforderungen einer Stelle voraus!

Die systematische Beurteilung einer Leistung muss sich stets auf die in der Stellenbeschreibung ausgewiesenen Tätigkeiten und die daraus ableitbaren Anforderungen beziehen. Aus diesem Grund ist es von erheblicher Bedeutung für die Akzeptanz eines Beurteilungssystems, dass die beurteilende Führungskraft nicht nur die Ziele des eigenen Bereichs sondern auch den Aufgabenbereich des Mitarbeiters sehr genau kennt. Dies ist in der Praxis aber nicht immer der Fall.

Die schon von Max Weber propagierte Trennung zwischen Person und Position als Voraussetzung für eine klare Beschreibung der Anforderungen erweist sich deshalb auch hier einmal mehr als sinnvolle Richtschnur für die Entwicklung eines Leistungsbeurteilungssystems. Konkret führt eine solche Orientierung nämlich dazu, dass ein Mitarbeiter seine Aufgaben und die an ihn gerichteten Leistungserwartungen genau kennt, und damit weiß, auf welcher Grundlage seine Leistungen von der Führungskraft beurteilt werden. Denn erst wenn diese Voraussetzungen geschaffen wurden, besteht die Chance, dass die ohnehin auf Asymmetrie angelegte Situation einer Beurteilung für den Mitarbeiter akzeptabel gestaltet werden kann.

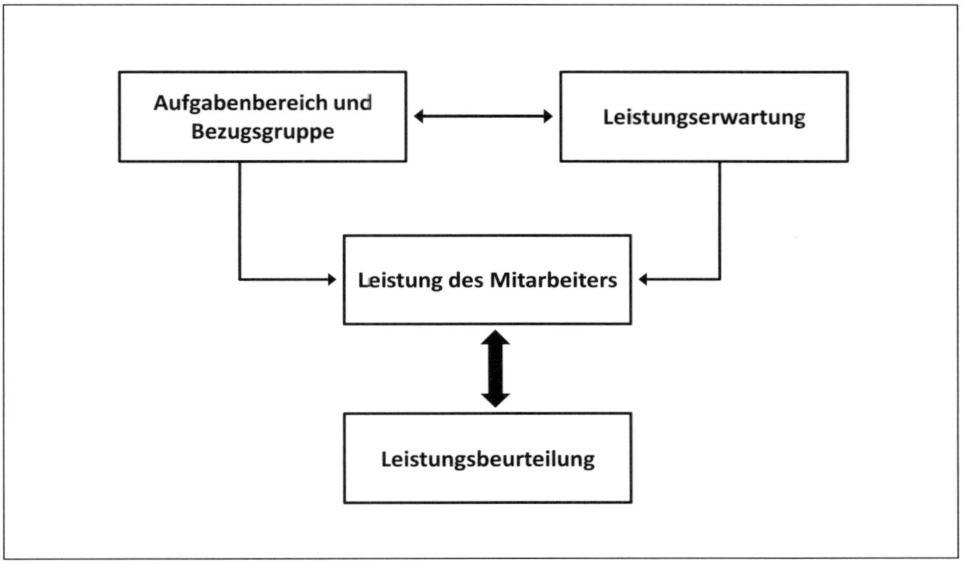

Abbildung 4: *Schrittfolge der systematischen Leistungsbeurteilung*

Ausgehend von diesem auf die Anforderung der Stelle und das gezeigte Arbeitsverhalten ausgerichteten Leistungsverständnis kann dann anhand festgelegter Beurteilungskriterien auf der Grundlage des durch die Stelle festgelegten Anforderungsniveaus beschrieben werden, was genau unter den jeweiligen Kriterien verstanden werden soll. Die derart operationalisierten Beurteilungskriterien dienen in Verbindung mit der Kenntnis der Anforderungen der konkreten Position damit gleichsam als verbindliche Aufmerksamkeitsregel. Nur so lässt sich eine Beurteilung weitgehend vom Mitarbeiter nachvollziehen und gewährleisten, dass die Führungskräfte einer Organisation ein gemeinsames Verständnis für die zugrunde gelegten Leistungsbeurteilungskriterien entwickeln können. Außerdem gibt die Operationalisierung der Beurteilungskriterien, sowohl für die Führungskraft als auch die Mitarbeiter, den Orientierungsrahmen dafür vor, was unter den einzelnen Bewertungskriterien verstanden werden soll und welche Leistungserwartungen daraus resultieren.

Allerdings ist bei der Entwicklung des Verfahrens eine Begrenzung auf wenige Anforderungskriterien[6] geboten, da aufgrund der begrenzten Wahrnehmungsspanne eines Menschen – nicht jede Facette des Arbeitsplatzes kann wirklich beurteilt werden – käme es zu einer Informationsüberflutung, eine darauf basierende Bewertung wäre ohne allzu großen Aussagewert. Deshalb werden in der Regel nicht mehr als fünf bis sieben Kriterien beschrieben, von denen erwartet werden kann, dass sie in jeder Position vorkommen und durch jede Position spezifiziert werden können. Die Leistungsbeurteilung erfolgt dann entlang einer Skala, auf der die Beurteilung des gezeigten Leistungsverhaltens von der zuständigen Führungskraft eingeschätzt bzw. eingetragen wird.

	A Das Leistungsergebnis entspricht nicht den Erwartungen	B Das Leistungsergebnis entspricht im Allgemeinen den Erwartungen	C Das Leistungsergebnis entspricht in vollem Umfang den Erwartungen	D Das Leistungsergebnis liegt über der Erwartungen	E Das Leistungsergebnis liegt weit über den Erwartungen
Flexibilität					
Verantwortliches Handeln					
Kooperation					
Effizienz					
Qualität					

Abbildung 5: *Der Beurteilungsbogen zur systematischen Leistungsbeurteilung (Beispiel)*

6 Wir schlagen maximal fünf Kriterien vor. Beispielweise könnten dies die auch im ERA genannten Kriterien Flexibilität, verantwortliches Handeln, Kooperation, Qualität und Effizienz sein, da sich diese für jede Stelle eines Unternehmens bzw. einer Organisation operationalisieren lassen.

Der Nachteil für den Mitarbeiter liegt jedoch, im Gegensatz zur Zielvereinbarung, auf der Hand: Die einmal verbindlich festgelegten Kriterien sind nicht verhandelbar und das Ergebnis der Beurteilung ist weitgehend von der subjektiven Einschätzung der Führungskraft abhängig. Dieser Nachteil kann zwar vermindert werden, wenn im oben beschriebenen Sinne die Anforderungen nicht nur als abstrakte Beurteilungskriterien, sondern so konkret wie eben möglich auf die Aufgabe bezogen, operationalisiert wurden. Allerdings ist eine solche Operationalisierung recht aufwändig und bedarf einer intensiven Erarbeitung durch die verantwortlichen Führungskräfte.

Soweit zu den Grundvoraussetzungen der Leistungsmessung und Leistungsbeurteilung. Wie aber lässt sich feststellen, welches Verfahren zum Unternehmen passt und mit der größtmöglichen Akzeptanz auch tatsächlich gelebt und angewendet wird, ohne sich selbst wieder ad absurdum zu führen, wie es ja mit so vielen Prämiensystemen in der Vergangenheit passiert ist?

Klärung des Zusammenhangs zwischen der konkreten Leistungskultur und den gelebten Denkstilen der Gerechtigkeit in einer Organisation

Hier nun sind wir bei der Frage nach der Bedeutung des Gerechtigkeitsempfindens und seiner Wechselwirkung zum Leistungsverhalten angekommen: Gerechtigkeitsempfinden und die daraus resultierenden Denkstile der Gerechtigkeit[7] entstehen in Gruppen. Die Gruppennorm gibt dabei den Rahmen für die Orientierung des Einzelnen vor. Folgt man diesem Grundsatz, so wird schnell deutlich, dass das Wissen um das, was als gerecht empfunden wird, je nach Kontext stark variieren kann. In Familienkontexten etwa finden sich andere Ausprägungen des Gerechtigkeitsempfindens als in einem Unternehmenskontext, und selbst innerhalb eines betrieblichen Zusammenhangs gibt es wiederum spezifische Gerechtigkeitsdenkstile, die von der jeweiligen Orientierung der einzelnen Bezugsgruppe (zum Beispiel Arbeiter, Angestellte, Meister, Techniker) abhängig sind. Deshalb ist das Ausbalancieren des Verhältnisses zwischen Leistungsverständnis auf der einen sowie erwarteter und tatsächlich gelebter (Verteilungs-) Gerechtigkeit auf der anderen Seite eine der entscheidenden Einflussgrößen, die es bei der Entwicklung und Einführung eines leistungsorientierten Vergütungssystems zu beachten gilt.

---

7 Wir beziehen uns hier auf den in Untersuchungen von Liebig und Lengfeld (2002) entwickelten Begriff.

Im Arbeitsleben sind die Gerechtigkeitserwartungen der Akteure sehr eng mit den Themen Arbeitsleistung und Entlohnung verbunden, und jede noch so geringe Veränderung der Konditionen löst Irritationen und damit Verunsicherung, wenn nicht gar Widerstand aus. Entspricht ein Leistungsvergütungssystem nicht dem vorherrschenden Gerechtigkeitsempfinden innerhalb einer Organisation bzw. verschiedener Gruppen, wird entweder das System so lange umgedeutet, bis es wieder den alten Regeln entspricht, oder der Versuch einer Veränderung wird ganz eingestellt.[8] Geschieht dies, bedeutet das nicht nur einen Rückschritt im konkreten Prozess, sondern auch ein Hindernis für künftige Vorhaben der Organisations- und Personalentwicklung in der Organisation.

Derartige Erfahrungen lassen sich weitgehend vermeiden, wenn auf den kulturellen Kontext eines betrieblichen Zusammenhangs geachtet und analysiert wird, nach welchen Spielregeln und unter welchen Bedingungen Leistungen erbracht werden. Nicht selten stellt sich dabei heraus, dass ein Bewertungs- und Anreizsystem nicht für alle Mitarbeitergruppen gleichermaßen passt, sondern dass gruppenspezifische Lösungen gefunden werden müssen. Außerdem muss darauf geachtet werden, dass alte Grenzziehungen wie etwa die zwischen Arbeitern und Angestellten sich nicht weiter verfestigen können, damit dort, wo es erforderlich ist, ein neues – gemeinsames – Leistungsverständnis entstehen kann.

Immer jedoch bildet die Antwort auf die Frage, ob das neue System als gerecht empfunden wird, die Messlatte für eine solche Systementscheidung. Lässt sich diese Frage nicht positiv beantworten, ist ein Leistungsbewertungssystem in der Regel von vorneherein zum Scheitern verurteilt, da es keinerlei Leistungsanreiz erzeugt. Damit ist das Thema Gerechtigkeit vor allem im Kontext der Leistungsvergütung relevant. Was als gerecht empfunden wird und was nicht, hängt sowohl von den Normen der Bezugsgruppe ab, als auch von den Handlungsbedingungen, die in einem konkreten Arbeitskontext bestehen.

---

8 In der Praxis zeigen sich bereits solche Tendenzen im öffentlichen Dienst. Einer Untersuchung der Hans-Böckler-Stiftung zufolge, die 215 Kommunen und Verwaltungen des öffentlichen Dienstes nach dem Stand der Einführung des TVöD befragte, haben 30 Prozent der befragten Organisationen die Umdeutung dieses Tarifwerks bereits in Richtung des alten Regelbeurteilungssystems vorgenommen. 49 Prozent haben die Gelegenheit genutzt, eine sehr deutliche Differenzierung der individuellen Leistungen einzuführen, indem nur sehr gute Leistungen honoriert werden. Immerhin 21 Prozent der befragten Organisationen haben sich auf den mitunter doch recht beschwerlichen Weg begeben, ein den Bedingungen der jeweiligen Organisationsform angemessenes System zu entwickeln und auch Mischformen der Bewertung zuzulassen.

Wie aber lassen sich diese Bedingungen analytisch fassen und welche Konsequenzen hat eine solche Analyse, wenn es darum geht, sich für oder gegen ein Verfahren der Leistungsbeurteilung zu entscheiden?

Ein wichtiger Ansatzpunkt ist hier zunächst einmal die Betrachtung der vorhandenen Alltagsroutinen innerhalb einer Organisation. An ihnen lässt sich erkennen, wie viele und welche Veränderungen – unter Beachtung der vorzufindenden spezifischen Gruppeninteressen –, notwendig sind, um eine positive Wirkung auf die bestehende Leistungskultur anzustoßen.

Die Modifikation eines bestehenden Vergütungssystems führt beinahe zwangsläufig zu einer Veränderung der gelebten Alltagsroutinen. Diese basieren auf den Konventionen des Alltagswissens[9], in unserem Fall auf den tradierten Regelungen zur Entlohnung und Leistungserbringung.

Alltagswissen gehört damit zu den grundlegenden kulturspezifischen Wissensbeständen einer Organisation. Es ist relativ störanfällig, aber auch schwer veränderbar, denn es hat eine verhaltensstabilisierende Wirkung und wird nicht ohne Not und ohne wirklich überzeugende Alternative aufgegeben. Alltagswissen verändert sich immer erst, wenn es in alltagspraktischen Fragen nicht mehr weiterhilft. Werden die gewohnten Regelungsroutinen, beispielweise durch die Einführung eines neuen Bewertungs- und Anreizsystems, gestört, und die mehr oder weniger bewährte Praxis aufgehoben, müssen sich neue Routinen entwickeln. Doch zunächst entsteht Irritation und im schlimmsten Fall kann es zu Desorientierung und Leistungsverweigerung kommen. Dieser Prozess läuft nicht immer gleich und mit gleicher Intensität ab, sondern wird geprägt von den vorhandenen Lösungs- bzw. Veränderungskompetenzen, die einer Gruppe aber auch jedem einzelnen Akteur zur Verfügung stehen.

Was als relevante Leistung angesehen wird, kann zum Beispiel in einer Verwaltung erheblich von dem abweichen, was darunter in einem Start-up-Unternehmen verstanden wird. Entsprechend wird die Bewertung einer Leistung auf der Grundlage der Denkstile zur Gerechtigkeit vorgenommen, die sich im jeweiligen Arbeitskontext über die Alltagsroutinen eingespielt haben.

---

9 Alltagswissen lässt sich beschreiben als eine Form des pragmatisch bewährten Wissens, auf dessen Basis die Bewältigung alltäglicher Probleme vorgenommen werden kann. Es ist die Verständigungsgrundlage für eine Gruppe und dient der Orientierung jedes Einzelnen.

Im Rahmen einer Studie in der Elektro- und Metallindustrie konnten Liebig und Lengfeld (2002)[10] diese unterschiedlichen Ausprägungen von Gerechtigkeitsdenkstilen auch empirisch nachweisen. Darüber hinaus erweist sich der methodische Ansatz dieser Studie als überaus interessant wenn es darum geht, die Wechselwirkung zwischen Leistung und Gerechtigkeit bei der Einführung eines leistungsbezogenen Vergütungssystems genauer zu betrachten.

Die Grid-Group-Analyse sozialer Gerechtigkeit in Unternehmen

Liebig und Lengfeld (2002) konnten in ihrer in der deutschen Metallindustrie durchgeführten Studie vier Bedeutungsdimensionen für die Generierung individueller Gerechtigkeitsurteile nachweisen, die sich wie folgt beschreiben lassen:

Die in Abbildung 6 aufgezeigten Bedeutungsdimensionen von Gerechtigkeit treten dabei nie in Reinform auf, sondern jede ist mal mehr, mal weniger vorherrschend. Diese Bedeutungsdimensionen für sich genommen liefern allerdings noch keinen Aufschluss darüber, wovon es der einzelne Mitarbeiter abhängig macht, ob und wie er seine Arbeitsbedingungen als gerecht erlebt und in welcher Form er sein Handeln darauf ausrichtet. Liebig und Lengfeld sind deshalb einen Schritt weitergegangen und haben ein Grid-Group-Analyse-Modell zur sozialen Gerechtigkeit in Unternehmen entwickelt, welches sich u. E. auch für die Entscheidungsfindung bei der Frage, welches Leistungsbewertungsverfahren zu welchem Arbeitskontext bzw. zu welcher Leistungskultur passt, gut nutzen lässt.

---

10 Liebig und Lengfeld stützten sich bei ihrem Untersuchungen auf die Arbeiten von Mary Douglas. Diese beschäftigt sich in ihrem Buch „Wie Institutionen denken“ (1991) mit den Gerechtigkeitsvorstellungen und deren Entstehen in Abhängigkeit von sozialen Kontexten.

Eigenschaften von Unternehmen	Bedeutungs-dimensionen	Folgen von erfahrenen (Un-) Gerechtigkeiten
Vertragliche Grundlegung: Hierunter werden die im Arbeitsvertrag vereinbarten Absprachen zu Lohn und Leistung gefasst.	Tausch-gerechtigkeit	Leistungszurückhaltung
Zusammenlegung von Ressourcen: Die Leistungserbringung entsteht aus dem Eindruck heraus, dass die Mitarbeiter einen gerechten Anteil am Erfolg des Unternehmens haben und dies entsprechend gewürdigt wird.	Verteilungs-gerechtigkeit	Leistungsmotivation sinkt, Fehlzeiten und Austrittsintention
Herrschaftsverband: Hier entsteht ein Gerechtigkeitsempfinden aus einer hohen Identifikation mit dem Unternehmen, welche durch Regelsysteme zu Mitsprache- u. Mitentscheidungsmöglich-keiten entsteht.	Verfahrens-gerechtigkeit	Identifikation mit dem Unternehmen nimmt ab
Positionsstruktur beeinflusst das Gerechtigkeitsempfinden durch das Maß, in dem Mitarbeiter Respekt und Achtung durch ihre Vorgesetzten erfahren.	Interaktions-gerechtigkeit	Organizational Citizenship Behavior nimmt ab

Abbildung 6: *Bedeutungsdimensionen der Gerechtigkeit nach Liebig und Lengfeld (2002)*

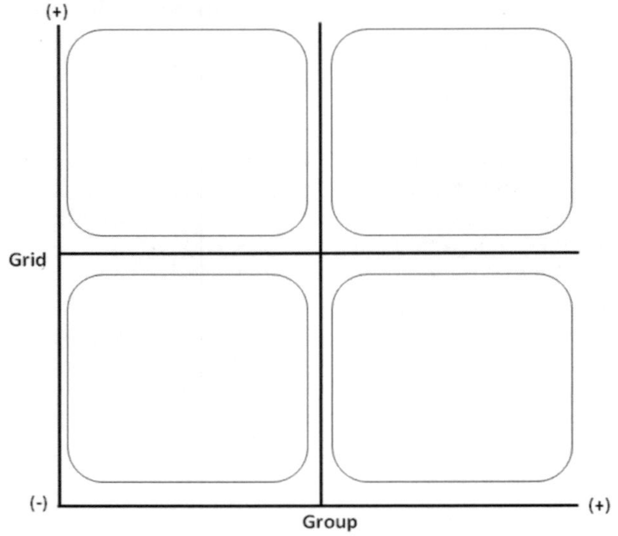

Abbildung 7: *Die zwei Dimensionen für die Untersuchung der Gerechtigkeitseinstellungen in Unternehmen nach Liebig und Lengfeld (2002)*

Danach lassen sich zwei Dimensionen zur Beschreibung der Struktur eines Kollektivs nutzen. Dies sind:

1. die Grid-Dimension: Sie beschreibt das Ausmaß der vorhandenen Regeln, Werte und Normen einer Organisation.
2. die Group-Dimension: Sie beschreibt das Ausmaß der Integration des Einzelnen in eine Gruppe.

Je nach ermittelter hoher oder niedriger Ausprägung der einen oder anderen Dimension ergeben sich unterschiedliche Handlungsbedingungen für die Akteure, die sich nach Liebig und Lengfeld durch die nachfolgend beschriebenen vier typischen Arbeitskontexte charakterisieren lassen:

- *Typ A Individualismus/Tauschgerechtigkeit*:
  Stark individualisierte Arbeitsbedingungen und geringe Anbindung an die Gruppe sowie flache Hierarchien (niedrige Grid- und schwache Gruppenausprägung). In diesem Kontext befinden sich die Beschäftigten in einer direkten Austauschbeziehung. Was zählt, sind allein ihre individuelle Leistung und ihre Verantwortung für das Ergebnis; sie erwarten die vertragliche – zumeist am

Markt orientierte – zugesagte Entlohnung, unabhängig davon, welche Regelungen für andere Beschäftigte oder Gruppen getroffen wurden.

- *Typ B Fatalismus/Interaktionsgerechtigkeit:*
  Stark hierarchieorientierte Kontexte, charakterisiert durch restriktive und streng formalisierte Handlungsabläufe (hohe Grid- und schwache Gruppenausprägung). Bei diesem Typus müssen sich die Beschäftigten an strenge, durch eine Hierarchie vorgegebene Regeln des Arbeitsablaufs halten. Jeder ist jeweils nur für einen Teil des Prozesses zuständig. Eine Anbindung an eine Gruppe existiert nicht, wohl aber an den Vorgesetzten, der die Definitionsmacht über die Qualität der erbrachten Leistung und den Anspruch auf gerechte Behandlung des Positionsinhabers ausübt.

Von diesen beiden Typen lassen sich die Typen mit starker Gruppenorientierung absetzen:

- *Typ C Korporatismus/Verfahrensgerechtigkeit:*
  Starke Einbindung in die Gruppe und starke hierarchische Restriktionen (hohe Grid- und starke Gruppenausprägung). In diesem Kontext orientieren sich die Beschäftigten an starren Regeln für den Arbeitsvollzug, die jeweils für Gruppen und nicht für den Einzelnen gelten. Entsprechend gelten fest definierte Verfahrensweisen für die Beurteilung und Prämiengestaltung in Abhängigkeit von der Hierarchie- und Gruppenzugehörigkeit.

- *Typ D Kollektivismus/Verteilungsgerechtigkeit:*
  Starke Einbindung in die Gruppen, aber flache Hierarchien und wenig Formalisierung (niedrige Grid- und starke Gruppenausprägung). Ein solcher Arbeitszusammenhang ist geprägt durch eine hohe Selbständigkeit der Gruppe. Für die Beurteilung und Prämiengestaltung zählt das Gruppenergebnis, für das die Gruppe allein verantwortlich ist. In einem solchen Kontext ist das Herauslösen einer Einzelleistung sehr schwierig.

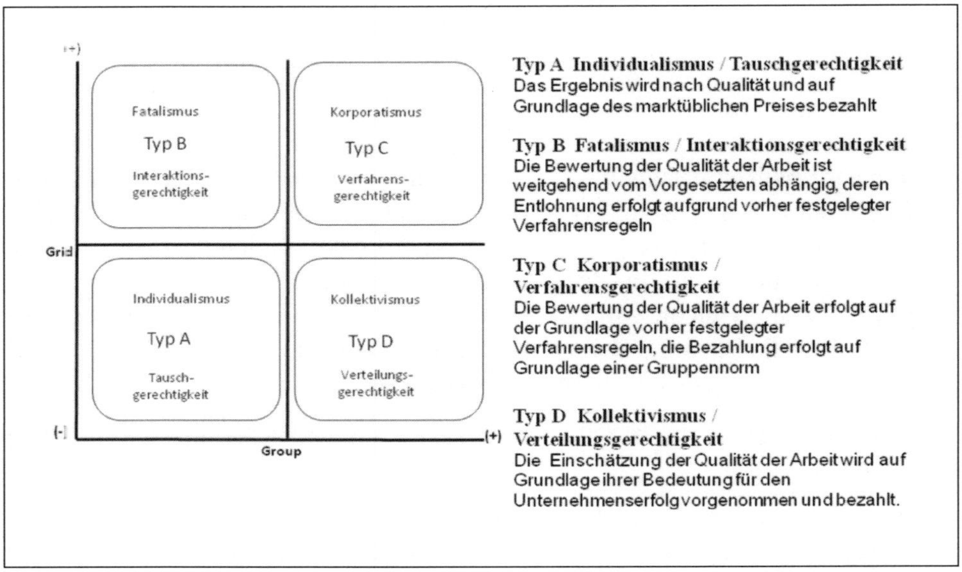

Abbildung 8: *Die vier typischen Arbeitskontexte und Gerechtigkeitsdenkstile nach Liebig und Lengfeld (2002) im Überblick*

Folgt man nun diesem Ansatz und erinnert sich an die determinierende Kraft des Alltagswissens, so wird klar, warum die Entscheidung für eine Standardlösung selten zum Ziel führt. Aus unserer Sicht kann der hier vorgestellte Ansatz zur Analyse des komplexen Zusammenspiels zwischen den strukturellen Bedingungen einer Organisation, der Leistungsmotivation der Mitarbeiter und der gelebten Gerechtigkeitsdenkstile eine wichtige Hilfestellung bei der Entscheidung für ein Leistungsbeurteilungs- und Prämiensystem sein. Die dargestellte Typenbildung ermöglicht bei entsprechender Operationalisierung der Untersuchungsmethoden einen recht genauen Blick auf die Handlungsbedingungen der Beschäftigten und damit auf deren Bereitschaft und Möglichkeiten, den an sie gestellten Leistungserwartungen des Unternehmens gerecht zu werden.

So dürfte beispielsweise ein Leistungsbeurteilungssystem, das darauf ausgerichtet ist, eine Verhaltensbeurteilung durch den Vorgesetzten auf Grundlage definierter Anforderungskriterien durchzuführen, in einem Arbeitskontext mit hohen individuellen Freiheitsgraden schnell auf Unverständnis und mangelnde Akzeptanz der Akteure stoßen. Sie sind es nämlich gewohnt, zielorientiert und eigenverantwortlich für das Ergebnis ihrer Arbeit einzustehen (Typ A).

In Arbeitskontexten mit hoher Hierarchieorientierung sind vielleicht wiederum die Zielvereinbarung und die Stärkung der Eigenverantwortung wünschenswert, stellen aber – sofern die Verfahrensweise ohne längerfristige Vorlaufzeit eingeführt wird – schnell eine Überforderung für die handelnden Akteure dar, und zwar sowohl aufseiten der Mitarbeiter als auch für die Führungskräfte (Typ B).

Das Vorhaben, eine starke Differenzierung der Einzelleistung in einem Arbeitskontext durchsetzen zu wollen, der sich durch eine hohe Regelungsdichte bei der Arbeitsstrukturierung und der Mitbestimmungspraxis auszeichnet, hat wenig Aussicht auf Erfolg (Typ C). Und ein Konzept, bei dem die Gruppen- bzw. Teamleistung nicht explizit berücksichtigt wird, dürfte in Arbeitskontexten mit hoher Gruppenorientierung und -autonomie kaum akzeptiert werden (Typ D).

Konsequenzen für die betriebliche Praxis

Rufen wir uns noch einmal die Intention der Tarifregelungen zum Leistungsentgelt sowohl im öffentlichen Dienst (TVöD) als auch in der Elektro- und Metallindustrie (ERA) in Erinnerung: In beiden Tarifwerken geht es darum, den tarifgebundenen Unternehmen, Verwaltungen und öffentlichen Betrieben eine relative große Gestaltungsfreiheit bei der Entwicklung der Methoden und Instrumente zur Leistungsbewertung einzuräumen. Lediglich hinsichtlich der zu zahlenden Prämien werden die Finanzierungsmodalitäten vorgegeben.

Eine solche Öffnungsklausel, die sich im Übrigen in beiden Tarifwerken finden lässt, stellt eine echte Innovation dar, eröffnet sie doch den für die Entwicklung und Umsetzung verantwortlichen Akteuren einen bis dato nicht eingeräumten Gestaltungs- und Handlungsspielraum. Beiden Tarifpartnern war bei Abschluss dieser Rahmentarifverträge durchaus bewusst, dass sich die Ausgestaltung eines leistungsorientierten Entgeltanteils weitgehend auf die konkreten betrieblichen Bedingungen ausrichten muss und es keine für alle passenden Standardvorgaben der Systemgestaltung geben kann. Zwar gibt es im ERA Mustervorgaben, doch diese dienen lediglich zur Orientierung und sind nicht als bindende Vorschriften gedacht.

Diese an sich günstigen Bedingungen haben in den letzten Jahren viele Unternehmen und Verwaltungen insgesamt doch eher zögernd und mit großer Skepsis genutzt; zumeist ohne sich die Konsequenzen einer Um- oder Neugestaltung eines leistungsorientierten Vergütungssystems vorher ausreichend vor Augen geführt zu haben. In der Praxis stellen wir immer wieder fest, dass häufig damit begonnen wird, sich ausführlich über die Berechnungs- und Verteilungsmodalitäten zu verständigen, ohne vorher ausreichend geklärt zu haben, welche Ziele mit der Einführung eines Leistungsbeurteilungssystems überhaupt verbunden sein sollen. Vielmehr wurden mit hohem Abstimmungsaufwand komplexe Prämiensysteme entwickelt, die von den tatsächlichen Anwendern als praxisfern und unverständlich beschrieben werden.

Abbildung 9: *Der Zusammenhang zwischen einem leistungsorientierten Vergütungssystem und der Unternehmens- und Organisationsentwicklung*

Dabei kann die Einführung eines Leistungsentgeltssystems eine große Chance sein, um einen weitreichenden Veränderungsprozess einzuleiten, bei dem es um den Aufbau einer Leistungskultur geht, die die Eigenverantwortung des einzelnen Mitarbeiters stärkt und die Leistungsfähigkeit eines Unternehmens bzw. einer Verwaltung erhöht. Ein solches System kann die Steuerungs- und Führungskompetenz der Führungskräfte stärken und die Entwicklung des Unternehmens oder einer Verwaltung entscheidend voranbringen. Allerdings müssen dafür die folgenden Voraussetzungen gegeben sein:

- Ein Leistungsbewertungs- und Anreizsystem muss genau auf den Arbeitskontext abgestimmt sein. Das heißt, es muss bereits vor Beginn der Entwicklung eines solchen Systems klar sein, welche Gerechtigkeitsstile vorherrschen und welches Leistungsverständnis damit einhergeht.

- Erst nach einer solchen Analyse kann dann mit allen verantwortlichen Akteuren – gemeint sind hier wirklich alle, das heißt auch die Arbeitnehmerseite – abgestimmt werden, welche Systemkomponenten sinnvoll sind (systematische Leistungsbeurteilung, Zielvereinbarungen, eine Kombination aus beiden Modellen, Team- und/oder Einzelprämien, Gestaltung der Mitarbeitergespräche etc.).
- Grundsätzlich sollte immer das Thema Leistungs- und die damit verbundene Führungskultur entsprechende Beachtung finden, indem Führungskräfte und Mitarbeiter in den Entwicklungs- und Einführungsprozess von vorneherein einbezogen werden. Das richtige Kommunikationskonzept hat hier eine entscheidende Bedeutung.
- Das Prämiensystem sollte einen angemessenen Anreiz darstellen, sonst passt der Aufwand nicht zum Effekt.
- Die Entwicklung eines Prämiensystems sollte niemals zum Selbstzweck werden; es ist immer nur die Ergänzung eines Leistungsbewertungssystems.

Nachfolgend werden, entlang konkreter Praxisbeispiele, verschiedene Entwicklungs- und Einführungsprozesse beschrieben. Es geht uns dabei nicht darum, den einen richtigen Weg aufzuzeigen, sondern jedem, der bereits eigene Erfahrungen gemacht hat oder kurz vor der Einführung eines solchen Systems steht, eine Gelegenheit zu bieten, sich auf das Für und Wider der einen oder anderen Vorgehensweise einzulassen und aus den bereits gemachten Erfahrungen Schlussfolgerungen für die eigene Praxis ziehen zu können. Wir werden am Schluss dieses Buches aber auch konkrete Umsetzungshilfen vorstellen und aufzeigen, wie es gelingen kann, ein Leistungsbewertungs- und Anreizsystem passend zur eigenen Organisation zu entwickeln und erfolgreich zu gestalten.

Teil III

Die Praxisbeispiele

Heidelberger Druckmaschinen AG: Das Leistungsentgelt als Führungsinstrument

Rainer Haus / Achim Lang

Die Ausgangssituation

Die Heidelberger Druckmaschinen AG ist mit über 40 Prozent Marktanteil im Bogenoffsetdruck in der Printmedien-Industrie ein international agierender Marktführer mit mehr als 150-jähriger Unternehmensgeschichte. Der Konzern mit Hauptsitz in Heidelberg konzentriert sich auf die gesamte Wertschöpfungskette der gängigen Formatklassen im Bereich Bogenoffsetdruck. Neben Bogenoffsetdruckmaschinen umfasst dies die Druckvorstufe, Druckweiterverarbeitung, Ersatzteilversorgung, Verbrauchsmaterialien und den Vertrieb von Gebrauchtmaschinen. Die Heidelberger Druckmaschinen AG nimmt mit ihren Patenten und Patentanmeldungen im Maschinenbau weltweit einen führenden Rang ein, das Ergebnis einer Vielzahl technologischer Entwicklungen, die Maßstäbe für die Printmedien-Industrie gesetzt haben.

Diese kurze Schilderung macht bereits deutlich: Die Heidelberger Druckmaschinen AG ist ein Unternehmen mit hohen Leistungsstandards und einer ausgeprägten Identifikation seiner Mitarbeiter mit dem Unternehmen. Vor diesem Hintergrund war die mit dem Abschluss des Entgeltrahmentarifvertrages in der Elektro- und Metallindustrie (ERA-TV) notwendig gewordene Ablösung des bestehenden Entgeltsystems – sowohl hinsichtlich des Grundentgelts als auch des Leistungsentgelts – eine wirkliche Herausforderung. Die Veränderung eines bestehenden Systems ist erfahrungsgemäß immer mit Widerstand verbunden, aber besonders dann, wenn es um das Thema „Entgelt" – und noch einmal verschärft – um das Leistungsentgelt geht. Die alten Entlohnungssysteme waren, wie in vielen Unternehmen der Elektro- und Metallindustrie, auch bei der Heidelberger Druckmaschinen AG in die Jahre gekommen und basierten auf tariflichen Regelungen, die ihren Ursprung in den 60er Jahren hatten. So wurde im Prämienlohnbereich quasi ein fixer Leistungslohnanteil ohne jegliche individuelle Beurteilungskomponente vergütet, im Zeitlohn- und Angestelltenbereich ein Anteil, der mehr oder minder auf Seniorität basierte und weniger auf die altersunabhängige Beurteilung der Leistung ausgerichtet war. Es gab nur eine Richtung der Entwicklung und die zeigte stets nach oben. Die reale Schwankungsbreite der Leistungen eines Mitarbeiters wurde im alten System faktisch nicht abgebildet. Dies sollte sich nun mit der Einführung des neuen Leistungsentgeltsystems grundlegend ändern.

Der Aufbau und die technischen Voraussetzungen des neuen Leistungsentgelts

Die Heidelberger Druckmaschinen AG hat sich für die Kombination aus Beurteilung über definierte Beurteilungsmerkmale, Zielvereinbarung und Kennzahlen entschieden. Dabei entspricht das Kennzahlenverfahren dem alten Prämienlohnsystem. Lediglich die Berechnung der Leistungsentgelt-Prozentpunkte wurde den veränderten Bedingungen des neuen Leistungsentgelts angepasst. Je nach Zuordnung eines Mitarbeiters zu einer Entgeltgruppe bzw. zum bisherigen Leistungslohnbereich entscheidet sich, welche Leistungsentgeltmethoden greifen. Da das Kennzahlenverfahren keiner wesentlichen Modifikation bedurfte, hat sich die Arbeit auf die Entwicklung eines neuen Leistungsbeurteilungssystems und auf die Operationalisierung der Beurteilungskriterien sowie auf die Anpassung des bereits bestehenden Zielvereinbarungsverfahrens an das neue Leistungsentgelt konzentriert.

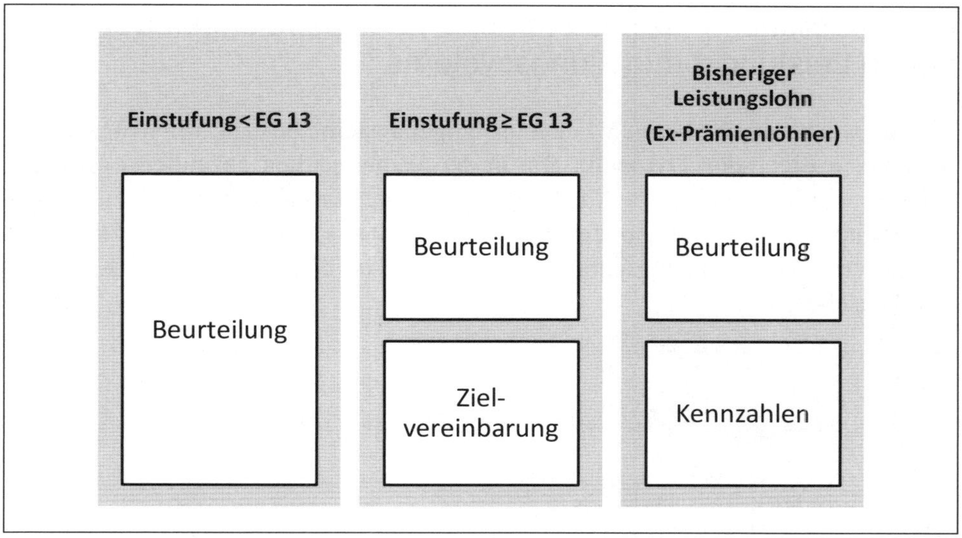

Abbildung 1: *Die Beurteilungsformen und deren Kombinationsmöglichkeiten*

Als Leistungsentgelt stehen jährlich 15 Prozent der Summe der tariflichen Grundentgelte zur Verfügung. Das individuelle Leistungsentgelt kann dabei bis zu 30 Prozent betragen. Bereiche, die im Durchschnitt deutlich unter oder über der Marke von 15 Prozent liegen, müssen sich im bestehenden Managementprozess erklären und abstimmen. Der jährliche Leistungs-beurteilungsprozess wird so gestaltet, dass die Führungskräfte pro Bereich die Beurteilungen ihrer Mitarbeiter zunächst in Einzelarbeit durchführen. Die Ergebnisse pro Bereich werden dann noch einmal auf Stimmigkeit hinsichtlich der Gesamtverteilung (bezüglich der Ausreißer nach unten und oben) abgeglichen. Die individuellen Beurteilungen werden danach mit den Mitarbeitern im Rahmen der Mitarbeitergespräche erläutert und begründet.

Bei der Erarbeitung ihrer Beurteilungen können sich die Führungskräfte auf ein eigens dafür entwickeltes Softwaretool stützen. Dieses Hilfsmittel ist so aufgebaut, dass bereits das Ausfüllen des Beurteilungsbogens am PC erfolgt und damit auch alle notwendigen weiteren administrativen Prozesse (Formularausdruck, Historie der Beurteilungen, Übersichten für den eigenen Bereich, Berechnung der Leistungspunkte und Leistungsentgelte und der Freigabeprozess nach unternehmensweiter Abstimmung) abgewickelt werden können. Außerdem kann jede Führungskraft über ihren individuellen Zugang nur für sie selbst zugängliche Notizen zu einzelnen Mitarbeitern über das laufende Jahr hinweg anlegen und diese zum Jahresende für die Gesamtbeurteilung der Leistungen heranziehen.

Die inhaltlichen Implikationen und Voraussetzungen des neuen Leistungsbeurteilungssystems

Die Schwäche des bisherigen Leistungsentgeltsystems bestand im Wesentlichen in seiner mangelnden Dynamik: Die in der Vergangenheit gezahlten Leistungszulagen wurden weniger in Abhängigkeit von der tatsächlichen Leistung eines Mitarbeiters, sondern in hohem Maße bezogen auf dessen Alter gezahlt. Ein einmal erreichtes Leistungsentgeltniveau wurde mehr oder weniger als Besitzstand gesehen.

Bisheriges Leistungsentgelt	Neues Leistungsentgelt
Sicherheit und Stabilität für die Mitarbeiter	Individualisierung der Leistungsvergütung
Verteilung von zusätzlichen Leistungsprozenten	Abgleich der betrieblichen Herausforderungen
Senioritätsprinzip	Flexibilität nach oben und unten – unabhängig vom Lebensalter

Abbildung 2: Gegenüberstellung von bisherigem und neuem Leistungsentgelt

Erkennbare Veränderungen nach unten gab es nur in Ausnahmefällen. Insgesamt erwiesen sich die Struktur und das Verfahren der alten Leistungsentgeltsystematik als wenig motivationsfördernd, weil nicht unmittelbar das gezeigte Arbeitsverhalten bewertet wurde. Hinzu kam, dass es keine einheitlichen methodischen Standards für die Leistungsbeurteilung gab.

Das Mitarbeitergespräch stand in keinem unmittelbaren Bezug zum Leistungsentgelt, sondern diente im Bereich der tariflich beschäftigten Mitarbeiter einer reinen Feedbackfunktion und einer auf die Zukunft ausgerichteten persönlichen Weiterentwicklung.

Die Akzeptanz eines Leistungsbeurteilungssystems steht und fällt aber mit der angemessenen Berücksichtigung des aktuellen Leistungsverhaltens eines Mitarbeiters. Um dieses Leistungsverhalten beurteilen zu können, bedarf es einer für Führungskräfte wie für Mitarbeiter nachvollziehbaren Operationalisierung der Leistungsbeurteilungskriterien. Eine solche Operationalisierung darf darüber hinaus den Verdacht einer rein willkürlichen Beurteilung gar nicht erst aufkommen lassen. Wenn erst einmal das Gefühl aufkommt, dass die Leistungsbeurteilung „aus dem Bauch heraus" erfolgt, wie es in Vorgesprächen immer wieder formuliert wurde, dann wird gleichzeitig das notwendige Vertrauen und die darauf gründende reibungslose Zusammenarbeit zwischen Führungskraft und Mitarbeiter gefährdet. Die Klärung des Leistungsbegriffs und das Verfahren seiner Operationalisierung ist deshalb eine sehr grundsätzliche, wenn nicht gar die entscheidende Frage, deren Beantwortung eine wichtige Voraussetzung für eine sinnvolle und akzeptierte Umsetzung eines solchen Leistungsbeurteilungssystems darstellt. Spätestens hier zeigt sich, dass es mit einer rein technischen bzw. rein normativen Umsetzung des Leistungsentgelts und der Leistungsentgeltberechnung nicht getan ist: Ein solches System muss das Gefühl für Gerechtigkeit, Vertrauen und Anerkennung – den Grundkonstituenten jeder positiv gelebten Unternehmenskultur – erzeugen.

Das ist aber nur möglich, wenn die Führungskräfte die Methoden und das Verfahren sicher beherrschen und selbst von der Notwendigkeit der Weiterentwicklung der bestehenden Leistungskultur überzeugt sind. Nur so werden sie zu glaubwürdigen Promotoren eines solchen Prozesses.

Die Voraussetzungen für die Etablierung eines neuen Leistungsbeurteilungssystems

Wie schon in der Einleitung dargestellt, galt es, zunächst die neue Grundentgeltsystematik umzusetzen. Die Arbeitsaufgaben von 11.000 tariflich bezahlten Mitarbeitern mussten neu bewertet werden. Ein intensiver Erhebungs- und Abstimmungsprozess begann. Die Neueinstufung der betrieblichen Aufgaben auf Basis von niveauhaft abgefassten Aufgabenbeschreibungen und die damit einhergehende Verschiebung von gewohnten Wertigkeiten waren kaum verstanden, geschweige denn akzeptiert worden, da ging es bereits darum, sich auf die nächste Veränderung einzustellen: die Entwicklung und Einführung eines neuen Leistungsbeurteilungssystems. Die Folgen: Gewachsene Strukturen und damit auch vertraute Rituale und Besitzstände wurden mit einem Mal grundsätzlich infrage gestellt und ein neuer Leistungsentgeltansatz entwickelt.

•Grundthese:
Leistungsentgelt kann nur die vorhandene Leistungsorientierung unterstützen

Leitfragen:

•Welche Ziele verfolgen Sie und welche Herausforderungen gilt es dabei zu bewältigen?

•Wer muss welchen Beitrag leisten?

•Unterstützt Sie das bisherige Leistungsentgelt bei Ihrer Führungsaufgabe?

„Nur wenn wir immer besser werden, bleiben wir auch gut"
Heidelberg-Produktionssystem

Abbildung 3: *Leistungsorientierung und Leistungsentgelt*

Mit der ERA-Einführung stand nicht nur das gesamte Entgeltsystem auf dem Prüfstand, sondern auch die bei der Heidelberger Druckmaschinen AG gelebte Leistungs- und Vergütungskultur. Das enge Zeitfenster der Einführung war risikobehaftet, was allen Akteuren viel abverlangte. Aus Sicht der Unternehmensführung wäre jedoch eine wichtige Chance vertan worden, wenn die mit der ERA-Einführung entstandene Dynamik des begonnenen Prozesses nicht genutzt worden wäre. Bevor jedoch mit der Einführung des neuen Leistungsbeurteilungssystems gestartet werden konnte, mussten ein Bewusstsein und die Akzeptanz dafür geschaffen werden, dass ERA ein veraltetes Lohn- und Gehaltsystem nicht einfach nur reformiert, sondern tatsächlich ablöst. Die Zielsetzung des neuen Tarifwerks besteht unter anderem in dem Wegfall der nicht mehr zeitgemäßen Trennung zwischen Lohn- und Gehaltsempfängern. Im Leistungsentgelt eröffnet der Tarifvertrag den Unternehmen viele Gestaltungsfreiräume. Dies bedeutete aber auch, nicht nur einen gemeinsamen Arbeitsrahmen für die Verhandlungspartner auf betrieblicher Ebene zu gestalten, sondern den an diesem Prozess Beteiligten auch die Möglichkeit zu bieten, sich in diese neue Rolle erst einmal hineinzudenken. Bisher gab es für die Bewältigung einer solchen Anforderung, nämlich die Gestaltung und Umsetzung eines auf die betrieblichen Bedingungen angepassten Entgeltssystems, kaum verfügbare Handlungsroutinen.

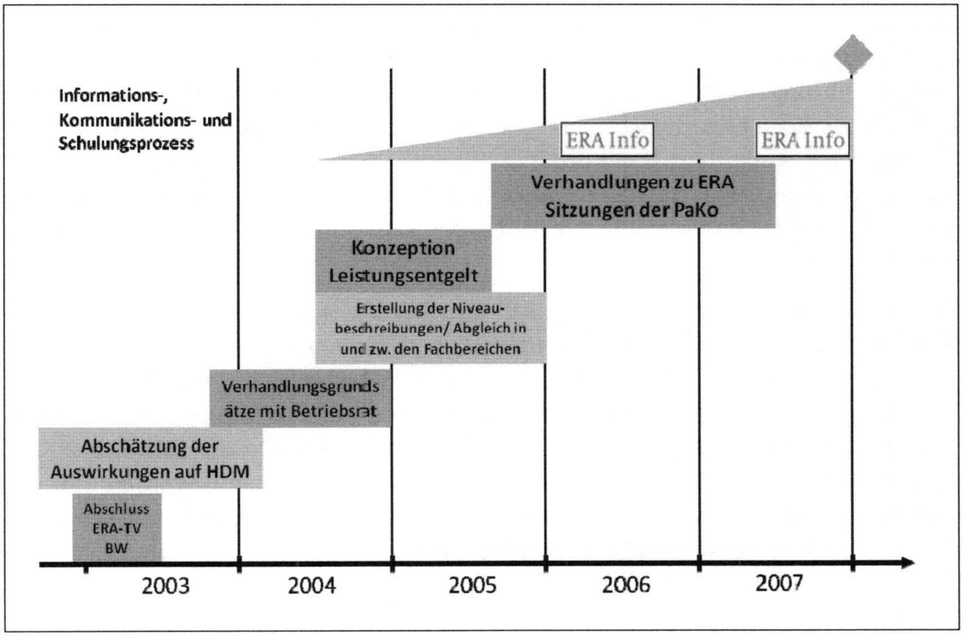

Abbildung 4: *Aus ERA „von der Stange" wurde ein Maßanzug für HDM*

Für alle Beteiligten, Betriebsrat ebenso wie Arbeitgeberseite, war es ein Lernprozess mit allen Höhen und Tiefen. Vom ersten Gespräch bis zur ersten ERA-Entgeltabrechnung vergingen über vier Jahre – ein langer Zeitraum! Im Zuge der Verhandlungen bzw. Gespräche bestätigte sich, dass die Veränderung eines Entgeltsystems ohne die Einbettung in einen längerfristig angelegten Organisationsentwicklungsprozess nicht zu bewältigen war. Es musste unbedingt darauf geachtet werden, dass die für die Heidelberger Druckmaschinen AG typische und bewährte Vertrauenskultur und der partnerschaftliche Umgang miteinander auch weiterhin Bestand hatten und gelebt werden konnten: Schließlich waren tragfähige Alltagsroutinen über die Jahre hinweg gewachsen, die das Unternehmen wesentlich geprägt hatten und mit denen behutsam umgegangen werden musste.

Die Vorbereitung der Einführung des neuen Leistungsentgelts

Das Vorhaben, unmittelbar an die Erarbeitung der Niveaubeschreibungen und an die Umstellung des Grundentgelts die Einführung des neuen Leistungsbeurteilungssystems bzw. des neuen Leistungsentgelts anzuschließen, wurde von einigen Führungskräften, die gerade erst das Kommunikationstraining zur Umsetzung des ERA-Grundentgelts und die Gespräche zur Erläuterung der Niveaubeschreibungen mit ihren Mitarbeitern absolviert hatten, sehr kritisch bewertet. Einige Führungskräfte waren der Meinung, ihnen und ihren Mitarbeitern täte eine kleine Verschnaufpause ganz gut, bevor es an das nächste, noch heiklere Thema gehe. Außerdem stand noch die inhaltliche und organisatorische Gestaltung zum Ablauf und zur Organisation der Leistungsbeurteilungen und zur Abstimmung der Ergebnisse aus. Auch hier waren Beratung und Unterstützung für das Management zu leisten.

Die Trainings zu den Methoden und zum Verfahren der Leistungsbewertung, Zielvereinbarung und zu den Mitarbeitergesprächen sollten zudem in ein Gesamtkonzept zur Veränderungsbegleitung der Führungskräfte durch das Personalmanagement eingebunden werden. Den für diese Begleitung vorgesehenen Personalreferenten sollte dabei die Aufgabe zufallen, vor Ort die aufkommenden Fragen zeitnah zu klären. Auch sie mussten erst noch geschult werden, um die komplexen Sachverhalte des ERA-Grund- und Leistungsentgelts entsprechend aufeinander abgestimmt und kompetent erläutern zu können.

Die Vorbereitung der Führungskräfte auf das neue Leistungsentgelt, seine Methoden und die Verfahrensweise

Ein Kommunikationstraining zum Thema „Erläuterung der Niveaubeschreibungen und der damit verbunden Konsequenzen" ging der Einführung des Leistungsentgelts unmittelbar voraus. Die Teilnahme an diesem Kommunikationstraining, ebenso wie das Training zur Leistungsbeurteilung, war für alle Führungskräfte verpflichtend. Die meisten erfüllten diese Pflicht ohne Widerspruch. Ihnen war durchaus bewusst, dass die im ERA-Tarifvertrag geforderte Neujustierung der Aufgabenbeschreibungen und die damit einhergehenden Bewertungen auch negative Seiten mit sich bringen. Alle betrieblichen Aufgaben wurden in eine neue Wertigkeitsreihenfolge gebracht. Die Hoffnung vieler Mitarbeiter auf einen Einkommenszuwachs wurde nicht erfüllt. Viele Führungskräfte mussten, ebenso wie ihre Mitarbeiter, zuerst in einem gemeinsamen Lernprozess verstehen, um was es bei der Umstellung auf das neue System überhaupt gehen sollte. Mangelndes Verständnis der Methoden bzw. die fehlende Akzeptanz der daraus resultierenden Ergebnisse schlugen bei vielen Mitarbeitern in Enttäuschung und Verärgerung um, die von den Führungskräften aufgefangen werden mussten. Die aufgekommene Frustration musste erst einmal verarbeitet werden und so war es nicht verwunderlich, dass bei einigen Führungskräften der Widerstand wuchs, in der Endphase dieses ohnehin nicht ganz leichten Umstellungsprozesses auch noch das Thema „Neues Leistungsentgelt“ bearbeiten zu müssen.

Dabei war sich die überwiegende Mehrheit der Führungskräfte der Unzulänglichkeiten des alten Systems bewusst und stimmte darin überein, dass es insbesondere für die Leistungsträger nicht genügend Anreize bot. Auf der anderen Seite war ihnen aber auch bewusst, dass es im neuen System vor allem darum gehen würde, die Leistungsdefizite konkret, offen und relativ zeitnah anzusprechen. Es gab erhebliche Befürchtungen und Unsicherheiten, welche Konsequenzen das neue Leistungsbeurteilungssystem auf die Beziehungen zwischen Führungskräften und Mitarbeiter haben würde. Vor allem die untere Führungsebene äußerte hinsichtlich Motivations- und Vertrauensverlusten bei den ihnen unterstellten Mitarbeitern Bedenken. Es herrschte eine erhebliche Verunsicherung darüber, wie das neue System überhaupt funktionieren sollte. Einen gewissen Einblick in die Stimmungslage bietet die Auswertung der im Rahmen des Kommunikationstrainings zum ERA-Grundentgelt durchgeführten Austauschrunden. Darin wurde nach den Chancen und Risiken des neuen Leistungsentgelts sowie nach dem Bedarf an Unterstützung gefragt. Es ergab sich folgendes Bild:

- Erhoffte Chancen
  - Für die meisten Führungskräfte war klar, dass eine differenzierte Leistungsbeurteilung eine intensivere Beschäftigung mit dem Leistungsverhalten eines Mitarbeiters voraussetzt.
  - Ein Ausruhen auf einmal erworbenen Leistungspunkten ist nach dem neuen System nicht mehr möglich, da in jedem Jahr die Karten aufs Neue gemischt werden. Leistungsträger könnten endlich als solche klarer identifiziert und belohnt werden. In einem solchen System lohne sich Leistung wieder.
  - Auf Grundlage des neuen Leistungsbeurteilungssystems würden die Inhalte der Aufgaben und die daraus folgenden Erwartungen an den einzelnen Mitarbeiter klarer kommuniziert und besser abgestimmt. Es wurde begrüßt, dass die Nichterfüllung zu pekuniären Konsequenzen führen würde.
  - Durch die Anbindung der Zielvereinbarung respektive der Zielerreichung an ein Entgeltsystem bekäme die Vereinbarung von Zielen mehr Verbindlichkeit und die Eigenverantwortung der Mitarbeiter würde stärker gefördert.
  - Aus vorgenannten Gründen wird aber auch klar, dass das Thema „Führung“ stärker in den Vordergrund treten würde: Denn in der Vergangenheit sei das Thema Leistung und Leistungsanforderungen nicht so direkt ansprechbar und schon gar nicht mit derartigen Konsequenzen für die persönliche Entgeltentwicklung verbunden gewesen.

- Das neue Leistungsentgelt bedeute auch einen Kulturwechsel, der für die Führungskräfte eine echte Herausforderung darstelle. Das Leistungsverhalten eines jeden Mitarbeiters würde nun unmittelbar und nach einem standardisierten Verfahren auf den Prüfstand gestellt. Der berühmt-berüchtigte „Nasenfaktor“ könne in einem solchen System keine große Rolle mehr spielen.
- Das neue Leistungsbeurteilungssystem würde außerdem dazu beitragen, dass die Rolle der Führungskräfte eine größere Bedeutung für die Entwicklung einer unternehmensweiten Leistungskultur gewinnen könne.

■ Befürchtete Risiken

- Die Angst der Mitarbeiter, gleichsam mit der Einführung der Leistungsbeurteilung eine doppelte „Ohrfeige“ zu bekommen: erstens durch die Neueinstufung und damit einer möglichen Abwertung ihrer Stelle im Grundentgeltsystem und dann zweitens durch eine Abwertung ihrer persönlichen Leistungen im variablen Entgelt. Hierzu müssten Auffanglinien entwickelt werden.
- Motivationseinbrüche und eine Erhöhung des Konkurrenzdrucks mit negativen Folgen für Team- und Gruppenarbeit seien nicht auszuschließen.
- Es bestehe außerdem die Gefahr, die Leistungen der Mitarbeiter nicht richtig wahrzunehmen, weil es an den entsprechenden Beobachtungsmöglichkeiten fehle. Die Gründe dafür lägen in den großen Führungsspannen in der Produktion, im seltenen persönlichen Kontakt aufgrund von Schichteinteilung oder in der Außendiensttätigkeit im Service.

■ Gewünschte Unterstützung

- Wichtig war den Führungskräften vor allem, dass ein klares und gut nachvollziehbares Leistungsbeurteilungssystem zur Verfügung gestellt wird und der Einführungsprozess dazu ebenfalls klar geregelt und vonseiten des Managements offensiv mitgetragen wird.
- Allen Führungskräften war bewusst, ein nicht unerhebliches Maß an Überzeugungsarbeit bei den Mitarbeitern leisten zu müssen, um das Gesprächsverhalten und die Neugestaltung der Mitarbeitergespräche, die durch die Leistungsbeurteilung eine veränderte Bedeutung erhalten würden, gut vorzubereiten. Auch eine Begleitung der Vor- und Nachbereitung der Mitarbeitergespräche bzw. der Erstellung der Leistungsbeurteilungen in Form von Coaching und Beratung durch die Personalreferenten bzw. Personalentwickler wurde überwiegend als sinnvoll angesehen.

– Ein besonderes Anliegen der meisten Führungskräfte war die Beteiligung des Betriebsrats, damit dieser die Entscheidungen mittragen könne.

Auch wenn diese Auswertung aus den Austauschrunden auf einen erheblichen Trainings- und Vorbereitungsbedarf verwies, so war doch die grundsätzliche Akzeptanz des Themas „Leistungsbeurteilung“ und dessen Anbindung an das Entgeltsystem erkennbar. Nach Klärung der Bedarfe und der Unsicherheiten wurde unmittelbar der nächste Projektschritt, die konkrete Entwicklung und Umsetzung eines an das Leistungsentgelt gebundenen Leistungsbeurteilungssystems, eingeleitet.

Die konkrete Entwicklung des neuen Leistungsbeurteilungssystems

Ausgehend von den vorab genannten Überlegungen stand zunächst die Klärung des zugrunde gelegten Leistungsbegriffs im Vordergrund: Die Beurteilung einer Leistung sollte sich stets auf das gezeigte Arbeitsverhalten eines Mitarbeiters beziehen lassen und auf der Basis eines vorher definierten Erwartungswerts (in der Regel setzt das jeweilige Aufgabengebiet dafür den Rahmen) mit Bezug zur jährlichen Arbeitsplanung vorgenommen werden. Die Mitarbeiter werden über die an sie gerichteten Erwartungen im Rahmen des Mitarbeitergesprächs informiert und können ihr Arbeitsverhalten dementsprechend darauf ausrichten. Eine solche Definition würde allerdings zu kurz greifen, wenn nicht gleichzeitig die Interpretation der Beurteilungsmerkmale, wie sie im ERA-Tarifvertrag zu finden sind, einer genaueren Betrachtung unterzogen würden.

Denn die fünf Beurteilungsmerkmale Flexibilität, Kooperation, Effizienz, Verantwortung und Qualität sagen an sich noch nichts über Erwartungen an den Mitarbeiter aus, wenn sie sich nicht auf die konkrete Arbeitsaufgabe beziehen lassen und entsprechend beschrieben sind.

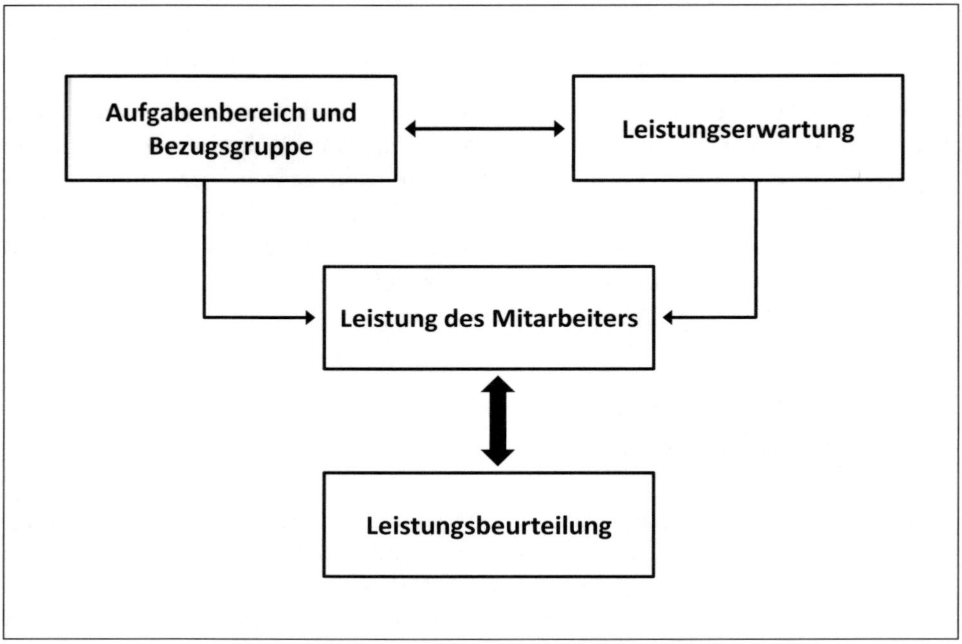

Abbildung 5: *Die Schrittfolge der systematischen Leistungsbeurteilung*

Es war deshalb überaus hilfreich, dass der Einführung des Leistungsbeurteilungssystems die Neubewertung der Stellen mittels Zuordnung zu Niveaubeschreibungen vorausgegangen war und die Führungskräfte aufgrund der zeitlichen Nähe die Anforderungen der verschiedenen Stellen noch sehr genau vor Augen hatten. Bereits hier zeigte die nahe zeitliche Organisation der Teilprozesse (Einführung des Grundentgelt- und Leistungsentgeltsystems) zueinander ein erstes positives Resultat. Darüber hinaus galt es, diese Beurteilungsmerkmale im Kontext der Heidelberger Druckmaschinen AG genauer zu betrachten und auf deren spezifische Anforderungen hin zu übersetzen. Denn nicht nur die Meister stellten immer wieder die Frage, wo denn das Können und das Erfahrungswissen in die Leistungsbeurteilung eingehen würden, da doch gerade diese Aspekte mit Blick auf den hohen technischen Standard des Druckmaschinenbaus besonders wichtig seien.

Um die im ERA-Tarifvertrag vorgegebenen abstrakten Beurteilungsmerkmale mit Leben füllen zu können, waren die folgenden Fragestellungen für die Entwicklung des Leistungsbeurteilungssystems handlungsleitend:

1. Wie lassen sich die für moderne Produktionsprozesse unabdingbaren Fähigkeiten des Prozess- und Erfahrungswissens durch die oben genannten Leistungsbeurteilungskriterien abbilden?
2. Wie muss der Prozess der Leistungsbeurteilung gestaltet sein, um diesen in der Anwendung für die Führungskräfte und die zu bewertenden Mitarbeiter möglichst einfach und plausibel zu gestalten?

Zu Punkt 1: Prozess- und Erfahrungswissen als Einflussgrößen auf die Bewertung

Beginnen wir mit der Frage: Was ist Prozesskompetenz und durch welche der genannten Kriterien lässt sich diese im konkreten Arbeitshandeln finden und beurteilen? Für vorrangig prozessorientierte Organisationen (hauptsächlich produzierende Unternehmen) liegt der entscheidende Wettbewerbsvorteil darin, Kernprozesse mit größter Genauigkeit und Geschwindigkeit wiederholt durchlaufen zu können und somit kompetent zu beherrschen. Dabei bedeutet Prozesskompetenz, den Gesamtprozess im Blick zu behalten und sich auf Schnittstellenpartner einstellen zu können. Diese Anforderungen steigen zwangsläufig mit der Komplexität eines Prozesses: Je detaillierter, störanfälliger und dynamischer ein Prozess ist, umso mehr müssen die Akteure in der Lage sein, sich auf schnell wechselnde Situationen, Inhalte und eine hohe Kooperations- und Kommunikationsbereitschaft einzulassen. Prozesse in der Entwicklung bzw. solche, die eng mit der Entwicklung verknüpft sind, sind hier ebenso zu nennen wie Prozesse im Marketing und im Vertrieb.

Neben der Prozesskompetenz galt es der Frage nach der Bedeutung des Erfahrungswissens nachzuspüren und wie dieses Wissen über die zu verwendenden Beurteilungskriterien abgebildet werden kann. Das im betrieblichen Kontext verwendete Leistungsverständnis entfernt sich (ob vermeintlich oder tatsächlich, soll hier nicht entschieden werden) in den letzten Jahren stetig von der Beachtung des Erfahrungswissens. In der Vergangenheit wurde dieser Begriff oft als Synonym für Seniorität verwendet, also die stetige Steigerung der Gehälter aufgrund des „Alters“ eines Mitarbeiters. Nun ist Erfahrungswissen tatsächlich abhängig vom Alter, aber es lässt sich eben nicht einfach mit dem Älterwerden gleichsetzen, denn es entsteht nicht gleichsam automatisch. Nicht zufällig wurden insbesondere von den Meistern immer wieder Bedenken geäußert, dass im neuen Beurteilungssystem nur noch auf die unmittelbar vollzogene Handlung geschaut würde und die Erfahrung, die doch das Handeln erst wirklich kompetent mache, nicht genügend beachtet werden könnte.

Auf den ersten Blick hatten sie mit ihrer Kritik sogar recht, denn nach dem Konzept von ERA basiert die Zahlung des Leistungsentgelts ausschließlich auf der Beurteilung des aktuell und konkret gezeigten Leistungsverhaltens. Der Aspekt des Erfahrungswissens kann danach nur implizit in die Beurteilung der Leistung einfließen. Aber ohne eine Klärung der Frage, wie viel Erfahrung nötig ist, um ein kompetentes Arbeitsverhalten zeigen zu können, kann es zu gravierenden Beurteilungsfehlern kommen. Gerade von den Meistern wurde dies immer wieder im Zusammenhang mit den Themen Qualität und Effizienz angesprochen. Wir haben dies deshalb genauer untersucht, weil gerade das Erfahrungswissen auch eine unternehmenskulturelle Seite, insbesondere für das Selbstverständnis der Meister darstellt. Aus deren Sicht bedeutet Erfahrungswissen das Handwerkszeug für ein kompetentes Ausführen von Handlungen und einer sorgfältigen Arbeitsweise. Erfahrungswissen führt außerdem zu einer Verfeinerung des prozeduralen Wissens; durch oftmalige Wiederholung steigt die Qualität des Ergebnisses. Durch Erfahrung werden Handlungsabläufe hinsichtlich Geschwindigkeit und Genauigkeit verbessert sowie Kommunikations- und Vermittlungsprozesse kompetenter ausgeführt. Die Beurteilungsmerkmale Flexibilität, Verantwortliches Handeln, Kooperation, Effizienz und Qualität mussten dementsprechend operationalisiert und entlang der in den Niveaubeispielen beschriebenen Tätigkeiten überprüft und inhaltlich gefüllt werden.

Zu Punkt 2: Die Gestaltung des konkreten Beurteilungsprozesses; die drei Schritte des Beurteilungsverfahrens

Jedem Mitarbeiter wird für jedes Beurteilungsmerkmal entlang einer Leistungserwartungsskala ein bestimmter Wert zugewiesen. Hier wurde weitgehend der Vorschlag des Entgeltrahmentarifvertrages (ERA-TV) übernommen, lediglich das Beurteilungsmerkmal „Führungsverhalten“ wurde nicht genutzt.

Doch bevor ein solcher Wert zugewiesen werden kann, muss für vergleichbare Aufgabengebiete und Niveaus wie beispielsweise in der Montage, der Entwicklung oder dem Vertrieb definiert werden, was unter den einzelnen Merkmalen verstanden wird und welche Beschreibungen dem Erwartungswert C (siehe Abbildung 8) (das bedeutet, dass das Leistungsergebnis in vollem Umfang den Erwartungen entspricht) zugrunde gelegt werden sollen. Auf diese Weise wurde ein Referenzwert beschrieben, auf dessen Grundlage die Abweichungen nach oben und unten besser begründet werden können. Nur so wird sichergestellt, dass einer äußerst freien und damit willkürlichen Interpretation dieser Merkmale möglichst wenig Raum gegeben wird.

Beurteilungsmerkmale (tarifliche Beispiele)	Beispiel: Konkretisierung für Instandhaltung	Beurteilungsstufe 3 ..." entspricht in vollem Umfang den Erwartungen."
Flexibilität	Mit Prioritäten umgehen Arbeitszeit an die Anforderungen anpassen.....	Erkennt selbständig Aufgabenwechsel und Wechsel der Rahmenbedingungen und führt sie aus ....
Verantwortliches Handeln	Eskalieren können- eigene Grenzen erkennen .Fehler erkennen können und Lösungen anstoßen. Umgang mit Ressourcen und Betriebsmitteln...	Kann eigenständig eskalieren n und die entsprechenden Stellen einschalten. Setzt Betriebsmittel sorgfältig und umsichtig ein. ...
Kooperation	Wissen und Erfahrungen weitergeben Schichtübergreifende Informationsweitergabe...	Sorgt eigenständig und unaufgefordert für die korrekte Weitergabe von Informationen bei Schichtwechsel....
Effizienz	Sachverhalte erkennen und verständlich weitergeben. ...	Kann Sachverhalte strukturiert und in verständlicher Form weitergeben....
Qualität	Vorgaben, Normen u. Standards einhalten KVP-Vorgaben.....	Hält eigenständig Normen und Standrads ein. Kümmert sich eigenständig um Sauberkeit und Ordnung....

Abbildung 6: *Schritte des Beurteilungsverfahrens*

Dieser Ansatz wurde von den Führungskräften der Heidelberger Druckmaschinen AG weitgehend geteilt. Auch für sie war die Vergleichbarkeit der Beurteilungsmaßstäbe sehr wichtig. Deshalb wirkten sie im Rahmen der Trainings zum Leistungsentgelt mit großem Engagement an der Operationalisierung der Beurteilungsmerkmale und der Ausgestaltung des Verfahrens mit. Die konkreten Schritte der Leistungsbeurteilung lauten:

Schritt I: Gruppe gleicher bzw. ähnlicher Anforderungen bilden

Schritt II: Maßstab bilden (Erwartungshaltung zur Leistung „Stufe C" zu dieser Anforderungsgruppe definieren)

Schritt III: Beurteilungsbogen ausfüllen

Auf dieser Arbeitsgrundlage wird dann der Beurteilungsbogen für jeden Mitarbeiter ausgefüllt.

	A Das Leistungsergebnis entspricht dem Ausgangsniveau der Arbeitsaufgabe	B Das Leistungsergebnis entspricht im allgemeinen den Erwartungen	C Das Leistungsergebnis entspricht in vollem Umfang den Erwartungen	D Das Leistungsergebnis liegt über den Erwartungen	E Das Leistungsergebnis liegt weit über den Erwartungen	F Das Leistungsergebnis übersteigt die höchsten Erwartungen
Flexibilität						
Verantwortl. Handeln						
Kooperation						
Effizienz						
Qualität						

Abbildung 7: *Das Formblatt zur Leistungsbeurteilung*

Das Instrument der Zielvereinbarung

Die Vereinbarung von Zielen erfordert, Bereichs-, Gruppen- und Individualziele aus den strategischen Zielen des Unternehmens abzuleiten. Bei der Heidelberger Druckmaschinen AG gilt der bereits vorhandene Abstimmungsprozess zur Festlegung der Ziele auch weiterhin als verbindlich. Pro Zielvereinbarung (Mitarbeiter und/oder Gruppe) werden mindestens zwei, jedoch nicht mehr als vier Ziele vereinbart. Der Prozess einer Zielvereinbarung durchläuft bis zum Abschluss die folgenden vier Phasen:

- Vorbereitung der Zielvereinbarung
- Treffen der Zielvereinbarung zwischen Vorgesetzten und Mitarbeitern
- Umsetzung der Zielvereinbarung
- Überprüfen der Zielerreichung und Festlegen der Entgelthöhe für die Zielvereinbarungskomponente

Die Kombination zwischen Leistungsbeurteilung und Zielvereinbarung

In dem hier vorgestellten Modell werden die Methoden Beurteilen und Zielvereinbarung[1] miteinander kombiniert. Beide Verfahren sind in den jährlichen Balanced Scorecard-Prozess eingebunden. Die Zielvereinbarungen werden grundsätzlich für den Zeitraum eines Geschäftsjahres abgeschlossen. Die Kombination der beiden Methoden hat den Vorteil, dass einerseits konkrete Zielvorgaben und Messindikatoren vorgegeben werden, andererseits kann das konkrete Leistungsverhalten, insbesondere hinsichtlich der Soft-skills Flexibilität, Kooperation und verantwortliches Handeln in eine Gesamtbeurteilung einbezogen werden. Dadurch lässt sich verhindern, dass Ziele auf Kosten sozialer Verhaltensweisen erreicht werden. Bei der Vereinbarung von entgeltwirksamen Zielen darf keinesfalls der hohe administrative Aufwand vergessen werden. Die Vereinbarung von Zielen und damit die Fokussierung auf die maßgeblichen Herausforderungen für das folgende Geschäftsjahr ist eine zentrale Führungsaufgabe. Die Anforderung jedoch, ein entgeltwirksames Ziel zu definieren, erfordert einige Zeit, da die geeigneten Messgrößen entwickelt, die Zielerfüllungsgrade in Bezug zum Leistungsentgeltprozentsatz festgelegt oder die Review-Termine unter Entgeltgesichtspunkten durchgeführt werden müssen. Insbesondere bei häufig wechselnden sowie bei qualitativen Zielen sollte stets geprüft werden, ob eine Zielvereinbarung nicht auch als Zeichen der allgemeinen Leistung im Rahmen der Methode „Beurteilung" bewertet werden kann, wenngleich nicht direkt und unmittelbar.

Das Gesprächsraining zum neuen Mitarbeitergespräch

Bei der Heidelberger Druckmaschinen AG sind Mitarbeitergespräche bereits seit vielen Jahren ein wichtiges und gelebtes Führungsinstrument. Im Rahmen der Einführung des neuen Leistungsentgeltsystems musste jedoch noch einmal grundsätzlich über die Gestaltung und Bedeutung der Mitarbeitergespräche nachgedacht werden

---

1 Das Thema Kennzahlen spielte bei der Entwicklung des Leistungsbeurteilungssystems eine nachgeordnete Rolle, da die Prämie für das Erreichen der Kennzahlen lediglich auf die Beträge des neuen Leistungsentgelts umgerechnet, die Systematik aber nicht verändert wurde. Für diejenigen Mitarbeiter, die bisher im Prämienlohn standen, kommt als zusätzliche Komponente die Leistungsbeurteilung hinzu. Ihr Leistungsentgelt berechnet sich je zur Hälfte aus den „alten" Kennzahlen und dem neuen Leistungsbeurteilungssystem.

Bisher…	Und die Erweiterung …
• partnerschaftliche Zusammenarbeit fördern • Zielorientiertes Arbeiten im Sinne der strategischen Ziele Heidelbergs unterstützen • Eine Unternehmenskultur von Integrität, Offenheit Fairness und Ehrlichkeit fördern • Die Mitarbeiterzufriedenheit, Motivation und Anerkennung fördern • Kontinuierliche Verbesserung und Weiterentwicklung • Die Entwicklung der Fähigkeit der Mitarbeiter unterstützen	• Vergütung als Führungsinstrument nutzen • Die Leistungsorientierung der Mitarbeiter fördern • Leistungsunterschiede und Schwankungen abbilden

Abbildung 8: *Die Veränderung des „alten" Mitarbeitergesprächs*

Da die Rückmeldung zum Leistungsverhalten nunmehr für die tariflich Beschäftigten auch eine direkte Relevanz für die Entwicklung ihres Leistungsentgelts bekommt, verändern sich die Bedeutung und der Stellenwert solcher Gespräche erheblich. Und es stellte sich die Frage, wie es gelingen kann, den ursprünglichen Charakter und die Funktion solcher Gespräche zu retten, nämlich wertschätzendes Feedback zu geben und Entwicklungsperspektiven aufzuzeigen. Es galt somit, ein Kommunikationsmodell zu entwickeln, bei dem die Rückmeldung zur entgeltrelevanten Leistung eine sinnvolle Ergänzung darstellt, aber nicht zum ausschließlichen Zweck des Mitarbeitergesprächs wird.

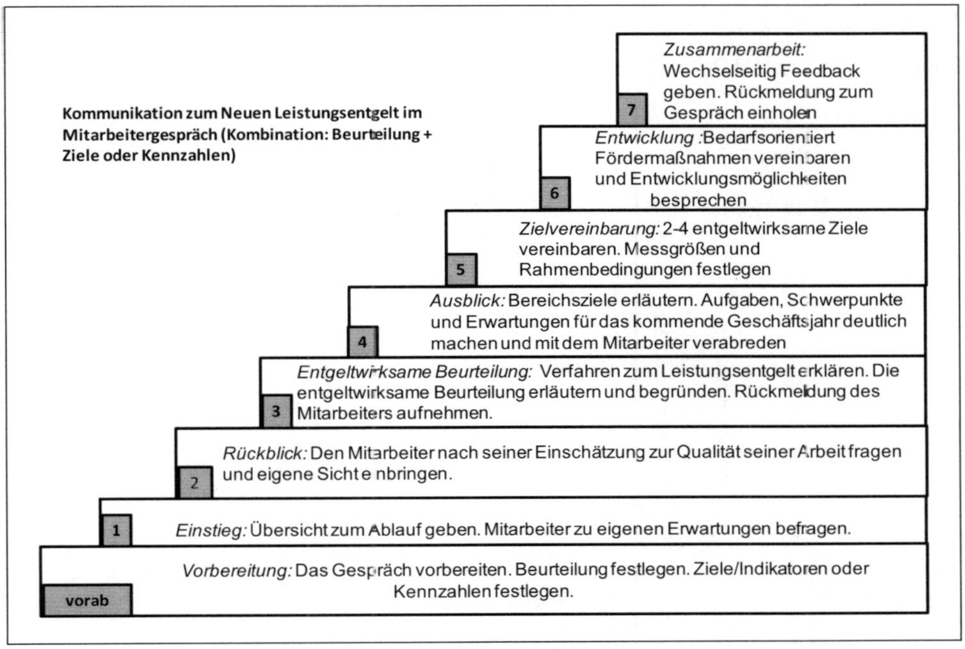

Abbildung 9: *Die Gestaltung des „neuen" Mitarbeitergesprächs im Kontext der Leistungsbeurteilung*

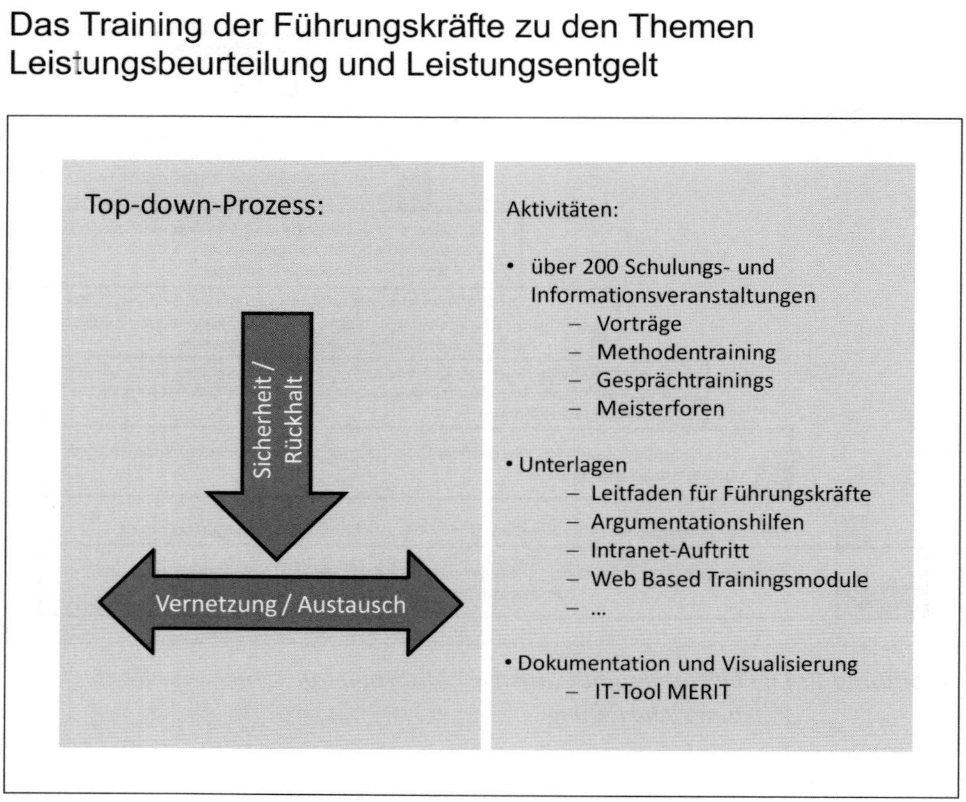

Abbildung 10: *Umsetzung des Leistungsentgelts*

Nach den geschilderten Vorarbeiten wurde ein Trainingskonzept entwickelt. Das Training sollte den Führungskräften bei der Heidelberger Druckmaschinen AG einerseits die Gelegenheit bieten, die Operationalisierung der Beurteilungsmerkmale selbst zu erarbeiten und damit praxisnah zu entwickeln. Andererseits sollten die Führungskräfte in die Verfahren und Methoden der Beurteilung der Leistungsergebnisse einführen. Besonders wichtig war außerdem, allen Führungskräften eine erste Gelegenheit zum „Probehandeln" zu ermöglichen, indem sie in die konkrete Beurteilung ihrer Mitarbeiter einsteigen konnten.

Jedes Training startete zunächst mit einer theoretischen Einführung in das Regelwerk (Ablauf des Beurteilungsverfahrens, Berechnungsmodus der Leistungsentgelte und Handhabung des IT-Tools zur Leistungsbeurteilung). Danach wurde von den Teilnehmern festgelegt, welche Aufgabengruppen (Vergleichsgruppen) am besten zusammenpassen, um dann in einem nächsten Schritt die konkrete

Beschreibung der einzelnen Beurteilungsmerkmale (Flexibilität, verantwortliches Handeln, Kooperation, Effizienz und Qualität) für diese Aufgabengruppe festzulegen. Darauf folgte der Austausch der Führungskräfte zum Referenzwert „3" (= das Leistungsergebnis entspricht in vollem Umfang den Erwartungen). Auf dieser gemeinsam erarbeiteten Arbeitsgrundlage konnte dann jeder Teilnehmer für sich in der Einzelarbeit exemplarisch die Beurteilung seiner Mitarbeiter vornehmen. Im Anschluss daran wurde die Gesprächssituation zur Leistungsbeurteilung, begleitet durch kollegiale Beratung, im Rollenspiel geübt.

Zusätzlich zu diesem für alle Teilnehmer obligatorischen Training zur Leistungsbeurteilung gab es noch einmal die Möglichkeit, im Rahmen eines zusätzlichen freiwilligen Trainings, zeitnah zum Termin der Mitarbeitergespräche, das bereits vorhandene Wissen zum Thema „Zielvereinbarung" aufzufrischen sowie noch einmal vertiefend in das Thema „Gesprächsführung" einzusteigen. Diese Angebote wurden intensiv genutzt.

Der Verlauf des Einführungsprozesses und seine Besonderheiten

Die überwiegende Mehrheit der Trainingsteilnehmer fühlte sich bezüglich des Regelwerks, der Operationalisierung und der Beurteilung gut informiert und bewertete die Einführung in die Methoden der Leistungsbeurteilung als sehr nützlich und positiv. Darüber hinaus entwickelte sich die Methode zur Operationalisierung der Beurteilungsmerkmale sehr schnell zum Selbstläufer. Dies zeigte die Bereitschaft der Führungskräfte, sich ihrer neuen Führungsverantwortung im Kontext der Leistungsbeurteilung zu stellen und dies, obwohl ihre Bedenken, das neue Leistungsbeurteilungssystem könne negative Konsequenzen für ihre auf Kollegialität ausgerichtete Beziehungen zu ihren Mitarbeitern haben, nicht in jedem Fall gänzlich ausgeräumt werden konnten. Größere Überwindung kostete es dagegen die Gruppen- bzw. Teamleiter, in ihre Führungsrolle als Beurteiler der Leistungen ihrer Mitarbeiter einzusteigen. Diese Haltung hatte sich bereits in der Phase der ERA-Auffrischungstrainings zum Grundentgelt gezeigt. Hier galt es, Angebote wie Teamcoaching (zur Rollenklärung) und Gesprächstraining im Kontext von Vertiefungs-Workshops zum Thema Leistungsbeurteilung (diesmal mit dem Schwerpunkt „Begründung der Beurteilung im Kontext des neuen Mitarbeitergesprächs") zu intensivieren.

Im Rückblick lässt sich festhalten, dass sich sowohl das recht intensive Trainingsangebot als auch das Eingehen auf alle Vorbehalte und Befürchtungen, ebenso wie die enge zeitliche Taktung, gelohnt haben. Dies zeigte sich nicht zuletzt auch an der sehr geringen Zahl von Reklamationen im Leistungsentgelt.

Resümee

Der Verlauf des Einführungsprozesses zum neuen Leistungsentgelt und der damit verbundenen Modifizierung des Leistungsbeurteilungssystems lässt folgendes Resümee zu:

1. Die Führungskräfte der Heidelberger Druckmaschinen AG sind mit Engagement an die Umsetzung des neuen Leistungsbeurteilungssystems herangegangen, weil sie die Defizite des alten Systems erkannt und die Vorteile des neuen, eine wirkliche Leistungsdifferenzierung vornehmen und diese auch rückmelden zu können, erkannt, akzeptiert und umgesetzt haben.
2. Dass ein solches Leistungsbeurteilungssystem nur dann Bestand haben kann, wenn es als kontinuierliches Thema für die Führungskräfteentwicklung aufgenommen wird und entsprechende Unterstützungsangebote wie zum Beispiel Coaching und kollegiale Beratung, Weiterbildungsangebote im Bereich der Gesprächsführung sowie Einführung in das Leistungsbeurteilungssystem für neue Führungskräfte vorhanden sind.
3. Die unmittelbare Einführung des Grund- und Leistungsentgeltsystems darf bei einem solchen Veränderungsprozess nicht als Abschluss der Arbeiten verstanden werden. Es bedarf sowohl einer nachhaltigen Sicherung der Grundentgeltstruktur als auch der inhaltlichen und technischen Koordination und Unterstützung des jährlichen Prozesses der Leistungsbeurteilung. Die Pflege und Weiterentwicklung eines Gesamtentgeltsystems ist kein Selbstläufer!

Die ursprüngliche Skepsis unserer Führungskräfte, vor allem gegenüber der zeitlich eng getakteten Einführung von ERA-Grundentgelt und neuem Leistungsentgelt, ist im Laufe des Einführungsprozesses einer grundsätzlichen Akzeptanz gewichen, und die Bereitschaft, sich auf die Qualifizierungsangebote zu diesem Thema einzulassen, war überaus groß. Die Weichen für eine auf mehr Dynamik ausgerichtete Leistungskultur sind damit gestellt und es muss sich in den nächsten Jahren zeigen, wie sich dieser Prozess weiter voranbringen lässt. Führungskräfte müssen ein Gespür dafür entwickeln, welche Kompetenzen sie selbst benötigen, um Leistungen angemessen, das heißt aus der Arbeitssituation heraus, zu beurteilen. Die Einführung eines Leistungsbeurteilungssystems bedeutet hier nicht das Ende, sondern den Beginn eines Lernprozesses.

Führungskräfte, die das Leistungsverhalten ihrer Mitarbeiter beurteilen sollen, brauchen neben eigenem Prozesswissen auch die Kompetenz, die Bedeutung des Erfahrungswissens für die Bewältigung einer Aufgabe richtig einschätzen zu können. Sie müssen sich, bezogen auf diese beiden Grundkompetenzen, ein Urteil darüber bilden können, durch welches der vorgegebenen Beurteilungsmerkmale Prozess- und Erfahrungswissen am besten zu beschreiben ist. Das Wissen um diesen Zusammenhang ist in der Regel als implizites Wissen bei den Führungskräften vorhanden, muss aber für den Beurteilungsvorgang erst wieder bewusst gemacht werden. Wie dies funktioniert und umgesetzt werden kann, haben wir an unserem Verfahren zur Operationalisierung der Beurteilungsmerkmale beschrieben. Bis ein solches Verfahren als Routine im Alltagswissen der Akteure wirklich verankert ist, wird noch einige Zeit vergehen. Es ist, wie vieles im Leben, ein Lernprozess. Die Themen Leistungsbeurteilung und dynamische Leistungskultur sind bei den Führungskräften der Heidelberger Druckmaschinen AG angekommen.

Osram: Hochleistungsteams und individuelle Prämie

Interview

Gerlinde Schönberg im Gespräch mit Dr. Dieter Wahl, Head of Global

R&D Electronics and Controls bei Osram

Osram ist neben Philips einer der beiden führenden Lichthersteller der Welt und eine 100-prozentige Tochter der Siemens AG. Im Geschäftsjahr 2008 erwirtschaftete das Unternehmen mit Sitz in München einen Umsatz von 4,6 Milliarden Euro, davon 88 Prozent im Ausland. Osram bezeichnet sich als Hightech-Unternehmen der Lichtbranche. Das stark international orientierte Unternehmen beschäftigt weltweit über 40.000 Mitarbeiter, beliefert Kunden in rund 150 Ländern und produziert in 46 Fertigungsstätten in 17 Ländern. Die Marke Osram wurde 1906 eingetragen und zählt heute zu den ältesten bekannten Markennamen in der Welt.

Kurzbeschreibung des Fallbeispiels

Die Firma Osram befand sich in den 70er Jahren in einer wirtschaftlich schwierigen Situation, die dazu führte, dass die Belegschaft weltweit von 14.000 auf 7.000 Mitarbeiter reduziert werden musste. Früher als in anderen Unternehmen wurden damals bereits Lean-Management-Systeme eingeführt. In dieser Zeit wurde eigentlich schon deutlich, dass Osram nur mit Spitzenleistungen überleben kann. In diesem Sinne wird das Unternehmen seither geführt.

Im vorliegenden Fallbeispiel der Elektroniksparte bei Osram wird dargestellt, wie Spitzenleister im oberen Tarifbereich und im übertariflichen Bereich gefördert werden. Bei dieser Gruppe handelt es sich um hochqualifizierte Mitarbeiter in der Elektroniksparte, die weltweit auf sieben sogenannte Design-Center für Elektronik in München, Traunreut, Italien, Indien, China, Mexiko und den USA verteilt sind und in projektbezogenen, virtuellen Teams mit den Produktionsstandorten in China, Europa und Mexiko zusammenarbeiten. Insgesamt geht es hier um rund 300 Mitarbeiter in der Elektronik-Entwicklung, von denen 95 Prozent Ingenieure oder Physiker sind. Es gibt dort nur wenige andere Mitarbeiter für einfache, technische Arbeiten, da diese mittlerweile extern vergeben oder auch von den Ingenieuren miterledigt werden. Alles, was nicht zum typischen Know-how des Entwicklers gehört, wurde aus den Aufgaben der Entwicklung ausgegliedert und speziellen Funktionen zugeordnet, damit der Mitarbeiter sich so effizient wie möglich auf das konzentriert, was er wirklich kann. Im Entwicklungsbereich sind dadurch die meisten Stellen mit niedrigerer Qualifikation weggefallen.

Für jede neue Produkteinführung in diesem Bereich wird ein Projektteam, bestehend aus bis zu 15 Personen, aus den entsprechenden hierfür benötigten Funktionen zusammengestellt. Dazu gehören neben Entwicklung und Produktion zum Beispiel Marketing, Controlling, Einkauf oder Qualität. Zu Beginn eines Projekts legt das Team gemeinsam in einem Projektplan fest, was für die jeweilige Produktentwicklung wichtig ist. Dabei sind vor allem die Kriterien von Bedeutung, an denen sich im Nachhinein der Erfolg des Projekts messen lässt: Zeit, Kosten und Qualität.

Ein solches Team ist bei der Elektroniksparte von Osram grundsätzlich ein virtuelles, das heißt, es gibt kein einziges Team, bei dem alle Mitglieder sich an einem Standort befinden. Es wird immer standortübergreifend zusammengearbeitet, was sowohl ein persönliches Kennen der einzelnen Teammitglieder voraussetzt als auch ein hohes Maß an Reisetätigkeiten erfordert, damit die Zusammenarbeit gut funktionieren kann.

Bei den Teamprämiensystemen wurde zunächst grundsätzlich entschieden, die Teamleistung in den Vordergrund zu stellen und dann erst den Anteil, den der Einzelne daran hat. Dazu werden die drei bereits erwähnten Kriterien – Termineinhaltung, Qualität und Kosten – jeweils zu einem Drittel bewertet. Für den Einzelnen hängt jetzt von dem Anteil der von ihm geleisteten Arbeiten ab, was er bekommt; und zwar nicht nach der Arbeitszeit, die er in das Projekt investiert hat, sondern nach bestimmten Arbeitsschritten, die vorher bewertet wurden. Wenn beispielsweise in einem Projekt ein Teammitglied 40 Schritte zu erledigen hat, ein anderes 20 und das nächste wieder zehn, dann werden die Zahlungen nach diesen Aufgaben im Team verteilt. Eine Prämie wird nur ausgezahlt, wenn alles zur vollsten Zufriedenheit läuft. Es reicht nicht, wenn alle Termine eingehalten werden, sich das Produkt aber letztlich schlecht verkaufen lässt. Das Produkt muss darüber hinaus schon mindestens zwei bis drei Monate auf dem Markt sein, bevor eine Teamprämie gezahlt werden kann. Grund: Es muss eingeschätzt werden können, ob es Reklamationen gibt und wie es sich verkauft.

Mit dem Einsetzen der globalen Rezession Ende 2008 wurden die Voraussetzungen für eine Teamprämie in den „Hochlohnländern" wie etwa Deutschland oder in den USA verschärft. Eine Prämie gibt es hier jetzt erst beim Übertreffen der Zielvorgaben. In „Niedriglohnländern" wie Indien oder China reicht weiterhin die vollständige Zielerreichung aus. Als besondere Herausforderung ist die Tatsache zu sehen, dass sich die Entwicklungsaktivitäten von Osram in sehr unterschiedlichen sozio-kulturellen Zusammenhängen abspielen. Wenn man eine der wesentlichen Zielsetzungen betrachtet, nämlich Spitzenkräfte an das Unternehmen zu binden, so sind die dafür zu treffenden Maßnahmen in den einzelnen Ländern sehr unterschiedlich. In Deutschland wird traditionell ein Arbeitgeber seltener gewechselt als zum Beispiel in China. Aus Gründen der Unterschiedlichkeit in den einzelnen Ländern wurde auch darauf verzichtet, allgemeingültige, ausführliche Beschreibungen der Vorgehensweise für die Einführung eines Motivations- und Incentivesystems zu erstellen. Man hat sich daher auf ein Minimum beschränkt, offensichtlich mehr den Prozesscharakter betont und länderspezifischen Eigenarten den Vorrang gegeben.

Welche Positionen haben die Spitzenleister im Betrieb, auf die sich Ihr Konzept bezieht?

Hier in Deutschland geht es los mit ERA 9, Einstiegsstufe für einen Fachhochschulabsolventen, ERA 10 für einen Universitätsabsolventen, ERA 11 für einen Promovierten und dann ist der Aufstieg nach oben beliebig. Es gibt bei uns sowohl eine Fachkarriere als auch eine Managementkarriere. Das läuft parallel und ist auch ein wichtiger Punkt für die Motivation der Mitarbeiter. Für uns ist es auch eine Möglichkeit, um Spitzenleister, die keine wesentlichen Managementaufgaben haben, aber wesentlich zum Erfolg der Firma beitragen, entsprechend ihrem Wert für die Firma zu entlohnen.

Kann man Spitzenleister überhaupt mit Geld locken?

Geld ist auf jeden Fall motivierend, aber nicht allein. Es gehören auch die Mitarbeitergespräche dazu, wo die verschiedenen Kriterien wie Zielerreichung, Verhalten gegenüber Kollegen und Vorgesetzten, Teamfähigkeit, Führungsverhalten und dergleichen besprochen und bewertet werden. Dabei registrieren die Mitarbeiter ja auch, dass sie gesehen und beobachtet werden und dass ihre Wirkung berücksichtigt wird, und zwar nicht nur bei Gehaltsveränderungen, sondern auch bei der Karriereplanung. Darüber hinaus gibt es aber noch ein Osram-weites System zur Auszeichnung und Motivation, den sogenannten Osram-Star, der jährlich für herausragende Leistungen an Einzelpersonen und neuerdings auch an Teams verliehen wird. Die Auszeichnung gibt es seit ca. zehn Jahren – eine große Aktion bei uns und ein festes Verfahren. Innerhalb jeder Sparte oder Landesgesellschaft kann der Leiter Vorschläge an die Geschäftsleitung machen, die dann entscheidet, wer ausgezeichnet wird. Der Preis wird dann in einer sehr professionellen Veranstaltung verliehen, alle Ausgezeichneten aus der ganzen Welt reisen an, ein Moderator gestaltet das Event und der Vorsitzende der Geschäftsführung vergibt die Urkunden. Dabei handelt es sich nicht nur um die Urkunde, sondern der Gewinner kann mit seinem Partner in ein Land seiner Wahl reisen, in dem Osram vertreten ist. Dort kann er die Osram-Niederlassung besuchen und eine Urlaubsreise anhängen. Früher wurden nur Einzelpersonen ausgezeichnet, die aber immer betonten, dass sie das herausragende Ergebnis ohne ihre Teams nicht geschafft hätten. Das entspricht ja auch mehr dem Teamgedanken, den wir hier pflegen. Aus steuerlichen Gründen erhalten die Gewinner seit einem Jahr anstelle der Reise eine Geldprämie. Insgesamt entscheidend ist jedoch das Herausstellen und Bekanntmachen von Spitzenleistungen.

Sie legen also sehr viel Wert darauf, dass sich die Leute persönlich kennen?

Ja, für eine erfolgreiche Teamarbeit ist das sehr wichtig. Wenn sich die Leute persönlich kennen, können sie sich auch einschätzen und das ist wesentlich effizienter, als wenn sie sich nur von einer Telefonkonferenz her kennen. Wenn sich die Teammitglieder nicht kennen und es mal nicht läuft, besteht die Gefahr, den „schwarzen Peter“ herumzuschieben. Wenn das dann zur Haupttätigkeit ausartet, kommt natürlich nichts mehr dabei heraus.

Wie haben Sie das System kommuniziert?

Wir haben nur intern kommuniziert, dass hervorragende Teamleistungen bei Produkteinführungen finanziell honoriert werden. Wir wollten das Bewertungsverfahren auch nicht zu detailliert veröffentlichen, damit jetzt Einzelne nicht anfangen, um Prozentpunkte zu diskutieren. Das Vertrauen sollte eigentlich so weit vorhanden sein, dass das Management niemanden ausnutzen oder Kosten sparen will, sondern offen sagt, wie es das Projekt bewertet. Deshalb wurden interne Regeln der Bewertung festgelegt.

Wie wurde der Prozess der Einführung gestaltet?

Wenn etwas Neues entsteht, informieren wir die Mitarbeiter regelmäßig darüber, gerade wenn es um die ERA-Einführung oder wie hier um die Incentivierung von erfolgreicher Projektarbeit geht. Es gibt eine Veröffentlichung über das, was geändert werden soll. In diesem Fall haben wir uns zum Beispiel überlegt, was an der Projektarbeit verbessert werden soll, wie wir mehr Commitment erreichen können, woher wir mehr Leadership bekommen, wer was machen sollte und wie zu eskalieren ist, wenn etwas nicht klappt. Diese Spielregeln haben wir veröffentlicht. Bei der Incentivierung hatten wir ursprünglich den Plan, das Verfahren auf drei oder vier Seiten zu veröffentlichen. Das haben wir dann aber wieder verworfen, weil eine weltweite Abgleichung zu schwierig war. Letztendlich ist dann nur eine Seite herausgekommen, dies beinhaltet, dass erfolgreiche Projekte incentiviert werden und dass dies entsprechend der lokalen Gegebenheiten gehandhabt und vor allem bewertet werden soll. Es ist uns klar geworden, dass wir hier in Deutschland nicht das gleiche Verfahren anwenden können wie in China. Es soll ja auch nicht jeder seine Prämie ausrechnen können, sondern darauf vertrauen können, dass seine Leistungen gut honoriert werden.

Wer wurde beteiligt?

Im Wesentlichen haben wir das System mit den Führungskräften der einzelnen Bereiche entwickelt. Das sind im engen Kreis, also im Senior-Management, vier bis fünf und im weiteren Kreis 15 Personen. Die jeweiligen Spartenleiter entscheiden dann die Vorschläge aus dem Managementkreis. Wenn wir etwas Neues machen, dann entwickeln wir das eigentlich immer mit allen Beteiligten zusammen, vor allem mit denjenigen, die dort etwas zu sagen haben. Bei dem Projekt der Einführung einer Incentivierung als reines Projekt der Elektronik-Sparte gab es außer diesem Personenkreis niemanden mehr. Bei übergreifenden Projekten, die nicht nur uns betreffen – etwa bei der Gestaltung der Leistungshonorierung des übertariflichen Bereichs – ist HR federführend. Da muss die konkrete Ausgestaltung dann auch mit Siemens ausdiskutiert werden, damit es mit deren Systemen kompatibel ist. Wenn ich Projektteams mit Sonderzahlungen honoriere, ist das eine Sache, die wir spartenintern regeln können. Wenn es jetzt darum geht, wie die Leistungsstruktur überhaupt ausgerichtet wird, ist es natürlich ein Siemens-weites HR-Thema.

Wie wird die Bewertung vorgenommen?

Wir haben alle Projekte in einer Prozessdatenbank abgebildet, sodass jeder sehen kann, welcher Schritt von wem wann erledigt worden ist. Alles wird dokumentiert. Wir haben dort für verschiedene Prozesse eine Maske hinterlegt. Die Maske „Entwicklung“ etwa beinhaltet 80 Schritte und wiederum fünf Meilensteine, in denen die wesentlichen Punkte beschrieben werden. Jeder im Team, der etwas genauer dargestellt haben will, kann jetzt jederzeit noch Unterpunkte hineinschreiben. Das ist aber nicht verpflichtend, sondern bleibt der Gestaltung des Einzelnen überlassen. Aber die Hauptpunkte sind hier abgebildet, und für die wichtigsten Meilensteine gibt es Basistermine, die zu Beginn des Projekts von allen Teammitgliedern in einem Kick-Off-Meeting gemeinsam festgelegt werden. Dabei gibt sich das Team quasi selbst den Zeitplan.

Wenn sich dann alle zusammen auf einen Zeitplan verpflichtet haben, lassen sie sich hinterher auch darauf festnageln. Das Prinzip basiert auf viel Selbstverantwortung und mir ist kein einziger Fall bekannt, bei dem sich die Mitarbeiter selbst Reserven eingebaut haben. Es sind immer genügend Leute im Team, die möglichst schnell sein wollen. Bei jedem Termin muss also handfest untermauert sein, warum es nur auf eine bestimmte Weise funktioniert und nicht schneller. Damit haben wir einen Maßstab und können die Abweichungen sehen. Die Kosten werden von dem Produktverantwortlichen für jedes neue Produkt berechnet und vorgegeben. Zentrale Frage: Wie viel darf es kosten, um erfolgreich zu sein? Die Qualität wird in das Produkt hineinentwickelt. Ob alles geklappt hat, sieht man ja schon bei etwaigen Problemen im Review-Prozess. Dann lässt sich das noch in der Einführungsphase regeln. Falls es dann noch beim Kunden Probleme gibt, muss das nachträglich geklärt werden. Ziel ist immer, das so früh wie möglich hinzubekommen. Wenn dann alles passt oder sogar übertroffen wird, ist das ein Anlass, die Sonderzahlung auszuschütten.

Das Projekt wird dann aufgrund der Ergebnisse aus der Prozessdatenbank beurteilt. Zu jedem Schritt kann der Plantermin, der zu Beginn definiert wurde, abgelesen werden, zudem der Originaltermin, an dem das Projekt erledigt wurde. So lassen sich auch die Reviews und die Unterlagen zu den technischen Daten einsehen. Wenn ich feststelle, dass zum Schluss die Kosten stimmen, der Zeitplan stimmt und keine Qualitätsprobleme auftreten, kann ich entsprechende Prämien ausschütten. Die Vorgesetzten der Teammitglieder geben dann eine Empfehlung für das Senior-Management und dies teilt seine Zustimmung mit oder nicht. Es ist also nicht die Entscheidung des einzelnen Vorgesetzten. Es gibt in der Prozessdatenbank keine Auswertungen über die Leistungen des Einzelnen, sondern nur in der Gesamtschau für das Projekt. Die Vorgesetzten wissen ja, wer in dem Projekt etwas zu sagen hat.

Sind die Teammitglieder immer zufrieden mit dem System?

Bisher ja. Die Ziele sind bei uns relativ anspruchsvoll und eine 100-prozentige Einhaltung ist immer sehr schwierig.

Was bedeutet das für den einzelnen Mitarbeiter?

Es hängt jetzt von dem Anteil der Arbeiten ab, wer im jeweiligen Team was bekommt. Es gibt ja Fälle, in denen der eine 50 Prozent in das Team eingebracht hat, der andere 10 Prozent und wiederum andere 100 Prozent. Entsprechend wird die Prämie verteilt, also anteilig am Aufwand. Anders geht es schlecht, nicht nach der Arbeitszeit, sondern nach Arbeitsschritten, die vorher bewertet worden sind. Wenn festgelegt wurde, dass ein Teammitglied in einem Projekt 40 Schritte, das andere 20 und das nächste wieder zehn zu erledigen hat, dann verteilen wir nach diesen Aufgaben die Zahlungen im Team.

Es geht also nicht unbedingt um das Thema Zeit?

Nein. Wenn einer vielleicht dreimal so lange braucht, um seine Arbeiten zu erledigen, bekommt er dafür natürlich nicht mehr. Auch ist nicht jeder Schritt zeitlich gleich lang; mehr aus der Erfahrung heraus hat man sich zusammengesetzt und überlegt, wie es funktionieren kann. Jemand, der weniger Anteile hat wie zum Beispiel ein Mitarbeiter der Qualitätssicherung, und nur bestimmte Schritte in einem Projekt tun muss, ist natürlich gleichzeitig in andere Projekte involviert und nicht wie der Entwickler, der sich auf ein Projekt fokussiert.

Wie sieht es mit weichen Faktoren wie Teamfähigkeit oder Kommunikationsfähigkeit aus?

Ja, eine große Rolle. Wenn einer dauernd aneckt und nichts bewegt, läuft die Teamarbeit natürlich nicht gut. Die Teams sind so frei, dass sie ohne weiteres einem Kollegen, der nicht die entsprechende Leistung erbringt, sagen können, was ihnen missfällt. Wenn es wirklich nicht klappt und im Team keine Lösung gefunden wird, dann ist ein Eskalationsprozess vorgeschrieben, den der Teamleiter durchführt. Er muss als Erstes den am Standort erfahrenen Senior-Koordinator einbeziehen und dem Team sagen, dass es sich an ihn wenden soll. Außerdem haben wir eine Regel festgelegt, nach der innerhalb von zwei Tagen eskaliert werden muss. Das bedeutet: Wenn der erste Schritt nicht erfolgreich ist, wird der Abteilungsleiter des Teammitglieds eingeschaltet. Wenn der keine Möglichkeit sieht, das Problem zu lösen (eskaliert wird dann, wenn nicht klar ist, wie das Problem zu lösen ist), dann geht es weiter nach oben zu den höheren Funktionen: zunächst in der Region, also in Europa, Asien oder den USA, und wenn es da zu keiner Lösung kommt, werden zum Schluss die sogenannten Weltfunktionen eingeschaltet. Zuerst die betroffene, also zum Beispiel Produktion oder Entwicklung, und als Letztes der Spartenleiter „Welt". Entschieden wird dann im Senior-Management und dazu gehöre ich.

Die weichen Faktoren werden aber auch in den Mitarbeiter-Gesprächen angesprochen. Das ist unabhängig von der Entlohnung. Die Führungskraft ist aufgefordert, den Betreffenden direkt anzusprechen, nicht nur wenn es irgendwo ein Problem gibt. Da wird nicht gewartet, bis das nächste Mitarbeitergespräch ansteht, sondern Probleme werden unmittelbar angesprochen. Wir haben bei Osram eine relativ lange Teamkultur, die wir durch Entsandte auch in die ausländischen Dependancen bringen. Dabei soll sowohl fachliches als auch Management-Know-how aufgebaut werden. Wer zu uns kommt, lernt relativ rasch, dass es gewünscht ist, für ein bis zwei Jahre ins Ausland zu gehen. Das ist die klare Botschaft an alle, die zügig hochkommen wollen: Sie sollen auch mal eine gewisse Zeit woanders gearbeitet haben.

Haben Sie auch schon erlebt, dass es in der Zusammenarbeit zu Unstimmigkeiten kommt?

In den letzten Jahren eigentlich nicht mehr. Weil wir die Teams so zusammenstellen, dass es normalerweise klappt. Wenn jemand noch jünger ist und noch nicht so richtig durchblickt, wird er einfach als 2. Mitglied von einer Funktion mit in ein Projekt hineingenommen, damit er das lernen kann. Wenn etwas nicht klappt, sind alle aufgefordert, das nicht unter den Teppich zu kehren, sondern entsprechend den Vorgaben zu handeln. Natürlich kommt es immer mal vor, dass jemand an einer Stelle zu eckig oder zu kantig ist, sodass man sich entscheiden muss, ob man dem jetzt lieber eine andere Aufgabe gibt. Unsere Projekte dauern meistens nur rund ein Jahr. Da reicht es meistens, bei der Bildung der nachfolgenden Teams entsprechende Erfahrungen zu berücksichtigen.

Welche Rolle spielt das Thema Teamfähigkeit bei der Einstellung?

Als Erstes zählt natürlich die fachliche Qualifikation. Da durchlaufen wir mit den Kandidaten quasi noch einmal eine Examensprüfung. Zunächst wird jeder gefragt, was er so aus dem Studium mitgebracht hat, was er für die Position, für die er sich beworben hat, schon kann. Dann gehen wir weiter und fragen ihn so lange, bis er zu denken anfängt, und dann sehen wir, wie er mit dem umgeht, was er gelernt hat. Hier entscheidet sich: Hat er bloß auswendig gelernt und weiß eigentlich gar nicht, was dahinter steckt, oder kann er sozusagen damit spielen und darauf etwas aufbauen. Denn das ist ja das tägliche Brot in der Entwicklung, das muss er können. Er muss weiterdenken können. Bei diesen Tests haben wir eigentlich noch keinen erlebt, der da schauspielert. Ich kann die Leute grundsätzlich auf dem Gebiet, auf dem wir seit 20 Jahren tätig sind, immer so weit führen, bis sie nichts mehr wissen, und da kann einem auch keiner mehr was vormachen. Man sieht relativ schnell, ob jemand bereit ist, zu diskutieren und sich auf ein Problem einzulassen, und ob die Kandidaten bereit sind, sich zu öffnen. Sie müssen ja auch in der täglichen Praxis Hinweise und irgendwelche Tipps aufnehmen können. An dieser Stelle geht es darum, wie die Kandidaten mit Nicht-Wissen umgehen, und dann natürlich, wie sie sich insgesamt da hineinfinden. Es gibt oft sehr unterschiedliche Reaktionen. Manche empören sich sogar und sagen, dass ihnen so ein Einstellungsgespräch ja noch nie vorgekommen ist und Ähnliches, aber genau das finden wir dann sehr aussagekräftig.

Gibt es Training zum Thema Teamfähigkeit?

Nur wer die erste Runde mit den Spezialisten übersteht, kommt weiter. Dann geht es natürlich auch noch zum Personalchef, und erst wenn alle einverstanden sind, wird die Person eingestellt. Wenn nur einer Bedenken hat, nehmen wir davon lieber Abstand und lassen die Stelle unbesetzt. Inzwischen haben wir zu diesem Thema viel Lebenserfahrung gesammelt. Es hat sich schon öfter gezeigt, dass Kandidaten dabei sind, die uns etwas vormachen wollen. Wir hatten mal einen, der unbedingt promovieren wollte. Wir haben ihn in der Firma herum geschickt, um sich mit ein paar Leuten zu unterhalten und wir erhielten sehr unterschiedliche Rückmeldungen. Bei manchen zeigte er sich sehr umgänglich und freundlich und bei einigen, die er nicht als Entscheidungsträger ansah, äußerst überheblich.

Auf Teamfähigkeit legen wir sehr viel Wert. Wir sehen uns an, wie die Leute reagieren, ob sie zum Beispiel sehr eigenbrötlerisch sind. Das ist ein wichtiger Punkt für uns, denn sobald sie bei uns anfangen, werden sie auch von vorneherein in ein Team gesteckt. Das fängt schon bei den Werkstudenten an, die lernen sollen, sich einzugliedern. Es gibt darüber hinaus auch Kurse zu Teamarbeit, genauso wie zu Kommunikation, Konfliktmanagement oder Führung zwischen Durchsetzung und Konsens. Wir haben ein großes internes Fortbildungsprogramm, und jeder, der Interesse hat, kann darüber hinaus auch externe Kurse besuchen, die bei uns nicht angeboten werden.

Als Sie das neue System der Teamprämien eingeführt haben, welche Stolpersteine gab es bei der Umsetzung?

Wichtig ist hier, dass das System zunächst einmal in Ruhe durchdacht wird und man sich genau überlegt, wie es eigentlich umgesetzt werden soll und welche Ziele damit erreicht werden sollen. Was wird kommuniziert? Was wird bewertet? Es bedarf einer klaren Aussage. Dann sollten die Führungskräfte aus den verschiedenen Positionen und Funktionen natürlich eingebunden sein, denn es macht keinen Sinn, dass jemand, der abwesend war, nachher das System nicht mitträgt. Außerdem muss man natürlich überlegen, ob das System sinnvoll und zu handhaben ist. Wenn man zu theoretische Überlegungen anstellt, klappt es meistens nicht. Deshalb haben wir uns auch entschieden, nicht zu viel zu veröffentlichen, sondern nur eine Sonderzahlung für gute Erfolge festzulegen.

In Bezug auf Stolpersteine muss man aufpassen, mit den Gegebenheiten in den einzelnen Ländern nicht in Konflikt zu geraten. Alles muss mit dem lokalen System kompatibel sein.

Wie wirken sich die kulturspezifischen Unterschiede aus? Wie reagieren Sie darauf?

Das muss man immer berücksichtigen, weil jeder auch einen lokalen Vorgesetzten hat, mit dem man sich abstimmen muss. Wenn so ein Projekt läuft, sind diese ganzen Standorte natürlich vertreten, und jeder lokale Funktionsleiter weiß unter anderem auch, dass er entsprechende Kosten budgetieren muss. Insofern ist es schon nicht ganz so einfach, so einen Prozess zum Laufen zu bringen. Andererseits hat es bisher eigentlich immer geklappt und das, was wirklich spitzenmäßig gelaufen ist, wurde auch entsprechend belohnt. Es sieht jeder ein, dass Spitzenleistungen auch honoriert werden.

Welche Rolle spielt die interkulturelle Kommunikation und wie gehen Sie mit den länderspezifischen Unterschieden um?

Wenn einer hierzulande sagt, „das war ja ganz ordentlich“, kann das schon ein hohes Lob sein. Für einen Italiener ist das vielleicht ganz anders. Deswegen muss man auch wissen, wie Leute „ticken“. Bei uns gehen die Teammitglieder zum Beispiel häufig zusammen zum Abendessen. Man kümmert sich auch abends umeinander, wenn etwa Mitarbeiter anderer Standorte sich hier aufhalten und umgekehrt. Es ist wichtig, dass man sich kennen lernt und weiß, welche Interessen die einzelnen haben. Zum Glück haben wir eine lange Tradition in der internationalen Zusammenarbeit und auch in der Leistungskultur; darum hat es bei uns immer funktioniert, und die standortübergreifende Projektarbeit musste von Anfang an klappen. Am Anfang ging das eher auf Zuruf. Heutzutage sind die einzelnen Produkteinführungsprojekte den betroffenen Funktionen und den ausführenden Werken direkt zugeordnet.

Die Optimierung unserer global gültigen Prozesse wurde im Laufe der Jahre kontinuierlich vorangetrieben. Prozessoptimierungen sind auch immer unter Einbeziehung der anderen Standorte durchzuführen. So haben wir vor einigen Jahren überlegt, dass unsere gewachsenen Prozesse in saubere gegossen werden müssen, einige Aufgaben neu zuzuordnen sind und deshalb genau zu überlegen ist, was man wo am besten erledigt. Das haben wir mit sogenannten „Cross-functional-Teams" gemacht. So wurden damals die ersten offiziellen Prozesse aufgebaut. Es war natürlich auch schwierig, diese weltweit zu übertragen, weil man überall andere länderspezifische Bedingungen vorfindet. Deshalb haben wir in den jeweiligen Ländern Projekte aufgelegt, deren Aufgabe es war, die Prozesse zu definieren. Dabei kam so ziemlich überall das Gleiche heraus wie bei uns. Im Laufe der Jahre wurden konstante, kleinere Unterschiede weltweit unter Beteiligung aller vereinheitlicht. Damit haben wir jetzt einen global einheitlichen Produkteinführungsprozess in der Elektronik-Sparte, der von allen berücksichtigt wird. Wir haben gleichzeitig die zugehörigen Unterprozesse vereinheitlicht. Ich muss wissen, welches Know-how an welchem Standort vorhanden ist, und natürlich muss ich Unterschiede machen, wenn ich weiß, dass es an einem Standort einen guten Prüftechniker gibt und am anderen eben nicht. Doch man kann nie überall alles gleichzeitig verbessern. Allein dadurch, dass wir aus einer überregionalen Zusammenarbeit entstanden sind, ist das ständige Verbessern unserer Prozesse fest etabliert. Change Management gehört bei uns zum täglichen Geschäft und ist ein kontinuierlicher Prozess.

Wie sah die Zeitschiene aus?

Die ersten Produkteinführungsprozesse zu etablieren dauerte damals neun Monate. Bei der Einführung der Incentivierung haben wir auch rund sechs bis acht Monate gebraucht. Am Anfang wurde immer mal wieder ein Brainstorming mit den Management-Vertretern durchgeführt, die jeweils vorher mit ihren Mitarbeitern das Gleiche taten. Bei der Entstehung waren somit alle einbezogen. Auch als wir die Prozesse neu definiert haben, das erhöht wesentlich die Akzeptanz.

Beim ersten Brainstorming bestand der erste Schritt darin, sich zu fragen: Wo gibt es etwas zu verbessern, wo müssen wir ansetzen? Heute werden laufend Verbesserungsvorschläge gesammelt, die ein bis zwei Mal im Jahr gesichtet werden. Dann wird überlegt, wie der Prozess geändert werden muss, damit es besser läuft und wie die Leute motiviert werden können, das so zu leben, wie es aufgeschrieben wurde. Denn selbst wenn wir definiert haben, wie etwas gemacht werden soll, heißt das noch lange nicht, dass es dann auch sofort so gelebt wird.

Da müssen dann unter anderem auch Schulungen durchgeführt werden. Parallel dazu lief auch immer noch ein Prozess unter dem Aspekt: „Wie kann ich zu guten Leistungen motivieren?“

So ist letztlich die Einführung der Teamprämie entstanden. In diesem Zusammenhang wurde definiert, wie es ablaufen soll. Es kam natürlich das Problem der verteilten Teams hinzu. Wenn dann ein Projekt so gut gelaufen ist, dass eine Prämie gezahlt werden kann, wird diese zwischen den Vorgesetzten der beteiligten Teammitglieder abgestimmt.

Welche Auswirkungen ergaben sich durch die Einführung der Prämien auf die Leistungskultur?

Das stärkt natürlich die Motivation der Mitarbeiter, sich auch wirklich einzubringen. Zudem stärkt es die Zusammenarbeit mit den anderen, sodass nicht jeder nur auf seinen Teil der Arbeit schaut und sich nicht mehr darum kümmert, ob die anderen damit weiterkommen. Jeder weiß um seinen eigenen persönlichen Nachteil, wenn etwas nicht weiterläuft. Insofern ist das natürlich auch gut für die Zusammenarbeit, weil jeder weiß, dass nur gezahlt wird, wenn das ganze Projekt sehr gut läuft. Das ist ein Anreiz, der Mitarbeiter zusätzlich motiviert, wirklich gute Teamarbeit zu leisten.

Was hat sich nachhaltig bewährt?

Zum einen, dass Incentives überhaupt gezahlt werden und sich die Projektmitarbeiter persönlich kennen. Darüber hinaus ist dann auch sehr wichtig, dass es einen definierten Eskalationsprozess gibt. Hoch eskaliert wird relativ selten, seit bekannt ist, dass das ziemlich schnell nach oben geht. Das meiste wird deshalb schon auf relativ niedriger Ebene geregelt. In manchen Fällen kommt etwas bis zu mir, wenn es auf niedriger Ebene nicht die notwendige Entscheidungskompetenz gibt. Wichtig ist vor allem noch die klare Zielsetzung am Anfang jedes Projekts und zwar wirklich, bevor es startet. Zudem muss mit dem Team gemeinsam der Startpunkt gesetzt werden; es sollte nicht einfach so begonnen werden. Da gibt es klare Vorgaben: Bei der Startsitzung zum Beispiel muss eine unterschriebene Produktspezifikation vorhanden sein, was nun zu entwickeln ist, was das Ergebnis sein soll, und es muss eine kalkulierte Projektplanung vorhanden sein. Wir wollen nicht nach einem halben Jahr Arbeit feststellen, dass sich das Projekt nicht rechnet. Es muss auch klar sein, auf welcher Technologieplattform ein

Produkt entwickelt wird. Wenn die noch nicht feststeht, muss erst einmal eine Vorentwicklung durchgeführt werden, bevor die eigentliche Produktentwicklung beginnt. Auch das ist eine klare Voraussetzung für einen sauberen Start bei einem Projekt.

Man kann nicht Produktentwicklung mit Grundlagenentwicklung vermischen.

Was würde heute anders laufen?

Vieles ist relativ neu, etwa das Eskalieren oder die Incentives. Alles zusammen haben wir im Zuge von Prozessoptimierungen in den letzten zehn Jahren kontinuierlich entwickelt und aufgebaut. Was wir heute mehr berücksichtigen würden ist, fehlendes Know-how an verschiedenen Standorten schneller aufzubauen.

Es ist uns immer wieder aufgefallen, dass das Know-how, das wir brauchen, nicht an jedem Standort und in jeder Funktion genügend verfügbar ist, um schnell zu sein. Stattdessen kommt es immer wieder vor, dass schnell gereist werden muss, um vor Ort etwas zu erledigen, was dort nicht so klappt. Das ist ein Punkt, an dem wir jetzt fleißig arbeiten. Aber so einfach ist es nicht, denn in unserem Spitzentechnologiebereich hängen wir von guten Köpfen ab und die sind eher rar. Es geht darum, wie wir mit dem Know-how umgehen. Ein wesentlicher Punkt bei unseren Mitarbeitern ist ihr hoch spezialisiertes Fachwissen. Somit geht es um die Qualifikation von Personen.

Diese muss man frühzeitig aufbauen, wenn man schnell wachsen will.

Ist das eine Frage der Zeit oder spielen hier auch andere Faktoren eine Rolle?

Wachstum ist nicht nur eine Frage der Zeit, sondern auch eine Frage der Stabilität der Mannschaften. In Deutschland oder Japan ist es üblich, eigentlich lange bei einer Firma zu bleiben, in Japan sogar lebenslänglich. In anderen Ländern wie Indien oder China gehört es zum guten Ton, dass man alle paar Jahre etwas anderes macht. Da muss man die Leute gut motivieren können, ein attraktiver Arbeitgeber sein und mögliche Karrieren anbieten können. Bei uns gibt es deshalb zum Beispiel auch die Expertenkarrieren, denn wir müssen ja die guten Leute, die viel Know-how haben, auch dann halten können, wenn wir ihnen keine Management-Position anbieten können oder wollen.

Es hilft uns ja nicht weiter, wenn ein guter Spezialist, der eine höhere Stufe erreichen will, ins Management geht und dann aus dem fachlichen Bereich herausgeht. Seit 2002 haben wir die Möglichkeit, Experten zu ernennen. Das haben wir in meinem Bereich intensiv genutzt und jetzt wurde ein Osram-weites Projekt abgeschlossen, in dem die Expertenkarriere auch für die anderen Bereiche systematisch ausgebaut wurde und nicht mehr den Initiativen Einzelner überlassen bleibt. Diese Experten bekommen die interessanten Aufgaben und eine gute Stellenausstattung, zum Beispiel das Gehalt des entsprechenden Management Levels. Denn jemand mit Spitzen-Know-how und vielen Patenten kann für die Firma genauso wertvoll sein wie einer, der 100 oder mehr Mitarbeiter führt. Auch das ist ein Kulturwandel. Wir hatten diese Möglichkeit damals relativ schnell ergriffen, weil wir unabhängig waren und das machen konnten. Wir sind ja hier die Weltzentrale bei Osram für Elektronik und befanden uns daher für solche Maßnahmen in einer guten Situation. In einem Werk muss man einem Werkleiter immer klarmachen, warum ein Entwickler ein anderes Gehalt bekommt wie ein Ingenieur in der Produktion. Das war nicht so einfach durchzusetzen. An manchen Standorten waren solche Gehaltslevel nur für Leute mit Führungsaufgaben vorgesehen. Aber auf diese Weise können wir die Spitzenexperten halten. Diese sind übrigens auch Mitglieder in unseren Produkt-Entwicklungsteams, insbesondere arbeiten sie aber in Grundlagenprojekten, weil sie dafür das am besten geeignete Know-how mitbringen.

Was würden Sie heute für die Motivation und Incentivierung einer solchen Gruppe anderen Unternehmen empfehlen?

Es muss als Erstes eine klare Basis vorhanden sein, die jeder kennt. Es müssen eindeutige Kriterien benannt sein, die überprüfbar sein müssen. Bei uns sind das zum Beispiel Kosten, Zeit und Qualität. Das schwierigste ist natürlich die Überprüfung der Qualität. Aber da sagen wir, dass man einige Monate abwarten muss, ob das Produkt am Markt gut läuft. Wenn es dann keinerlei Qualitätsprobleme gibt, kann man eine Prämie auszahlen. Das wichtigste ist eigentlich die Nachvollziehbarkeit. Jeder muss wissen, warum er etwas bekommt oder auch warum nicht. Das sollte jedem klar sein. Genauso verhält es sich bei der Expertenkarriere: Auch hier muss für jeden nachvollziehbar sein, warum der Experte genauso ein Recht auf Aufstieg hat wie jemand, der Managementaufgaben übernimmt. Weiterhin ist wichtig, dass die Einführung von Neuerungen unter Beteiligung und mit dem Wissen der Vorgesetzten der betroffenen Mitarbeiter abläuft. Alle müssen gefragt werden! Das Team zur Erarbeitung der Neuerungen muss groß genug sein, damit dafür nicht einige Tage und Nächte an Arbeit draufgehen.

Bei uns waren es am Anfang zu wenige. Zudem ist es wichtig darauf zu achten, dass bei Neuerungen die temporären Arbeitsgruppen nicht zu klein sind. Ein anderer Punkt, den ich noch gar nicht erwähnt habe, ist die Möglichkeit, geeignete Besonderheiten eines Landes auch in anderen Ländern zu nutzen. In Deutschland gibt es zum Beispiel ein Patentrecht mit Erfindervergütung. Hierbei sollte ermittelt werden, wie viel Umsatz unter Nutzung des Patents gemacht wurde. Dann gibt es entsprechende Vergütungen, die bei denjenigen, die sehr viele Patente eingereicht haben, wirklich nennenswerte Summen erreichen können. Dies ist in anderen Ländern weniger der Fall. Wir haben deshalb auch dort veranlasst, dass es ein Incentive gibt, wenn man ein Patent eingereicht hat oder auch wenn eine Patentverletzung aufgedeckt wurde. Wir melden viele Patente an und in letzter Zeit beobachten wir den Markt verstärkt, um solche Verletzungen aufzuspüren. Denn mit Lizenzgebühren kann man auch viel Geld verdienen.

In den Köpfen Ihrer Beschäftigten ist sehr viel Wissen, müssen Sie sich nicht schon allein deshalb Systeme zur Mitarbeiterbindung überlegen? Denn nur durch solche kreativen Köpfe können Sie so erfolgreich sein, wie Sie es sind.

Das ist ein ganz wesentlicher Punkt, denn wir sind sehr technologiegetrieben und damit sehr wissensorientiert. Das ist auch der Grund dafür, warum die Expertenlaufbahn Osram-weit einheitlich vorangetrieben wird. Wir müssen unsere Mitarbeiter ja auch motivieren und weiterhin zu Bestleistungen anregen. Auch wenn ein Experte 20 Jahre oder länger bei der Firma beschäftigt ist, gibt es immer wieder Herausforderungen, und seine Leistung und Motivation sollen Beispiel für die Jüngeren sein. Etwas locker angehen lassen, das gibt es nicht.

Durch die Tätigkeit hier entsteht sehr viel Erfahrungswissen, kann das weitergeben werden?

Ja, das hat viel mit beruflicher Virtuosität zu tun. Diese lässt sich gut am Beispiel von Musiknoten erklären. Das dokumentierbare Wissen, also die Noten, sind leicht verfügbar. Aber was man daraus macht, ist ja etwas ganz anderes. Zwischen der Aufführung eines Schulorchesters und einer Aufführung der Wiener Philharmoniker können Welten liegen. Man kann unheimlich viele Nuancen ausnutzen und dieses Know-how ist sehr mit Köpfen verbunden. Dies gilt für jedes Expertenwissen. Deshalb haben wir auch viele Entsandte an anderen Standorten, damit die ihr Wissen dort einbringen. Da lernen dann die Jüngeren, wie sie ihre Arbeit am besten verrichten können. Es ist wirklich überall das Wichtigste, die guten Leute zu halten. Wie gesagt, in Deutschland oder Japan ist das einfacher, weil es mehr zur Kultur gehört. In anderen Ländern ist das schwieriger, aber da haben wir auch schon gute Fortschritte gemacht, etwa in unserem Design-Center in China, wo wir sehr geringe Abgänge zu anderen Firmen haben, weil wir dort als attraktiver Arbeitgeber gelten. In China ist unter anderem auch wichtig, viel mit den Leuten zu unternehmen. Die haben ein ganz anderes Gemeinschaftsgefühl. Wenn sie zum Beispiel einen Chinesen zur Fortbildung nach Deutschland schicken, senden sie am besten immer gleich zwei, weil einer alleine ungern kommt und er sich nicht wohl fühlt. Unser Design-Center-Leiter in China organisiert mit den Mitarbeitern Fußball-Turniere, Tischtennis-Turniere, geht zum Kegeln oder organisiert gemeinsame Abendessen. Das würde den Leuten hier weniger gefallen, aber dort gehört das dazu. Die guten Leute steigen in China wesentlich schneller im Gehalt als hierzulande, das kann sich innerhalb einiger Jahre schnell verdoppeln. Andererseits gibt es dort auch sehr viele Ingenieure, deren Wissen nicht trägt. Aber diejenigen, die etwas können, muss man sich sichern.

Welche Rolle spielt die Altersstruktur, damit das Wissen in den Teams weitergegeben werden kann?

Eine Altersdurchmischung ergibt sich bei uns in den Teams infolge der gegebenen Altersstrukturen in den beteiligten Funktionen automatisch. Es ist auch wichtig, junge Leute gut in die Teams zu integrieren. Jeder, der neu ist, bekommt einen Paten oder Betreuer zugeteilt und arbeitet schon in dem Projekt mit. Er macht einfache Aufgaben und lernt, was da so abläuft. Neben der Arbeit bekommt er natürlich auch die Möglichkeit, Kurse zu besuchen. Bei uns werden die Neuen von den Erfahreneren angelernt und man erkennt deren Entwicklungspotenzial relativ schnell. Es gibt darüber hinaus auch spezielle Förderprogramme. Wie junge Mitarbeiter gefördert werden, hängt jeweils vom Potenzial des Einzelnen ab. Wenn zum Beispiel jemand Managementfähigkeiten erkennen lässt, wird er entsprechend gezielt gefördert, um sein Wissen hochzuziehen. Entsprechendes gilt auch für die Experten. Die Nachwuchssuche wird in der Tat schwieriger. In Boomzeiten ist es sehr aufwändig, gute Bewerber zu finden. In Krisenzeiten ist man froh, wenn die Kosten für die existierende Mannschaft gedeckt werden können.

Fazit

Das Besondere und gleichzeitig Interessante an diesem Fallbeispiel ist der internationale Rahmen, in dem hier ein Motivations- und Incentive-System für Spitzenleister entwickelt und eingeführt wurde. Bei international tätigen Unternehmen hat das Konzept von ERA eine geringe Bedeutung – im Gegenteil: Man kann davon ausgehen, dass ein System, das in einem Land aufgrund der dort herrschenden Tarifbedingungen zur Anwendung kommt, mit den Gegebenheiten in anderen Ländern überhaupt nicht kompatibel ist und deshalb nur auf der nationalen Ebene angewendet werden kann. Verfolgt man diesen Gedanken weiter, heißt das, dass im Zweifel in einem international tätigen Konzern für jedes Land eine andere Regelung gilt. Dies wird vor allem dann schwierig, wenn für ein Team ein Verfahren zur besonderen Bewertung der Leistung gesucht wird, obwohl es in mehreren Ländern ansässig ist und in dem nicht nur die Leistung des Einzelnen, sondern zusätzlich die Leistung der ganzen Gruppe bewertet werden soll. Insbesondere in dem Fall, bei dem das Team aus hochqualifizierten Fachleuten besteht, hat das Unternehmen ein massives Interesse daran, etwas zu entwickeln, das in allen Ländern, in denen die Teammitglieder tätig sind, umgesetzt werden kann. Gerade in einem Bereich, in dem es um hoch spezialisierte Fachkräfte geht, gilt es, diese besonders zu motivieren und an das Unternehmen zu binden. Vor allem vor dem Hintergrund der demografischen Entwicklung ist jetzt schon spürbar, dass gute Fachkräfte auf dem Arbeitsmarkt immer schwerer und nur mit immer größerem Aufwand zu finden sind. Abgesehen von den nationalen tarifrechtlichen Eigenarten spielt hier zusätzlich die Unterschiedlichkeit in den Leistungskulturen und den Haltungen zu Werten eine große Rolle. Wir haben erfahren, dass es in manchen Ländern üblich ist, den Arbeitgeber häufig zu wechseln – in anderen Ländern wiederum bleibt man möglichst sein ganzes Leben lang bei einer Firma. Diese länderspezifischen Eigenarten drücken sich nicht nur im Verhältnis des einzelnen Mitarbeiters zum Unternehmen aus, sondern beziehen sich auch auf den Umgang innerhalb des Teams. Dies setzt eine hohe Sensibilität, insbesondere aufseiten der jeweiligen Projektleiter, voraus, an die zusätzlich besondere Anforderungen in Bezug auf ihre interkulturelle Kompetenz gestellt werden. Daneben werden in diesem Unternehmen neben der Erfüllung der fachlichen Aufgaben hohe Anforderungen an Abstimmung, Koordination und vor allem an Eigenverantwortung an den Einzelnen gestellt.

Betrachtet man diese Faktoren insgesamt, so wird umso mehr deutlich: Ein solches System, das dermaßen unterschiedliche Komponenten zu berücksichtigen hat, konnte wohl nur durch die vorsichtige und schrittweise Entwicklung unter Einbeziehung aller Betroffenen – vor allem aller Hierarchieebenen – zustande kommen. Es war von vorneherein als Prozess angelegt und wurde in immer weiteren iterativen Schleifen letztlich zu dem entwickelt, was es heute ist. Durch die technologischen Möglichkeiten, ohne die ein solches Verfahren undenkbar wäre, herrscht eine hohe Transparenz über die jeweiligen Projektstände, die weltweit für jeden Projektbeteiligten jederzeit einsehbar sind. Dadurch wird sichergestellt, dass jeder die Ziele des jeweiligen Projektes immer im Blick behält, was für den Erfolg der einzelnen Projekte unabdingbarer Bestandteil ist.

ZF-Friedrichshafen: Die Einführung und Umsetzung des ERA-Leistungsentgelts

Wolfram Menrad / Dominik Bartmuß

Bis zum 31. März 2008 hatten die tarifgebundenen Unternehmen der Metall- und Elektroindustrie (M&E) in Baden-Württemberg Zeit, den neuen Entgeltrahmentarifvertrag (ERA-TV) einzuführen. Damit waren die Unternehmen der M&E-Industrie nicht nur in der Pflicht ihr Entgeltsystem zu modifizieren, sondern hatten auch die einmalige Chance, Verwerfungen, die sich im Laufe von 30 oder mehr Jahren in den bisherigen Entgeltsystemen, insbesondere im Leistungsentgelt, eingeschlichen hatten, zu bereinigen und diese im Hinblick auf eine Anforderungs-, Leistungs- und Marktorientierung neu auszurichten.

Was die Neugestaltung des Leistungsentgelts anbelangt, stellt der für Baden-Württemberg gültige ERA-TV hohe Anforderungen. Vor dem Hintergrund der stark unterschiedlichen durchschnittlichen Verdienstgrade im Leistungsentgelt in den bisherigen Beschäftigtengruppen der Angestellten, Zeit- und Leistungslöhner fordert er ein einheitliches tarifliches Leistungsentgelt von im Durchschnitt 15 Prozent der Grundentgeltsumme. Im Einführungstarifvertrag zum ERA-TV finden sich zwar auch Regelungen zur Überleitung der Leistungsentgeltschnitte in den verschiedenen Beschäftigtengruppen; diese Regelüberleitung sehen die Tarifvertragsparteien jedoch nur als Übergangslösung an, bis ein neues Leistungsentgeltsystem von den Betriebsparteien vereinbart wird.

Am Beispiel der ZF Friedrichshafen AG am Standort Friedrichshafen soll, ausgehend von einer Analyse der Situation vor ERA, das Vorgehen zur Implementierung eines tarifkonformen Entgeltsystems erläutert und der dort eingeführte Entgeltaufbau dargestellt werden. Insbesondere steht hierbei das Leistungsentgelt im Fokus. Die Ergebnisse einer ersten Leistungsbeurteilungsrunde im neuen System im April 2008 werden ausgewertet und weitere Maßnahmen beschrieben.

Leistungsentgeltsystem vor ERA – Handlungsbedarf bei der Neugestaltung

Die Leistungsentgeltsysteme der ZF Friedrichshafen AG waren geprägt durch die geltenden Tarifverträge. Es existierten unterschiedliche Entgeltsäulen für die vom Tarifvertrag definierten Beschäftigtengruppen Angestellte, Zeit- und Leistungslöhner. Die Leistungsentgelt- bzw. Verdienstgrade in den verschiedenen Entgeltsystemen waren sehr unterschiedlich. Bei den Angestellten kam ein Beurteilungssystem mit den Kriterien Güte, Menge und Verhalten (GMV) zum Einsatz. Dabei waren die Kriterien Güte und Menge im Vergleich zum Verhalten doppelt gewichtet. Für die bisherigen Zeitlöhner wurde ebenfalls ein reines Beurteilungssystem auf der Basis von fünf Kriterien verwendet. Diese berücksichtigten Einsatz und Wirksamkeit bezüglich der Mengenleistung, Qualität, Verhalten sowie Einsetzbarkeit. Die mengenbezogenen Kriterien und Qualität waren dabei deutlich höher gewichtet als Verhalten und Einsetzbarkeit.

Im bisherigen Leistungslohnbereich bot sich vor der ERA-Einführung kein einheitliches Bild. Den drei existierenden Systemen war eines gemeinsam: Eine freie Leistungsverrechnung im Sinne des klassischen Akkordlohns fand nicht mehr statt. Die Zeitgrade waren festgeschrieben und verstetigt. Diese Verstetigung, die kein ZF-spezifisches Phänomen darstellt, war die logische Konsequenz der veränderten Produktionssysteme, die eine freie Leistungsentfaltung des einzelnen Mitarbeiters immer weniger zuließen. In der Fertigung kam dies durch einen höheren Automatisierungsgrad und die damit verbundene Abnahme der durch den Beschäftigten beeinflussbaren Zeitanteile zum Ausdruck. In der Montage war durch die Einführung getakteter Bänder weder ein schnelleres noch ein langsameres Arbeiten möglich.

Im Akkord- und Prämienlohn gab es weiterhin eine individuelle Leistungsbeurteilung über die Kriterien Qualität, Verhalten und Einsetzbarkeit. Verhalten und Einsetzbarkeit hatten ein deutlich geringeres Gewicht als die Qualität. Mitte der 90er Jahre wurde im Rahmen einer Restrukturierung der Fertigung ein neues Leistungsentgeltsystem implementiert, der sogenannte NFS-Prämienlohn (NFS steht für neue Fertigungssysteme). Dieser bestand aus einer Standardprämie sowie einer sogenannten AT-Zulage NFS, in der der bisherige Beurteilungsanteil, verstetigt auf einem mittleren Beurteilungsniveau, aufgegangen war. Dies bedeutet, dass in weiten Teilen des Leistungslohns, insbesondere in der Fertigung, keine individuelle Leistungsdifferenzierung, sondern lediglich eine Anforderungsdifferenzierung der Mitarbeiter stattfand. Die im Vergleich zu den anderen Kriterien geringere Gewichtung des Merkmals Verhalten führte im Unternehmen zum geflügelten Wort vom „verhaltensgestörten Mitarbeiter“. Was war passiert? Mit Blick auf die geringen monetären Auswirkungen hatten die Vorgesetzten das Kriterium Verhalten immer deutlich geringer beurteilt als die anderen Kriterien.

Die Leistungsbeurteilungssysteme für Angestellte, Zeit- und Leistungslöhner waren seit 1973 bzw. 1969 gültig. Der Lohn- und Gehaltsrahmentarifvertrag 2 (LGRTV 2) für Südwürttemberg-Hohenzollern schrieb jeweils minimale Verdienstgrade vor. Bei den Angestellten waren dies, 10 Prozent, bei den Zeitlöhnern 16 Prozent des Grundentgelts. Der im Tarifbezirk Nordwürttemberg/Nordbaden geltende Tarifvertrag forderte mindestens 30 Prozent in den Leistungslohnsystemen.

Die ZF Friedrichshafen AG lag deutlich über den tariflichen Mindestvorgaben. Eine klare Trennung von tariflich geschuldetem und übertariflichem Entgelt war jedoch nicht möglich. Die Unterschiede in den Verdienstgraden wurden durch die übertarifliche Bezahlung noch verschärft, was immer wieder zu Problemen führte, wenn Beschäftigte von Arbeitsplätzen mit geringeren Qualifikationsanforderungen im Leistungslohn, beispielsweise vom getakteten Band in der Serienmontage, in Zeitlohnbereiche mit höheren Anforderungen, beispielsweise in die Versuchsmontage, wechselten. Zumindest am Anfang glichen die höheren Anforderungen und das damit verbundene höhere Grundentgelt die Verluste, die durch den Wechsel vom Leistungs- in den Zeitlohn im Leistungsentgelt entstanden waren, nicht aus.

Als großer Schwachpunkt wurde insbesondere das Fehlen einer individuellen Leistungsbeurteilung im NFS-Prämienlohn empfunden. In Gruppenarbeitssystemen bewahrheitete sich, was der frühere Stuttgarter Oberbürgermeister Manfred Rommel treffend folgendermaßen ausdrückte:

„Bin ich Mitglied einer Gruppe, ist mir das Ergebnis schnuppe.
Selig schlaf’ ich in der Nacht, weil ein andrer nachgedacht.“

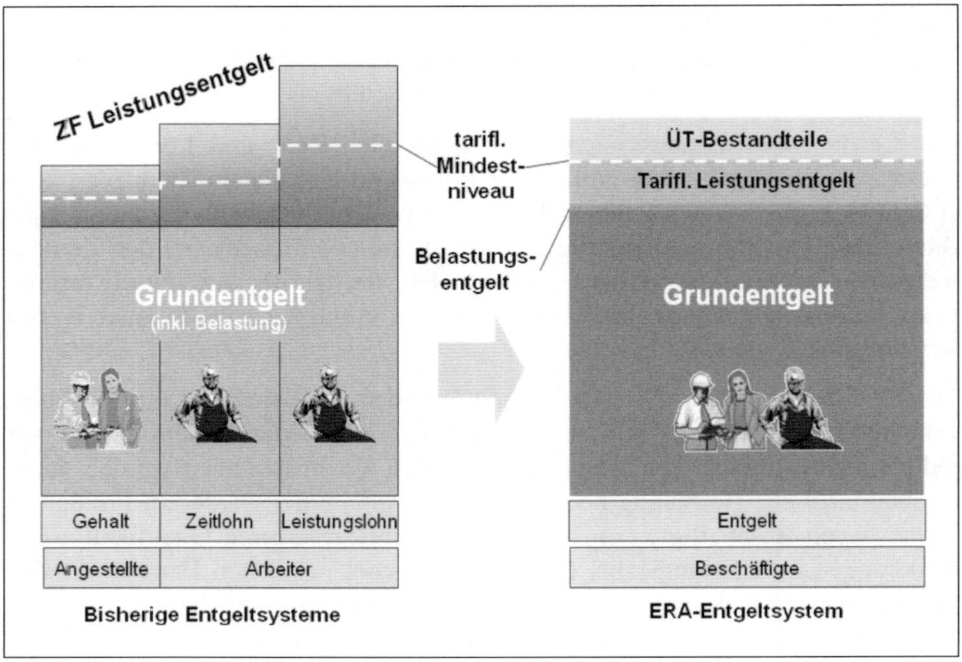

Abbildung 1: *Verdienstgrade vor und mit ERA*

Die tarifvertragliche Verpflichtung, die bestehenden drei bzw. sechs Entgeltsysteme in ein ERA-Leistungsentgelt mit einheitlichem Verdienstgrad zu überführen, war für das Unternehmen eine große Herausforderung. Insbesondere deshalb, weil sich bisher im Bereich der Lohnempfänger bei vergleichbaren Anforderungen durch das unterschiedliche Leistungsentgelt deutlich unterschiedliche Bruttoentgelte ergaben, was mit der Philosophie der ERA-TV nicht vereinbar ist (siehe Abbildung 1). Die Anforderungen bei der Neugestaltung des tariflichen Leistungsentgelts lassen sich in folgende Themenfelder zusammenfassen:

- Trennung von tariflichem Leistungsentgelt und übertariflichen Entgeltbestandteilen
- Angleichung der früheren Beschäftigtengruppen hinsichtlich der durchschnittlichen Verdienstgrade im tariflichen Leistungs- bzw. im Bruttoentgelt
- Individuelle Leistungsdifferenzierung für alle tariflichen Beschäftigten über ein einheitliches Leistungsbeurteilungsverfahren und somit standortweite Vergleichbarkeit

Neugestaltung des ERA-Entgeltsystems, insbesondere des Leistungsentgeltsystems – Rahmenbedingungen der ERA-Einführung

Bei der Neugestaltung des Entgeltsystems innerhalb des ZF-Konzerns musste sehr unterschiedlichen ERA-Tarifverträgen aus diversen Tarifgebieten Rechnung getragen werden. Ein einheitlicher Aufbau für alle deutschen Standorte war aufgrund der stark unterschiedlichen Ausgangspositionen weder sinnvoll noch möglich. Die einzelnen Standorte bzw. Unternehmensbereiche genossen große Autonomie im Rahmen eines mit dem Konzernbetriebsrat vereinbarten Leitplankenpapiers, das unter anderem folgende Prämissen enthielt:

- Umsetzung von ERA gemäß den lokal geltenden Tarifverträgen mit einer einheitlichen Systematik für alle Beschäftigten
- Ablösung der bisher geltenden Regelungen, also beispielsweise keine Regelüberleitung beim tariflichen Leistungsentgelt
- Trennung von tariflichen und übertariflichen Bestandteilen
- Einhaltung der betrieblichen Kostenneutralität

Auf betrieblicher Ebene liefen die Vorbereitungen zur ERA-Einführung arbeitgeberseitig schon längere Zeit. Bei diesen Vorarbeiten stand vor allem das Thema Grundentgelt, sprich die Beschreibung und Bewertung der betrieblichen Arbeitsaufgaben, im Fokus. Fortschritte bei der verbindlichen Bewertung in der „Paritätischen Kommission Entgelt“ konnten jedoch erst erzielt werden, als auch am Standort die Rahmenbedingungen der Einführung des ERA-TV durch eine Betriebsvereinbarung definiert waren. Diese Vereinbarung beinhaltet unter anderem folgende Punkte:

- Definition des Entgeltaufbaus für bisherige Beschäftigte und Neueintritte nach Einführung des ERA-TV: Dabei müssen nachhaltige und nicht nachhaltige Entgeltbestandteile unterschieden werden. Nachhaltige wie beispielsweise das Grundentgelt, erhalten alle Beschäftigten, das heißt auch Neueintritte nach der ERA-Einführung. Nicht nachhaltige Bestandteile wurden einmalig bei der ERA-Einführung definiert. Sie haben den Charakter von Sicherungsbestandteilen und treten nur bei Mitarbeitern auf, die bereits vor der ERA-Einführung beschäftigt waren. Mit der Unterscheidung in nachhaltige und nicht nachhaltige Bestandteile konnte eine im Sinne der Beschäftigten sehr günstige „Unterschreiter-Überschreiter-Relation“ erzielt werden, da die betriebliche Definition der Begriffe Unterschreiter und Überschreiter unter Einbeziehung eines

Teils der nicht nachhaltigen Entgeltbestandteile erfolgte. Unterschreiter konnten auch durch nicht nachhaltige Bestandteile entstehen.

- Regelungen zu den übertariflichen Bestandteilen: Der oben angesprochene Entgeltaufbau beinhaltet neben den tariflichen auch übertarifliche Bestandteile. Die übertariflichen wurden zunächst nur qualitativ, nicht quantitativ festgelegt. Die Berechnung der jeweiligen Höhe erfolgte im Zusammenhang mit der Kostenneutralitätsrechnung kurz vor der ERA-Einführung.
- Reduzierung des auf Tariferhöhungen anrechenbaren Ausgleichsbetrags von tariflich 10 Prozent auf betrieblich 4 Prozent.
- Festlegung des Einführungstermins auf den 1. Juli 2007 und zeitgleiche Umsetzung der tariflichen Tabellenerhöhung sowie der Anrechnung auf die anrechenbaren Ausgleichsbeträge.
- Definition der ERA-Kostenlinien im Rahmen der Kostenneutralität und Verwendung der Mittel des Anpassungsfonds.
- Ablösung aller bisher geltenden Vereinbarungen zum Thema Entgelt.

Durch die beschriebenen Regelungen war gewährleistet, dass die Einführung des ERA-TV in der Belegschaft eine hohe Akzeptanz fand.

Entgeltaufbau mit ERA

Nachhaltiger Entgeltaufbau

Zur Ermittlung der Anforderungen und somit des Grundentgeltanspruchs der Beschäftigten wurden über den in Baden-Württemberg vorhandenen Katalog hinaus weitere Aufgabenbeschreibungen erstellt und in der Paritätischen Kommission bewertet. Die Bewertungen des ERA-TV waren der Maßstab. Damit wurden die personenbezogenen Tätigkeitsbeschreibungen der bisherigen Angestellten sowie die im Bereich der Lohnempfänger eingesetzten Richtbeispiele abgelöst. Beim Belastungsentgelt wurden durch Betriebsvereinbarung lediglich die Lücken des Tarifvertrags geschlossen. Für die Bewertung von muskulären Belastungen wurde beispielsweise die Anwendung der bereits im Unternehmen etablierten „Leitmerkmalmethode" sowie der vom zuständigen Arbeitgeberverband Südwestmetall vorgeschlagenen Grenzwerte vereinbart.

Die größte Herausforderung aber bildete die Neugestaltung des tariflichen Leistungsentgelts. Der ERA-TV in Baden-Württemberg fordert, im Gegensatz zu anderen Tarifverträgen, die Angleichung der in den bisherigen Beschäftigtengruppen stark unterschiedlichen Leistungsentgeltdurchschnitte. Dass das tarifliche Leistungsentgelt in jeder der ehemaligen Beschäftigtengruppen künftig 15 Prozent beträgt, konnte nur durchgesetzt werden, weil zusätzlich nicht nachhaltige Bestandszulagen definiert wurden. Die individuelle Schwankungsbreite des tariflichen Leistungsentgelts liegt zwischen 0 Prozent und 30 Prozent. Im Leistungsentgelt kommen zwei unterschiedliche Säulen zum Einsatz (siehe Abbildung 2). In kennzahlbasierten Arbeitssystemen gliedert sich das tarifliche Leistungsentgelt in eine kennzahlbasierte Produktionsprämie sowie eine Leistungszulage auf Beurteilungsbasis; in den sonstigen Arbeitssystemen kommt lediglich die Leistungsbeurteilung zum Einsatz. Die ZF Friedrichshafen AG hat mit dem Betriebsrat vereinbart, auch übertarifliche Bestandteile nachhaltig im Entgeltaufbau zu verankern und nicht über einzelvertragliche Zulagen darzustellen, wodurch ein hohes Maß an Transparenz und Entgeltgerechtigkeit sichergestellt wurde. Ergänzt wird das tarifliche durch ein übertarifliches Leistungsentgelt. Dies wird nicht über eine weitere Methode ermittelt, sondern ist über einen Faktor an das tarifliche Leistungsentgelt des Beschäftigten gekoppelt. Das bedeutet: Zusätzlich zum tariflichen Leistungsentgelt wird jeweils ein fester Prozentsatz desselben als übertarifliches Leistungsentgelt bezahlt. Vorteile: die Möglichkeit einer besseren Differenzierung zwischen einzelnen Beschäftigten sowie die größere Hebelwirkung des Leistungsentgelts. Dies war vor dem Hintergrund des Wegfalls der betrieblichen Zwischengehalts- und Lohngruppen sowie der Beschränkung auf siebzehn Entgeltgruppen in Baden-Württemberg und somit einer gröberen Rasterung beim Grundentgelt notwendig. Hinzu kommt eine übertarifliche Zulage, die allen Beschäftigten als fixer Prozentsatz auf das Grundentgelt gewährt wird. Die Festlegung der Höhe der übertariflichen Bestandteile erfolgte derart, dass bei Einführung des ERA-TV die tariflich festgelegte Kostenneutralität gewahrt wurde.

Ein Wesensmerkmal der bei ZF implementierten übertariflichen Bestandteile ist die Möglichkeit, diese nach entsprechender Ankündigung ohne Nachwirkung auf Tariferhöhungen anrechnen zu können. Die Ankündigungsfristen sind jedoch so gestaltet, dass den Betriebsparteien genügend Zeit zur Beratung und Verhandlung bleibt, um gegebenenfalls eine Anrechnung durch andere Maßnahmen abzuwenden.

Unabhängig von der Einführung des ERA-TV und den damit verbundenen Veränderungen erhalten die Beschäftigten bei ZF eine Erfolgsbeteiligung. Diese wurde für den gesamten Konzern 2007 neu vereinbart und beinhaltet eine Konzern- sowie eine Standortkomponente. Berechnungsgrundlage der Konzernkomponente ist die Kennzahl „Return On Capital Employed“ (ROCE). Die Standortkomponente basiert auf dem operativen Ergebnis der jeweiligen Berichtseinheit.

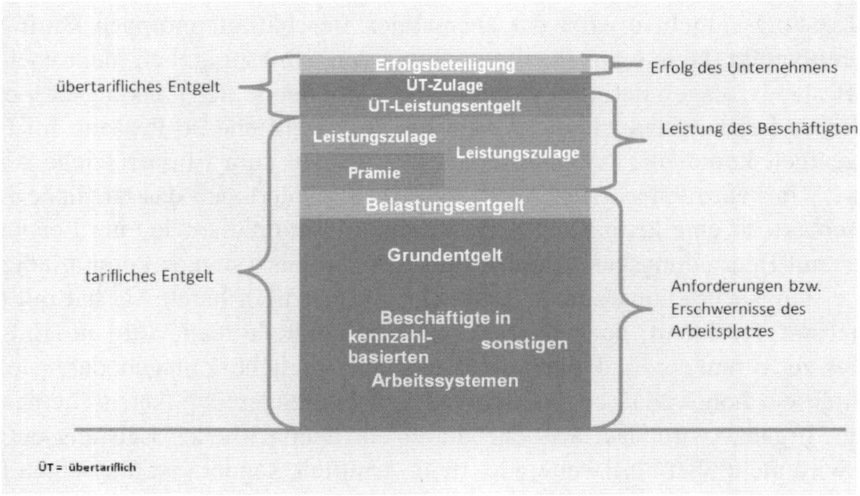

Abbildung 2: *Nachhaltiger Entgeltaufbau mit ERA*

Weitere, nicht nachhaltige Entgeltbestandteile

Zu den in Abbildung 2 dargestellten nachhaltigen Bestandteilen des Entgeltsystems kommen nicht nachhaltige hinzu, die nach der ERA-Einführung eingetretene Beschäftigte nicht erhalten. Zum einen ist dies die sogenannte übertarifliche Bestandszulage, zum anderen der vom Tarifvertrag vorgesehene anrechenbare Ausgleichsbetrag sowie die tarifdynamische ERA-Zulage. Mithilfe der Bestandszulage wurde das oben erwähnte Problem der Angleichung der vor ERA unterschiedlichen Leistungsentgeltschnitte gelöst. Die Höhe der individuellen Bestandszulage wurde über die Zugehörigkeit zu den bisherigen Beschäftigtengruppen ermittelt. So erhielten die ehemaligen Leistungslöhner höhere Bestandszulagen als bisherige Zeitlöhner oder Angestellte. Da die Bestandszulagen nicht nachhaltig sind, wurde der unterschiedlichen Ausgangssituation der Beschäftigtengruppen vor ERA Rechnung getragen und zugleich die vom ERA-TV geforderte Angleichung der tariflichen Leistungsentgeltdurchschnitte umgesetzt.

Ausgestaltung der Methoden des tariflichen Leistungsentgelts

Das tarifliche Leistungsentgelt setzt sich aus ein bzw. zwei Komponenten zusammen (siehe Abbildung 2). Dabei kommen die Methoden Kennzahlvergleich und/oder Leistungsbeurteilung zum Einsatz. Unterschieden wird in sogenannte kennzahlbasierte und sonstige Arbeitssysteme. Den kennzahlbasierten Arbeitssystemen wurden mit wenigen Ausnahmen die früher im Leistungslohn Beschäftigten zugeordnet. In den sonstigen Arbeitssystemen finden sich mit wenigen Ausnahmen die bisherigen Zeitlöhner und Angestellten wieder. Die Methode Zielvereinbarung kommt derzeit nicht zur Anwendung, da auch das Incentivesystem des Managements keine Zielvereinbarung mit Entgeltkopplung enthält. Die Option zur Einführung von Zielvereinbarungen wurde jedoch in der Betriebsvereinbarung verankert.

Kennzahlbasierte Produktivitätsprämie

In den 90er Jahren war im Rahmen der Einführung des sogenannten NFS-Prämienlohns die freie Verrechnung der Mengenleistung mit monatlichen Schwankungen des Entgelts, wie im klassischen Akkord der Fall, entfallen. An die Stelle einer variablen Prämie oder des Akkordmehrverdienstes war eine fixe Produktivitätsprämie auf Basis von Soll-Vereinbarungen getreten. Das permanente Konfliktfeld der Zeitaufnahmen nach REFA, unter Mitbestimmung des Betriebsrats bei der Festlegung des Leistungsgrades, gab es nicht mehr. Durch die Entkopplung von Leistungskennzahlen und Entgelt konnten eine Versachlichung der Diskussion um Kennzahlen erreicht und Verbesserungspotenziale zum Vorteil des Unternehmens deutlich einfacher erschlossen werden.

Aufgrund des hohen Automatisierungsgrads in der Fertigung und der getakteten Bänder in der Montage, die den Beschäftigten wenig Möglichkeiten zu einer individuellen Leistungsausbringung lassen, wurde die vormalige NFS-Prämie, eine Standardprämie, ins neue System übernommen. Statt 36 Prozent beträgt sie nun jedoch 8 Prozent, da die Beschäftigten in kennzahlbasierten Arbeitssystemen zusätzlich eine Leistungszulage sowie die übertariflichen Bestandteile erhalten.

Leistungsbeurteilungssystem

Ein Ziel bei der Ausgestaltung des tariflichen Leistungsentgelts war, jedem tariflich Beschäftigten, das heißt auch den bisherigen NFS-Prämienlöhnern, mit ERA eine individuelle Leistungsbeurteilung zu geben. Aus Gründen der Vergleichbarkeit sollten alle Beschäftigten nach denselben Kriterien beurteilt und ein Leistungsbeurteilungssystem implementiert werden, das als Führungs- und nicht nur als Entgeltsteuerungsinstrument eingesetzt wird. Das Ergebnis bildeten die Kriterien in Abbildung 3, die für alle tariflich Beschäftigten, inklusive der tariflich bezahlten Führungskräfte wie etwa Meister oder Kostenstellenleiter angewandt werden. Im Unterschied zum Vorschlag des Tarifvertrags wird das Kriterium Führungsverhalten nicht getrennt aufgeführt, sondern an passender Stelle ergänzend zum Kriterium Kooperation bewertet.

Kriterien Leistungsbeurteilung	Gewichtung
Qualität, Arbeitssorgfalt	20 Prozent
Effizienz, Quantität, Produktivität, Termintreue	20 Prozent
Verantwortliches Handeln, Engagement, Initiative (Ressourcennutzung/-verbesserung)	20 Prozent
Flexibilität, Veränderungsbereitschaft, Lernbereitschaft	20 Prozent
Kooperation/Teamfähigkeit/Zusammenarbeit, Kommunikation und ggf. Führungsverhalten	20 Prozent
Summe	100 Prozent

Abbildung 3: *Kriterien der Leistungsbeurteilung und Gewichtung*

Alle fünf Kriterien sind gleich gewichtet, um den Fokus bei der Beurteilung auf die Kriterien selbst und nicht auf die unterschiedliche Entgeltwirkung zu legen. Das Leistungsentgelt wird relativ zum Grundentgelt ermittelt. Ausgangsniveau und Erwartungen orientieren sich immer an den Anforderungen der Arbeitsaufgabe. Im Gegensatz zum tariflichen Vorschlag wurden Zwischenstufen eingefügt, die keine sprachliche Interpretation besitzen. Aufgrund der Hebelwirkung, die die Leistungsbeurteilung durch das über einen Faktor gekoppelte übertarifliche Leistungsentgelt hat, war hier eine feinere Differenzierung (neun statt fünf Stufen) notwendig geworden, um individuelle Entgeltentwicklungen sinnvoll gestalten zu können.

Das implementierte System ist offen, das heißt nicht budgetiert. Es besteht eine feste Relation zwischen Beurteilungspunkten und Leistungsentgeltprozenten. Die betriebliche Summe des tariflichen Leistungsentgelts verändert sich proportional mit der Zahl der vergebenen Beurteilungspunkte. Für die beiden Entgeltsäulen wurden aufgrund der achtprozentigen Prämie unterschiedliche Relationen festgelegt. In den kennzahlbasierten Arbeitssystemen sind es 0,35 Prozent, in den sonstigen Arbeitssystemen 0,75 Prozent pro Beurteilungspunkt. So wird vermieden, wie es in budgetierten Systemen der Fall ist, dass der Punktwert mit steigender Gesamtzahl der vergebenen Punkte fällt und somit ein Wettbeurteilen unterschiedlicher Fachbereiche gegeneinander stattfindet. Denn nur durch eine hohe Punktezahl lässt sich ein Entgeltzuwachs für den Beschäftigten erzielen.

1	2	3	4	5	6	7	8	9
Das Leistungsergebnis entspricht dem Ausgangsniveau der Arbeitsaufgabe.	Zwischenstufe	Das Leistungsergebnis entspricht im Allgemeinen den Erwartungen.	Zwischenstufe	Das Leistungsergebnis entspricht in vollem Umfang den Erwartungen.	Zwischenstufe	Das Leistungsergebnis liegt über den Erwartungen.	Zwischenstufe	Das Leistungsergebnis liegt weit über den Erwartungen.

Kriterien Leistungsbeurteilung	Gewichtung	Das Leistungsergebnis entspricht dem Ausgangsniveau der Arbeitsaufgabe. 0	Zwischenstufe	Das Leistungsergebnis entspricht im Allgemeinen den Erwartungen. 2	Zwischenstufe	Das Leistungsergebnis entspricht in vollem Umfang den Erwartungen. 4	Zwischenstufe	Das Leistungsergebnis liegt über den Erwartungen. 6	Zwischenstufe	Das Leistungsergebnis liegt weit über den Erwartungen. 8
Qualität, Arbeitssorgfalt	20 %	0 %	0,75 %	1,5 %	2,25 %	3 %	3,75 %	4,5 %	5,25 %	6 %
Effizienz, Quantität, Produktivität, Termintreue	20 %	0 %	0,75 %	1,5 %	2,25 %	3 %	3,75 %	4,5 %	5,25 %	6 %
Verantwortliches Handeln, Engagement, Initiative (Ressourcennutzung/-verbesserung)	20 %	0 %	0,75 %	1,5 %	2,25 %	3 %	3,75 %	4,5 %	5,25 %	6 %
Flexibilität, Veränderungsbereitschaft, Lernbereitschaft	20 %	0 %	0,75 %	1,5 %	2,25 %	3 %	3,75 %	4,5 %	5,25 %	6 %
Kooperation/Teamfähigkeit/ Zusammenarbeit, Kommunikation und ggf. Führungsverhalten	20 %	0 %	0,75 %	1,5 %	2,25 %	3 %	3,75 %	4,5 %	5,25 %	6 %
Summe	**100 %**	**0 %**	**3.75 %**	**7.5 %**	**11.25 %**	**15.00 %**	**18.75 %**	**22.5 %**	**26.25 %**	**30 %**

Abbildung 4: *Beurteilungsschema für sonstige Arbeitssysteme*

Budgetierte Systeme haben zwar den Vorteil, dass die tarifliche Leistungsentgeltsumme niemals über die im ERA-TV festgelegten 15 Prozent der Grundentgeltsumme steigt, jedoch auch niemals darunter fällt, obwohl der ERA-Tarifvertrag eine gewisse Schwankungsbreite beim tariflichen Leistungsentgelt toleriert. Offene Systeme erfordern jedoch eine intensive Betreuung, damit das System in Bezug auf die Kosten im durch den Tarifvertrag vorgegebenen Korridor bleibt. Bei ZF erfolgt das Controlling der Systeme durch die Funktion „Entgeltanalytik".

In der Vorbereitung der jährlichen Leistungsbeurteilungsrunden werden die Ist-Daten, zum Beispiel Durchschnitte und Verteilungen, für die Fachbereiche aufbereitet. Eingehende Beurteilungen der Vorgesetzten werden plausibilisiert, gegebenenfalls mit dem Fachbereich diskutiert und aggregiert. Ziel ist es, im Vergleich von Organisationseinheiten mit einer ausreichend großen Zahl an Beschäftigten, die eine repräsentative Verteilung zwischen Gut- und Schlechtleistern gewährleisten, auch vergleichbare Beurteilungsdurchschnitte zu erreichen. Hinsichtlich des Beurteilungsverhaltens der Vorgesetzten soll ein einheitlicher Maßstab gewährleistet werden, das heißt eine Nivellierung zwischen strengen und großzügigen Beurteilern. Abweichungen von den vom System vorgesehenen Beurteilungsschnitten werden dann toleriert, wenn sie plausibel sind. So haben im Aufbau begriffene Organisationseinheiten, in denen viele unerfahrene Hochschulabsolventen eingestellt wurden, zu Recht deutlich niedrigere Beurteilungsschnitte als Organisationseinheiten, die aus einer erfahrenen Stammmannschaft bestehen. Die Plausibilisierung der Ergebnisse umfasst nicht nur die Betrachtung der Organisationseinheiten, sondern auch den Vergleich verschiedener Grundentgeltniveaus. Da die Leistungsbeurteilung immer auf dem Ausgangsniveau der jeweiligen Arbeitsaufgabe aufsetzt (siehe Abbildung 4), muss gewährleistet sein, dass die Beurteilungsschnitte bei geringeren Anforderungen, sprich niedrigeren Entgeltgruppen, den Schnitten bei höheren Anforderungen vergleichbar sind.

Vorbereitung der Führungskräfte auf die ERA-Einführung

Die Führungskräfte wurden im Vorfeld intensiv auf die ERA-Einführung vorbereitet. Bereits ab 2005 wurden sie in den Themen ERA-Grundentgelt, Leistungsentgelt und Belastungszulagen geschult. Vor der Einführung gab es einen weiteren Schulungsblock zum Thema ERA-Mitarbeitergespräch, in dessen Rahmen die Vorgesetzten auf die Vermittlung des Themas Überschreiter/Unterschreiter gegenüber den disziplinarisch zugeordneten Beschäftigten vorbereitet wurden. In Organisationseinheiten mit großen Führungsspannen wurden von der Funktion „Entgeltanalytik“ auf Wunsch Informationsveranstaltungen für die Beschäftigten durchgeführt, was zur Entlastung der Führungskräfte beitrug. Sie mussten den Beschäftigten nur noch die individuellen Auswirkungen von ERA vermitteln. Flankiert wurde die Einführung durch die Bereitstellung von Informationen für Führungskräfte und Beschäftigte in gedruckter Form bzw. über ein MSS- bzw. ESS-System.

Anwendung des neuen Leistungsbeurteilungssystems – Handlungsbedarf für die Zukunft

Das neue Leistungsbeurteilungssystem kam erstmalig mit der ERA-Einführung zum 1. Juli 2007 zur Anwendung. Alle tariflich Beschäftigten mussten neu beurteilt werden. Diese flächige Beurteilung erfolgte jedoch nicht völlig frei. Zwar gab es keine rechnerische Überleitung, doch mit dem Betriebsrat wurde vereinbart, von der bisherigen Leistungsbeurteilung als Orientierungswert nur ein bestimmtes Maß nach unten abzuweichen. Hinzu kam, dass die Leistungsbeurteilung von den Vorgesetzten mit dem Wissen um die Auswirkungen auf das Bruttoentgelt des Mitarbeiters durchgeführt wurde. Das bedeutete: Von der Leistungsbeurteilung hing in nicht unerheblichem Maße ab, ob ein Beschäftigter zum Über- oder Unterschreiter wurde.

Im Zeitraum Juli 2007 bis April 2008 wurde durch eine große Zahl von Einstellungen jeweils nach fünf Monaten eine Erstbeurteilung fällig. Weitere neu festzusetzende Leistungsbeurteilungen standen bei der Erhöhung der Entgeltgruppe an. Die erste reguläre, flächige Leistungsbeurteilungsrunde fand jedoch erst im April 2008 statt. Besonders die Meister in der Produktion standen aufgrund der im Folgenden beschriebenen speziellen Rahmenbedingungen vor einer großen Herausforderung.

- Die Meister haben derzeit deutlich größere Führungsspannen als Führungskräfte in den bisherigen Angestelltenbereichen. Diese Situation verschärfte sich temporär noch durch die große Anzahl von Neueinstellungen. Das Problem der großen Führungsspannen beschränkt sich im Übrigen nicht auf das Thema Leistungsbeurteilung, sondern kommt bei allen anderen Führungsthemen, beispielsweise den jährlichen Personalentwicklungsgesprächen oder gegebenenfalls notwendigen Gesprächen im Rahmen des Gesundheitsmanagements, zum Tragen.

- Verschärft wird das Problem der Führungsspannen durch die Schichtsysteme, den teilweisen Übergang von Zwei- in Dreischicht und die Wochenendarbeit, die zu Freischichten unter der Woche führt. Die mangelnde Überlappung der Arbeitszeit von Meister und Beschäftigtem bringt eine nicht ausreichende Nähe sowie Möglichkeit, die Beurteilung durchzuführen, mit sich.
- In den früheren Leistungslohnbereichen kam der oben beschriebene NFS-Prämienlohn, der keine Leistungsbeurteilung kannte, häufig zum Einsatz. Daher konnte ein nicht unerheblicher Anteil der Meister vor ERA keinerlei Erfahrung mit dem Instrument der Leistungsbeurteilung machen.
- Darüber hinaus befinden sich die Meister als erste betriebliche Führungsebene in einer Sandwichposition zwischen den Beschäftigten und dem Management.
- Erschwerend kommt hinzu, dass in den ehemaligen Leistungslohnbereichen zwischen Beschäftigten mit und Neueinstellungen ohne Sicherungsbestandteilen der Grundsatz „gleiches Geld für gleiche Arbeit" teilweise massiv verletzt wird.

Da die Führungskräfte nun erstmals ohne den speziellen Kontext der ERA-Einführung mit dem Thema der Leistungsbeurteilung konfrontiert waren, wurde in den Monaten Januar und Februar 2008 von der Entgeltanalytik ein weiterer Schulungszyklus zum Thema Leistungsbeurteilung angeboten. Gegenstand der Schulung war die Leistungsbeurteilungssystematik an sich, das heißt die Kriterien, deren Gewichtung sowie mögliche Ausprägungen, Hinweise zum Vorgehen bei der Beurteilung, zu möglichen Beurteilungsfehlern, der Leistungsbeurteilungsprozess sowie die bereitgestellten Werkzeuge. Den Führungskräften wurde zum ersten Mal die Möglichkeit gegeben, die finanziellen Konsequenzen einer Beurteilung zu simulieren, um eine Sensibilisierung für die Kosten zu erreichen.

Die Ergebnisse dieser ersten Leistungsbeurteilungsrunde werden im Folgenden genauer analysiert. Die Leistungsbeurteilungsschnitte der Beschäftigten folgten im Großen und Ganzen einer Normalverteilung, die etwas nach links verschoben ist (vgl. Abbildung 5). Die Linksverschiebung kann plausibel mit der großen Zahl von Neueinstellungen erklärt werden. Im Laufe der Zeit wird hier eine Zentrierung der Verteilungskurve stattfinden. Die realisierten Zuwächse waren über größere Organisationseinheiten hinweg relativ homogen. Bei den Durchschnitten wurden, aufgrund unterschiedlicher Beschäftigtenstrukturen, spürbare Unterschiede deutlich, was jedoch vor dem Hintergrund der beschriebenen Einstellwelle ebenfalls plausibel ist.

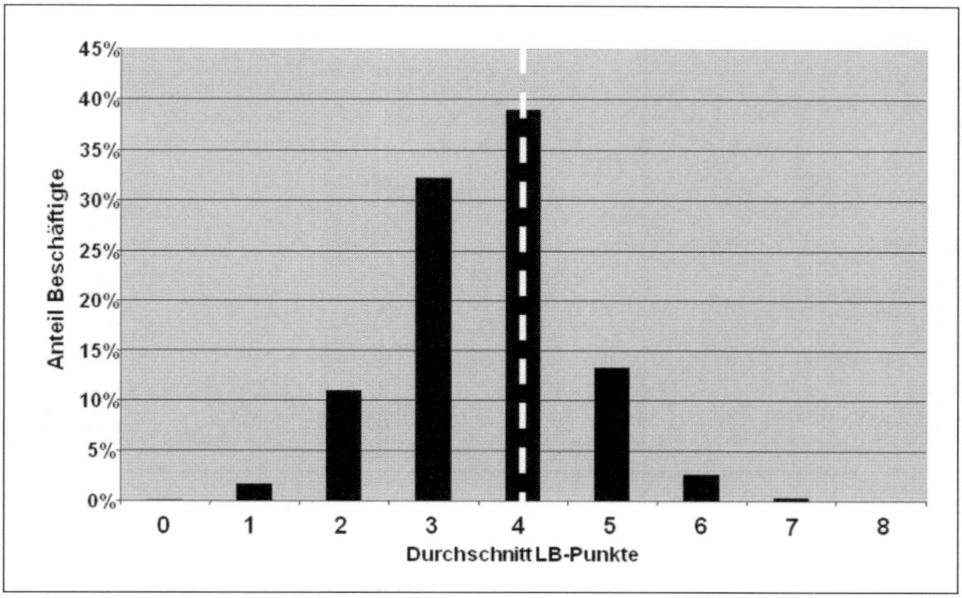

Abbildung 5: *Verteilung der Leistungsbeurteilungen*

Ein weiterer, sehr interessanter Aspekt trat bei der Analyse der einzelnen Bewertungszeilen zutage. Hierzu wurde untersucht, wie homogen bzw. heterogen in den einzelnen Kriterien beurteilt wurde. In Abbildung 6 sind verschiedene Beurteilungsvarianten gegenübergestellt. Bei der sogenannten Bewertungsbank (links oben) werden alle Kriterien mit der gleichen Ausprägung beurteilt. Eine Bank mit einer Abweichung ist auf Seite 96 unten dargestellt, eine Bank mit zwei Abweichungen in eine Richtung auf Seite 97 oben. Die Darstellung auf Seite 97 unten zeigt eine Bewertung mit zwei Abweichungen in unterschiedliche Richtungen.

Stufenbeschreibung		Das Leistungsniveau entspricht dem Anspruchsniveau der Arbeitsaufgabe	Zwischenstufe	Das Leistungsergebnis entspricht im Allgemeinen den Erwartungen	Zwischenstufe	Das Leistungsergebnis entspricht in vollem Umfang den Erwartungen	Zwischenstufe	Das Leistungsergebnis liegt über den Erwartungen	Zwischenstufe	Das Leistungsniveau liegt weit über Den Erwartungen
	Punkte	0	1	2	3	4	5	6	7	8
Qualität	20%					●				
Effizienz	20%					●				
Verantwortl. Handeln	20%					●				
Flexibilität	20%					●				
Kooperation	20%					●				

Stufenbeschreibung		Das Leistungsniveau entspricht dem Anspruchsniveau der Arbeitsaufgabe	Zwischenstufe	Das Leistungsergebnis entspricht im Allgemeinen den Erwartungen	Zwischenstufe	Das Leistungsergebnis entspricht in vollem Umfang den Erwartungen	Zwischenstufe	Das Leistungsergebnis liegt über den Erwartungen	Zwischenstufe	Das Leistungsniveau liegt weit über Den Erwartungen
	Punkte	0	1	2	3	4	5	6	7	8
Qualität	20%					●				
Effizienz	20%						●			
Verantwortl. Handeln	20%					●				
Flexibilität	20%					●				
Kooperation	20%					●				

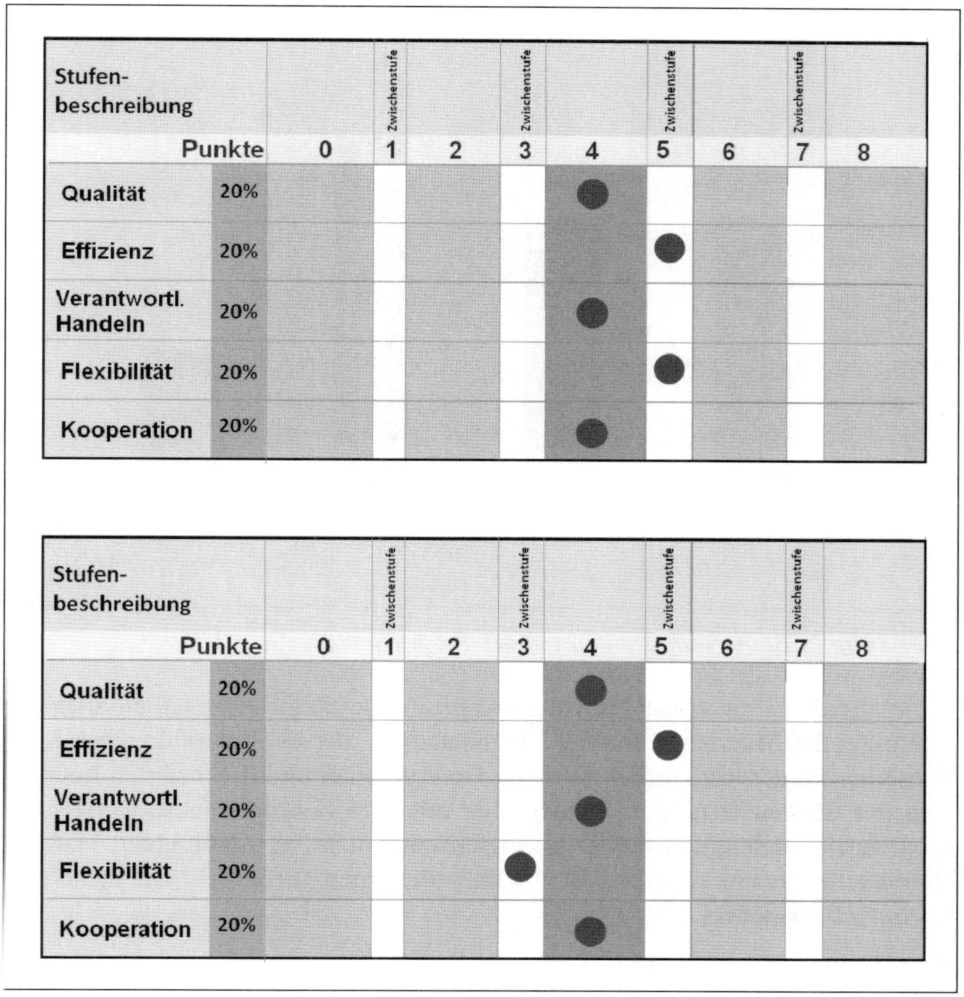

Abbildung 6: *Verschiedene Beurteilungsvarianten*

Die Analyse des Beurteilungsverhaltens in Abbildung 7 ergab, dass ca. 25 Prozent aller Beschäftigten mit einer Bank beurteilt waren. Weitere 25 Prozent waren mit einer Bank mit einer Abweichung, weitere 35 Prozent mit einer Bank und zwei Abweichungen in dieselbe Richtung beurteilt. Lediglich rund 15 Prozent der Beschäftigten hatten eine Beurteilung mit zwei Abweichungen in unterschiedliche Richtungen oder mehr.

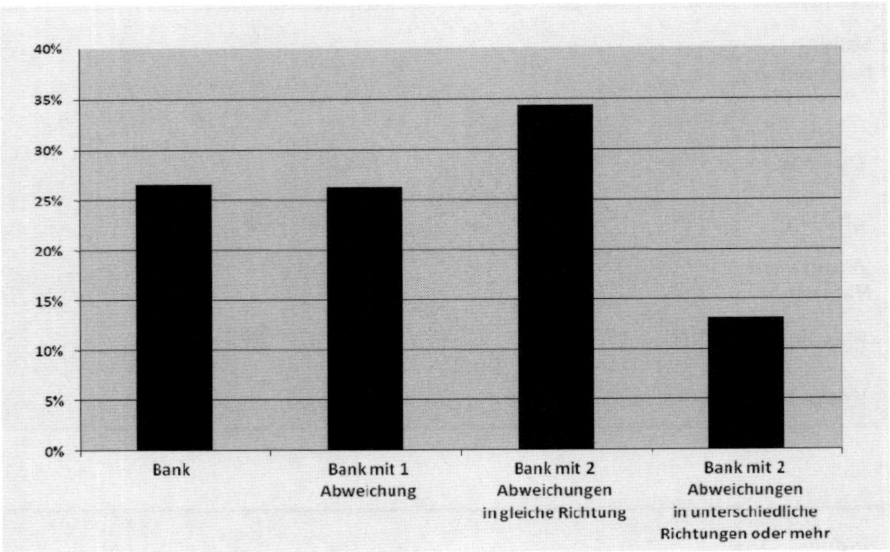

Abbildung 7: *Beurteilungstendenzen der Vorgesetzten*

Dieses Ergebnis einer statistischen Auswertung bestätigte letztendlich auch die Erfahrung der Mitarbeiter mit der Entgeltanalytik, die bei den zahlreichen Erstbeurteilungen der letzten Monate einen Trend zu einer undifferenzierten Beurteilung mit Bänken festgestellt hatten. Hier erhärtete sich der Eindruck, dass die Leistungsbeurteilung bei den Vorgesetzten noch nicht im erwünschten Maß als Führungsinstrument verankert ist. Vielfach dominiert der Aspekt der Steuerung des Entgeltzuwachses.

Das Thema Leistungsbeurteilung bleibt bei ZF weiter im Fokus. Im Oktober 2008 wurde ein Projekt gestartet, das die Weiterentwicklung des Themas unter technisch-organisatorischen sowie methodisch-inhaltlichen Gesichtspunkten vorantreibt. Hinsichtlich der technisch-organisatorischen Durchführung ergaben sich bereits mit der Einführung des ERA-TV Änderungen. Die Leistungsbeurteilung wird derzeit nicht mehr auf Papier durchgeführt, sondern durch den Versand geschützter Dateien per E-Mail. Langfristig wird jedoch eine Workflow-Lösung angestrebt, die es den Vorgesetzten erlaubt, das Thema Leistungsbeurteilung in einem webbasierten Portal, analog zu vielen Anwendungen der Zeitwirtschaft wie etwa das Beantragen von Urlaub, Gleitzeit oder Überstunden, zu bearbeiten. Um eine hohe Akzeptanz für eine Workflow-Lösung zum Thema Leistungsbeurteilung zu erzielen und Bedarfe hinsichtlich deren Einsatzes als

Führungsinstrument zu erheben, wurde begonnen, Führungskräfte aus verschiedenen Fachbereichen in den Gestaltungsprozess einzubinden. Im Rahmen eines strukturierten Interviews werden zum einen Vertreter aus der Gruppe der Meister, zum anderen Führungskräfte unterschiedlicher Funktionen wie beispielsweise Vertrieb, Einkauf, Logistik oder Controlling befragt. Hinsichtlich der technischen Realisierung muss geklärt werden, welche Funktionalitäten das System bieten soll. Hierbei stehen zunächst die Auswertungsmöglichkeiten im Mittelpunkt. Eine Durchschnittsbildung, die aus Sicht des ERA-TV genügen würde, muss um weitere Größen wie Verteilungen, Standardabweichungen als Maß der Leistungsdifferenzierung oder Analysen der Veränderungen erweitert werden. Eine Entgeltsimulation im Zusammenhang mit der Leistungsbeurteilung hilft, die Vorgesetzten hinsichtlich der Auswirkungen auf die Personalkosten zu sensibilisieren. Der Prozessgestaltung hinsichtlich der Einbindung von Genehmigungsinstanzen wie beispielsweise der Vorgesetzten auf höheren Berichtsebenen oder des Personalbereichs kommt große Bedeutung zu. Vor dem Hintergrund der teilweise sehr großen Führungsspannen muss das Thema Vorschlagsbeurteilung durch fachliche Führungskräfte wie Gruppenkoordinatoren oder Projektleiter geprüft werden.

Auch unter dem methodisch-inhaltlichen Aspekt würde hinsichtlich der Nutzung der Leistungsbeurteilung als Führungsinstrument Handlungsbedarf identifiziert. Die Reaktion der Meister auf die flächendeckende Einführung eines Leistungsbeurteilungssystems war unterschiedlich. Von vielen wurde dies ausdrücklich begrüßt. Sie konnten nun endlich ihre Mitarbeiter mit gleichen Anforderungen entgeltlich differenzieren. Andere scheuten jedoch aufgrund ihrer mangelnden Erfahrung mit einem solchen System davor zurück. Dies äußerte sich in sehr gleichförmigen Beurteilungen, insbesondere bei der Erstbeurteilung neu eingestellter Mitarbeiter. Alle gleich zu beurteilen erspart einem Vorgesetzten unter Umständen die lästige Diskussion mit dem Mitarbeiter, warum er ihn bei dem einen oder anderen Kriterium schlechter beurteilt hat oder warum dieser im Quervergleich zu anderen Kollegen vielleicht sogar schlechter beurteilt wurde. Insbesondere in den direkten Bereichen werden Entgelte zwischen den Beschäftigten oft offen diskutiert, sodass hier eine gewisse Transparenz besteht.

Die methodische Unterstützung bei der Anwendung des Leistungsbeurteilungsverfahrens könnte sich beispielsweise darauf beziehen, Beurteilungsfehler zu vermeiden und ein größtmögliches Maß an Objektivität zu erreichen, das Beobachten und Dokumentieren während eines Jahres oder auch die Durchführung des Mitarbeitergesprächs zu unterstützen. Nach einem Pilotbetrieb ist geplant, die Leistungsbeurteilungsrunde 2010 erstmals über einen Workflow abzuwickeln.

Zusammenfassung

Bei ZF konnte der ERA-TV ohne Reibungsverluste eingeführt werden. Ein Indikator hierfür ist die im Vergleich zu anderen Unternehmen relativ geringe Zahl von Einsprüchen gegen die zugeordnete ERA-Arbeitsaufgabe, sprich die Entgeltgruppe. Nur rund vier Prozent der Beschäftigten haben diese reklamiert. Dies lag einerseits daran, dass die bisherigen Beschäftigten bei ZF deutlich besser abgesichert wurden, als der Tarifvertrag es vorsah. Andererseits ist es durch die Definition übertariflicher Entgeltbestandteile auch gelungen, ein Entgeltsystem zu implementieren, mit dem ZF in einem vom Ingenieur- und Fachkräftemangel geprägten Arbeitsmarkt erfolgreich Mitarbeiter gewinnen kann, das aber gleichzeitig auch die Flexibilität zur Reaktion in wirtschaftlich schwierigen Situationen bietet.

Das bei ZF eingeführte Entgeltsystem stellt einen klaren Schnitt zum alten System dar. Die ERA-Philosophie, die nur noch Beschäftigte kennt, wurde konsequent umgesetzt. Daraus entstehende Härten, beispielsweise für die ehemaligen Leistungslöhner, wurden durch übertarifliche Entgeltbestandteile, die jedoch nicht nachhaltig Bestandteil des Entgeltsystems sind, und eine sehr gute Absicherung der Überschreiter abgefedert. Für die Zukunft muss vor allem die Anwendung des Leistungsbeurteilungssystems im Fokus der Aktivitäten bleiben. Ziel ist dessen Nutzung als Führungsinstrument und nicht bloß dessen Nutzung zur Steuerung von Entgeltzuwächsen.

Gontermann-Peipers GmbH: Erfolgsabhängige Vergütung in einem Gießerei-Unternehmen

Fritz Spannagel

Als alteingesessenes Familienunternehmen (Gründungsjahr 1825) betreibt Gontermann-Peipers (GP) am Standort Siegen zwei Produktionsstätten, die sich auf die Herstellung anspruchsvoller Gussprodukte spezialisiert haben. Wesentliche Abnehmerbranchen sind die Stahl- und Aluminium-Industrie, der Anlagen- und Maschinenbau sowie die Stromindustrie. Das Unternehmen fertigt überwiegend auftragsbezogen. Serienfertigung gibt es nicht, Wiederholaufträge sind eher die Ausnahme.

GP beschäftigt ca. 600 Mitarbeiter. Die Gesamterzeugung beider Werke liegt in einer Größenordnung von 50.000 Tonnen Guss pro Jahr. Wesentliche Produktgruppen sind Walzwerkswalzen, Strangguss, Handformguss, Kokillenguss und Schleuderguss. Das technische Know-how beider Werksbereiche hat sich über Jahrzehnte ständig weiterentwickelt. Die Exportquote für die teilweise mehr als 200 Tonnen schweren Werkstücke liegt bei rund 70 Prozent.

Bedingt durch die anspruchsvolle Prozesskette und den hohen Spezialisierungsgrad, erfordert die Wettbewerbsfähigkeit des Unternehmens kontinuierliche Investitionen im Sachanlagenbereich und wird hinsichtlich eines nachhaltigen Geschäftserfolges in hohem Maße von der Leistungsbereitschaft, der Fachkompetenz und Identifikation seiner Mitarbeiter mit den Unternehmenszielen getragen. In einem festen Turnus werden die mittel- und kurzfristigen Zielsetzungen des Unternehmens in engem Dialog und im Rahmen einer vorgegebenen Teamstruktur auf Realisierbarkeit geprüft, um danach in klar formulierten Zielvereinbarungen festgeschrieben zu werden. Die nachstehenden Regelungen des GP-Haustarifvertrages sind insbesondere bezüglich der Modalitäten der Ergebnisbeteiligung sehr eng an die „Führung per Zielvereinbarung" angelehnt.

Zielsetzung des GP-Haustarifvertrages

Bereits im Jahr 1997 entschloss sich die GP-Geschäftsführung zur Entwicklung und Umsetzung eines vom Flächentarif der Metall- und Elektroindustrie (M+E) losgelösten Haustarifvertrages, der eine deutlich verbesserte Grundlage für zukunftsorientiertes Handeln der Belegschaft zum Ziel haben sollte. Im Zuge der Umsetzung sollten „alte Zöpfe" beseitigt, die tarifliche Trennung von Arbeitern und Angestellten aufgehoben werden und die Mitarbeiter in einem transparenten System am Geschäftserfolg von GP teilhaben.

Neben dem finanziellen Anreiz für die Mitarbeiter sollte dem Unternehmen mit der Einführung einer Ergebnisbeteiligung in Krisenzeiten ein systembedingtes Korrektiv zur Kostensenkung zur Verfügung stehen und somit auch der sozialen Komponente (Stabilisierung der Belegschaftsstärke) mehr als in einem starren Entgeltsystem Rechnung getragen werden. Das Unternehmen sollte „mehr Luft zum Atmen“ bekommen, um eine bis dahin eher instabile, dem Auslastungszyklus folgende und somit stark schwankende Belegschaftsstärke möglichst zu vermeiden. Die bis dahin eher fixen Personalkosten sollten einen nennenswerten variablen Anteil bekommen. Zudem sollte die Einführung des GP-Haustarifs zu einem engen „Korsett organisatorischer Vorgaben“ führen, die mittels eines transparenten und verlässlichen Informationswesens möglichst viele Mitarbeiter näher an die Zielsetzungen und Zukunftsvisionen des Unternehmens heranführen sollten. Letztlich ging es darum, die Mitarbeiter über eine Offenlegung aller betriebswirtschaftlichen Kennziffern für die Zukunftsgestaltung des Unternehmens mehr als in der Vergangenheit zu interessieren und somit ihre Motivation zur aktiven Mitgestaltung zu fördern.

Das Vorhaben der Ergebnisbeteiligung setzte somit ein in jeder Hinsicht verlässliches, transparentes und glaubwürdiges Zahlenwerk mit einer systematischen Informationskaskade voraus. Vor dem Hintergrund der über Jahrzehnte gewachsenen, eher patriarchalischen Unternehmensphilosophie war klar, dass eine erfolgreiche Umsetzung des Vorhabens nur mit grundsätzlichen Veränderungen der Denkweise – letztlich einer neuen Führungsphilosophie – und nur unter bestimmten Voraussetzungen möglich sein konnte. Auf diese Voraussetzungen wird nachfolgend eingegangen.

Prämissen zur Umsetzung des GP-Haustarifvertrages

In Anbetracht eines traditionell relativ hohen Organisationsgrades der Belegschaft (IG-Metall) und einer damit einhergehenden starken Position des Betriebsrates erschien es sinnvoll, unmittelbar nach der Geburtsstunde der Idee eine Arbeitsgruppe zu bilden, die in Zusammenarbeit mit Betriebsrat, Personalabteilung und Geschäftsführung die notwendigen Schritte zur Umsetzung des Vorhabens zu planen und auf Realisierbarkeit zu prüfen hatte.

Um Verunsicherungen in der Belegschaft zu vermeiden, verpflichteten sich die Gruppenmitglieder, Informationen über den jeweils aktuellen Stand des Projektes nach außen nur in einer abgesprochenen Vorgehensweise zu geben. Es war allen Gruppenmitgliedern klar, dass zunächst ein gangbarer Weg zur Realisierung des Vorhabens gefunden werden musste, weil ansonsten unsachliche Diskussionen zu befürchten und in der Entstehungsphase externe Einflüsse nicht gewollt waren. Vor allen weiteren Schritten hatte eine Bestandsaufnahme des Ist-Zustandes zu erfolgen, die lückenlos alle relevanten Daten der bis dato gültigen Entgeltregelungen aufzeigen musste.

Hierbei wurde schnell klar, dass einerseits die überholten Regelungen des M+E-Flächentarifs einer dringenden Reform bedurften, sich aber gleichermaßen auch bei GP hausintern über Jahre zahlreiche Ungereimtheiten hinsichtlich der Entgeltregelungen eingeschlichen hatten. Dies betraf die Zusage übertariflicher Entgeltbestandteile, die nicht immer begründet erschienen, und galt besonders auch hinsichtlich des Gefälles zwischen den sogenannten kaufmännisch bzw. technischen Angestellten und den im gewerblichen Bereich tätigen Arbeitern. Auch bei durchaus vergleichbaren Anforderungsprofilen tauchten Unterschiede in der Entlohnung auf, die die tarifliche Einstufung fraglich erscheinen ließen und im Zuge der Neuordnung behoben werden sollten.

Bereits in dieser Phase wurde somit deutlich, dass es bei der Umsetzung des Vorhabens Gewinner und Verlierer in der Belegschaft geben würde, da für die Neuordnung mit sehr hoher Priorität Kostenneutralität gegenüber dem Ist-Zustand vorgegeben war. Das Personalkosten-Budget sollte also keinesfalls steigen, sondern nur sinnvoller und gerechter verteilt werden. Außerdem sollten der Aufbau des neuen Entgeltsystems und die Einstufung der Mitarbeiter tragfähig für die Zukunft sein und im Innen- und Außenverhältnis bedenkenlos offengelegt werden können. Der Haustarifvertrag sollte Fremdvergleichen standhalten und nicht zuletzt GP auch hinsichtlich der Entgeltregelungen als einen attraktiven Arbeitgeber hervorheben.

Wie unter den Zielsetzungen erwähnt, sollte der GP-Haustarif neben einer gerechten und zeitgemäßen tariflichen Einstufung der Mitarbeiter ein nachvollziehbares und transparentes System zur durchgängigen Beteiligung der Belegschaft am Geschäftserfolg beinhalten. Dieses Ergebnisbeteiligungs-Modell sollte alle tariflich eingestuften Mitarbeiter erfassen und möglichst zeitnah – also nicht erst wie bei den außertariflich eingestuften Mitarbeitern nach Vorlage des jeweiligen Jahresabschlusses – zum Einsatz kommen. Zudem sollte es auch für betriebswirtschaftlich weniger qualifizierte Mitarbeiter in seinem Aufbau und seiner Auswirkung verständlich sein. Die daraus resultierenden Anforderungen an das GP-Management und insbesondere an das Controlling des Unternehmens bedeuteten somit zweierlei:

1. Das Management hatte sich für eine uneingeschränkte Transparenz aller betrieblichen Kennziffern zu entscheiden – und zwar bei guter und schwieriger Geschäftslage gleichermaßen.
2. Das Controlling musste zur Offenlegung der Kennziffern ein System entwickeln, das in verständlicher Form die Basis für die Ergebnisbeteiligung aufzeigte und neben der geforderten Aktualität (Vorlage jeweils bis zum 20. des Folgemonats) jeder noch so kritischen Überprüfung standhalten musste.

Seitens der Geschäftsführung mussten vertrauensbildende Qualifizierungsmaßnahmen vorgesehen werden, mittels derer möglichst weite Kreise der Belegschaft in verständlicher Form mit diesem Umbruch vertraut gemacht werden sollten. Zielgruppen waren hierbei neben dem elfköpfigen Betriebsrat etwa 80 Mitarbeiter, die als Führungskräfte alle Unternehmensbereiche repräsentieren sollten und damit in der Einführungsphase und auch nach Umsetzung des Vorhabens als Multiplikatoren in ihren Verantwortungsbereichen wirken konnten.

Allen Beteiligten war klar, dass mit der Einführung einer Ergebnisbeteiligung in vorstehender Form der Belegschaft ein großer Vertrauensbonus gegeben werden sollte, der sich zwangsläufig aus dem „gläsernen Zahlenwerk" des Unternehmens ableiten würde. Das war letztlich auch gewollt und sollte ein fester Bestandteil der Unternehmensphilosophie werden. Mit der Umsetzung des Vorhabens stand somit eine Grundsatzentscheidung an, die auf allen Ebenen des Unternehmens ein deutliches Umdenken erforderte und bei allen Beteiligten eine möglichst durchgängige Öffnung und positive Grundeinstellung für den neuen Weg voraussetzte. Dass der GP-Haustarif zur Wirksamkeit auch die Unterschrift der IG-Metall tragen musste und damit auch diesbezüglich der notwendige Konsens erforderlich war, sei abschließend erwähnt.

Aufbau des GP-Haustarifvertrages

Nachdem in der erwähnten Arbeitsgruppe hinsichtlich der Ziele und der Voraussetzungen zur Einführung des GP-Haustarifvertrages Einigkeit bestand, wurden die Vertragsinhalte konkretisiert und führten zu dem bis heute gültigen GP-Haustarifvertrag, der aus folgenden Inhalten und Entgeltkomponenten aufgebaut ist:

GP-Tarifgruppen (= Basiseinkommen)

Zielsetzung der GP-Tarifgruppen ist eine eng abgestufte Skala von Einstufungskriterien, die, aufbauend auf vorhandenen Basisqualifikationen, eine Zuordnung der Mitarbeiter entsprechend des gegebenen Tätigkeitsbereiches ermöglicht. Für insgesamt 13 GP-Tarifgruppen sind jeweils spezifische Anforderungen formuliert, an denen sich die Einstufung und damit das Basiseinkommen orientiert. Da es sich bei den Anforderungen zunächst um Basisqualifikationen handelt und diese losgelöst vom eigentlichen Tätigkeitsbereich formuliert sind – also nicht konkret etwa auf Tätigkeiten in der Produktion oder im Verwaltungsbereich Bezug genommen wird –, sind die Einstufungskriterien unternehmensweit anwendbar.

Nachdem die Einstufung entsprechend der Basisqualifikation bzw. Anforderung erfolgt ist, wird die Tätigkeit mittels einer Aufgabenbeschreibung hinsichtlich der aufgabenspezifischen Anforderungen praxisnah formuliert. Die 13 GP-Tarifgruppen regeln gleichzeitig die Laufbahnmuster bzw. die Aufstiegschancen innerhalb des Unternehmens.

- GP-Gruppen 1–3 (= Anlernaufgaben)
- GP-Gruppen 4–6 (= Fachkräfte)
- GP-Gruppen 7–13 (= Fach- und Führungslaufbahn)

Für den jeweiligen Aufstieg sind folgende drei Kriterien maßgeblich:

- Eine entsprechende Position ist zu besetzen
- Der Mitarbeiter erfüllt die Anforderungen der neuen Tarifgruppe (Tarifgruppenmerkmale)
- Die Leistungszulage (siehe unten) in der bisherigen GP-Gruppe liegt über sechs Prozent

GP-Leistungsbewertung

Zur individuellen Honorierung der Leistungsentwicklung dient ein transparentes Bewertungssystem, das auf den Merkmalen

- Fachkompetenz,
- Arbeitsgüte,
- Leistung,
- Zusammenarbeit,
- Zuverlässigkeit

aufgebaut ist. Einmal jährlich erfolgt nach einem Punktsystem die Bewertung aller Mitarbeiter. Die erreichte Punktzahl wird in eine prozentuale Leistungszulage umgerechnet, die eine Spanne von null bis zehn Prozent des Basiseinkommens umfasst. Der Mittelwert aller Leistungszulagen muss sich in einem Korridor zwischen 5,7 und 6,3 Prozent bewegen, um Auswüchse in die eine oder andere Richtung zu verhindern. Wird dieser Mittelwert verfehlt, erfolgt eine durchgängige Korrektur aller Werte.

Die Bewertung wird durch die Vorgesetzten im persönlichen Gespräch erläutert und ausgehändigt. Falls die Mitarbeiter mit der Bewertung nicht einverstanden sind, gibt es die Möglichkeit des Einspruchs vor einer Kommission (die Einspruchsquote liegt seit Einführung der jährlichen Leistungsbewertung unter 1 Prozent der Bewertungen).

GP-Ergebnisbeteiligung

Der dritte Baustein der GP-Entgeltregelungen ist die Ergebnisbeteiligung. Hierbei wird unterschieden zwischen einer monatlich zur Auszahlung kommenden Ergebnisprämie und einer jährlichen Ergebnisprämie in Form einer Einmalzahlung nach Abschluss des Geschäftsjahres. Während das Budget für die monatliche Ergebnisbeteiligung aus den vorgängig üblichen übertariflichen Zahlungen gebildet wurde (Kostenneutralität), ist die jährliche Ergebnisbeteiligung eine zusätzliche Vergütung, mit der die Gemeinschaftsleistung der Belegschaft zusätzlich honoriert wird. Voraussetzung: Das Betriebsergebnis des Geschäftsjahres ist besser als 5 Prozent der Gesamtleistung. Hierzu existieren folgende Regelungen:

a) Monatliche Auszahlung (im GP-Haustarif geregelt)

   Alle GP-Angestellten des gewerblichen, technischen und kaufmännischen Bereiches – also alle tariflich eingestuften Mitarbeiter von GP – werden am

Betriebsergebnis beteiligt. Die Höhe der Ergebnisbeteiligung bemisst sich am Erfüllungsgrad des jeweils jährlich vereinbarten Ergebniszieles eines Geschäftsjahres. Die Ergebnisziele werden für beide Werksbereiche getrennt ermittelt und basieren auf dem sogenannten Betriebsergebnis, sind also nicht abteilungsbezogen.

Die Obergrenze für die Ergebnisbeteiligung liegt bei 100-prozentiger Zielerreichung des vereinbarten Betriebsergebnisses, das unabhängig von der Auftrags- bzw. Konjunkturlage immer mit fünf Prozent der Leistung der Werke beziffert ist. Die Untergrenze (Stock) ist auf ein Ergebnis in Höhe von 1 Prozent der Leistung festgelegt. Die Bandbreite der monatlichen Ergebnisbeteiligung beträgt je nach Höhe des Betriebsergebnisses (zwischen 1 und 5 Prozent der Leistung) entsprechend null bis 205 Euro pro Monat und Mitarbeiter.

Da die Ergebnisbeteiligung in die Bemessung der tariflich abgesicherten Weihnachts- und Urlaubsgeldzahlungen einbezogen wird, ergibt sich daraus im Bestfall ein Jahresbetrag in Höhe von rund 2.700 Euro und zwar in gleicher Höhe für alle Tarifangestellten unabhängig von deren GP-Tarif-Gruppeneinstufung. Die Folge: Die Ergebnisbeteiligung hat für den Geringverdiener eine prozentual höhere finanzielle Auswirkung.

b) Jährliche Ergebnisbeteiligung (per Betriebsvereinbarung geregelt)

Neben der oben beschriebenen monatlichen Ergebnisbeteiligung wird bei besonders gutem Geschäftsverlauf zusätzlich eine Jahres-Ergebnis-Prämie ausbezahlt. Diese bemisst sich wiederum am erreichten Betriebsergebnis, allerdings in diesem Fall nicht werksbezogen, sondern am addierten Betriebsergebnis beider Werke. Die Berechnung erfolgt nach der folgenden einfachen Formel: Für je 0,1 Prozent oberhalb von 5 Prozent Betriebsergebnis bezogen auf die Gesamtleistung beider Werke wird ein Prozent eines monatlichen Durchschnittsentgelts als Einmalzahlung nach Ende des Geschäftsjahres ausbezahlt (Beispiel: Betriebsergebnis = 9,5 Prozent der Gesamtleistung/ Einmalzahlung = 45 Prozent eines Monatsentgelts). Da sich diese Ergebnisbeteiligung prozentual auf das individuelle durchschnittliche Monatsentgelt bezieht, partizipieren die Mitarbeiter entsprechend ihrer Tarifeinstufung im Gegensatz zur monatlichen Ergebnisbeteiligung in unterschiedlicher Höhe an dieser jährlichen Einmalzahlung. Soweit zur Entstehungsgeschichte und den Inhalten der Entgeltregelungen bei GP.

Das Leistungsentgeltsystem von GP im Überblick

Zur jährlichen Honorierung der individuellen Leistungsentwicklung dient ein transparentes Bewertungssystem. Das GP-Beurteilungsverfahren wird unterschieden nach
a) „Facharbeit" und
b) „erhöhte Laufbahnanforderungen".

GP-Leistungsbewertung
Die Summe der erreichten Punkte dividiert durch 6 ergibt die Leistungszulage in %.
Beispiel: maximal 60 : 6 = 10 % oder 20 : 6 = 3,3 %.

GP-Laufbahnen
Bei GP gibt es oberhalb der GP-Gruppen 1-3 (Anlernaufgaben) drei Laufbahnmuster,
die entsprechend Leistung, Kompetenz und Verhalten eine individuelle Entwicklung innerhalb des Unternehmens regeln. Die Eingruppierung erfolgt für technische, gewerbliche sowie kaufmännische GP-Angestellte in die Laufbahnmuster „Fachkraft" (GP 4-6), „Fachlaufbahn" (GP 7-13) oder „Führungslaufbahn" (GP 7-13) gemäß definierter Anforderungsprofile.
1) BerufsanfängerInnen mit abgeschlossener Ausbildung werden im ersten Jahr in GP 3 eingruppiert. GP-Tarifgruppen1)
Für die 13 GP-Tarifgruppen sind jeweils spezifische Tarifgruppenmerkmale hinterlegt, d.h. es sind Anforderungen formuliert, an denen sich eine Zuordnung zur GP-Gruppe orientiert. (siehe GP-Tarif, Anlage 1a)
1) Gültig für die 35-Stunden-Woche im Ein- und Zweischichtbetrieb.
2) Die GP-Gruppe 4 stellt das Referenzentgelt (Ecklohngruppe) dar, auf das die zukünftigen Tarifabschlüsse bezogen werden.
GP 4 entspricht der Lohngruppe 7 im Lohnrahmenabkommen der Metallindustrie.
2) Die Laufbahnregelungen sind hinterlegt.
Für den Aufstieg sind drei Kriterien maßgeblich:

Eine entsprechende Position ist zu besetzen.

Die Anforderungen der neuen Gruppe (Tarifgruppenmerkmale) werden durch den Mitarbeiter erfüllt.

Die Leistungszulage in der bisherigen GP-Gruppe liegt über 6 %.
Ein Aufstieg ist mit Erreichen der Entgeltgruppe gemäß Anforderungsprofil abgeschlossen.

Leistungsentgeltsystem bei Gontermann-Peipers

Fazit

Wie erwähnt, stammt die Idee zur Einführung des GP-Haustarifvertrages mit den beschriebenen Vorgaben und Konsequenzen aus dem Jahr 1997. Nach gründlicher, etwa neunmonatiger Vorbereitungszeit, wurde der Vertrag bereits am 1. April 1998 in die Praxis umgesetzt. Somit sind die Erfahrungen und Auswirkungen inzwischen mehr als zehn Jahre alt und lassen einen umfassenden Rückblick zu. Hierbei ist festzustellen, dass sich der aus damaliger Sicht doch sehr mutige Schritt zur konsequenten Einführung der beschriebenen Entgeltregelungen bewährt hat. An die Stelle der ehemals wenig ausgeprägten Transparenz von Unternehmensdaten ist im Laufe der Jahre ein Informationswesen getreten, das durchgängig alle Daten wie

- Auftragsentwicklung
- Ergebnisziele
- wesentliche Kosten- bzw. Nutzen-Faktoren
- Liquiditätsziffern
- Investitionsvorhaben
- Ergebnisverwendung oder
- Bilanzkennzahlen

umfasst und für alle Mitarbeiter offen ist. Als Informationsquellen dienen die zitierten Informationsrunden, anlässlich derer die Vorgesetzten (Betriebs-, Abteilungs- und Teamleiter) informiert werden. Diese wiederum geben die Informationen innerhalb ihrer Verantwortungsbereiche weiter. Flankiert wird dieser persönliche Informationsweg durch eine Veröffentlichung der Daten via Intranet und mittels einfach verständlicher Aushänge innerhalb des Unternehmens. Eine solche Öffnung wurde und wird nachhaltig durch eine systematische Schulung der Führungskräfte aller Ebenen begleitet, um das Verständnis für die betriebswirtschaftlichen Zusammenhänge zu vertiefen und gleichermaßen das Bewusstsein für die Kosten- bzw. Nutzen-Relationen weiterzuentwickeln und zu schärfen. Somit hat sich aus der ursprünglichen Idee eines GP-Haustarifvertrages mit Ergebnisbeteiligung aller Mitarbeiter eine Organisationsform entwickelt, die die Denkweise der Menschen im Unternehmen grundlegend verändert hat.

Wohl wissend, dass es nicht möglich ist, alle Mitarbeiter innerhalb einer Organisation von der Sinnhaftigkeit eines solchen Systems zu überzeugen, zeigt sich inzwischen eine doch recht positive Auswirkung auf eine deutliche Mehrheit innerhalb der Belegschaft. Die Mitarbeiter haben im Laufe der Jahre mehr und mehr gelernt, in Kosten und Nutzen zu denken. Sie erleben im Rahmen der Zielvereinbarungen, welche Faktoren sie selbst in ihrem Aufgabenbereich bezüglich des Betriebsergebnisses beeinflussen können. Somit wächst das Interesse an den aktuellen Zahlen und damit am Zustand des Unternehmens kontinuierlich.

Die Identifikation der Mitarbeiter mit dem Unternehmen und seinen Zukunftszielen hat deutlich zugenommen, und nicht zuletzt haben auch der Dialog und der Gedankenaustausch zwischen den verschiedenen Ebenen des Unternehmens eine spürbar positive Entwicklung genommen. Das alles wäre ohne die Einführung des GP-Haustarifvertrages allenfalls ansatzweise möglich gewesen.

Neben der Klarheit und Transparenz des Tarifaufbaus hat die Mitarbeiter insbesondere die zweistufige Ergebnisbeteiligung sehr viel näher an die Ziele und Erfordernisse ihrer täglichen Arbeit herangeführt. Das Verständnis für notwendige Veränderungen und die Bereitschaft zur Realisierung von Verbesserungspotenzialen haben sich sehr verbessert und die früher endlosen Diskussionen über tarifliche Einstufungskriterien gehören nun der Vergangenheit an.

Auch das Korrektiv zur Kostensenkung in Krisenzeiten wurde realisiert. So liegt der variable Personalkostenanteil in ertragsstarken Jahren systembedingt bei nahezu 15 Prozent, woraus sich bei erfolgreicher Arbeit ein attraktives Zusatzeinkommen für die Mitarbeiter ergibt. In ertragsschwachen Phasen dagegen wirkt der Wegfall der Ergebnisprämien entsprechend kostensenkend und schützt vor Arbeitsplatzabbau.

Zusammenfassend ist festzustellen, dass Gontermann-Peipers bereits vor mehr als zehn Jahren eine zukunftsweisende Idee zur Entgeltgestaltung eines mittelständischen Industrieunternehmens entwickelte. Nach konsequenter Umsetzung in dem zuvor beschriebenen Haustarifvertrag hat sich diese Maßnahme bewährt und wird auch zukünftig eine wesentliche Grundlage der Unternehmensphilosophie sein. Die Vertragsinhalte tragen in besonderer Weise der erstrebenswerten Symbiose zwischen den Unternehmenszielen und den Interessen der im Unternehmen tätigen Menschen Rechnung.

Damp Gruppe: Die Einführung eines erfolgsorientierten Vergütungsmodells in einer Klinik

Niels Bunzen

Die Damp Holding AG mit Sitz in Damp hat sich seit der Gründung im Jahr 1973 von einem lokalen Touristikanbieter zu einem überregionalen Krankenhauskonzern entwickelt. Die Damp Gruppe vereint heute unter dem Dach der Damp Holding AG zwölf Kliniken an zehn Standorten mit einem Umsatz von 420 Millionen Euro und 7.400 Mitarbeitern. Im Kernbereich der Damp Gruppe besteht seit einigen Jahren eine Kultur der Verknüpfung von wirtschaftlichen Zielen des Unternehmens und persönlicher Vergütung. Anfang des Jahres 2006 hat sich die Damp Gruppe eine Unternehmens-Strategie gegeben, die einen stringenten und sehr verbindlichen Fahrplan für die Zukunft der nächsten fünf Jahre vorsieht. Die Umsetzung dieses Fahrplanes hängt zu einem nicht geringen Teil davon ab, ob unsere Mitarbeiter durch die von uns entwickelte Form eines erfolgsorientierten variablen Leistungsentgelts motiviert werden können. Das Leistungsentgelt der Damp Holding AG konzentriert sich schlussendlich auf eine wesentliche Bezugsgröße: das wirtschaftliche Ergebnis des Unternehmens. Diese Aussage mag für ein Klinikunternehmen, bei dem die Sorge um den Patienten im Vordergrund steht, zunächst ungewöhnlich klingen. Vergegenwärtigt man sich jedoch, dass bei der gedeckelten Vergütung von Krankenhausleistungen kaum finanzieller Spielraum besteht, wird deutlich: Je besser der wirtschaftliche Erfolg des Unternehmens ist, desto größer ist der Gestaltungsspielraum zum Wohle unserer Patienten.

Voraussetzungen und grundsätzliche Überlegungen zum System

Ist es noch relativ einfach, auf der Ebene des Managements einen Zusammenhang zwischen dessen Tätigkeit und dem Erfolg des Unternehmens – aufgrund entsprechender Erfolgsparameter – darzustellen, wird es auf der Ebene der Führungskräfte und Mitarbeiter, insbesondere bei denen, die tariflich vergütet werden, schwierig, die passenden Kennzahlen und Vorgaben zu entwickeln. In der Damp Gruppe wurde diese Herausforderung dadurch gelöst, dass für alle Führungskräfte und Mitarbeiter ein nachvollziehbarer Zusammenhang zwischen dem Ergebnis des Unternehmens und der Vergütung geschaffen wurde. Erreicht wurde dies, indem zunächst die erfolgskritischen Faktoren eines Zielvereinbarungssystems an die Bedingungen der Damp Holding angepasst und ein entsprechender Prozess zur Einführung von Zielvereinbarungen bzw. zur Berechnung des Leistungsentgelts gestartet wurde. Wichtige Voraussetzungen dafür waren, dass

- die Ziele tatsächlich erreichbar sind.
  Bei den hier dargestellten finanziellen Zielen liegt die Unternehmensplanung zugrunde. Sie entsteht in einem längeren Prozess, in den alle, die später einmal an ihr gemessen werden, eingebunden sind.
- die Ziele nach ihrer Vereinbarung nicht mehr verändert werden dürfen.
  Wenn die Zielscheibe einmal *gemeinsam* aufgestellt worden ist, darf sie später nicht mehr verändert werden. Zwar lässt sich darüber diskutieren, welche Hilfsmittel verwendet werden dürfen, um ins Schwarze zu zielen. Die aufgestellte Zielscheibe muss dabei jedoch an ihrem Platz bleiben.
- die Möglichkeit der Einflussnahme auf die Zielentwicklung besteht.
  Wie im Einzelnen dieser Zusammenhang aussieht und wie die entsprechenden Voraussetzungen dafür geschaffen werden können, wird im Folgenden getrennt nach

  - kaufmännischen Führungskräften,
  - ärztlichen Führungskräften und
  - Mitarbeitern

  beschrieben.

Erfolgsorientierte Vergütung für kaufmännische Führungskräfte

Bei allen kaufmännischen Führungskräften ist die Aufteilung in eine fixe und eine variable Vergütung bereits im Dienstvertrag angelegt. Darin ist ein bestimmtes sogenanntes Jahreszieleinkommen vorgesehen, das sich aufteilt in fixe Bestandteile, auszahlbar in zwölf monatlichen Raten, und einen variablen Bestandteil. Der variable Bestandteil ist fällig, wenn im Folgejahr das Ergebnis des Unternehmens des Vorjahres feststeht. Er macht zwischen 20 Prozent und 40 Prozent des Jahreszieleinkommens aus.

Die Verteilung des variablen Bestandteils richtet sich nach einer zwischen Führungskraft und dem betroffenen Mitarbeiter abzuschließenden Zielvereinbarung. In dieser Zielvereinbarung wird verbindlich geregelt, welcher Teil der variablen Vergütung von der Erfüllung welchen Zieles abhängt. Nehmen wir beispielweise einen Geschäftsführer in der Damp Gruppe. Er ist in erster Linie für das Ergebnis der von ihm geführten Gesellschaft verantwortlich. Der größte Teil der variablen Vergütung hängt damit ab vom Ergebnis EBITDA (operatives Ergebnis vor Zinsen, Steuern und Abschreibung). Das Ergebnis der einzelnen Gesellschaft der Damp Gruppe hat dabei je nach Größe mehr oder minder großen Einfluss auf das Ergebnis des Gesamtkonzerns der Damp Holding AG. Die variable Vergütung eines Geschäftsführers hängt somit im Wesentlichen ab vom Erfolg seines Bereichs und dessen Größe proportional zum Ergebnis des Konzerns gesehen. Der Zielwert richtet sich auf das jeweilige für das Jahr geplante Ergebnis.

Jeder Prozentpunkt der Überschreitung des Ergebnisses schlägt sich dreifach in der variablen Vergütung nieder, jedoch gedeckelt bei 200 Prozent. Mit anderen Worten: Wenn das Ergebnis um 33 Prozent überschritten wird, ist bei einem linearen Verlauf eine Steigerung der variablen Vergütung auf bis zu 200 Prozent möglich. Umgekehrt ist jedoch auch ein Absinken bis auf null möglich, wenn das Ergebnis nur noch 66 Prozent des Plans erreicht. Eine Unterschreitung führt somit erst ab dieser Untergrenze zum vollständigen Verlust des variablen Vergütungsanteils. Damit ist gewährleistet, dass ein Geschäftsführer auch noch nach seinen Zielen strebt, wenn absehbar ist, dass der Plan nicht erreicht werden wird.

Erfolgsorientierte Vergütung für ärztliche Führungskräfte

Bei ärztlichen Führungskräften ist eine variable Vergütung anhand der Vereinbarung von Zielen noch wenig verbreitet. In der Damp Gruppe wurde im Jahr 2006 damit begonnen. Die klassische Chefarztvergütung besteht in der Regel aus einem auf hohem Niveau vergleichsweise niedrigen Grundgehalt und der Einräumung des Rechts zur Privatliquidation gegen eine bestimmte Abgabeverpflichtung. Der Arzt darf Privatpatienten bzw. ihren Versicherungen also seine privatärztlichen Leistungen gesondert berechnen und das Geld selbst einnehmen. Dafür ist er zu einer anteiligen Abgabe an das Krankenhaus verpflichtet, mit der er die in Anspruch genommene Infrastruktur vergütet. Diese „klassische" Vergütung verletzt allerdings einen wesentlichen Erfolgsfaktor einer variablen Vergütung: Die Interessen des Mitarbeiters – hier des Chefarztes – und die des Unternehmens fallen auseinander. Dies ist dann der Fall, wenn der Arzt ein großes Interesse daran hat, einen bestimmten Patienten lange zu halten, da dieser privat versichert ist und hohe Einnahmen ermöglicht. Und das, obwohl jener Patient ein Krankheitsbild aufweist, das die Vergütung des Krankenhauses nach der Fallpauschale sehr unattraktiv erscheinen lässt.

Daher werden die Verträge der Ärzte, sofern sie nicht tariflich vergütet sind, nach Möglichkeit auf eine Vergütung umgestellt, die der von kaufmännischen Führungskräften entspricht. Zugegebenermaßen bestehen hier häufig Ressentiments der ärztlichen Führungskräfte, da sie befürchten, nicht mehr die gleiche Vergütungshöhe zu erreichen. Diesen Bedenken kann begegnet werden durch eine Erhöhung der fixen Vergütung und ein langsames Hineinwachsen in eine variable Vergütung, indem diese anfangs garantiert wird. Die oben genannten erfolgskritischen Faktoren werden eingehalten. Der Arzt kann Einfluss nehmen auf das Ergebnis seiner Abteilung, an der sich sinnvollerweise seine variable Vergütung orientiert. Auf die Verschlüsselung der einzelnen Diagnosen hat er erheblichen Einfluss. Nur wenn alle Diagnosen sorgfältig verschlüsselt und damit für die Vergütung erfasst werden, können diese auch vergütet werden.

Erfolgsorientierte Vergütung für Mitarbeiter

Anders als Führungskräfte haben Mitarbeiter in der Regel keinen direkten Einfluss auf die Ergebnissituation des Unternehmens, sondern üben ihn mit ihrer gemeinschaftlich erbrachten Leistung aus. Wie stark dieser Einfluss zum Tragen kommt, hängt wiederum vom Zusammenspiel von Führung und Mitarbeitern ab; dies zeigt sich nicht zuletzt im Umgang mit Ressourcen des Unternehmens und an der Qualität der Dienstleistung. Für unsere Mitarbeiter wurde ein tarifliches Vergütungsmodell entwickelt, welches auf die Gemeinschaftsleistung abstellt und nicht mit einem Zielvereinbarungssystem auf individueller Ebene verbunden ist.

Bei einer Mitarbeiterzahl von ca. 7.400 ist es naturgemäß nicht möglich, mit jedem Mitarbeiter einzeln die Arbeitsbedingungen auszuhandeln. Daher gilt in der Damp Gruppe im Kernbereich bereits seit 1998 und ab 2006 ausgefeilt für nahezu alle Gesellschaften im Unternehmen ein eigener Haustarifvertrag. Konsequenterweise ist für die tariflich vergüteten Mitarbeiter auch der variable Vergütungsaspekt tariflich geregelt worden. Mit dem Sonderentgelttarifvertrag ist das Weihnachtsgeld an den wirtschaftlichen Erfolg des Unternehmens gekoppelt worden. In seiner Höhe hängt es ab vom operativen Ergebnis (EBITDA) des Konzerns der Damp Holding AG. In guten Zeiten kann das Weihnachtsgeld bis zu 150 Prozent eines Monatsgehaltes betragen, in wirtschaftlich harten Zeiten kann es auch ganz wegfallen. Damit haben wir etwas erreicht, was wir „Beuteteilung“ mit unseren Mitarbeitern nennen. Der große Vorteil dieser tariflichen Regelung liegt in der Interessengleichheit: Alle Mitarbeiter des Unternehmens – vom Vorstand bis zur Reinigungskraft – haben ein Interesse an einem möglichst hohen Ergebnis des Unternehmens.

Die Stolpersteine während der Einführung

Die Startschwierigkeiten lagen hier im Wesentlichen darin, dass zu „weiche“, das heißt nicht ausreichend präzise zählbare oder messbare Ziele, vereinbart wurden. Da das System von der Verbindlichkeit lebt, war dieser Mangel an Präzision nicht akzeptabel. Durch die Dokumentation der Vereinbarungen in elektronischer Form sind sie nunmehr durch den Personalbereich überprüfbar und die Betroffenen konnten zur Korrektur aufgefordert werden.

Eine weitere Schwierigkeit lag in der zum Teil inkonsequenten Einhaltung der vorgegebenen Termine für die Gespräche. Ein Problem, das jedoch relativ leicht durch den steuernden Eingriff des Personalbereichs überwunden werden konnte.

Bleibt eine Frage offen: Inwieweit kann eine individuelle Zielvereinbarung und damit Leistungsbewertung für alle Mitarbeiter die Leistungskultur der Damp Holding weiter positiv befördern? Zu diesen Überlegungen gibt es allerdings bereits eine Grundsatzentscheidung: Wir wollen so viele Mitarbeiter wie möglich in unser Zielvereinbarungssystem einbeziehen. Zunächst einmal galt es, unser im Jahr 2006 eingeführtes Zielvereinbarungssystem für die kaufmännischen Führungskräfte, das wir schrittweise, aber konsequent top-down für weitere Führungsebenen etablieren wollen, in einen stabilen Prozess zu überführen. Gleiches gilt auch für die variable Vergütung der Chefärzte. Erst wenn diese Prozesse sicher eingeführt, sind macht es aus unserer Sicht Sinn, die Entwicklung und Einführung eines Zielvereinbarungssystems für alle Mitarbeiter in Angriff zu nehmen. Für sinnvoll tariflich regelbar halten wir allenfalls den grundsätzlichen Anspruch auf eine variable Vergütung. Die Art und Weise der Verteilung würden wir analog zu den nicht tarifgebundenen Mitarbeitern gestalten.

Fazit

Betrachtet man die Kostenseite eines Krankenhausbetriebes, so zeigt sich, dass der Anteil der Personalkosten an den Gesamtkosten in der Regel zwischen 60 Prozent und 80 Prozent liegt. Davon wird wiederum der größte Teil (nämlich 60 Prozent) für die medizinischen und pflegerischen Leistungen aufgewendet.

Als Dienstleistungsunternehmen ist ein Krankenhaus im hohen Maß auf qualifiziertes und vor allem motiviertes Personal angewiesen, und so zeigt nicht nur der kurze Blick auf die Kostenseite, welche Brisanz der Eingriff in ein Vergütungssystem hat. Hier muss mit Sorgfalt und Behutsamkeit vorgegangen werden. Bei der Damp Holding erfahren wir gerade, dass eine solche Einführung auch Zeit braucht und voreilige Schritte wie beispielsweise die Ausweitung des Zielvereinbarungssystems auf alle Mitarbeiter auf mangelnde Akzeptanz und damit auf erhebliche Umsetzungsprobleme stoßen würden. Es gilt deshalb, den richtigen Zeitpunkt und die entsprechenden Akzente zu setzen. Gründliche Vorbereitung ist unserer Erfahrung nach das A und O.

Die Damp Holding hat sich für den Weg der Einführung eines erfolgsorientierten variablen Vergütungsanteils entschieden, wobei zunächst nur für die Management- und Führungsebene Zielvereinbarungen, und daran gekoppelt ein vom Unternehmenserfolg abhängiges Leistungsentgelt, eingeführt wurden. Alle anderen Mitarbeiter erhalten eine vom Unternehmenserfolg abhängige Prämie. Das an das Zielvereinbarungssystem gebundene variable Leistungsentgelt für Management und Führungskräfte sowie die Erfolgsprämie für Mitarbeiter mit tariflicher Vergütung hatten für die Leistungskultur der Damp-Holding eine wesentliche Anschubfunktion.

Beides, Zielvereinbarungssystem und ergebnisabhängiger Tarifvertrag, sind im Unternehmen auf gute Resonanz gestoßen. Die im Kernbereich schon vorhandene Kultur beginnt sich auf das gesamte und in den letzten Jahren schnell gewachsene Unternehmen auszuweiten. Seit der Einführung im Jahre 2006 und dem ersten Jahr der praktischen Anwendung im Jahr 2007 haben sich mehr und mehr tragfähige Routinen entwickelt. Zu Beginn des Jahres 2008 müssen die erstmals beschrittenen Pfade nun verstärkt „ausgetreten“ werden. Für unsere Mitarbeiter spielt dabei der eingangs dargestellte Zusammenhang zwischen dem wirtschaftlichen Erfolg und dem Gestaltungsspielraum zugunsten unserer Patienten eine besondere Rolle.

Als Personalbereich sind wir aber auch besonders gefordert, diese positive Entwicklung weiter voranzutreiben, indem wir die strukturellen Voraussetzungen und die entsprechenden Instrumente zur Durchführung der Zielvereinbarungen weiterentwickeln. Wir müssen, Taktgeber bleiben, wenn es darum geht, eine gemeinschaftlich getragene Leistungskultur zu stärken.

Stadtwerke Münster: Die Einführung eines Systems zur leistungsorientierten Vergütung bei einem Energieversorger

Felix Schiedner

Die Stadtwerke Münster GmbH, ein regionales Energieversorgungsunternehmen, setzte im Jahr 2003 den neuen Tarifvertrag „Versorgung TV-V" um und führte im Folgejahr ein neues System für Zielvereinbarungen und variable Vergütung ein. Diese Systematik schließt alle Mitarbeiter des Versorgungsbereiches und die oberste Führungsebene (sieben Hauptabteilungsleiter) mit ein. Flächendeckend besitzen alle Mitarbeiter leistungsabhängige variable Gehaltsanteile von maximal 15 Prozent (höhere Vergütungsgruppen bis Abteilungsleiter) oder 8 Prozent (untere Vergütungsgruppen). Dieser Beitrag beschreibt die Konzeption und Umsetzung als Change-Prozess.

Ausgangssituation

Im Jahr 2001 einigten sich die Tarifparteien der deutschen Versorgungsindustrie auf den Tarifvertrag „Versorgung TV-V". Diese für den gesamten öffentlichen Dienst zukunftsweisende Branchen-Pilot-Lösung bietet den Energieversorgungsunternehmen (EVU) eine gute Basis für innovative Wege zu Zielvereinbarungen und variabler Vergütung und damit für ein Performance Management. Die Stadtwerke Münster entschlossen sich für eine frühe und zügige Umsetzung dieses Tarifvertrages. Mit der Einführung zum Januar 2003 gab das Unternehmen den Startschuss für einen umfangreichen Veränderungsprozess, der neben der Einführung eines neuen Gehaltssystems die Vision einer neuen Leistungskultur zum Inhalt hatte. Der Titel „Leistungsorientierte Vergütung" (LOV) war Programm.

Ziele der Einführung einer leistungsorientierten Vergütung

Das Unternehmen hatte bereits sieben Jahre Erfahrungen mit Zielvereinbarungen und auch mit variabler Vergütung gesammelt. Diese „alte“ Zielvereinbarungs- und Gesprächssystematik sollte als Entwicklungsbasis dienen. Die Neuentwicklung sollte jedoch auch die massiven Kritikpunkte beheben, wie die folgenden Auszüge aus der Mitarbeiterpräsentation darlegen (in Anführungszeichen jeweils Zitate aus der Belegschaft):

„Was hat mein Ziel mit dem Unternehmenserfolg zu tun?“

Während ein Teil der Zielvereinbarungen aus übergeordneten Zielen und der Strategie abgeleitet war, gab es zu viele Zielvereinbarungen, die eher Maßnahmencharakter hatten.

„Zielvereinbarungen als Arbeitsbeschaffungsmaßnahmen.“

In der Folge kam es vier bis sechs Wochen vor den Zielgesprächen vermehrt zu einer Arbeitsverdichtung, wenn die Ziele sehr kurzfristig noch erreicht werden wollten. Diese „Grüne-Wiese-Ziele“ erwiesen sich daher allzu oft als bloße „Arbeitsbeschaffungsmaßnahme“ und Mitarbeiter „verabschiedeten“ sich in dieser Zeit aus ihren Alltagsaufgaben im Team. Wie wichtig solche Maßnahmenziele tatsächlich für den Unternehmenserfolg waren, war nicht eindeutig aus zumachen. Ein zu großer Anteil der Zielvereinbarungen hatte zu geringen Bezug zur Strategie.

*„Individuelle Ziele mit großer Beliebigkeit,
für den einen leicht, für den anderen schwerer.“*

Für Maßnahmenziele können zwar Erreichungsgrade festgelegt werden, von wirklicher Messbarkeit ist aber nur bedingt zu sprechen. Wie anspruchsvoll die eigenen Ziele sind bzw. wahrgenommen werden, ist nicht wirklich vergleichbar. Dazu kommt, dass auch die Bewertung der Erreichungsgrade durch die Führungskraft zu oft nicht mit dem selbst erlebten Beitrag der Teammitglieder zum Teamergebnis übereinstimmt. Zu oft wurde der „Nasenfaktor“ beklagt. Meist führt dies zu unproduktiven Vergleichen unter den Kollegen, zu unnötigem Verhandeln und zu Gewinner-Verlierer-Situationen.

„Gießkanne“ oder „gerade mal ein Kasten Bier!“

Im Arbeiterbereich gab es seit Jahren aufgaben- und funktionsbezogene Zulagen, deren Höhe allerdings in der Realität eher durch die Zugehörigkeitsdauer zum Betrieb bestimmt wurde. Eine Rückstufung war die absolute Ausnahme. Arbeiter konnten maximal das Doppelte der Angestellten-Boni erhalten (bis zu 3 Prozent des Jahresbruttos). Im Angestelltenbereich (1,6 bis maximal 3,5 Prozent) wurden die Anreize als zu gering eingeschätzt. Der neue Tarifvertrag setzt bezüglich der Höhe keine Grenze und hebt generell die Unterscheidung zwischen Arbeiter und Angestellten auf. Dies eröffnet die Möglichkeit einer durchgängig einheitlichen Basis für alle.

Ziel war es nun, ein System zu entwickeln, das tatsächlich individuelle Leistung als Beitrag zum Unternehmenserfolg belohnt. Als Ziel wurde ein einfaches, verständliches System formuliert, das

- einheitlich für alle Mitarbeiter gilt,
- sich weitgehend selbst finanziert,
- die Mitarbeiter am Gewinn partizipieren lässt,
- auf den „alten" Zielvereinbarungen aufbaut und diese weiter entwickelt,
- zu marktgerechterer Bezahlung führt,
- teamorientiert, leistungsorientiert und gerechter ist.

Bald wurde klar, dass der Anspruch, eine gerechte (oder auch nur gerechtere) Systematik zu entwickeln, nicht erreichbar ist. Es wird immer Mitarbeiter, Führungskräfte, Betriebsräte, Controller, Personaler, Geschäftsführer oder sonstige Interessengruppen geben, die die Gerechtigkeit infrage stellen. In hochkomplexen Veränderungsprozessen bringen die Ergebnisse immer auch Nachteile mit sich und Gerechtigkeit wird nie gleichzeitig von allen erlebt werden können. Wenn es also die perfekte Lösung nicht gibt (und daher rührt ja die Komplexität), muss die Anstrengung sich darauf richten, tragfähige, das heißt akzeptierte Lösungen zu entwickeln. Es kommt also mehr auf den Prozess als auf die Lösung an. Der Schlüssel zu mehr Akzeptanz und Konsens liegt in Beteiligungsoptionen. Glaubwürdigkeit entsteht, wenn der Weg und das angestrebte Ergebnis übereinstimmen, also galt es, in der Konzeptions- und Einführungsphase bereits die Elemente eines zukünftigen Systems ernst zu nehmen, wie: Vereinbarung, Beeinflussbarkeit, Fairness und Leistungsanreiz.

Die hier beschriebene Einführung einer LOV auf der Basis von Zielvereinbarungen ist dadurch gekennzeichnet, dass an zentralen Punkten versucht wurde, den Führungskräften Mitwirkungsmöglichkeiten zu eröffnen. Es ging um ein gutes

Zusammenspiel von Entscheidungen des Top-Managements und der späteren Anwender, in erster Linie Führungskräfte der zweiten und dritten Ebene. Auch der Betriebsrat wurde weit über das gesetzlich vorgegebene Maß eingebunden.

Vorbereitung der Einführung

Um überhaupt eine Aussage über die Stimmigkeit der Gehaltsstrukturen, das heißt über die Eingruppierungen und die Gehaltshöhen zu erhalten, wurde eine Gehaltsanalyse in Auftrag gegeben. Diese bot eine Vielzahl von Argumenten für die weitere Konzeptentwicklung:

- Während die unteren Vergütungsgruppen eher knapp über dem (regionalen) Marktniveau lagen, ergab sich für die höheren ein Niveau deutlich unter dem (überregionalen) Vergleichsmarkt. Der Personalbereich beklagte, dass zu oft Bewerber auf Führungs- und Expertenfunktionen aufgrund eines zu geringen Einstiegsgehaltes absagten.
- Die Analyse ergab weiter, dass eine Reihe von Mitarbeitern, gemessen an ihren Arbeitsinhalten, zu hoch eingruppiert waren. Dies ist nicht verwunderlich angesichts der bisherigen Starrheit der tariflichen Möglichkeiten. Die Anzahl der Abweichungen – es gab auch einige wenige „unterbezahlte" Fälle – war jedoch überschaubar und es zeigte sich vielmehr eine erkennbare Linie in der bisherigen Eingruppierungspolitik.

Daraus ergaben sich die Herausforderungen, mit den als zu hoch bzw. zu gering erkannten Eingruppierungen sorgfältig umzugehen und die Unterschiede zum Markt in den höheren Tarifgruppen durch höhere Anreize variabel auszugleichen. Durch eine sehr frühe und konstruktive Zusammenarbeit mit dem Betriebsrat wurden diese Herausforderungen diskutierbar und konnten in die Arbeit einfließen.

Ein Projekt wurde gestartet. Die Projektleitung teilten sich der Leiter Controlling und der Organisationsentwickler. Für die Arbeit an dem Konzept sollte eine Arbeitsgruppe gebildet werden. Das Kernteam bildeten die Projektleiter, der Personalleiter und der Leiter der Personalabteilung. Weiter wurden aus allen Bereichen „kritisch-konstruktive" Führungskräfte zur Mitarbeit eingeladen. Tatsächlich erklärten sich Delegierte aller drei Hierarchieebenen zur Mitarbeit bereit. Ein Erfolgsgarant war sicherlich die Teilnahme von drei (von insgesamt sieben) Vertretern der obersten Führungsebene. Ebenfalls erfolgsentscheidend war die kontinuierliche Mitarbeit von zwei freigestellten Betriebsratsmitgliedern. Diese prominent zusammengesetzte Arbeitsgruppe entwickelte das Konzept und sollte im weiteren Verlauf eine wichtige Funktion der Qualitäts- und Akzeptanzsicherung übernehmen. Für die Kommunikation in das Unternehmen und Feedback aus dem Unternehmen sollten die insgesamt 14 Teilnehmer einen wesentlichen Beitrag leisten. Dieses inzwischen selbstbenannte „Team Davensberg" (nach dem Ort, an dem der Workshop stattgefunden hatte) war eine tragende Säule im Einführungsprozess der LOV.

Konzeptionelle Fragen im Wechsel von Vorgabe und Beteiligung

Für die Konzeptentwicklung wurde ein externer Experte engagiert. In einer Reihe von Vorgesprächen mit den Geschäftsführern, dem Personalleiter und dem Betriebsrat wurden die Ziele und der Gestaltungsrahmen definiert. In einem dreitägigen Konzeptionsworkshop entwickelte das „Team Davensberg" unter Moderation des externen Beraters das System Schritt für Schritt. Die verschiedenen Varianten wurden mit ihren Vor- und Nachteilen diskutiert. Zum Ende des dritten Tages entstand spontan die Idee, einen der beiden Geschäftsführer einzuladen und ihm die Arbeiten zu zeigen. Dies bereitete die abschließenden konzeptionellen Arbeiten durch die Geschäftsführung vor.

Im Ergebnis entstand ein Zielsystem, bestehend aus jeweils zwei sogenannten betriebswirtschaftlichen Team- und Verhaltenszielen.

Die Zielsystematik erlaubt Übererfüllung: Systemseitig ist eine Zielspreizung in fünf Stufen vorgegeben, wobei die Stufe 3 dem Erwartungswert entspricht. Damit ist ein hoher Anreiz angestrebt.

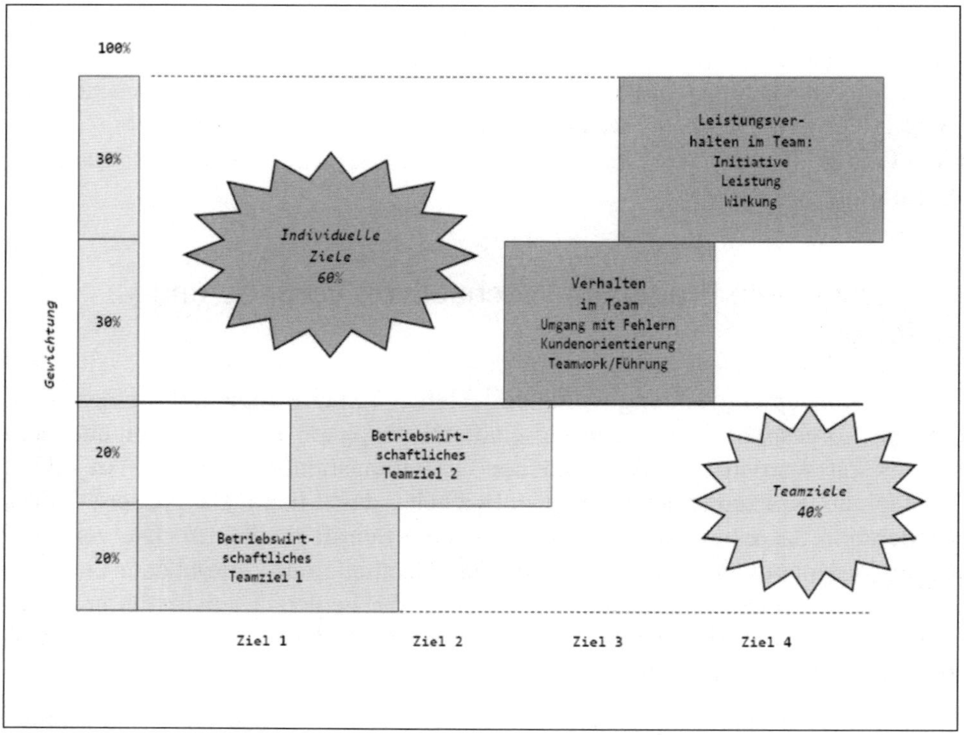

Abbildung 1: *Zielsystem der Stadtwerke Münster für die verschiedenen Mitarbeitergruppen*

Betriebswirtschaftliche Teamziele – strategisch abgeleitet und in der Linie vereinbart

In Abgrenzung zur früheren Systematik sollte ein Teil der Zielvereinbarung direkt aus der Strategie abgeleitet und eindeutig mess- und beobachtbar sein. Der Controllingbereich erarbeitete dafür zunächst einen sogenannten Kennzahlenkatalog aus Messgrößen mit möglichst unmittelbarem Bezug zum Unternehmensergebnis, in der Regel Produktivitätskennziffern. Diese Kennzahlen setzen konsequent die Linie vom Unternehmensergebnis über das Sparten- und Center-/Kostenstellenergebnis zu den Teams fort. Für die Zielerreichung ist das Team verantwortlich. Die jeweilige Führungskraft vereinbart mit der nächsten Ebene Art und Höhe der Zielgröße. Da das Unternehmen aus recht unterschiedlichen Geschäftsbereichen besteht, ergaben sich auf diese Art über 40 sogenannte Bonusteams, die meist – aber nicht durchgängig – mit der Organisationseinheit

„Team" übereinstimmten. Da im laufenden Zieljahr 80 Zielgrößen benötigt wurden, war der Aufbau dieses Kennzahlenkatalogs mit beträchtlichem Aufwand verbunden. Der Katalog sollte als Vorschlagsliste für die Bereiche dienen und die Verantwortung sollte eindeutig bei den Bereichen liegen. In der Zielvereinbarung zwischen den Ebenen der Linie schlägt das Controlling geeignete Kennzahlen vor und unterstützt die Organisationseinheit in der Auswahl vorgeschlagener bzw. in der Definition neuer Zielgrößen. Auch bei der Definition der Zielspreizung unterstützte das Controlling. Dies bedeutet einen Balanceakt zwischen den Funktionen „konzeptionelle Hoheit" und „Beratung". Nur durch engen persönlichen Kontakt und eine hohe Bereitschaft zur Aushandlung ließ sich dieser Balanceakt leisten. Regelmäßiges Reflektieren und Nachjustieren der eigenen Rolle und Verantwortung sind notwendig. Dies erwies sich immer wieder als ein wichtiges Lernfeld für das Controlling und die Organisationseinheiten.

Von den Führungskräften fordert diese Zielgröße unternehmerisches Denken und Handeln. Es gilt, sich ein genaues Bild zu verschaffen, welches die beiden geeigneten Größen sein können, um die Arbeit eines Teams und seinen Beitrag zum Unternehmensergebnis in diesem Jahr am besten abbilden zu können. Die Arbeit im Team ist dementsprechend zu planen und Maßnahmen zur Unterstützung der Zielerreichung zu definieren. Dies beinhaltet die wichtige Führungsaufgabe, die Mitarbeiter in der Phase der Vereinbarung einzubeziehen und/oder ihnen den eigenen Beitrag und die eigenen Einflussmöglichkeiten praxisnah zu verdeutlichen. Für viele Führungskräfte war diese „Übersetzungsleistung" noch ungewohnt. Auf allen Ebenen des Unternehmens musste über Ziele und Leistung gesprochen werden. Die variable Vergütung steigerte das Interesse aller Mitarbeiter an den Zielen deutlich. Der Einstieg in das Gespräch war nicht das Problem, vielmehr sorgten die Kompromisse, die solche reduzierten Kennzahlen darstellen (müssen), auch für sehr konfliktreiche Auseinandersetzungen – insgesamt ein neues Lernfeld für viele Führungskräfte im Spannungsverhältnis von mitarbeiterbezogenem Einfühlungsvermögen und businessorientierter Konsequenz.

Leistungsbeurteilung = Verhaltensziele (erarbeitet im Rahmen der Trainings)

Die zweite Zielart besteht aus einem fünfstufigen Leistungsbeurteilungssystem, das für die operative Arbeitsebene, aber auch auf der Ebene der Führungskräfte anwendbar sein sollte. Damit sollte bei Leitungsspannen von zum Teil bis zu 30

Mitarbeitern im direkt wertschöpfenden Bereich ein aufwandsökonomisches Instrument geschaffen werden. Die Geschäftsführer hatten die Beurteilungskriterien bereits vorgegeben:

- Initiative
- Leistung
- Wirkung und Einflussnahme

Zusammengenommen bildet dies das „individuelle Leistungsverhalten im Team“. Dieses bezieht sich mehr auf die Aspekte der Sozialkompetenz und umfasst die Beurteilungskriterien „Umgang mit Fehlern“, „Kundenorientierung“ und „Teamwork/Kooperation“. Für Führungskräfte wurde als drittes Kriterium „Führung“ definiert.

Von Anfang an war klar, dass es weiterhin ein Vier-Augen-Zielgespräch geben sollte. Die ersten Reaktionen im „Team Davensberg“ machten klar, dass ein bonusrelevantes Verhaltens- und Leistungsfeedback im Gespräch eine hohe Anforderung an die Führungskräfte darstellte.

Die anstehenden Trainings zur Auseinandersetzung mit dem neuen Instrument boten eine ideale Möglichkeit, das holzschnittartige Beurteilungssystem zu unterfüttern. Zunächst wurden die Teilnehmer sowie Führungskräfte von der Geschäftsführung bis zum Teamleiter mit der neuen Systematik bekannt gemacht. Bevor diese in der Gesprächsführung trainiert wurden, stand zunächst eine intensive Arbeit mit den Kriterien an. Die Teilnehmer wurden aufgefordert, ihre eigenen Interpretationen und verhaltensnahen Beschreibungen zu den Beurteilungskriterien zu entwickeln. Über sieben Veranstaltungen mit mehr als 80 Führungskräften konnte so das fünfstufige Beurteilungsinstrument ausgearbeitet und konkretisiert werden. Die Effekte liegen auf der Hand:

- Die wichtige Diskussion unter den Führungskräften diente einem gemeinsamen Verständnis dieser Beurteilungskriterien (Normierung)
- Die Teilnehmer setzten sich auf diese Art intensiv mit den anstehenden Gesprächssituationen und (in Gedanken) auch mit ihren Mitarbeitern auseinander.
- Diese Arbeit im Führungskreis schärfte zudem das gemeinsame Bild der Rolle, der Aufgaben und Wirkung von Führung.
- Die Diskussionen waren letztlich eine Entwicklungsarbeit an Verhaltensleitlinien.

- Das Angebot zur Beteiligung steigerte die Tragfähigkeit (Praxistauglichkeit und Akzeptanz) des Systems deutlich.

Die so entwickelten Verhaltenskriterien wurden nach einer ebenso intensiven Diskussion im Leitungsteam als neuer Standard verabschiedet. Eine Überarbeitung sollte bei Bedarf durch das „Team Davensberg“ stattfinden.

Jede Führungskraft ist an diesen Grundkanon der Kriterien gebunden. Zusätzlich ist vorgesehen, dass das Top-Management im Rahmen des Strategieprozesses unternehmensübergreifende Initiativen ausrufen kann. So wurden 2006 zur Unterstützung eines Programms zur Kostenreduktion die Anforderungen an die Bereitschaft zum internen Stellenwechsel zusätzlich aufgenommen. Ebenso führte die „Familie-und-Beruf-Zertifizierung“ zur Aufnahme weiterer Verhaltensanforderungen. Um das Verhaltensfeedback als Führungsinstrument weiter zu unterstützen, wurde zudem die Möglichkeit eröffnet, bei Bedarf ziel- und jahresbezogen zusätzliche bereichsspezifische Anforderungen zu definieren. Etliche Abteilungen nutzen dies im Rahmen der Umsetzung ihrer Bereichsstrategie.

Um einer kontinuierlichen Steigerung der Zielerreichung entgegenzuwirken, gilt für die Verhaltensziele die Gauß´sche Normalverteilung (Forced Distribution). Da es nur einen einzigen unternehmensweiten Bonustopf gibt und dieser einmal im Jahr fix definiert wird, würden durchgängig hohe Zielerreichungsgrade zu einer Inflation der Zielerreichungs-Punkte führen. Daher besteht ein großes Interesse, dass sich kein Bereich auf Kosten der anderen ein zu großes Stück vom Kuchen gönnt. Nach intensiven Diskussionen übernahmen die Leiter der Business Units die Verantwortung, auf die Einhaltung einer Normalverteilung zu achten. Eine Vorab-Probe-Beurteilung je Bereich half dabei, die Maßstäbe weiter zu normieren, und gab Sicherheit.

Der Zielvereinbarungsprozess: Ziele bewerten und Bonus ausschütten

Der heutige Zielprozess ist integraler Bestandteil des Strategie- und Planungsprozesses. Er durchzieht das Unternehmen top-down und bottom-up.

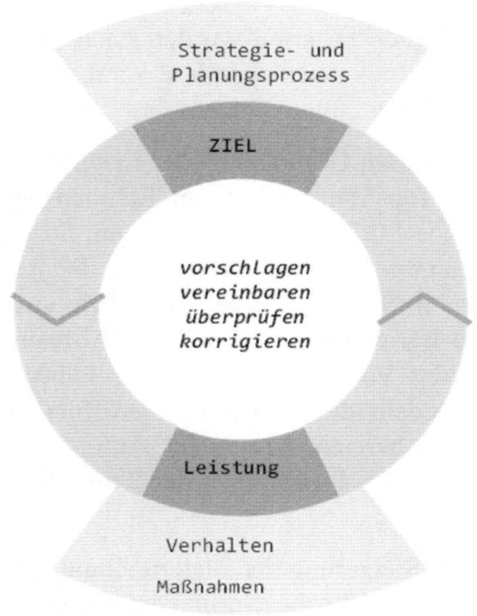

Abbildung 2: *Zielprozess bei den Stadtwerken Münster*

Im Jahr vor dem Zieljahr legt das Top-Management die strategischen Ziele, Planungseckdaten und Initiativen fest. Die Bereichsleiter sind dann angehalten, die Zielgrößen vorzuschlagen, die dann gemeinsam mit dem Controlling festgelegt werden. Danach gilt es, die Ziele der Höhe nach, das heißt die fünfstufige Zielspreizung, festzulegen. Zeitgleich – bis spätestens 15. Januar – sind die Verhaltensziele festzulegen, wenn es Ergänzungen gibt. Dies geschieht zum Teil auf der Ebene der Business Units, zum Teil auch in den Abteilungen oder großen Teams. Einige Bereiche nutzen den Wechsel des Zieljahres, um in einer Veranstaltung die Mitarbeiter über die Ziele zu informieren und einen Blick auf das vergangene und das anstehende Jahr zu werfen. Der Zielprozess bietet vielfältige Möglichkeiten, an Bereichsinitiativen anzukoppeln. Neben intensiven Strategiediskussionen konnte er dabei etwa auch mit Mitarbeiterbefragungen oder Führungsfeedbacks verzahnt werden. Bis zum 15. Februar sind die Zielgespräche mit jedem Mitarbeiter individuell durchzuführen. Im Zentrum steht das Feedback für das abgelaufene Jahr, das den Bonus definiert. Daran schließen sich die Erwartungen an den Mitarbeiter für das kommende Jahr an. Rückblick und Vorausschau können auch in zwei Gesprächen erfolgen. Mit Blick auf das anstehende Jahr formuliert die Führungskraft den erwünschten Beitrag des Mitarbeiters zu den Teamzielen. Die Verhaltensziele dienen einer individuellen Standortbestimmung und einer weiteren Konkretisierung der Erwartungen der Führungskraft an den Mitarbeiter. Maßnahmen, die die Zielerreichung unterstützen können, werden besprochen. In diesem Rahmen kann die individuelle Personalentwicklung eine Rolle spielen, sie muss es aber nicht.

Für die Festlegung des Bonustopfes gibt der Tarifvertrag kein Reglement vor, die Geschäftsführung legt daher bis Ende Mai die Höhe fest. Zunächst jedoch werden Verhandlungen mit dem Betriebsrat geführt. Bei den Stadtwerken Münster wurde beschlossen, als Basis das Geschäftsergebnis des Vorjahres zu nutzen. Der Charme dieser Lösung ist, dass nicht erst nach Ablauf des Zieljahres, sondern im laufenden Zieljahr bereits klar ist, wie der Bonustopf gefüllt ist. In der Jahresmitte findet ein nicht formalisiertes Zwischenfeedbackgespräch mit jedem Mitarbeiter statt, auf seinen Wunsch hin auch ein weiteres. Zu den betriebswirtschaftlichen Zielen finden Standardreportings statt, angestrebt wird ein Quartalszyklus. Die Zielbewertung mit Bezug zu den Verhaltenszielen findet dann wiederum bis zum 15. Februar statt. Einige der betriebswirtschaftlichen Ziele sind erst im April abschließend auswertbar, da beispielsweise für Stückkosten zunächst die Bereichsgesamtkosten ermittelt werden müssen. Diese Feedbacks an die Teams können erst zu diesem Zeitpunkt erfolgen und erst hier ist eine Aussage zur Bonushöhe möglich. Der Bonus setzt sich dann zusammen aus dem Anteil für die Erreichung des Teamziels und aus dem Anteil der individuellen Verhaltensziele, also der persönlichen Leistungsbeurteilung durch den Vorgesetzten. Diese Zielerreichung wird dann mit dem (einfachen bzw. für die oberen Gehaltsgruppen doppelten) durchschnittlichen Monatsgehalt des Mitarbeiters multipliziert. Der Bonus kann dann je nach Leistung zwischen null und einem bzw. zwischen null und zwei Monatsgehältern betragen. Ausgezahlt wird im Juni. Im Herbst erhalten die Business Units eine Rückmeldung, wie die Gauß´sche Normalverteilung in den Verhaltenszielen eingehalten wurde. Dabei geht es mehr um einen Vergleich zwischen den Units als um eine statistisch korrekte Kurvendiskussion. Die Erfahrung zeigt, dass keiner im Top-Management-Team dabei den letzten Platz belegen möchte. Wenn die „freiwillige Selbstkontrolle“ versagen sollte, müsste die Geschäftsführung das Gespräch suchen. Auch hier würden die Verhaltensziele, die auch auf das Top-Management angewendet werden, unterstützend wirken.

Aktueller Stand, Handlungsbedarf und Ausblick

Handlungsbedarf und Entwicklung der Teamziele

Die betriebswirtschaftlichen Ziele auf Teamebene stellten einen starken Impuls für ein Performance Management dar. Da die Kennzahlen überwiegend auf den Gesamtkosten des Bereichs basieren (zum Beispiel Stückkosten oder Deckungsbeiträge), besteht der Nachteil, dass die Ermittlung der Zielerreichung nur zentral durch das Controlling und gegenüber dem Zieljahr mit zeitlichem Verzug erfolgen kann. Die Beeinflussbarkeit der Gesamtkosten eines Bereichs ist naturgemäß begrenzter als zum Beispiel Kenngrößen für eine Vertriebsaktion. Nach einer anfänglich sehr konsequenten Haltung ging das Controlling zunehmend auf solche Vorstellungen der Bereiche ein, wenn der Bezug zum Bereichsergebnis belegt werden konnte. Auch dadurch konnte die Akzeptanz der Teamziele, die von einigen Führungskräften anfangs durchaus kritisch gesehen wurden, gesteigert werden. Die Rolle des Controllings entwickelte sich mit jedem Durchlauf mehr und mehr von der „zentralen Stabsfunktion der Geschäftsführung“ zu einer internen Beraterfunktion. Dies wurde möglich, weil in zunehmendem Maße die Führungskräfte die Verantwortung übernahmen und die „Zielvereinbarung“ als ihr Führungsinstrument annahmen.

Handlungsbedarf Verhaltensziele

Für die Vorbereitung und Durchführung der Zielgespräche gibt es einen Leitfaden und ein Formular. An die Personalabteilung müssen nur die beiden Werte für die Verhaltensziele abgeliefert und die Durchführung mit einer Unterschrift bestätigt werden. Diese Freiheit bringt es mit sich, dass der jeweilige Prozess und die Zielgespräche selbst in unterschiedlicher Qualität stattfinden. Bei recht großen Führungsspannen kann die Qualität der einzelnen Gespräche aufgrund von Zeitmangel leiden. Bei sehr kleinen kann kaum die nötige Erfahrung für eine gleichbleibend und durchgängig gute Qualität in den Gesprächen entstehen. Der Rollenwechsel vom Kollegen zur Führungskraft ist im operativen Bereich, in Expertenteams und für neue Führungskräfte schwierig. Neben dem äußerst seltenen Esakalationsfall bildet die Einhaltung der Normalverteilung auf der Ebene der Business Units einen weiteren Indikator für die Qualität der Gespräche. Es gilt daher, weiter auf die Qualität der Gespräche und auf die Ausübung der Führungsaufgaben zu achten – eine Pflicht, die zunehmend durch die Personalreferenten wahrgenommen werden muss.

Ein Dauerthema war der mit den Zielgesprächen verbundene beklagte hohe Aufwand. Im kollegialen Austausch konnten die vom Nutzen des Zielgesprächs überzeugten Führungskräfte weitere Kollegen für eine konsequente Anwendung sowie effiziente und wirksame Durchführung gewinnen.

In den ersten beiden Jahren war die Teilnahme an Trainings verpflichtend. Später wurden auch freiwillige Trainings angeboten. Zudem gibt es ein Beratungsangebot zur Unterstützung der Gespräche. So wie die betriebswirtschaftlichen Ziele auf die aktuellen strategischen Ziele ausgerichtet werden, gilt es, betriebliche Initiativen mithilfe der Verhaltensziele zu unterstützen. Auf diese Art wird aus dem vielerorts starren Beurteilungssystem ein lebendiges Instrument zur Steigerung der Motivation und Orientierung. Die in fünf Stufen formulierten Verhaltenserwartungen werden durch ein Plateaumanagement nachjustiert werden müssen, sodass die heutige Stufe 5 zu gegebener Zeit zur Stufe 4 sowie eine neue Stufe 5 entwickelt werden wird; gemeinsam mit der Normalverteilung ein wichtiges Element für eine Weiterentwicklung des Performance Managements.

Erfolgsfaktoren

Die Einführung eines Zielprozesses wird immer auch Unzufriedenheit erzeugen. So wie es nicht jedem recht gemacht werden kann, ist auch das perfekte System der variablen leistungsorientierten Vergütung noch nicht erfunden. Um mit den inhärenten Kompromissen leben zu können, sind akzeptanzförderliche Maßnahmen sehr wichtig. Dafür muss das Unternehmen den Prozess selbst treiben. Sehr hilfreich kann es dennoch sein, in der Konzeptentwicklung oder im Training auch externe Berater einzusetzen, die neue Impulse ermöglichen. Kommunikation ist das A und O eines solchen Prozesses. Es gilt, zu Anfang die Meinungen einzuholen, auf die zu erwartenden Widerstände konstruktiv einzugehen, Offenheit zu praktizieren und die Probleme zügig anzugehen. Die Stadtwerke Münster haben gut daran getan, die Einführung und Umsetzung ihrer LOV als Change-Prozess, spezifisch zugeschnitten auf das Unternehmen, anzugehen. In diesem Sinne wurden auch keine reinen Trainings durchgeführt, sondern in Workshops am System selbst gearbeitet.

Ein weiterer Erfolgsfaktor war die konstruktive Zusammenarbeit mit dem Betriebsrat, der auch im „Team Davensberg“ vertreten ist und sowohl über die nötige Nähe zur Belegschaft verfügt als auch in der Lage ist, sich in unternehmerisch-konzeptionelle Zusammenhänge hineinzudenken. Die politische Situation und die personelle Konstellation des Betriebsrates haben durchaus zum Erfolg des Projekts beigetragen.

Die Beteiligung der Führungskräfte in einer Arbeitsgruppe kann als weiterer Erfolgsfaktor gelten. Diese Gruppe beobachtet laufend den Gesamtprozess, benennt den Handlungsbedarf und kommuniziert die Lösungen in die Bereiche. Bei den Stadtwerken Münster wurde die Gruppe aufgrund der guten Erfahrungen mit LOV in ein neues Team „Top Arbeitgeber" umgewandelt und bearbeitete in Folgeprojekten auch die neu entstehenden Führungsleitlinien.

Sehr gute Erfahrungen machte das Unternehmen zudem damit, nicht alles im Detail zu regeln. Ein auftauchendes Problem und jede Beratungssituation bieten die Chance zur Weiterentwicklung der Führungsqualität. Letztlich kann die Entwicklung von Führung als ein Kernziel der Einführung eines solchen LOV-Systems nicht hoch genug eingeschätzt werden – ein wertvoller Beitrag zur Vorbereitung des Unternehmens auf die Zukunft.

Stadtverwaltung Wuppertal: Die Einführung des Leistungsentgelts nach § 18 Tarifvertrag öffentlicher Dienst (TVöD)

Klaudia Dmuß

Zu Beginn des Jahres 2008 waren bei der Stadt Wuppertal 5.963 Mitarbeiter beschäftigt. Davon 1.303 Beamte, 3.469 tariflich Beschäftigte im Kernbereich der Verwaltung und 1.191 tariflich Beschäftigte in den Eigenbetrieben. 24,6 Prozent des Personals sind teilzeitbeschäftigt. Das Durchschnittsalter beträgt 45,5 Jahre. Der Frauenanteil liegt bei 57 Prozent. Ausgebildet werden 158 Mitarbeiter in 31 Berufen. Auch in Zukunft wird die Stadt Wuppertal weiter gezwungen sein, Personal abzubauen, um Kosten zu sparen. Sie unterliegt aufgrund ihrer Haushaltssituation den Auflagen der Kommunalaufsicht für Haushaltssicherungskommunen (HSK).

Die Ausgangssituation

Es hat lange gedauert, bis durch einen neuen Tarifvertrag für den öffentlichen Dienst (TVöD) der seit Jahrzehnten geltende Bundesangestelltentarifvertrag (BAT) und der Bundesmanteltarifvertrag für Gemeindearbeiter (BMTG) abgelöst werden konnten. Am 1. Oktober 2005 war es dann endlich soweit: Mit der Zielsetzung, die Qualität der öffentlichen Dienstleistungen zu verbessern, die Führungsqualität zu erhöhen und zur Steigerung der Leistungsmotivation der Beschäftigten beizutragen, ging die Einführung von leistungsbezogenen Elementen bei der Vergütung der Beschäftigten sowohl im Grundentgelt (§ 17 TVöD, beschleunigter oder verzögerter Aufstieg in den Stufen) als auch im variablen Entgelt (§ 18 TVöD) einher. Auch vorher bestand für Führungskräfte die Möglichkeit, ihre Organisationsbereiche mithilfe von Zielen zu steuern. Nicht wenige Führungskräfte haben dies in unterschiedlicher Weise auch in der Vergangenheit schon getan.

Neu sind folgende Aspekte:

- Neben der Steuerung durch Ziele kann diese durch ein Leistungsentgelt *auch finanziell honoriert werden.*
- Die Qualität einer Zielvereinbarung unterliegt den Kriterien des TVöD.
- Durch die Vorgabe, dass alle Beschäftigten einen Anspruch haben, an einem leistungsorientierten Entgeltsystem teilzunehmen, wird die Steuerung über Ziele und das Führen von Mitarbeitergesprächen *für alle Führungskräfte verbindlich*!

Da die Bedingungen und Strukturen von Kommune zu Kommune sehr stark voneinander abweichen können, gibt der Tarifvertrag lediglich einen abstrakten Rahmen vor, der jeweils vor Ort durch eine Dienstvereinbarung ausgefüllt werden muss. Dies war und ist für alle Beteiligten Chance und Herausforderung zugleich. Denn die konkrete Ausgestaltung des neuen Systems ist im Wesentlichen durch die Akteure vor Ort zu regeln.

Eine Besonderheit der hierzu benötigten Dienstvereinbarung zum § 18 TVöD besteht darin, dass sie „nicht einigungsstellenfähig“ ist, das heißt, sie muss im Konsens zwischen Arbeitgeber und Arbeitnehmervertretung abgeschlossen werden – ansonsten ist der im Tarifabschluss 2005 vereinbarte „Leistungstopf“ in Höhe von einem Prozent des Entgeltvolumens der ständigen Monatsentgelte des Vorjahres (§ 18 Abs. 3 Satz 1 TVöD) mit reduziertem Volumen „mit der Gießkanne“, also nach einem einheitlichen Verteilungsschlüssel, auszuschütten.

Leistungsorientierte Bezahlung in Wuppertal

Die Veränderungen für die Arbeiter

Für die Arbeiter gab es in Wuppertal seit Jahren ein System der Leistungszulagen nach dem entsprechenden landesbezirklichen Tarifvertrag in Nordrhein-Westfalen. Die hier gewährten Leistungszulagen waren für die Empfänger jedoch nach kurzer Zeit in der Regel zu einem festen einplanbaren Bestandteil ihres Lohns geworden. Auch wenn die erbrachte Leistung zurückging, wurde die Leistungszulage „aus sozialen Gründen“ quasi rentenähnlich weitergezahlt. Dieses System krankte schon seit lange daran, dass aufgrund der bestehenden Besitzstände für einmal zuerkannte Leistungszulagen die zur Verfügung stehenden Haushaltsmittel bereits vergeben waren und ein Nachrücken von jungen Leistungsträgern nur sehr begrenzt möglich war. Alle Bemühungen, dieses System zu reformieren und leistungsorientierter zu gestalten, scheiterten daran, dass sich der Personalrat den Besitzständen der Kollegen stärker verpflichtet sah als dem Leistungs- und Gerechtigkeitsaspekt. Nach seiner Einschätzung würden früher oder später ja auch die jüngeren Kollegen in dieses System integriert werden und damit alle davon profitieren.

Änderungsbedarf sah er deshalb allein in der Tatsache, dass der Arbeitgeber die von ihm regelmäßig geforderte Erhöhung der finanziellen Mittel für Leistungszulagen nicht bewilligen wollte.

Die ursprünglich tarifvertraglich vorgesehene „Zweigleisigkeit" dieser Systeme (§ 18 TVöD neben dem landesbezirklichen Tarifvertrag) in Nordrhein-Westfalen ist zwischenzeitlich durch eine entsprechende Ergänzungsvereinbarung beseitigt worden. Danach fließen die bisher für die Arbeiter nach dem landesbezirklichen Tarifvertrag für Leistungszulagen zur Verfügung gestellten Haushaltsmittel über fünf Jahre hinweg stufenweise in das Budget des leistungsorientierten Entgelts ein und erhöhen somit sukzessive die zur Verfügung stehende Gesamtsumme.

Die Veränderungen für die Angestellten

Für die bisherigen BAT-Angestellten existierte – sieht man einmal von der vorübergehenden Zulage bei der Wahrnehmung höherwertigerer Tätigkeiten ab – keine vergleichbare rechtliche Grundlage bzw. Vergütungspraxis. Dies führt dazu, dass diese Beschäftigten mit der Einführung des leistungsorientierten Entgelts nach TvöD erstmalig einen variablen, leistungsabhängigen Einkommensbestandteil erhalten können.

Die Veränderungen für die Beamten

Aufgrund der Haushaltssituation der Stadt Wuppertal dürfen die beamtenrechtlichen Möglichkeiten der Leistungsprämien und Leistungszulagenverordnung (LZPV) bisher nicht genutzt werden, da dies in der vorläufigen Haushaltsführung durch die Kommunalaufsicht rechtlich mit Vorgaben verknüpft ist, die von der Stadt Wuppertal mit einem derzeitigen strukturellen Defizit von ca. 150 Millionen Euro auf absehbare Zeit nicht erfüllt werden können. Dies bedeutet, dass es für die Beamten nach wie vor keinerlei finanzielle Leistungsanreize gibt.

Beurteilungen und Leistungsbewertungen

Das Leistungsentgelt nach TVöD trifft in der Stadtverwaltung Wuppertal auf eine Kultur, in der bislang allein die ca. 1.300 Beamten aufgrund der entsprechenden gesetzlichen Vorgabe regelmäßig beurteilt worden sind. Diese Beurteilungen erfolgen alle drei Jahre anhand eines standardisierten Beurteilungsbogens. Die rund 4.000 Angestellten und Arbeiter wurden bisher lediglich anlassbezogen, das heißt vor Ablauf einer Probe- oder Bewährungszeit oder bei einer Neubewertung ihrer Stellen beurteilt. Es gab also bislang keinen formal verpflichtenden Anlass für Führungskräfte, den ihnen zugeordneten Tarifbeschäftigten eine (regelmäßige) Rückmeldung über die Bewertung ihrer Leistung zu geben.

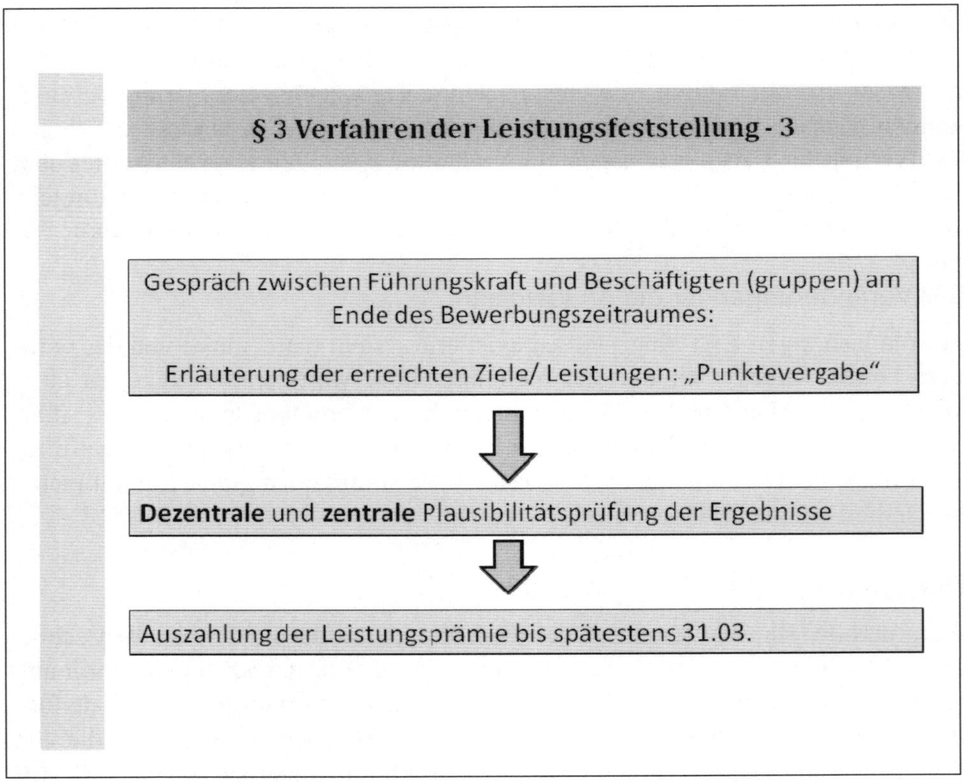

Abbildung 1: *Die Schrittfolge der Leistungsfeststellung bei der Stadtverwaltung Wuppertal*

Personalgespräche als Instrument des Leistungsfeedbacks

In den vergangenen Jahren waren Mitarbeitergespräche als Instrument der Personalentwicklung mit erheblichem Aufwand eingeführt worden (Personalentwicklungsgespräch, Qualifizierungsgespräch, Krankenrückkehrgespräch). Diese Gespräche erfolgten jedoch eher unter dem Aspekt des „Förderns", das heißt, „unangenehme Aspekte" konnten hierbei auch ausgeblendet werden. Die Gespräche wurden trotz aller Bemühungen des Personalmanagements durch die verantwortlichen Führungskräfte nur zurückhaltend als Führungs- und Steuerungsinstrument genutzt. Häufig wurden diese Gespräche eher als lästige Pflicht neben der eigentlichen Hauptaufgabe bewertet. Vor diesem Hintergrund war die Einführung des Leistungsentgelts für die Wuppertaler Verwaltung eine wirklich große Herausforderung, bei der es auch darum ging, bereits eingeführte Instrumente der Personalführung zu nutzen und sie mit neuer Qualität verbindlich umzusetzen. Hervorzuheben ist hierbei vor allem, dass die Einführung einer leistungsbezogenen Entgeltkomponente von der Verwaltungsspitze ausdrücklich begrüßt wurde.

Struktur des Einführungsprozesses

Die Federführung für den Einführungsprozess wurde dem Personalmanagement übertragen. Dort konnte auf umfangreiche und vielfältige Erfahrungen in der Konzeptentwicklung, Steuerung und Begleitung von Einführungs- und Qualifizierungsprozessen für Instrumente der Personalentwicklung aufgebaut werden. Beispielhaft, aber nicht abschließend sind hier Projekte zu nennen, wie:

- Betriebliches Gesundheitsmanagement
- Führungskräfte(-nachwuchs)qualifizierungen („Fit für Führung", „Fit für Führung update")
- „Fit für IT-Systemadministration"
- Qualifizierungen im Zusammenhang mit der Einführung eines Kommunalen Finanzmanagements (NKF)

Die inhaltlich völlig verschiedenen Projekte zeichneten sich stets durch einen hohen Organisations- und Zielgruppenbezug aus. Dies gilt für die Konzeptentwicklung, die inhaltliche Gestaltung, die praktische Umsetzung und die Prozessbegleitung. Die dabei gewonnenen Erfahrungen haben das methodische Vorgehen bei der Einführung des Leistungsentgelts geprägt. Hier wurde eine Vertrauensbasis begründet, die auch bei der Einführung des Leistungsentgelts hilfreich war. Wir haben Erfahrungen damit gemacht, wie es gelingen kann, eine Organisation lernen zu lassen, und welche Voraussetzungen geschaffen werden müssen, um einen solchen Prozess erfolgreich zu gestalten, dazu gehören:

- Steuerung des gesamten Prozesses durch ein Projektteam (siehe unten).
  - Konzeptentwicklung:
    Beteiligung der Betroffenen, prozessbegleitend; umfangreiche Information der Akteure: Führungskräfte und Beschäftigte in einem „offenen Prozess" (von grob zu fein, Zwischenergebnisse frühzeitig mit Auftraggeber abstimmen, künftige Akteure einbeziehen).
  - Qualifizierungsprozess:
    Qualifizierung als Hilfestellung für die bewertenden Führungskräfte mit Unterstützung durch externe Berater.
  - Einführung/Umsetzung:
    Unterstützung, Bearbeitung von „Störungen": Bei jedem Prozessschritt wurde durch persönliche Präsenz eines Mitgliedes des Steuerungsteams der Informationstransfer abgesichert, regelmäßiger Austausch im Steuerungsteam und Erarbeitung von Lösungen.
  - Dokumentation, Evaluierung, Controlling:
    Vorschläge zur Optimierung von Regeln, Verfahren, Anwendung (KVP) durch neues Team „Zentrale Plausibilitätsprüfung" (vgl. Dienstvereinbarung) in enger Abstimmung mit der „Betrieblichen Kommission" (vgl. Dienstvereinbarung).
- Konstruktionsprinzip

  Respekt vor der Aufgabe und der Komplexität des zu entwickelnden Systems. Der Anspruch besteht nicht darin, ein vollständiges und ausgereiftes Konzept zu entwickeln, sondern mit einem, zwar gut durchdachten, aber weiterhin „lernenden" System zu starten und dieses anhand der gewonnenen Erfahrungen sukzessive weiterzuentwickeln und zu optimieren.

Am 21. Juni 2007 wurde die Dienstvereinbarung vom Oberbürgermeister und der Vorsitzenden des Gesamtpersonalrats unterzeichnet. Bis zum 30. Oktober 2007 wurde der Vorbereitungs- und Qualifizierungsprozess abgeschlossen. Am 1. Januar 2008 begann der erste Bewertungszeitraum, der am 31. Dezember 2008 endete.

Zur Erläuterung der Vorgehensweise werden im Folgenden die einzelnen Phasen des Einführungsprozesses skizziert:

Phase 1: Fachliche Vorbereitung

a) Die Positionen des Arbeitgebers und der Verwaltung

Auf der Arbeitgeberseite wurde zur Vorbereitung ein Projektteam eingesetzt. Hier arbeiteten mit: die Leiterin des Personalressorts (das Ressort entspricht dem in den meisten Kommunalverwaltungen bestehenden Amt), Mitarbeiter aus den Bereichen Tarif- und Personalrecht, Gehaltsabrechnung, Personalentwicklung und Organisationsentwicklung sowie zwei Führungskräfte (der Leiter des Ressorts „Zuwanderung und Integration" sowie der Abteilungsleiter „Grünflächen"). Zuvor hatten zwei Mitglieder des Teams bereits in der Lenkungs- oder Arbeitsgruppe der Kommunalen Gemeinschaftsstelle für Verwaltungsmanagement (KGSt) an der Vorbereitung des Berichts „Einführung von leistungsorientiertem Entgelt" mitgearbeitet. Dieser Bericht wurde inzwischen veröffentlicht.

Das Wuppertaler Projektteam setzte sich zunächst intensiv mit den rechtlichen Regelungen im Tarifvertrag auseinander. Dabei war es anfangs oftmals schwierig, eine einheitliche Auslegung der Intentionen zu erreichen, da die entsprechenden Protokollerklärungen und Niederschriften aus den Tarifverhandlungen erst im späteren Verlauf der Projektarbeit vorlagen. Daneben wurden auch die Erfahrungen anderer Kommunen, zum Beispiel die der Stadt München, mit leistungsbezogenen Entgeltbestandteilen ausgewertet.

Die Stadt Wuppertal hat in Zusammenhang mit der Qualifizierung ihrer Führungskräfte in der Vergangenheit einen Austausch mit mittelständischen Betrieben der Privatwirtschaft durchgeführt (mehrwöchiges betriebliches Praktikum oder Erfahrungsaustausch mit betrieblichen Querschnittsaufgaben). Diese Kontakte wurden in der Vorbereitungsphase des Projekts dazu genutzt, die dort bestehenden Erfahrungen bei leistungsorientierter Entlohnung in einem Betrieb der Chemieindustrie und der Metallverarbeitung kennenzulernen. Dabei wurden mit den zuständigen Personalleitern vielfältige Themen diskutiert, wie etwa:

- die jeweiligen Bewertungssysteme,
- zentrale Eingriffs- oder Korrekturmöglichkeiten bei beobachteten dezentralen Fehlentwicklungen,
- das Sicherstellen eines vergleichbaren Anforderungsniveaus,
- psychologische Wirkungen,
- die Rolle von Führungskräften,
- die Haltung des Betriebsrats,
- Rechtsicherheit,

- die Gestaltung des Einführungsprozesses,
- die Verbindung zwischen Leistungsentgeltsystem und strategischer Steuerung des Gesamtunternehmens

In dieser Vorbereitungsphase wurde das grundsätzliche Vorgehen festgelegt:

- die zentrale Steuerung der Budget-/Prämienvergabe
- die Auswahl der laut Tarifvertrag möglichen Instrumente (Leistungszulage, Leistungsprämie, Erfolgsprämie)
- die grundsätzliche Ausgestaltung des leistungsbezogenen Entgeltsystems (etwa im Hinblick auf mögliche unterschiedliche Anreizwirkungen von einheitlichen Prämienbeträgen in den unterschiedlichen Entgeltgruppen)

b) Die Positionen des Personalrats

Der Personalrat hat sich seinerseits in eigens dafür durchgeführten Seminaren der Gewerkschaft vorbereitet und einen Workshop mit der Technologieberatungsstelle des Deutschen Gewerkschaftsbundes (DGB) durchgeführt. An diesem Workshop konnten auch zwei Mitglieder des arbeitgeberseitigen Projektteams (s. o.) teilnehmen. Der Personalrat äußert bereits in dieser frühen Phase Befürchtungen:

- „unfähige" Vorgesetzte verteilten beim Leistungsentgelt nur Nasenprämien,
- unter den Beschäftigten wachse Neid und Entsolidarisierung,
- der Leistungsdruck werde unangemessen ansteigen,
- leistungsschwächere Mitarbeiterinnen und Mitarbeiter würden ausgegrenzt,
- es entstehe eine Vielzahl von neuen, unlösbaren Konflikten.

Diese Vorbehalte wurden teilweise dadurch abgemildert, dass nach dem Tarifvertrag die Beteiligung der Beschäftigten am betrieblichen System zum Leistungsentgelt freiwillig erfolgt. Das Instrument der „Zielvereinbarung" ist wesentlich durch eine konsensorientierte Kommunikation, also im Gegensatz zum „Zieldiktat" durch die Vereinbarung von Zielen zwischen Vorgesetzten und Beschäftigten, geprägt. Nach diesem Verständnis haben die Beschäftigten die Aufgabe und die Chance, ihre Ziele mitzugestalten oder sich dem System auch komplett zu entziehen. Diese im Tarifvertrag verankerte Freiwilligkeit für die Beschäftigten, sich an dem System des Leistungsentgelts zu beteiligen oder nicht, hatte in den späteren Verhandlungen mit dem Personalrat einen erheblichen Raum eingenommen. Bestand aufseiten des Arbeitgebers zunächst das Ziel, die Steuerung der Verwaltung durch das leistungsorientierte Entgelt effektiver zu gestalten, wurde im Verlauf der Diskussion zwischenzeitlich sogar befürchtet, dass die Möglichkeit für Einzelne oder unter Umständen auch, für ganze Gruppen von Beschäftigten sich diesem System entziehen zu können, die Gefahr von Steuerungsbrüchen und die „Entmachtung" von Vorgesetzten bewirken könne und so die Steuerung eher geschwächt würde. Dies galt natürlich umso mehr, als dass sich die 1.300 Beamten ohnehin nur ohne finanzielle Auswirkungen an dem System beteiligen konnten. Erst nach zahlreichen – teilweise sehr kontroversen – Gesprächen konnte der folgende gemeinsame Nenner gefunden werden:

> *„§ 18 TVöD ersetzt nicht das Direktionsrecht des Arbeitgebers. Die Vorschrift ersetzt auch nicht das seit einigen Jahren in der Stadtverwaltung Wuppertal eingeführte System der strategischen Steuerung durch Zielvereinbarungen. Mithilfe der Zielvereinbarungen nach § 18 TVöD soll aber die Umsetzung der Ziele der Verwaltungsführung und der nachgeordneten Organisationseinheiten unterstützt werden."*

Diese Diskussion verdeutlicht, wie gravierend die angestoßenen „kulturellen" Veränderungen durch das Leistungsentgelt bewertet werden müssen. Anfangs bestanden beim Personalrat auch Ängste, eventuelle negative Ergebnisse beim Leistungsentgelt (keine Prämie) könnten berufliche Entwicklungsperspektiven von Beschäftigten beeinträchtigen. Ergebnis: Die Bewertungen aus dem Leistungsentgelt dürfen nur für Zwecke der Entgeltabrechnung verwendet werden. Eine Nutzung für die Personalwirtschaft und -entwicklung ist nicht zulässig. Vonseiten des Personalrats wurde auch befürchtet, dass weibliche Beschäftigte, die in erhöhtem Maße der Doppelbelastung von Beruf und Familie ausgesetzt sind, nicht in gleichem Umfang an den Leistungsprämien partizipieren könnten wie ihre männlichen Kollegen. Anhand der ausgewerteten Fakten über die Prämienverteilung wird dieser Fragestellung besondere Aufmerksamkeit zukommen. Es gab langwierige Diskussionen über die anzuwendende Punkteskala und darüber, ob Leistungen, die nicht prämienrelevant sind, überhaupt dokumentiert werden dürfen.

Phase 2: Gemeinsames Verständnis erarbeiten – Dienstvereinbarung formulieren

Ab Oktober 2006 trafen sich beide Seiten regelmäßig einmal in der Woche, um die notwendigen Detailregelungen zu erarbeiten. Das bedeutete, an vielen Stellen Kompromisslösungen finden zu müssen. Richtungsentscheidungen und Zwischenergebnisse wurden sowohl verwaltungsintern als auch im Gesamtpersonalrat wiederholt rückgekoppelt und danach in geeigneter Weise, zum Beispiel durch Flugblätter, Intranet-Veröffentlichungen oder in Personalversammlungen, veröffentlicht. Bei diesen Verhandlungen zwischen Arbeitgeber- und Arbeitnehmervertretern ging es beispielhaft um folgende Fragen:

a) Verteilungsgerechtigkeit

Ist das Leistungsentgelt eine Belohnung für Eliten oder für die Mehrheit der Beschäftigten und gibt es einen Verteilungsmaßstab, etwa die Gauß`sche Normalverteilungskurve oder Quoten?

Antwort (A):
Wir gehen davon aus, dass alle Beschäftigten gleichermaßen zur Zielerreichung beitragen können. Deshalb ist es das erklärte Ziel, dass sich eine möglichst große Anzahl der Beschäftigten an dessen Umsetzung beteiligt. Alle, die „es verdient haben", sollen die ihnen zustehende Prämie erhalten.

Wie kann sichergestellt werden, dass das Anforderungsniveau für eine Leistungsprämie verwaltungsweit zumindest in etwa vergleichbar ist?

A:
Absolut gleiche Anforderungen können nicht garantiert werden. Durch den Abgleich untereinander zunächst dezentral im Amt, dann zentral verwaltungsweit, wird eine Plausibilitätsprüfung vorgenommen, um grobe Abweichungen auszuschließen. Darüber hinaus wird der Personalrat bereits im Vorfeld informiert, um ihm die Gelegenheit zu geben, eventuelle Bedenken frühzeitig geltend machen zu können.

Bei Aufgaben mit eigenen Gestaltungsmöglichkeiten erscheinen besondere prämienrelevante Leistungen gut vorstellbar. Aber wie kann im Seriengeschäft eine prämienrelevante, herausgehobene Leistung überhaupt definiert, erbracht und gemessen werden?

A:
Grundsätzlich können oftmals auch beim Seriengeschäft Fallzahlen, Bearbeitungszeiten oder Servicequalitäten beeinflusst werden. Daneben können über eine Analyse der „Stärken" oder „Schwächen" gemeinsam zwischen Vorgesetzten und Beschäftigten Ziele vereinbart und geeignete Messgrößen gefunden sowie der Zielerreichungsgrad überprüft werden. Hierzu eignen sich praxisnahe Fragen, wie:

- *Was könnte bei uns besser klappen?*
- *Welche ungeliebten Teilaufgaben will bisher niemand erledigen?*
- *Welche Optimierungsansätze sehen wir selbst oder unsere internen bzw. externen Kunden?*

Werden Teilzeitbeschäftigte anteilig nach ihrer Arbeitszeit oder nach ihrer „wirklichen Leistung" berücksichtigt? (Hintergrund waren Forschungsergebnisse zur relativ höheren Produktivität von Teilzeitbeschäftigen.)

A:
Teilzeitbeschäftigte werden bei der Berechnung der Prämienhöhe maschinell anteilig nach ihrer Arbeitszeit berücksichtigt.

Wird der Leistungstopf nach dem Verursachungsprinzip (nach Entgeltgruppen) aufgeteilt mit der Wirkung, dass Beschäftigte in höheren Entgeltgruppen potenziell auch höhere Prämien erhalten können?

A:
Nein, alle Beschäftigten erhalten unabhängig von ihrem Beruf oder ihrer persönlichen Einkommenssituation ihre potenzielle Prämie auf der Basis der anhand der Ergebnisse aus den Zielvereinbarungen erreichten Punktzahl. Jeder Punkt entspricht einem identischen Euro-Betrag. Die Finanzierung erfolgt aus dem Gesamtbudget für § 18 TVöD.

Wird der Leistungstopf nach Organisationseinheiten aufgeteilt mit der Wirkung, dass Beschäftigte in Leistungseinheiten mit hohem Arbeiteranteil und der damit verbundenen niedrigeren Entgeltgruppenstruktur auch potenziell niedrigere Prämien erhalten?

A:
Nein, alle Beschäftigten erhalten ihre potenzielle Prämie aus dem dafür vorgesehenen Gesamtbudget. Jeder Punkt entspricht einem identischen Euro-Betrag.

Was geschieht in Teams, in denen die Beschäftigten einen unterschiedlichen Leistungsstand haben?

A:
Bei Teamzielvereinbarung erhalten alle Teammitglieder, die mitmachen, die gleiche Prämie. Ansonsten kann situativ geprüft werden, ob möglicherweise Einzelzielvereinbarungen für jedes Teammitglied sinnvoll und machbar sind.

Wie kann der Verwaltungsvorstand besondere Leistungen honorieren?

A:
Der Verwaltungsvorstand gibt zwei Ziele vor. Zielvereinbarungen und systematische Leistungsbewertungen, die diesen Zielvorgaben entsprechen, werden mit der doppelten Punktzahl bewertet. Im Bewertungszeitraum 2008 sind das die Ziele:

- *Steigerung der Wirtschaftlichkeit und der Effizienz*
- *Verbesserung der internen oder externen Servicequalität/Verbesserung der Bürgerorientierung*

Wie lässt sich gewährleisten, dass der Personalrat frühzeitig und umfassend informiert ist?

A:
Der Personalrat befürchtete, dass das zwischen Beschäftigten und Vorgesetzten bestehende Machtgefälle möglicherweise von einzelnen Vorgesetzten missbraucht werden könnte, indem einzelne Beschäftigte sich nicht angemessen bei den auszuhandelnden Zielvereinbarungen einbringen könnten. Um in diesen Fällen Mitarbeiter zu stärken und zur Gerechtigkeit untereinander beizutragen, war es dem Personalrat sehr wichtig, frühzeitig informiert zu werden und gegebenenfalls auch eingreifen zu können. Der Personalrat erhält zu seiner Kenntnis alle Zielvereinbarungen und systematischen Leistungsbewertungen in anonymisierter Form.

Wie können überhöhte Prämien vermieden werden, die entstehen können, wenn sich nur wenige Beschäftigte am System beteiligen?

A:
Vereinbart wurde eine Deckelung der Prämienhöhe im ersten Jahr. Die eventuell verbleibenden Reste sollten dem Leistungstopf für das Folgejahr zugerechnet werden (diese Überlegungen kommen aufgrund der hohen Beteiligung bereits im ersten Jahr nicht zum Tragen).

Wie lässt sich vermeiden, dass Schwerbehinderte und/oder in ihrer Leistung beeinträchtigte Beschäftigte benachteiligt werden?

A:
Schwerbehinderte oder in ihrer Leistung beeinträchtigte Beschäftigte nehmen gleichberechtigt und gleichwertig am System teil. Nur in den Fällen, in denen sich die Leistungsbeeinträchtigung oder Schwerbehinderung am jeweiligen Arbeitsplatz nachweislich auswirkt, muss dies bei der Beschreibung der Anforderungen angemessen berücksichtigt werden.

Wie kann eine Benachteiligung von Frauen verhindert werden?

A:
Das System wird diskriminierungsfrei ausgestaltet. Durch das „Vereinbarungselement Zielvereinbarung“, die Anwendung der SMART-Kriterien, frühzeitige Personalratsinformation sowie dezentrale und zentrale Plausibilitätsprüfung ist ein hohes Maß an Faktenorientierung und Transparenz gewährleistet. Sollte es

darüber hinaus im Einzelfall zu Beschwerden kommen, können diese der betrieblichen Kommission vorgetragen werden. Die Gleichstellungsbeauftragte und die Schwerbehindertenvertretung können an den Sitzungen teilnehmen.

b) Anwendungsfragen

Wie lässt sich ein „Gewöhnungseffekt" aus Erfahrungen mit dem Leistungszulagensystem nach dem landesbezirklichen Tarifvertrag (s. o.) vermeiden?

A:
Von den im Tarifvertrag genannten möglichen Formen des Leistungsentgelts wurde die „Leistungszulage" wegen des zu befürchtenden Gewöhnungseffekts und der Ungewissheit über die künftigen Leistungen verworfen. Die „Erfolgsprämie" wurde abgelehnt, da ein finanziell messbarer Erfolg nicht durch alle Beschäftigten (alle müssen Zugang zum System haben!) und in allen Ämtern erreichbar ist. Wir haben uns deshalb allein für die „Leistungsprämie" für Leistungen, die für den ***zurückliegenden*** *Zeitraum bewertet werden können, entschieden.*

Wie können ungewollte Effekte wie etwa eine Erhöhung der Fallzahl zulasten der Bearbeitungsqualität vermieden werden?

A:
Jede individuell abzuschließende Zielvereinbarung oder alternativ jede individuell zu formulierende Leistungsbewertung muss mindestens zwei Ziele bzw. Kriterien, höchstens jedoch fünf Ziele oder Kriterien enthalten, um die „mehrdimensionale" Zielerreichung abzusichern und ungewollte Effekte zu vermeiden.

Wie läuft der Zielvereinbarungsprozess ab?

A:
Die Führungskräfte entwickeln

- *anhand der übergeordneten Ziele der strategischen Steuerung,*
- *anhand von arbeitsplatzbezogenen Erfahrungswerten wie etwa Stärken-Schwächen-Analyse, Rückmeldungen von Kunden oder künftigen Herausforderungen einen möglichen Rahmen für die Zielvereinbarungen für die einzelnen Beschäftigten oder für ein Team.*

Gleichzeitig werden Überlegungen über mögliche Messgrößen und Kennzahlen entwickelt. Diese werden noch als Entwurf sowohl mit dem Beschäftigten als auch mit der nächst höheren Führungsebene besprochen. Die Mitarbeiterinnen und Mitarbeiter erhalten die Gelegenheit, ihre Vorstellungen sowohl qualitativ als auch quantitativ in diesen Prozess einzubringen. Sie können auch selbst Ziele und/oder Messgrößen vorschlagen. Der Personalrat wird über die in Listen erfassten Vorschläge informiert. In der dezentralen und zentralen Plausibilitätsprüfung werden die Entwürfe untereinander abgeglichen und in Bezug auf die Einhaltung der Methoden überprüft. Nach erfolgreicher Plausibilitätsprüfung wird die Zielvereinbarung abgeschlossen und unterzeichnet. Zur Vorbereitung der Auszahlung wird sie in ein elektronisches System eingegeben.

Wie sieht der Prozess bei der systematischen Leistungsbewertung aus?

A:
Für die systematische Leistungsbewertung gibt es keinen einheitlichen Bewertungsbogen analog zur Regelbeurteilung. Auch hier muss wie bei der Zielvereinbarung in jedem Einzelfall aufgabenbezogen anhand der in der Dienstvereinbarung vorgegebenen Kriterien festgelegt werden, woran die Leistung konkret bewertet werden soll. Der Kommunikations- und Abstimmungsprozess verläuft wie bei der Zielvereinbarung.

Wie können freigestellte Personalratsmitglieder einbezogen werden, ohne dass ihnen Vor- oder Nachteile entstehen?

A:
Sie erhalten automatisch die Punktzahl, die im Bewertungszeitraum von allen Beschäftigten im Durchschnitt erworben wurde.

Wie werden Krankheitszeiten berücksichtigt?

A:
Die Entscheidungen darüber sind individuell vor Ort durch die bewertenden Führungskräfte zu treffen. Es soll versucht werden, auch längere Krankheitsausfälle zu kompensieren. Gegebenenfalls kann eine Aktualisierung der Zielvereinbarungen notwendig werden.

Was geschieht, wenn sich die Rahmenbedingungen im Verlauf des Bewertungszeitraums ändern?

A:
Die Entscheidung darüber, ob die Änderungen der Rahmenbedingungen so gravierend sind, dass eine Anpassung der Zielvereinbarung notwendig erscheint, trifft der Bewerter. Grundsätzlich ist eine Anpassung während des Bewertungszeitraums nach dezentraler und zentraler Plausibilitätsprüfung möglich.

Was geschieht bei personellem Wechsel?

A:
Die Zielvereinbarung kann bestehen bleiben oder angepasst werden. Die Entscheidung darüber trifft die bewertende Führungskraft.

Wie können befristet Beschäftigte einbezogen werden?

A:
Befristet Beschäftigte werden anteilig an ihrer Beschäftigungszeit in Monaten einbezogen (1/12-Regelung).

Wie erfolgt die Handhabung bei Teams, in denen Beamte und Angestellte zusammen/ arbeiten oder in denen einzelne Angestellte nicht mitmachen möchten?

A:
Die bewertenden Führungskräfte legen ein sinnvolles Vorgehen vor Ort fest und vereinbaren es. Grundsätzlich wird an die Beamten appelliert, sich an dem System zu beteiligen, auch wenn sie (noch) nicht finanziell von den möglichen Prämien profitieren können. Daneben ist zu prüfen, ob eine Teamzielvereinbarung sinnvoll ist, wenn sich nur ein kleiner Teil des Teams beteiligt, oder ob eher Einzelzielvereinbarungen sinnvoller sind.

Was geschieht bei einem Wechsel des Arbeitsplatzes während des Bewertungszeitraums?

A:
Zunächst wird die Zielvereinbarung bzw. Leistungsbewertung des bisherigen Arbeitsplatzes bewertet (nach Beschäftigungszeit/im Bewertungszeitraum anteilige Prämie bzw. 1/12-Regelung). Am neuen Arbeitsplatz wird im Einzelfall entschieden, ob eine neue Zielvereinbarung bzw. Leistungsbewertung für den restlichen Bewertungszeitraum sinnvoll ist – anteilig an der Beschäftigungszeit (1/12-Regelung).

c) Erweiterte Nutzungsmöglichkeiten

Wie kann der Zielkonflikt „Verbesserung der Steuerungsmöglichkeiten der Verwaltung“ (Verbindlichkeit von Zielen und Vorgaben absichern) und „Freiwilligkeit für die Beschäftigten bei der Beteiligung am System“ gelöst werden?

A:
Wir versuchen es, so gut es geht. Das Leistungsentgelt ersetzt nicht das Direktionsrecht des Arbeitgebers und die Steuerungsmöglichkeiten. Es bietet Anreize für die effektive Umsetzung.

Können die Ergebnisse aus dem Leistungsentgelt auch für anderweitige personalwirtschaftliche Planungen oder Entscheidungen genutzt werden?

A:
Nein. Obwohl die Verwaltung anfangs gehofft hatte, hierdurch aussagefähige Informationen über das Leistungsverhalten von Beschäftigten und damit auch zur Vorbereitung von Personalentwicklungsmaßnahmen oder personalwirtschaftlichen Entscheidungen zu erhalten, war dies beim Personalrat überhaupt nicht diskutierbar. Die Ergebnisse werden deshalb allein zur steuer- und sozialversicherungsrechtlichen Nutzung gespeichert, weil der Personalrat dies leider rigoros abgelehnt hat und hier keinerlei Kompromissbereitschaft erkennen ließ.

Phase 3: Prozessbegleitende Information/Einführung des betrieblichen Systems

Das Leistungsentgelt ist zwar eine neue Form der Bezahlung, seine besondere Qualität erlangt es aber erst durch die dadurch entstehenden neuen Steuerungsmöglichkeiten. Damit das neue System funktioniert und mit Leben gefüllt wird, müssen die Akteure wissen, was zu tun ist und wie sie die neuen Instrumente richtig und wirkungsvoll nutzen können. Bei 44 Informationsveranstaltungen der einzelnen Ämter haben Mitglieder des Projektteams anhand einer gemeinsam vorbereiteten Präsentation die Inhalte der Dienstvereinbarung und die vorgesehenen Abläufe und Instrumente allen Beschäftigten und Führungskräften vorgestellt und deren Fragen beantwortet. Auch der Personalrat hat diese Veranstaltungen begleitet. Die Präsentationsunterlagen können von allen im Intranet nachgelesen werden.

Etwas Besonderes waren dabei sicherlich die beiden rund zweistündigen Informationsveranstaltungen für die insgesamt 600 Erzieherinnen in einem ehemaligen Wuppertaler Kino.

Die Mitarbeiterinnen des „Stadtbetriebs Kinderbetreuungseinrichtungen“ sind gut qualifiziert und überdurchschnittlich stark gewerkschaftlich organisiert. Im Vorfeld der Informationsveranstaltung kamen gerade aus ihren Reihen Bedenken und Fragen auf:

- Wie kann pädagogische Arbeit gemessen und bewertet werden?
- Wer kann die individuelle Leistung überhaupt feststellen und bewerten?
- Wir müssen dauernd neue Anforderungen erfüllen, und jetzt auch das noch!
- Wir müssen schon jetzt immer mehr verwaltungsförmige Arbeit machen; zu unserer eigentlichen pädagogischen Arbeit kommen wir dann noch weniger.

Durch einige praktische Beispiele, durch die Informationen über die Methode und das weitere Vorgehen ist es gelungen, diese Vorbehalte weitgehend zu entkräften und überwiegende Akzeptanz für das Vorhaben zu schaffen.

Phase 4: Qualifizierung der Führungskräfte und Beschäftigten

a) Auswahlkriterien für externe Berater

Die Qualifizierungsveranstaltungen (siehe unten) wurden von einer externen Beratungsfirma durch vier Berater durchgeführt. Bei deren Auswahl kam es uns entscheidend darauf an, dass die beauftragte Firma mit einem *engen Organisationsbezug* arbeitet. Das bedeutet, dass sie

- *fachkompetent* ist in dem Thema „Zielvereinbarungen", das Vorhaben in seinem Kontext versteht und uns als Auftraggeber zum Qualifizierungsprozess kompetent berät.
- *sozialkompetent* ist im Hinblick auf die „Kultur" der Wuppertaler Verwaltung.
- *prozesskompetent* ist, d. h. sich flexibel und eng mit den Auftraggebern abstimmt, Konflikte frühzeitig erkennt und den Auftraggeber lösungsorientiert berät.
- *organisationskompetent* ist, das heißt in ihrer eigenen Organisation durch organisatorische Lösungen sicherstellt, dass die Workshops auch bei „Störungen" planmäßig stattfinden und durch die verschiedenen Berater mit gleich bleibender Struktur und Qualität durchgeführt werden.
- über die *notwendigen Personalressourcen* verfügt, um das Großprojekt innerhalb der vorgegeben kurzen Zeit von drei Monaten realisieren zu können, und natürlich, dass sie
- *wirtschaftlich* arbeitet, auch im Vergleich mit anderen Anbietern.

Mit der externen Beratungsfirma wurden nach einem Auswahl- und Vergabeverfahren mehrere Auftragsklärungsgespräche geführt. Darüber hinaus wurde ein sogenannter Testworkshop mit potenziellen Teilnehmern durchgeführt (Führungskräfte und Personalratsmitglieder). Danach wurde das spätere detaillierte Vorgehen gemeinsam erarbeitet. Einer der Berater nahm an einigen Informationsveranstaltungen für Führungskräfte und Beschäftigte als Beobachter teil, um den eigenen Beitrag möglichst eng darauf abstimmen zu können.

b) Rahmenbedingungen für die Qualifizierungen

Für das Qualifizierungsvorhaben gab es folgende Rahmenbedingungen:

- Zeitraum: ca. drei Monate von Juli bis Oktober 2007;
Ziel: Qualifizierung abschließen bis zum Beginn der Personalgespräche zur Vorbereitung der Zielvereinbarungen/systematischen Leistungsbewertungen

- Personalgespräche; Zeitraum: November/Dezember 2007; Ziel: abschließen bis zum Beginn des Bewertungszeitraums 1. Januar 2008
- Zielgruppe(n) der Qualifizierung: Wünschenswert wäre die Qualifizierung aller Führungskräfte und aller Beschäftigten gewesen. Das hätte aber die Schulung von 5.000 Personen bedeutet. Aus Kapazitäts- und Zeitgründen wurden deshalb in dieser Stufe allein Führungskräfte, das heißt die künftigen Bewerter, allein rund 400 Personen, im Rahmen von jeweils eintägigen Workshops qualifiziert.

Um den Führungskräften einer Organisationseinheit (Amt) die gemeinsame Erarbeitung von Zielvereinbarungsentwürfen zu ermöglichen, die untereinander harmonieren und bei denen in etwa vergleichbare Maßstäbe zugrunde liegen, wurden die Führungskräfte (Bewerter) aus einer Organisationseinheit und hier jeweils aus allen Hierarchiestufen in einem Workshop zusammengefasst. Die Beschäftigten erhielten die Möglichkeit, an speziell für sie als Zielgruppe angebotenen Kurz-Workshops (zwei bis drei Stunden) teilzunehmen. Hier wurden durch Mitglieder des Projektteams und einen externen Berater praktische Anwendungsfragen sowie Bedenken thematisiert und beantwortet:

- Was geschieht, wenn ich mit dem mir vorgelegten Entwurf meines Vorgesetzten nicht einverstanden bin?
- Kann ich die einmal abgeschlossene Zielvereinbarung kündigen?
- Der Planungszeitraum von einem Jahr ist viel zu lang; wer weiß schon, was bis zum Ende eines Jahres alles geschieht?
- Ich würde die vorgeschlagenen Ziele ja erreichen, aber bei Personalwechsel muss ich mich um die Einarbeitung der neuen Kollegen kümmern.
- Was geschieht, wenn ich erst am Ende des Bewertungszeitraums merke, dass die vereinbarten Messgrößen unerreichbar sind?

c) Verzahnung der Qualifizierung mit dem Einführungsprozess

Die insgesamt 37 ganztägigen Qualifizierungsworkshops für die Führungskräfte mit jeweils 8 bis 15 Teilnehmerinnen und Teilnehmern wurden durch die Kommunale Fortbildung der Stadtverwaltung Wuppertal organisiert. Da zu erwarten war, dass nicht nur methodische Fragen gestellt werden, sondern auch zum Teil kritische Fragen zu Regelungsinhalten der Dienstvereinbarung, sind die Veranstaltungen ganz oder abschnittweise durch Mitglieder des Projektteams begleitet worden. Dabei wurde darauf geachtet, dass nach Möglichkeit diejenigen, die für eine Organisationseinheit (Amt) die Informationsveranstaltung durchgeführt hatten, auch an dem Workshop für die jeweiligen Führungskräfte teilnehmen.

Dadurch wurde sichergestellt, dass die angestrebte Zielgruppe vollständig erreicht wurde, ihre aktive Teilnahme unterstützt und Auftrag bzw. Organisation sowie externe Berater eng miteinander verzahnt arbeiteten. Da einzelne Mitglieder des Projektteams auch in der „Zentralen Plausibilitätsprüfung“ (Wuppertaler Besonderheit, die in der Dienstvereinbarung vorgesehen ist) der abgeschlossenen Zielvereinbarungen oder in der „Betrieblichen Kommission“ mitarbeiten, wurde die Verbindlichkeit der Qualifizierungsinhalte weiter verstärkt.

Zwischen den einzelnen Workshops fand regelmäßig ein Erfahrungsaustausch der Projektteammitglieder untereinander und teilweise mit den externen Beratern statt, um frühzeitig Stimmungen oder Störungen wahrnehmen und hier gegebenenfalls auch gegensteuern zu können. Ein wichtiges Nebenprodukt dieser Qualifizierungsworkshops war die Überprüfung der vorhandenen Führungsspannen in der Aufbauorganisation. Die Stadtverwaltung Wuppertal hatte Mitte der 90er Jahre eine umfassende innere Reform durchlaufen. Unter dem Motto „Verschlankung der Prozesse“ und „Abbau von Hierarchieebenen“ sind damals die Führungsspannen deutlich vergrößert worden. Dies ging teilweise so weit, dass die eigentliche Personalführung nicht mehr wirksam genug wahrgenommen werden konnte.

Der § 18 TVöD stellt aber gerade auch neue Anforderungen an die Qualität von Führung. Etwas überspitzt formuliert: Die Führungskraft muss wissen, welche Aufgaben die ihr zugeordneten Mitarbeiter wahrnehmen, welche Stärken und Schwächen es bei der Aufgabenwahrnehmung gibt und in welcher Quantität und Qualität die Aufgaben durch die Beschäftigten erledigt werden. Vielfach war es deshalb erforderlich, die Führungsspannen zu überprüfen und neu so festzulegen, dass die Ziele der Zielvereinbarungen überhaupt vereinbart und bewertet werden können. Bei der Festlegung der Zielgruppe, die an den Workshops teilnehmen sollte, gab es deshalb zunächst nur die Vorgabe: „Diejenigen, die in ihrem Amt in der Vorgesetztenfunktion eine Zielvereinbarung abschließen.“ Dies löste in den einzelnen Ämtern im Vorfeld bereits einige Klärungsprozesse aus, die auch aktuell noch nicht vollständig abgeschlossen sind. Da die Aufgabe, die Leistungen von Mitarbeitern zu bewerten, als anspruchsvoll und potenziell konfliktbesetzt gilt, bestehen teilweise Bedenken, diese Aufgabe an Teamleiter zu übertragen, die bislang lediglich führungsunterstützende Aufgaben und keine expliziten Aufgaben im Bereich der Mitarbeiterführung hatten. In einigen dieser Fälle wird die Bewertungsfunktion von der nächsthöheren Führungskraft wahrgenommen. Hierbei besteht wiederum die Gefahr der fehlenden Nähe zur Aufgabe oder der zu großen Zahl der zu bewertenden Beschäftigten. An dieser Stelle gilt es, jeweils einen geeigneten Weg zu finden.

Da die Beurteilung oder Bewertung von Mitarbeiterinnen und Mitarbeitern eine sehr sensible Aufgabe ist, die die Leistungsmotivation der Beschäftigten wesentlich beeinflussen kann, gab es auch einige Ämter, die sich entschieden haben, zur Erprobung im ersten Jahr zunächst nur eine kleine Anzahl von bewertenden Führungskräften (Abteilungsleiter) vorzusehen. Erst während des ersten Bewertungszeitraums sollten dann die für diese Aufgabe künftig vorgesehenen Teamleiter qualifiziert werden, damit sie später in ihre neue Aufgabe hineinwachsen können. Die Festlegung, wer in einer Leistungseinheit „Bewerter" sein soll, ist je nach den bestehenden Rahmenbedingungen vor Ort getroffen worden (Kriterien: Persönlichkeit, Ausbildung, Aufgabenstruktur). Diese Vorgehensweise kann in den folgenden Jahren, vor Beginn eines jeden Bewertungszeitraums, wieder verändert werden.

d) Themen der Qualifizierungsworkshops waren:

- Grundlagen vermitteln
- Führen mit Zielvereinbarungen
- Instrumente: Zielvereinbarungen und systematische Leistungsbewertung
- Hilfen zur Zielfindung
- Leistungskriterien
- Kennzahlen
- Zielkonflikte
- Zielcheck: SMART-Kriterien
- Zielformulierung
- Zielvereinbarungsformular
- Klärungsbedarfe bzw. Aktivitätenplan

Nach einem zeitlich relativ kurzen „Theorie-/Grundlagen-Input" und der Klärung offner Fragen haben die Teilnehmenden rund die Hälfte bis Zweidrittel der verbleibenden Zeit genutzt, um in Kleingruppen erste Entwürfe für Zielvereinbarungen in ihrem Zuständigkeitsbereich zu erarbeiten. Diese wurden untereinander vorgestellt und mit Unterstützung der externen Berater diskutiert. Dadurch konnten die Teilnehmenden erste Erfolgserlebnisse mit dem bislang für sie in der Form unbekannten Instrument verbuchen und die Entwürfe in der späteren Praxis auch nutzen.

Bei vielen Führungskräften bestanden Ängste hinsichtlich der bei den Beschäftigten vermuteten „Erwartungshaltung“. Das gegenseitige Verständnis konnte deutlich gefördert werden. In einigen Ämtern wurde die kollegiale Unterstützung auch zur gegenseitigen Plausibilitätsprüfung bis hin zu den späteren Zielvereinbarungen beibehalten.

e) Handhabung des elektronischen Systems zur Auszahlung des Leistungsentgelts

Von Anfang an bestand die Anforderung, den Prozess von der Zielvereinbarung bis hin zur Auszahlung der Leistungsprämien in einem elektronischen Workflow abzuwickeln, bei dem möglichst wenig manuell eingegriffen werden muss. Mit einer Schnittstelle zum Gehaltsabrechnungsverfahren wurde dazu ein elektronisches Verfahren entwickelt, das für alle Bewerter verbindlich ist. Deshalb erwies es sich als notwendig, neben den bereits beschriebenen Qualifizierungsmaßnahmen für alle Führungskräfte mehrstündige Informationsveranstaltungen anzubieten, um sie auch in die Handhabung des entsprechenden elektronischen Systems einzuweisen.

f) Laufende Qualifizierung/Informationsmöglichkeiten

Seit 1. Januar 2008 besteht das betriebliche System zum leistungsorientierten Entgelt. Seither werden durch die Kommunale Fortbildung weiterhin Basis- bzw. Aufbau-Qualifizierungen zum Thema „Personalgespräche“ angeboten, um die erforderlichen Kompetenzen bei den derzeitigen und künftigen Bewertern zu vertiefen. Daneben wird die Umsetzung des betrieblichen Systems in laufende Führungskräftequalifizierungen integriert. Schulungsangebote für Mitarbeiterinnen und Mitarbeiter zur Stärkung ihrer Gesprächskompetenz sind in Vorbereitung. Ergänzend können sich Führungskräfte und Beschäftigte durch das städtische Intranet über Grundlagen, aber auch spezifische Fragen des leistungsorientierten Entgeltssystems in Wuppertal informieren.

Phase 5 : Aktuelle Entwicklung

Mit Beginn des Jahres 2008 wurde auch die tarifvertraglich vorgeschriebene, paritätisch besetzte betriebliche Kommission eingerichtet (sechs Personen). Sie hat die Aufgabe, die Umsetzung des betrieblichen Systems zu überwachen, und dient als Anlaufstelle für Beschwerden der Beschäftigten. In allen Organisationseinheiten (Ämtern) ist es inzwischen gelungen, die Instrumente „Zielvereinbarung“ oder „systematische Leistungsbewertung“ zu implementieren. Im elektronischen System, das die Stadt Wuppertal einsetzt, um die spätere Auszahlung der Leistungsprämien in einem Workflow vorzunehmen, sind von 3.880 Beschäftigten Zielvereinbarungen gespeichert (Beamte sind aufgrund der städtischen Haushaltssituation leider vom Leistungsentgelt ausgeschlossen; s. o.).

Nach der ersten Hälfte des Bewertungszeitraums sind die verantwortlichen Führungskräfte im Juni 2008 gebeten worden, mit ihren Mitarbeiterinnen und Mitarbeitern den erlangten Zielerreichungsgrad zu besprechen. Hierzu wurde durch die „betriebliche Kommission"(siehe Tarifvertrag und Dienstvereinbarung) ein Gesprächsleitfaden entwickelt und an alle Führungskräfte verschickt. Ziel ist es, insbesondere in den Fällen, in denen die vereinbarten Ziele möglicherweise nicht erreicht werden, bereits im Vorfeld Nachsteuerungsbedarfe zu erkennen.

Künftige Erfolgsfaktoren

In Wuppertal ist es gelungen, das Leistungsentgelt in allen Organisationseinheiten flächendeckend einzuführen. Der Schwerpunkt liegt beim Instrument Zielvereinbarung: Der Einführungsprozess mit den bereits skizzierten Teilelementen hat wesentlich dazu beigetragen, dass bei den Akteuren Verfahrenssicherheit, Transparenz und damit Akzeptanz hergestellt werden konnten. Die Anzahl von 3.880 Zielvereinbarungen belegt dies.

Die Ergebnisse (Anzahl und Höhe der Prämien) und die Wirkungen des Leistungsentgelts im Hinblick auf seine Ziele (Verbesserung der Qualität der öffentlichen Dienstleistungen, Erhöhung der Motivation und Eigenverantwortung bei den Beschäftigten und Verbesserung der Führungskompetenz) können am Ende des Bewertungszeitraums erstmalig gemessen und bewertet werden.

Es ist zu erwarten, dass in dem komplexen System noch Nachsteuerungsbedarf besteht. Da das eingeführte System als „lernendes" verstanden wird, kommt es für den weiteren Erfolg wesentlich darauf an, die gewonnenen Erfahrungen zu sammeln, zu analysieren und für die Weiterentwicklung zu nutzen. Das erfordert, den weiteren Prozess eng zu begleiten, um

1. *Regelungsbedarfe* frühzeitig zu erkennen und neue sachgerechte Regelungen abstimmen zu können.

2. *Anwendungsprobleme*, zum Beispiel Unsicherheiten bei den Akteuren, frühzeitig zu erkennen, etwa durch kollegialen Erfahrungsaustausch, Beschwerden, Gespräche mit Gesamtpersonalrat; Auswertung der Zielvereinbarungen, um die Wirkungen der Prämienvergabe erkennen zu können und jeweils geeignete Hilfen anzubieten.

3. *Störungen frühzeitig aufgreifen* zu können, zu klären und gegebenenfalls Entscheidungen herbeizuführen.

Der Erfolg des Leistungsentgelts hinsichtlich der im Tarifvertrag formulierten Ziele hängt entscheidend davon ab, ob die Führungskräfte ihre Aufgaben, Mitarbeiter zu führen und ihre Organisationseinheit zu steuern, wirklich annehmen und das Leistungsentgelt hierfür nutzen. Dazu muss das System leicht zu handhaben gestaltet sein. Weiterhin ist ein klarer Arbeitsauftrag durch die Verwaltungsspitze an die Führungskräfte, ihre Aufgaben in diesem Verständnis wahrzunehmen, ein unverzichtbarer Erfolgsfaktor. In diesem Zusammenhang ist der Grad an Differenzierung bei der Leistungsbewertung und der damit verbundenen Punktevergabe bzw. Prämienhöhe aufmerksam zu beobachten. Ziel ist es nicht, ein aufwändiges System mit Gießkannenwirkung anzuwenden!

Die zentral vorgegebenen Ziele des Verwaltungsvorstands sind im ersten Bewertungszeitraum (noch) nicht mit Messgrößen hinterlegt worden. Damit entsprechen sie nicht den in der Dienstvereinbarung vorgegebenen verbindlichen SMART-Kriterien. Für den folgenden Bewertungszeitraum 2009 sollte dies nachgebessert werden, um die Anwendung der Ziele der Verwaltungsvereinbarung überprüfbar zu machen. Weiterhin müssen wir versuchen, die vorhandenen strategischen Ziele mit den Zielen nach § 18 TVöD sinnvoll und praktikabel zu verknüpfen.

Am meisten wird es jedoch auf die Führungskräfte ankommen! Das heißt darauf, ob sie bereit und in der Lage sind, kompetent und wertschätzend mit ihren Mitarbeitern sowie fordernd und fördernd über deren Leistung zu sprechen. Sie dürfen die möglicherweise damit einhergehenden Konfliktsituationen nicht scheuen, sondern sie müssen sie nutzen, um konstruktiv zur Verbesserung der öffentlichen Dienstleistungen beizutragen. Es werden deshalb auch über den Einführungszeitraum hinaus laufend Qualifizierungsworkshops angeboten und der gesamte Prozess intensiv begleitet, um möglichst zeitnah geeignete Hilfen anbieten zu können.

Um die Bedeutung des Leistungsentgelts zu verstärken, wäre es sehr hilfreich gewesen, das Verhältnis von festen und variablen Entgeltbestandteilen in den nächsten Tarifverhandlungen des öffentlichen Dienstes zugunsten des Leistungsentgelts zu verschieben. Im Jahr 2005 haben die Tarifvertragspartner das Ziel formuliert, das Finanzvolumens für das Leistungsentgelt von jetzt einem auf künftig acht Prozent des Entgeltvolumens der ständigen Monatsentgelte des Vorjahres anheben zu wollen. Leider ist dies jedoch beim Tarifabschluss 2008/2009 (auf Wunsch der Gewerkschaften) nicht umgesetzt worden.

Wir benötigen weiterhin dringend die rechtlichen Möglichkeiten, die Beamten in das bestehende System einbeziehen zu können!

Die Situation nach dem ersten Jahr der Einführung

Bei der nachfolgenden Betrachtung muss berücksichtigt werden, mit welchen Rahmenbedingungen wir gestartet sind:

- Unbefriedigendes System der Regelbeurteilung bei den Beamten
- Rentenähnliches System der Leistungszulagen im Arbeiterbereich
- Keine flächendeckende, durchgängige Leistungsbewertungs- bzw. Feedback-Kultur

Beteiligung von 93,7 Prozent

Eine so hohe Beteiligung ist positiv zu beurteilen. Ebenfalls positiv ist die Intensivierung der Kommunikation zwischen Führungskräften und Mitarbeitern/Mitarbeiterinnen hinsichtlich Arbeits-/Leistungsanforderungen zu bewerten!

Keine Benachteiligung oder Bevorzugung

Bei den erreichten Durchschnittswerten konnte weder eine Benachteiligung noch eine Bevorzugung in Bezug auf Geschlecht, Arbeitszeitvolumen, Entgeltgruppen oder Geschäftsbereiche festgestellt werden.

81 Prozent der Beteiligten mit maximaler Punktzahl

Dieses Ergebnis wirft Fragen auf: Kann es wirklich als Indiz für das Engagement und die Leistungsqualität bewertet werden oder ist es eher Ausdruck von Unsicherheit im Umgang mit dem Instrument bzw. dem betrieblichen System oder gar Konfliktvermeidung? Wie wäre es zu bewerten und welche Maßnahmen wären zu ergreifen, wenn sich diese Relation in Zukunft verfestigen würde?

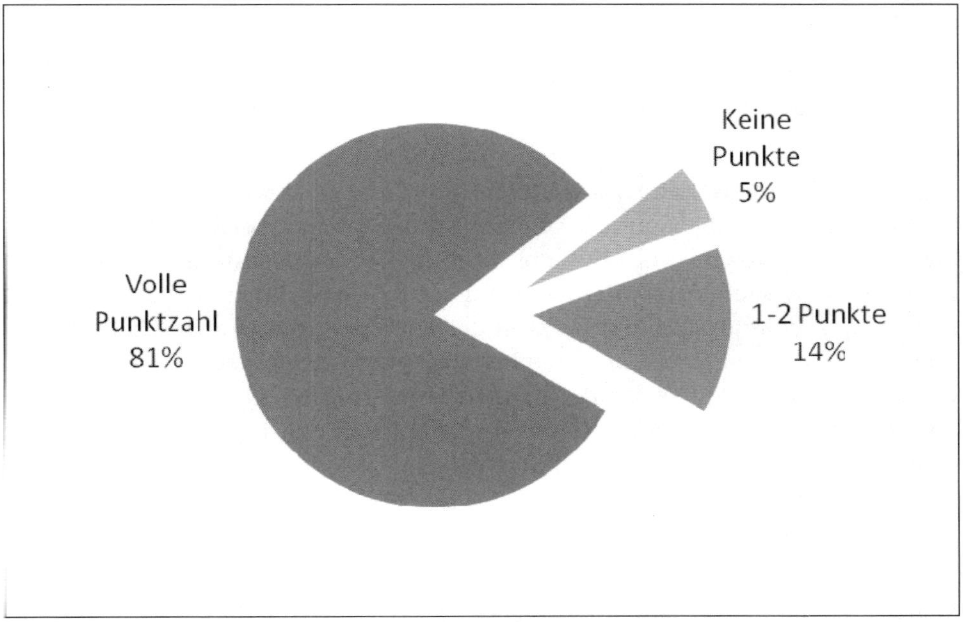

Abbildung 2: *Die Punktverteilung nach der ersten Bewertungsrunde*

Die im Jahr 2008 angebotenen (freiwilligen) Qualifizierungsmaßnahmen der Kommunalen Fortbildung zu „LOB-System" und „Personalgesprächen für bewertende Führungskräfte sowie für Mitarbeiter" wurden nur in begrenztem Umfang in Anspruch genommen. Was könnten die Ursachen dafür sein?

Die Ziele der leistungsorientierten Bezahlung müssen mittelfristig mit den übergeordneten strategischen Zielrichtungen (OB-Ziele oder haushalts- und personalwirtschaftliche Ziele) vernetzt werden. Die Entwicklung eines vernetzten Zielsystems für die Verwaltung insgesamt ist eine große Herausforderung für die Zukunft. Für den Erfolg des Leistungsentgelts ist es entscheidend, dass die Anforderungen wirklich ambitioniert sind und künftig differenziert und variabel (DIVA) erfolgen.

Die Vorstellungen für die Zukunft:

- Nicht nur eine kleine Elite von Leistungsträgern erhält eine Prämie.
- Viele Beschäftigte erhalten eine Prämie, die individuell unterschiedlich hoch ausfällt.
- Einige Leistungsträger erhalten die Höchst-Prämie.

- Prämien werden nicht verschenkt, sondern wirklich erarbeitet.
- Prämien sind nicht immer dieselben, es gilt nicht der Grundsatz „Einmal Prämie, immer Prämie“ und schon gar nicht in „immer unveränderter Höhe“ (Rente).

Der Erfolg leistungsorientierter Vergütungssysteme ist stärker vom Prozess der Leistungsmessung abhängig als von der Erhöhung der erreichbaren Leistungsentgelte. Im Mittelpunkt des Systems steht die Leistungsmessung als kommunikative Führungsaufgabe, Mitarbeiter müssen Leistungskriterien verstehen und akzeptieren. Führungskräfte müssen in der Lage sein, mit den Beschäftigten zu kommunizieren und eine neue Vereinbarungskultur zu etablieren. Ich erhoffe mir bei allen Akteuren zunehmende Sicherheit im Umgang mit den Instrumenten und den Bewertungskriterien. Ich wünsche mir von den Führungskräften mehr Mut zur Leistungsdifferenzierung!

Aufwand als Problem bei den Führungskräften

Beim Leistungsentgelt beklagen sich die Führungskräfte immer wieder mit dem Tenor: „Zu viel Aufwand für wenig Geld.“ Als überflüssiger Zusatzaufwand werden insbesondere gesehen:

- die vielfach ungewohnte Vorgabe und Kontrolle von Zielen, Prioritäten und Messmethoden
- die zusätzlich erforderlichen Gespräche mit Mitarbeitern
- „gerechte“ Bewertungen als Mittel gegen erhöhtes Konfliktpotenzial

Dabei gehören diese Punkte eigentlich auch ohne die Einführung eines Leistungsentgelts zur „normalen Führungsaufgabe“! Das Leistungsentgelt sichert jedoch die verbindliche Anwendung dieser Führungsinstrumente (zielorientierte Führung). Es darf nicht in erster Linie als (ein aufwändiges) System der Geldverteilung verstanden werden.

Für die Effektivität und die Akzeptanz des Leistungsentgelts ist die Möglichkeit, Beamte vollinhaltlich in das System einbeziehen zu können, von großer Bedeutung. Das Land Nordrhein-Westfalen hat hierzu mit dem „Gesetz zur Stärkung der Personalhoheit in den Kommunen“ den rechtlichen Rahmen geschaffen. Der Titel dieses Gesetzes mutet allerdings angesichts des für die Stadt Wuppertal aufgrund ihrer desolaten Haushaltssituation (prognostizierter Fehlbetrag 2009: 220 Millionen Euro) verfügten Beförderungsstopp zynisch an. Die Stadt Wuppertal kann bis auf weiteres von diesen neuen rechtlichen Möglichkeiten keinen Gebrauch machen!

Perspektiven der leistungsorientierten Bezahlung?

Beim letzten Tarifabschluss für Bund und Kommunen im Jahr 2008 wurde das Leistungsentgelt im Spezialtarif für Krankenhäuser (Kr) gestrichen und der linearen Tarifentwicklung zugeordnet. Beim jüngsten Tarifabschluss der Länder (TDL) im Frühjahr 2009 wurde das Budget für das Leistungsentgelt zugunsten einer höheren linearen Tarifsteigerung ebenfalls umgewidmet. Diese Entwicklungen bewerten zahlreiche Akteure als Signal dafür, dass die Tarifvertragsparteien insgesamt nicht mehr zum Leistungsentgelt im öffentlichen Dienst stehen. Der Aufwand wird immer stärker kritisch hinterfragt. Schon das Beibehalten des bisherigen Budgetvolumens in Höhe von 1 Prozent für das Leistungsentgelt würde als Abkehr vom ursprünglichen Ziel „Steigerung auf bis zu 8 Prozent" bewertet und das Engagement und damit letztlich auch die Qualität bei allen Beteiligten deutlich dämpfen.

Vor diesem Hintergrund stellt sich mehr und mehr die Frage, ob die bundesweit in den Kommunen erarbeiteten Lösungen und die dadurch erzielten Wirkungen belastbar genug sind und vor allem, welches Gewicht ihnen bei den nächsten Tarifverhandlungen faktisch spürbar durch eine Anhebung des Volumens anstelle von Lippenbekenntnissen wirklich eingeräumt werden wird.

Teil IV

Einordnung der Praxisbeispiele

Was es bringen kann, vorher zu wissen, auf welche Leistungskultur man trifft

Bettina Dilcher / Jette Pahlke

Nicht jedes der hier vorgestellten Projekte war von vorneherein als Veränderungsprojekt konzipiert, aber an all diesen zum Teil recht unterschiedlichen Einführungs- und Umsetzungsprozessen lässt sich zeigen, wie stark das Thema leistungsorientierte Vergütung in die Alltagsroutinen einer Organisation und verschiedenen Gruppen eingreift und den handelnden Akteuren ein hohes Maß an Veränderungsbereitschaft abverlangt.

Bevor wir uns im Weiteren der Frage zuwenden, wie ein solcher Veränderungsprozess idealerweise gestaltet werden kann, wollen wir zunächst die Praxisbeispiele einmal genauer betrachten und im Sinne einer Lesson Learned danach fragen, was es hätte bringen können, wenn gleich zu Beginn der geschilderten Entwicklungs- und Einführungsprozesse eine genaue Analyse und Diagnose der bestehenden Leistungskultur und der damit einhergehenden Denkstile zur Gerechtigkeit erstellt worden wäre.

Noch einmal zur Erinnerung: Jeder der nachfolgend aufgeführten typischen Arbeitskontexte weist typische Leistungsmuster auf:

So ist der **Typ A Individualismus/Tauschgerechtigkeit** dadurch geprägt, dass die handelnden Akteure sich an einem Leistungsverständnis orientieren, welches nicht nur darauf ausgerichtet ist, ihre Leistung ebenso direkt durch den Auftraggeber einzuholen. Wird dieser Aushandlungsmodus gestört, kann es zu Leistungszurückhaltung kommen.

Im **Typ B Fatalismus/Interaktionsgerechtigkeit** herrschen strenge Verfahrensregeln zur individuellen Leistungsentlohnung auf Basis streng hierarchischer Vorgaben. Danach hat der direkte Vorgesetzte aufgrund seiner Positionsmacht das Recht zur Beurteilung, ohne dass der Mitarbeiter direkt darauf Einfluss nehmen kann. Bleibt die Anerkennung des Vorgesetzten aus, lässt auch die Identifikation mit der Aufgabe nach.

Typ C Korporatismus/Verfahrensgerechtigkeit: Auch hier gibt es strenge, an den Bedingungen der verfassten betrieblichen Mitbestimmung ausgerichtete Verfahrensregeln; diese beziehen sich aber auf Gruppenkontexte. Wird dieses Verhältnis z. B. dadurch beeinträchtigt, dass Regeln willkürlich außer Kraft gesetzt werden, sinkt die Identifikation mit dem Unternehmen.

Typ D Kollektivismus/Verteilungsgerechtigkeit: Hier existiert eine ausgeprägte Orientierung am Team, das weitgehend eigenverantwortlich für die Erreichung vorgegebener Ziele zu sorgen hat. Die Leistungsmotivation der Teammitglieder ist hoch, solange gewährleistet ist, dass jeder seinen gerechten Anteil aus dem Erfolg des Unternehmens erhält.

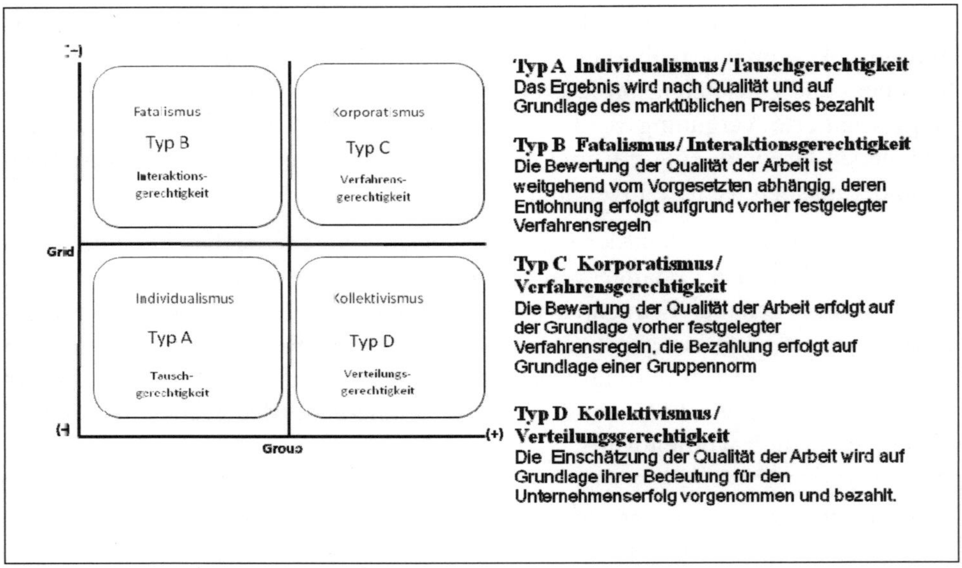

Abbildung 1: *Denkstile der Gerechtigkeit nach Liebig/Lengfeld (2002)*

Beispiel 1: Das Maschinenbau-Unternehmen

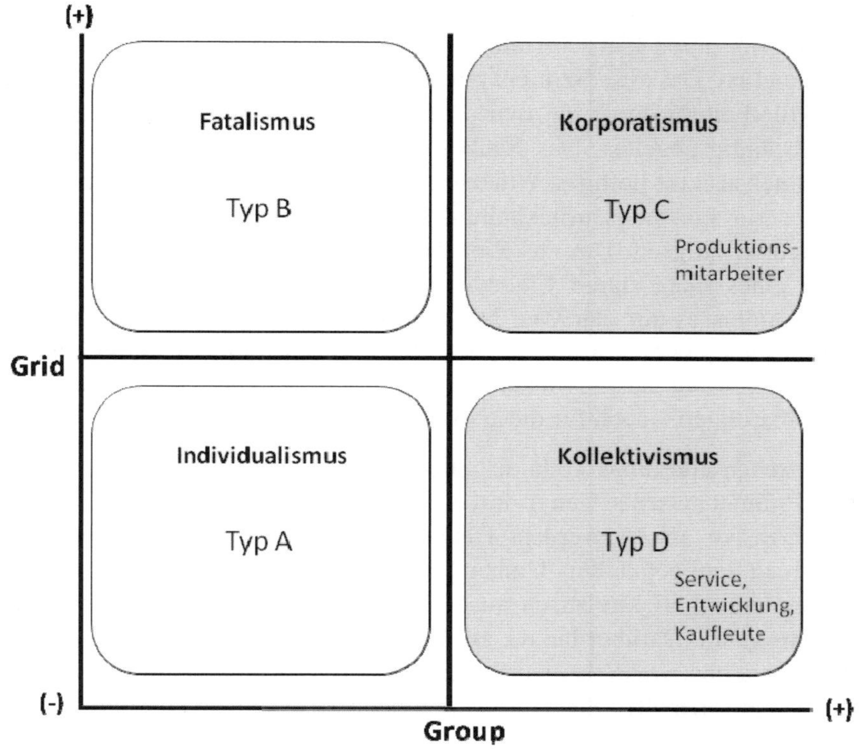

Abbildung 2: *Einordnung der Heidelberger Druckmaschinen AG*

Der international agierende Marktführer im Bereich der Printmedienindustrie stand mit Abschluss des Entgeltrahmenabkommens (ERA) vor der Notwendigkeit einer Neuausrichtung des bestehenden Entgeltsystems. Dies betraf sowohl das Grundentgeltsystem als auch das Leistungsentgelt.

Bei der Einordnung in die von Liebig und Lengfeld (2002) entwickelte Typologie der Denkstile zur sozialen Gerechtigkeit kann in diesem Unternehmen vorrangig von einem in hohem Maße korporatistisch orientierten Arbeitskontext mit einem ausgeprägten Hang zur Verfahrensgerechtigkeit ausgegangen werden. Dafür spricht unter anderem, dass das Konzept und die notwendigen Betriebsvereinbarungen zur Umsetzung der beiden in ERA vorgegebenen Vergütungsformen, nämlich ein fixes Grundentgelt und ein variables Leistungsentgelt, über einen Zeitraum von mehr als vier Jahren entwickelt und verhandelt wurden. Einer der Gründe für die langwierigen Verhandlungen ist sicherlich darin zu sehen, dass der Arbeitskontext der Produktionsmitarbeiter auch nach der Umsetzung von ERA durch klare Verfahrensregeln innerhalb einer festen Gruppe gekennzeichnet ist. Das alte Prämiensystem wurde deshalb explizit für diese Gruppe von Mitarbeitern durch ein neues Leistungsbewertungssystem ergänzt, aber nicht vollständig abgelöst. Das Risiko, dass eine vollständige Abschaffung der alten Prämienstruktur heftigen Widerstand bei dieser Beschäftigtengruppe auslösen und es zur Leistungszurückhaltung kommen würde, war den verantwortlichen Akteuren zu groß. Um das Ziel einer Veränderung der Leistungskultur in Richtung eines mehr durch Eigenverantwortung der Gruppe geprägten Leistungsverständnisses auf den Weg bringen zu können, wurde nach einem Kompromiss gesucht: Dieser bestand darin, zumindest veränderte Kriterien für die Leistungsbewertung zu entwickeln und die Möglichkeit zum Abschluss von Zielvereinbarungen – auch für diese Mitarbeitergruppe – zu schaffen.

Damit bestehen allerdings Teile des alten Systems der Leistungsbeurteilung sowie des Prämiensystems weiter fort und können erst im Verlauf der nächsten Jahre sukzessive ersetzt werden. Dennoch ist damit ein erster und wichtiger Schritt hin zu dem geplanten „Umbau" der bestehenden Leistungskultur in Richtung eines mehr kollektivistisch ausgerichteten Leistungs- und Gerechtigkeitsempfindens getan. Darüber hinaus gilt für alle Mitarbeiter des Service- und Entwicklungsbereichs sowie des kaufmännischen Bereichs ohnehin ein vollständig neues, nicht auf den alten Strukturen aufbauendes Leistungsvergütungssystem.

Dieses Beispiel veranschaulicht recht nachdrücklich, welche Beharrungskräfte in diesem System eine Rolle spielten und wie viel Veränderung die jeweiligen Bereiche verkraften bzw. nicht verkraften konnten. Auch macht es deutlich, dass jede Veränderung ihre Zeit braucht. Die Einführung des neuen Entgeltsystems in diesem Unternehmen war kein Selbstzweck zur bloßen Umsetzung von ERA, sondern wurde als ein kulturstiftendes Element im Sinne einer Veränderung der gesamten Leistungskultur gesehen. Der dazu notwendige Entwicklungsprozess hätte sich aber möglicherweise durch eine vorausgehende Analyse der bestehenden Leistungskultur in den verschiedenen Bereichen und der damit einhergehenden Denkstile zur Gerechtigkeit systematischer planen, transparenter gestalten und unter Umständen verkürzen lassen.

Beispiel 2: Das Elektrounternehmen

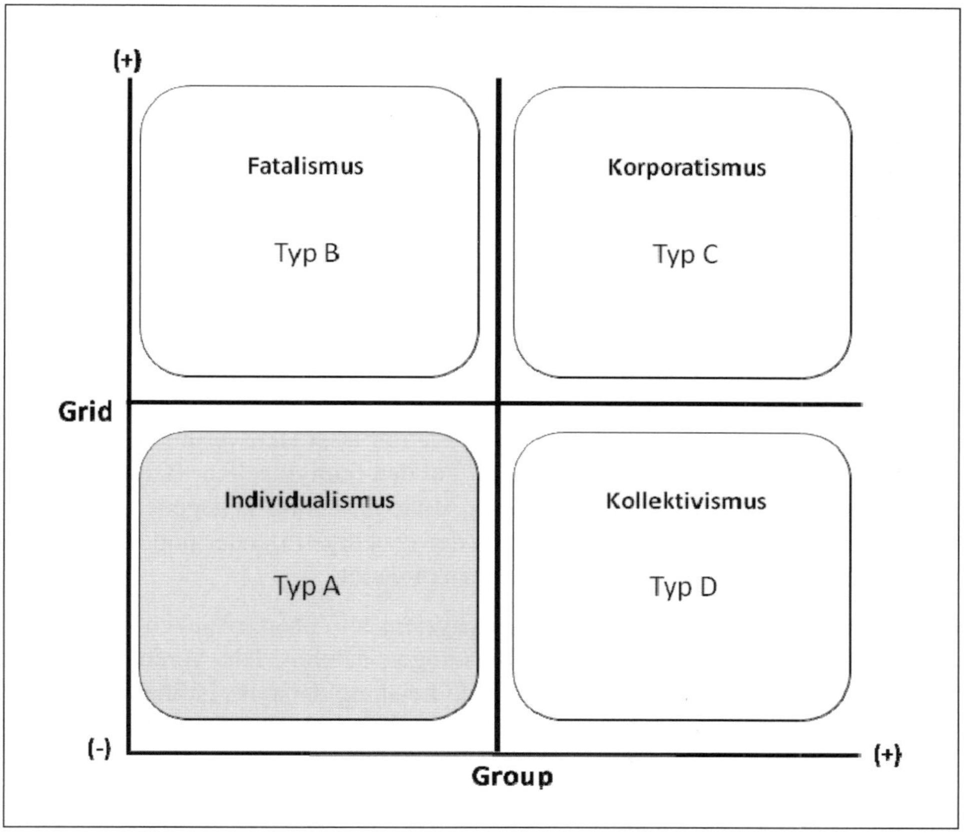

***Abbildung 3:** Einordnung von Osram*

Einer der beiden führenden Lichthersteller der Welt hat im Verlaufe der letzten Jahre ein einheitliches Prämiensystem zur übertariflichen Vergütung seiner als Spitzenleister eingestuften Mitarbeiter eingeführt. Die insgesamt 300 hochqualifizierten Mitarbeiter der Elektrosparte arbeiten weltweit in projektbezogenen Teams. Die Autonomie des einzelnen Experten ist dabei hoch, jeder arbeitet eigenverantwortlich innerhalb einer klaren Struktur der Arbeitsteilung und leistet seinen Beitrag, indem er seinen Teil zur Entwicklung der Produkte beiträgt. Die Interessen dieser Spitzenleister, von denen die meisten aufgrund ihrer exzellenten Entwicklungsleistungen zumeist gleich mehrere Patente halten, sind auf die individuelle Honorierung ihrer Leistung ausgerichtet. Aufgrund der bestehenden Strukturen haben sie meist keine Führungspositionen inne und streben diese oft nicht einmal an. Entsprechend gibt es neben der üblichen Managementkarriere parallel dazu die Möglichkeit einer Fachkarriere und zusätzlich ein auf diese Mitarbeiter speziell ausgerichtetes Anreizsystem.

Die starke individualistische Orientierung zwischen den einzelnen Experten zeigt sich strukturell unter anderem schon aufgrund einer cross-nationalen und wechselnden sowie mehr oder weniger virtuellen Teamstruktur, die folgende Merkmale aufweist:

- keine engen sozialen Beziehungen
- keine räumliche Einbindung in eine feste Gruppe
- keine direkten wechselseitigen Verpflichtungen

Bei dieser Form der Teamarbeit handelt es sich um Arbeitskontexte, deren Zusammenhalt sich ausschließlich über die Vorgaben zur Entwicklung eines Produkts konstituiert. Aufgrund dieser Konstellation lässt sich vermuten, dass sich das Gerechtigkeitsempfinden vorrangig an den individuellen Beiträgen zum ökonomischen Erfolg des Unternehmens sowie an darauf bezogene spezifische Marktbedingungen für solche Positionen der jeweiligen Länder und nicht einem direkten Vergleich mit anderen Entwicklern orientiert.

Genau dies ist der Fokus beim Prämiensystem zur übertariflichen Vergütung, welches herausragende individuelle Leistungen belohnt. Die Vorentscheidung, was in diesem Kontext eine herausragende Leistung darstellt, ist marktabhängig und obliegt dem Bereichsleiter. Im Rahmen eines Abstimmungsprozesses auf Managementebene wird dann über die Höhe der Prämien bzw. über die Art der Incentives entschieden. Es zeigen sich aber auch erste Tendenzen, das System zur Honorierung individueller Leistung durch eine stärkere Hervorhebung der Bedeutung von Teamleistungen zu ergänzen. Dadurch sollen die Zusammenarbeit und die Motivation zur Abstimmung innerhalb der Teams gestärkt werden. Gleichzeitig soll aber auch der individualistische Fokus beibehalten werden, indem eine Prämie je nach anteilig geleistetem Beitrag am Projekt an den Einzelnen gezahlt wird.

Die hier notwendige Gratwanderung, nämlich das ausgeprägt individualistische Leistungsverständnis und Gerechtigkeitsempfinden auf die Anforderungen einer – wenn auch weitgehend virtuellen – Teamarbeit auszurichten, scheint in diesem Fall gelungen zu sein. Es ist aber zu vermuten, dass ein Prämiensystem, welches sich weniger an den individuellen Interessen orientiert hätte, am massiven Widerstand der Mitarbeiter gescheitert wäre.

Eine genauere Leistungskulturanalyse zu Beginn der Entwicklung dieses Anreizsystems hätte aber unter Umständen ein differenziertes Bild hinsichtlich der Veränderungsbereitschaft hin zu einer größeren Teamorientierung zeigen können und damit eventuell von vorneherein mehr Transparenz geschaffen.

Beispiel 3: Der Automobilzulieferer

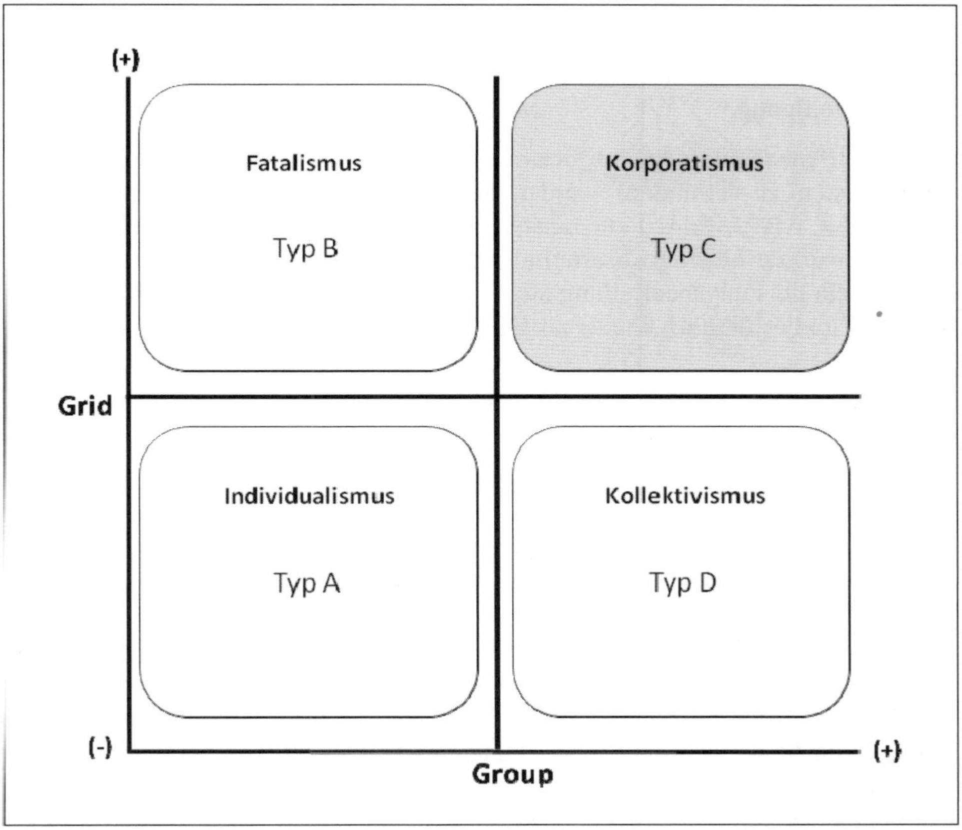

Abbildung 4: *Einordnung der ZF Friedrichshafen AG*

Der Automobilzulieferer führte im Juli 2007 den neuen ERA-Tarifvertrag und damit ein neues Leistungsbeurteilungssystem ein. Bis zu diesem Zeitpunkt war das Entgeltsystem in die drei Beschäftigungsgruppen Angestellte, Zeit- und Leistungslöhner unterteilt, deren Entgelte und Prämiensysteme sehr unterschiedlich waren. Das Gleiche galt auch für die jeweiligen Beurteilungssysteme: Während es für die Angestellten und die Zeitlöhner Beurteilungssysteme gab (bei denen jedoch das Merkmal „Verhalten“ eine geringe Priorität besaß), wurde im Leistungslohnbereich keinerlei individuelle Leistungsdifferenzierung vorgenommen. Dies war nicht zuletzt dem Arbeitskontext geschuldet, der geprägt ist durch Produktionssysteme mit hohem Automatisierungsgrad, und demzufolge kaum Möglichkeit zur freien Leistungsentfaltung der Mitarbeiter zulässt. Die Leistungskultur des Unternehmens ist folglich eindeutig korporatistisch ausgerichtet:

Das neue Entgeltsystem ist ein komplexes System von Leistungsgratifizierungen, bestehend aus Grundentgelt, Leistungszulagen, übertariflichen Zulagen und Erfolgsbeteiligung.

Um eine Benachteiligung von bestimmten Mitarbeitergruppen durch das neue Entgeltsystem zu verhindern, werden zusätzlich übertarifliche Besitzstandszulagen gezahlt. Als Verfahren zur Leistungsbewertung wurden der Kennzahlenvergleich sowie die Leistungsbeurteilung gewählt. Die Zielsetzung dabei war, die individuelle Leistungsbeurteilung aller Mitarbeiter nach identischen Kriterien zu bewerten und es darüber hinaus als Steuerungs- und Führungsinstrument nutzen zu können.

Kurz nach der Einführung des neuen Leistungsbeurteilungssystems zeigte sich bei den Führungskräften erneut – wie schon beim alten System – die Tendenz zur gleichförmigen Beurteilung der Mitarbeiter. Die Chance einer wirklichen Veränderung der Leistungskultur besteht aber nur dann, wenn es gelingt, sich von der starken korporatistischen Orientierung zu lösen und sich in Richtung einer mehr kollektivistischen Ausrichtung, sprich mehr Eigenverantwortung der Führungskräfte und Mitarbeiter, zu entwickeln. Um das zu erreichen, muss von Anfang an ein Höchstmaß an Klarheit hinsichtlich der Zielsetzungen des zu entwickelnden Anreizsystems geschaffen werden. Es wäre unter Umständen in diesem Fall sicherlich hilfreich gewesen, wenn die gegensätzlichen Interessen und Orientierungen der verschiedenen Akteursgruppen zu Beginn des Prozesses differenzierter, das heißt bezogen auf ihre Wirkung auf die Leistungskultur des Unternehmens, analysiert worden wären. Dadurch hätten sich die offensichtlich starken Beharrungskräfte dieses Systems in Richtung einer wirklichen Veränderung der Leistungskultur eventuell frühzeitiger auflösen lassen.

Beispiel 4: Die Gießerei

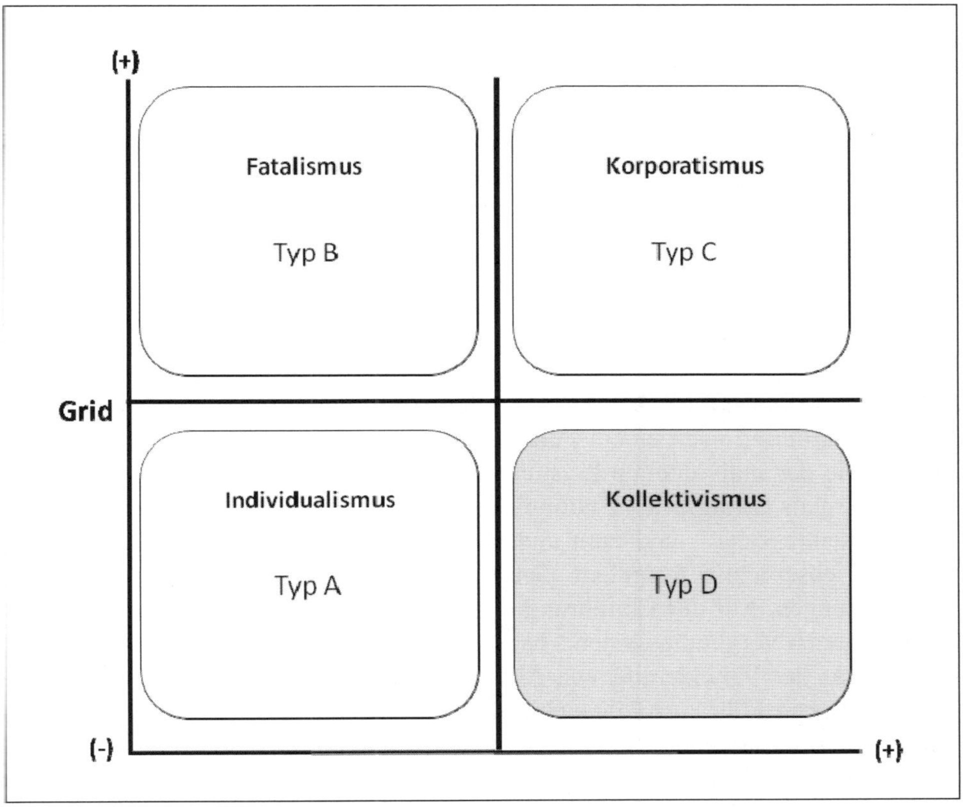

Abbildung 5: *Einordnung der Gontermann-Peipers GmbH*

Das familiengeführte Unternehmen, ein Hersteller für Gussprodukte und Walzen, entschied sich 1997 für die Umsetzung einer neuen Entgeltregelung. Das Ziel, welches die Unternehmensführung dabei im Auge hatte, war die Motivation der Mitarbeiter zu stärken und dies insbesondere in Richtung eines mehr zukunftsorientierten Handelns und einer aktiven Mitgestaltung von Veränderungsprozessen. In der Vergangenheit war eine eher patriarchale Unternehmenskultur gewachsen: Die Mitarbeiter arbeiteten weisungsgebunden und mit engem Blick auf die Führung, ohne sich aktiv an der Mitgestaltung der Unternehmensabläufe beteiligen zu können. Bis zum oben genannten Zeitpunkt wurden die 700 Mitarbeiter nach dem Flächentarifvertrag der Elektro- und Metallindustrie (vor ERA) entlohnt, der nicht nur ein deutliches Gefälle zwischen Angestellten und Arbeitern festlegte, sondern zum Teil unbegründete Unterschiede in der Entlohnung der einzelnen Positionen aufwies und dessen Regelwerk – aus Sicht dieses Unternehmens – schon damals als absolut veraltet eingeschätzt wurde.

Deshalb löste sich das Unternehmen Ende der 90er Jahre vom Flächentarifvertrag mit dem Ziel, einen eigenen Haustarifvertrag zu entwickeln. Es wurde ein transparentes Informationswesen über Ziele und Visionen des Unternehmens sowie ein System der durchgängigen Beteiligung am Geschäftserfolg geschaffen. Der Haustarifvertrag gliedert sich in drei Entgeltkomponenten:

- Basiseinkommen (untergliedert in 13 Tarifgruppen)
- Leistungsbewertung
- Ergebnisbeteiligung

Die Leistungsbewertung, bei der die Mitarbeiter einmal jährlich bezüglich bestimmter Kriterien nach einem Punktesystem bewertet werden, wird als Individualprämie der individuellen Leistungsentwicklung gerecht. Die Ergebnisbeteiligung wird als Erfolgsprämie zum einen monatlich – je nach Erfüllungsgrad des Geschäftsjahresziels – und zum anderen jährlich als Gruppenprämie abhängig vom Betriebsergebnis festgelegt. Getragen wird dieses Entgeltsystem von Zielvereinbarungen. Mit der Einführung dieses neuen, auf den Unternehmenserfolg ausgerichteten Vergütungssystems hat das Unternehmen einen recht ambitionierten Prozess der Veränderung von Alltagsroutinen, gewohnten Denkweisen und einer tradierten Führungsphilosophie in Gang gesetzt. Am Ende des zehnjährigen Prozesses zeigt sich, dass es dem Unternehmen gelungen ist, die Eigenverantwortung der Mitarbeiter zu stärken und ein Wechselverhältnis zwischen den Zielen und der Entwicklung des Unternehmens sowie der Stärkung der Eigenverantwortung und Motivation der Mitarbeiter zu erreichen.

Dieses Praxisbeispiel zeigt vor allem ein, nämlich wie wichtig es ist, sich tatsächlich von Beginn eines solchen Prozesses an bewusst zu machen, dass es sich bei der Einführung eines leistungsbezogenen Vergütungssystems (auch) um einen Kulturwandel mit weitreichenden Folgen für die Handlungskompetenz der Mitarbeiter und Führungskräfte handelt. Wenn dies – wie in diesem Fall – gelingt, steigt nicht nur die Leistungsbereitschaft, sondern auch die Identifikation mit und die Verantwortung für das Unternehmen.

Beispiel 5: Die Klinik

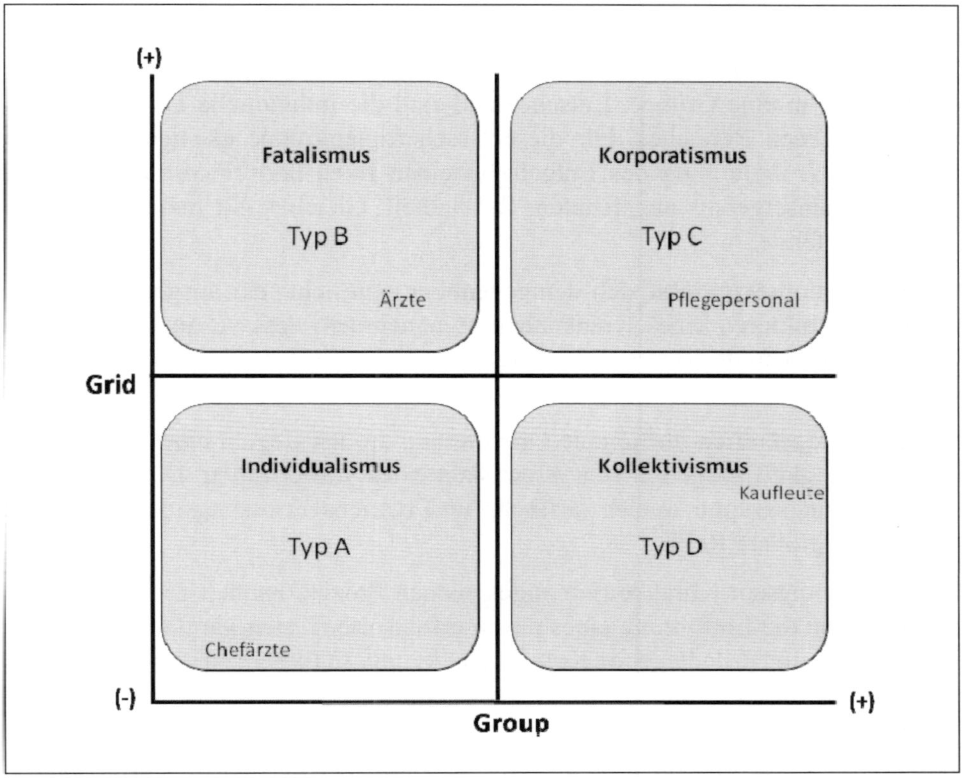

Abbildung 6: *Einordnung der Damp Gruppe*

Schon seit einigen Jahren wird seitens der Geschäftsleitung dieses Klinik-Unternehmens das Ziel der Verknüpfung wirtschaftlicher Ziele mit der individuellen Vergütung verfolgt. Die Umsetzung einer ehrgeizigen Fünf-Jahres-Strategie zur Unternehmensentwicklung ging deshalb einher mit der sukzessiven Einführung eines erfolgsorientierten variablen Leistungsentgelts, das durch seine direkte Verknüpfung mit dem wirtschaftlichen Ergebnis des Unternehmens zur Steigerung der Mitarbeitermotivation beitragen soll.

Das Zielvereinbarungssystem wurde zunächst nur für die kaufmännischen Führungskräfte eingeführt, danach wurde dann ein gleiches System für die variable Vergütung der Chefärzte entwickelt. Erst wenn diese Prozesse sicher eingeführt sind, soll ein Zielvereinbarungssystem für alle Mitarbeiter in Angriff genommen werden.

Durch die immer noch traditionell stark voneinander getrennten Arbeitsbereiche (Verwaltung, Ärzte, Pflegedienst) eines Krankenhauses haben sich zum Teil recht unterschiedliche Leistungskulturen entwickelt.

Die kaufmännischen Führungskräfte arbeiten weitgehend autark und ohne enge Anbindung an eine Gruppe. Entscheidend sind die individuelle Leistung sowie die des eigenen Bereiches. Für diese Beschäftigtengruppe existiert schon seit längerem die Aufteilung des Entgelts in einen fixen und einen variablen, am Unternehmensergebnis angelehnten, Bestandteil. Gleiches gilt inzwischen auch für die Chefärzte.

Für die Stationsärzte lässt sich demgegenüber angesichts der ausgeprägt hierarchischen Strukturen eines Krankenhauses annehmen, dass sie in der Regel in hohem Maße von der Beurteilung durch ihren jeweiligen Vorgesetzten abhängig sind.

Bei den Pflegekräften dürfte eine Orientierung an den Regeln eines auf Verfahrensgerechtigkeit ausgerichteten Arbeitskontextes vorherrschen. Denn für diese Beschäftigungsgruppe spielen tarifliche und betriebsverfassungsrechtliche Vorgaben eine größere Rolle.

Bei dem in diesem Klinikbetrieb angestoßenen Prozess handelt es sich folglich nicht nur um die Einführung eines neuen erfolgsorientierten Vergütungssystems, sondern um eine grundlegende Kulturveränderung. In diesem Arbeitskontext soll bei allen Beteiligten Interessengleichheit dahingehend entstehen, ein möglichst hohes Unternehmensergebnis zu erzielen.

Viele Zwischenschritte sind noch nötig, um bei den verschiedenen Beschäftigtengruppen nicht nur ein gemeinsames Verständnis für den Erfolg des Unternehmens, sondern auch ein gemeinsames Leistungs- und Gerechtigkeitsverständnis zu entwickeln. Noch sind die Mitarbeiter des Pflegebereichs aus dem Zielvereinbarungssystem ausgenommen und erhalten eine nicht nach Einzelleistung differenzierte, einheitliche Erfolgsprämie. Aus unserer Sicht kann hier eine gründliche Analyse der Leistungskultur dieser Berufsgruppe schneller als in den vorangegangenen Prozessen, mehr Entscheidungssicherheit darüber schaffen, welches Leistungsbewertungssystem zu dieser Gruppe tatsächlich passt.

Beispiel 6: Das Stadtwerk

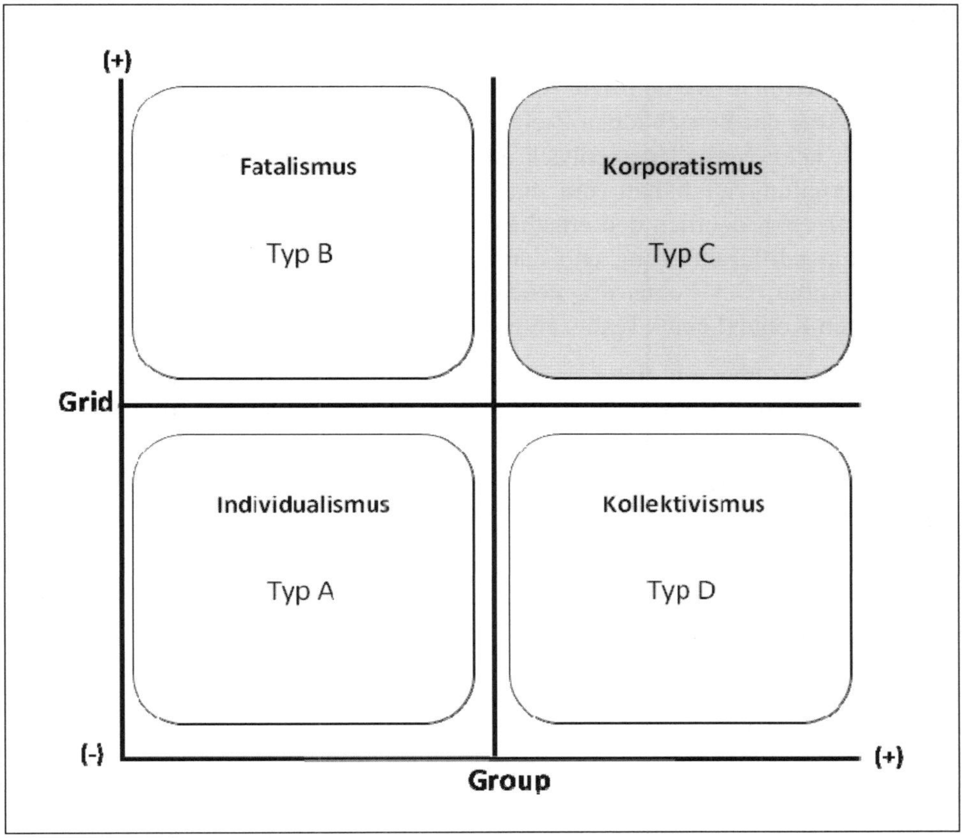

Abbildung 7: *Einordnung der Stadtwerke Münster*

Das Unternehmen hat auf Grundlage eines Branchentarifvertrags ein für alle 800 Beschäftigten verbindliches System zur leistungsorientierten Vergütung eingeführt. Bis zu diesem Zeitpunkt hatte es zwar schon einige Jahre ein variables Vergütungssystem für Angestellte und Arbeiter gegeben, jedoch wurde es bisher kaum als Instrument zur Differenzierung der Einzelleistung genutzt. Wie schon in einigen anderen Praxisbeispielen fand sich auch hier eher ein Zusammenhang zwischen Zulagen und der Dauer der Betriebszugehörigkeit. Rückstufungen aufgrund verminderter Leistung gab es kaum. Die Leistungskultur war folglich überwiegend durch strikte Verfahrensregeln geprägt, das heißt, die Prämienverteilung wurde nach Hierarchie und Gruppenzugehörigkeit geregelt.

Mit der Einführung des neuen Leistungsentgeltsystems verfolgte das Unternehmen auch die Implementierung einer neuen Leistungskultur. Auf der Basis von Zielvereinbarungen, bestehend aus individuellen Zielen und betriebswirtschaftlichen Teamzielen sowie Verhaltensfeedback, können Leistungszulagen von bis zu 15 Prozent erreicht werden. Die Verhaltensziele werden in diesem Prozess zur Unterstützung der betrieblichen Ziele eingesetzt. Die Vorgabe an die Führungskraft, sich beim Verhaltensfeedback an ihre Mitarbeiter an die Vorgaben einer Normalverteilung zu halten, um eine Inflation der Zielerreichungspunkte zu verhindern, zeigt deutlich den ernsthaft betriebenen Wandel hin zu einer stärkeren Leistungsdifferenzierung und damit zu einer Veränderung der bestehenden Leistungskultur. Der Fokus des neuen Systems liegt dabei auf der Belohnung einer in den Kontext eines Teams eingebundenen individuellen Leistung.

Es handelt sich hier um einen Prozess, bei dem es darum ging, einen mehr an kollektivistischen Grundsätzen, das heißt einen auf Teamarbeit und Eigenverantwortung ausgerichteten Veränderungsprozess in Gang zu setzen. Auf diese Weise soll die Beweglichkeit des Unternehmens gestärkt und damit gleichzeitig seine Wettbewerbsfähigkeit verbessert werden.

Die Vorgabe der Normalverteilung als Grundlage der Leistungsbewertung verweist aber unter Umständen darauf, dass es immer noch Beharrungskräfte gibt, die der Tendenz zur Leistungsnivellierung Vorschub leisten. Hier würde sich ein kritischer Blick auf die tatsächliche Veränderungsbereitschaft des Systems sicherlich lohnen, um weitere Maßnahmen zur Nachhaltigkeit des Zielvereinbarungssystems anstoßen zu können.

Beispiel 7: Die Stadtverwaltung

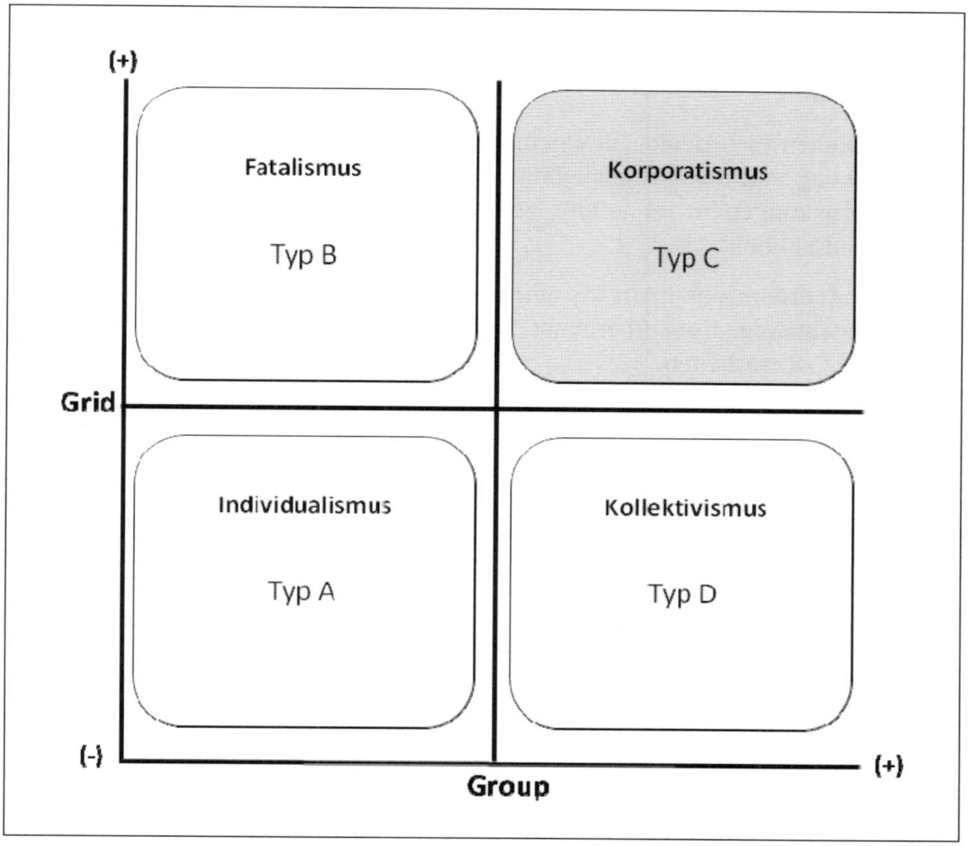

Abbildung 8: *Einordnung der Stadtverwaltung Wuppertal*

Die Stadtverwaltung begann unmittelbar mit Abschluss des Tarifvertrags für den öffentlichen Dienst (TVöD) mit der Entwicklung eines leistungsorientierten Vergütungssystems. Ziel dabei war, die Steigerung der Leistungsmotivation sowie die der Dienstleistungs- und Führungsqualität. Zu diesem Zweck wurde ein Zielvereinbarungssystem, bestehend aus Teamziel- und Einzelzielvereinbarungen, eingeführt. Den meisten der Mitarbeiter war die Steuerung über Ziele teilweise schon aus der Vergangenheit vertraut, jedoch waren diese zu diesem Zeitpunkt nicht mit finanziellen Anreizen verknüpft. Leistungszulagen wurden regelmäßig nur im Arbeiterbereich gezahlt, und waren hier – wie in vielen anderen Betrieben auch – längst zu einem fixen Lohnbestandteil geworden.

Das nunmehr an Zielvereinbarungen geknüpfte Leistungsentgelt, bei dem eine leistungsbezogene Entgeltkomponente für den zurückliegenden Arbeitszeitraum gezahlt wird, ist folglich eine deutliche Abweichung von der bisherigen Praxis und schafft damit eine wichtige Grundlage für eine Veränderung der bestehenden Leistungskultur.

Welche Mühen es bedeutet, in einem eher hierarchieorientierten Arbeitskontext die „Stärkung von mehr Eigenverantwortung und die Ausrichtung auf gemeinsame Zielsetzungen zu forcieren“, veranschaulicht gerade dieses Praxisbeispiel recht nachdrücklich:

In einem Zeitraum von mehr als einem Jahr trafen sich Arbeitgeber und Personalrat regelmäßig, um überhaupt erst einmal ein gemeinsames Modell-Verständnis zu erarbeiten.

Gleichwohl konnten nicht alle Stolpersteine aus dem Weg geräumt werden:

- So wurde beispielsweise auf Drängen des Personalrats durchgesetzt, dass die Bewertung der Mitarbeiter nur im Rahmen der Entgeltabrechnung verwendet werden darf, jedoch nicht für Zwecke der Personalentwicklung oder der Personalwirtschaft. Eine Absicht, die sogar in den Vorgaben des TVöD explizit schriftlich fixiert wurde.
- Die ursprünglich angedachte Anhebung des Leistungsentgeltes von 1 Prozent des Entgeltvolumens auf 8 Prozent konnte beim letzten Tarifabschluss nicht umgesetzt werden; dies gilt – wie zu befürchten ist – auch für die weitere Entwicklung.
- Die Gruppe der in der Stadtverwaltung beschäftigten Beamten ist aus dem System der leistungsorientierten Bezahlung ausgeschlossen, da die dienstrechtlichen Voraussetzungen für eine Teilnahme am Leistungsentgelt nicht geschaffen wurden. Für die 1.300 Beamten bleibt eine Beteiligung also ohne finanzielle Auswirkungen und somit vermutlich auch ohne Auswirkung auf deren Leistungsmotivation.
- Da das Führen nach Zielvereinbarungen eine sensible Aufgabe ist, mit der viele Führungskräfte und Teamleiter nur wenig Erfahrungen gesammelt haben, wurde überdies vereinbart, diesen Prozess schrittweise einzuführen, sodass für die Verantwortlichen die Möglichkeit besteht, langsam in diese Aufgabe hineinzuwachsen.

In einem Arbeitskontext, der an den Vorgaben des regelgerechten Verhaltungshandelns ausgerichtet ist, brauchen die Akteure auf beiden Seiten offensichtlich viel Zeit, um sich mit einer – durch den TVöD angestoßenen – Veränderung der Leistungsbeurteilung und Prämiengestaltung vertraut machen zu können.

Und es wird an diesem Praxisbeispiel außerdem deutlich, welche Bedeutung die Führungsspitze für einen solchen Prozess hat: Diese muss nicht nur eine strategische Ausrichtung erarbeiten und für deren Umsetzung Sorge tragen, um so einen Orientierungsrahmen für Führungskräfte und Mitarbeiter zu schaffen, sondern gleichzeitig bereit sein, die begonnene Veränderung in Richtung einer weniger hierarchieorientierten Ausprägung der Leistungskultur zuzulassen. Ein solches Vorhaben könnte durch eine gemeinsam erarbeitete Analyse der bestehenden Leistungskultur schneller Fahrt aufnehmen als der vorangegangene Prozess.

Teil V

Zum Schluss: Transfer in die Praxis

So lässt sich ein leistungsorientiertes Vergütungssystem erfolgreich einführen

Bettina Dilcher / Christoph Emminghaus

Die Einführung eines leistungsorientierten Vergütungssystems ist in der Regel nicht nur mit weitreichenden Strukturveränderungen verbunden – wie sie zum Beispiel die Einführung einer Balanced Scorecard mit all den sich daraus ergebenden Konsequenzen für das Controlling darstellt –, sondern sie zielt ab auf eine grundlegende Veränderung der Leistungskultur einer Organisation. So betrachtet, sollte ein solches Vorhaben deshalb unbedingt als ein Change-Management-Prozess angelegt und entsprechend organisiert werden, um die gewünschten Effekte erreichen zu können.

Die Vernachlässigung der kulturellen Dimension – eine Beobachtung, die wir in der Praxis nur leider viel zu oft machen – führt beinahe immer dazu, dass ein derartiger Systemwechsel nicht akzeptiert wird, und dass die beteiligten Akteure (Führungskräfte und Mitarbeiter) mit all der ihnen zur Verfügung stehenden Kreativität und ihrem Widerstand versuchen werden, das neue System auszuhebeln bzw. es so lange umzuinterpretieren, bis es wieder den alten und gewohnten Bedingungen einer zumeist wenig differenzierenden Leistungsbewertung und -entlohnung entspricht. Tritt dieser Effekt erst einmal ein, ist die Organisation durch einen mühsamen, wenn nicht leidvollen Prozess gegangen, der Managementkapazität gebunden hat, ohne die damit intendierten leistungsfördernden Effekte erzielt zu haben.

Die größte Hürde bei der Umsetzung, egal mit welcher Veränderungsabsicht, ist das Verändern von Denkweisen und Einstellungen. Die Absicht, in eine bestehende Ordnung einzugreifen, stößt deshalb so gut wie immer auf Widerstand, das beschrieb schon Niccolò Machiavelli in seinem Werk „Il Principe“ vor fast 500 Jahren recht anschaulich:

„Man muss sich nämlich darüber im Klaren sein, dass es kein schwierigeres Wagnis, keinen zweifelhafteren Erfolg und keinen gefährlicheren Versuch gibt, als eine neue Ordnung einzuführen. Denn jeder Neuerer hat alle die zu Feinden, die von der alten Ordnung Vorteile hatten, und er hat in jenen nur laue Verteidiger, die sich von der neuen Ordnung Vorteile erhoffen. Diese Lauheit kommt zum Teil von der Furcht vor den Gegnern, teils von dem Misstrauen der Menschen, die wirkliches Zutrauen zu den neuen Verhältnissen erst haben, wenn sie von deren Dauerhaftigkeit überzeugt worden sind. Daher kommt es, dass die Feinde der neuen Ordnung diese bei jeder Gelegenheit mit aller Leidenschaft angreifen und die anderen sie nur schwach verteidigen."

Halten wir also fest, auch die Einführung eines leistungsorientierten Vergütungssystems ist ein Veränderungsprozess, der Change-Management-Kompetenzen erfordert!

Das Change-Management-Modell zur Einführung eines leistungsorientierten Vergütungsmodells

Konkreter Ausgangspunkt für den Anstoß eines Change-Management-Prozesses sollte stets die Frage nach der strategischen Zielsetzung der angestrebten Veränderung sein. Dies gilt natürlich auch – folgt man dieser Argumentationslinie – für die Einführung eines leistungsorientierten Vergütungssystems. Dabei geht es nämlich vorrangig um die Frage, welche Veränderungsakzente in Richtung einer neuen Leistungskultur gesetzt werden müssen, um die Leistungsfähigkeit einer Organisation nachhaltig steigern zu können.

Da insbesondere die Neuausrichtung eines Vergütungssystems mit dem Fokus auf eine differenzierende Leistungsbewertung zumeist von Beginn an einen massiven Eingriff in die bestehenden Alltagsroutinen darstellt, sollte der Change-Prozess, wie beschrieben, idealerweise frühzeitig in einen engen Zusammenhang zu den übergeordneten, organisationalen Veränderungszielen gestellt werden. Wie dies geschehen kann, wollen wir im Folgenden exemplarisch an unserem in der Praxis erprobten Change-Management-Modell vorstellen. Dieses Modell gibt praktische Hinweise zur Strukturierung und Gestaltung komplexer Veränderungsprozesse in Organisationen im Allgemeinen und für die Einführung eines leistungsorientierten Vergütungssystems im Besonderen.

Es fußt sowohl auf empirischen Forschungen als auch auf praktischen sozialwissenschaftlichen Erfahrungen der Organisationsentwicklung, des strategischen Managements und der systemtheoretisch inspirierten Beratung. Damit wird ein

Bogen gespannt von US-amerikanischen, eher klassischen Ansätzen eines John Kotter („Leading Change“) bis hin zu einem wertschätzenden, systemischen Verständnis von David Cooperrider („Appriciative Inquiry“). Darüber hinaus waren die Methoden und Erfahrungen des modernen Qualitätsmanagements eine wesentliche Grundlage zur Erarbeitung dieses Ansatzes. Davon ausgehend müssen verantwortliche Führungskräfte in Change-Projekten über zwei grundlegende Kompetenzen bzw. Fähigkeiten verfügen:

1. Sie müssen dem Veränderungsprozess in der jeweiligen Situation, an Zielen und Prozessen ausgerichtet, Orientierung geben können.

2. Sie müssen in der Lage sein, die eigene Rolle zwischen Leadership (Führung von Mitarbeitern) und Management (Steuerung von Prozessen) je nach Erforderlichkeit variieren zu können.

Beide Kompetenzen müssen in ein produktives Spannungsverhältnis gebracht und in einer ausgewogenen Balance gehalten werden. Nur so lassen sich Veränderungsprozesse erfolgreich managen. In der Konsequenz heißt das für die Prozessgestaltung, dass es nicht nur um eine Steuerung der Veränderung, sondern auch um eine *Steuerung im laufenden Prozess der Veränderung* geht. Es reicht deshalb nicht aus, nur in eine Richtung zu arbeiten bzw. einen Impuls vorzugeben und dann auf die Selbstreferenzialität eines Systems zu hoffen, sondern es muss auch dafür gesorgt werden, dass der eingeschlagene Kurs gehalten und mit Einflüssen von außen konstruktiv umgegangen wird. Spannt man die dazu notwendigen Grundfähigkeiten, Leadership und Management-Kompetenz, in einem Fadenkreuz zueinander auf und bindet diese an die konkrete Umsetzung eines Change-Management-Prozesses, so lassen sich wiederum vier Phasen für die Gestaltung eines solchen Prozesses einteilen, die auch bei der Einführung eines leistungsorientierten Vergütungsmodells eingehalten werden sollten:

- *Strategie:* Die Entwicklungsrichtung festlegen und die Richtungsentscheidungen herbeiführen; zum Beispiel die Entscheidung darüber, was genau mit der Einführung eines leistungsorientierten Vergütungssystems erreicht werden soll.

- *Design:* Veränderung ausgestalten und planen; zum Beispiel die Entscheidung darüber, welches Leistungsbewertungs- und Prämiensystem zur Organisation bzw. zum Unternehmen passt und wie der Einführungsprozess ablaufen soll.

- *Umsetzung:* Die Organisation tatsächlich verändern; zum Beispiel konkrete Einführung von Zielvereinbarung und Installation aller Umsetzungsbedingungen eines Prämiensystems.

- *Evaluation:* Den Erfolg der Veränderung nachhalten; zum Beispiel die Überprüfung der Frage, inwieweit sich die Leistungskultur des Unternehmens oder der Organisation tatsächlich verändert hat.

Die begleitende Aufmerksamkeitsregel für die Prozesssteuerung

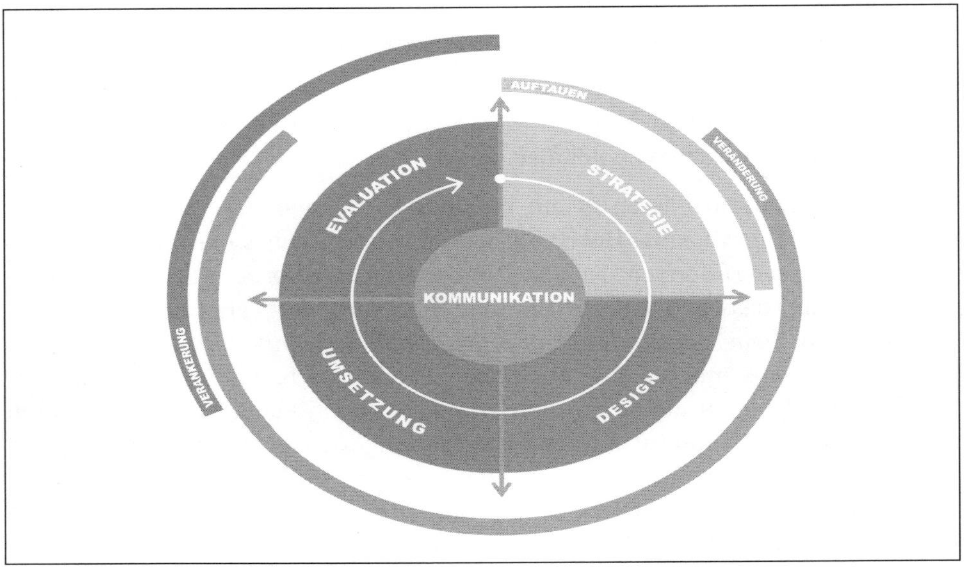

Abbildung 1: *Unser Modell zum Change-Prozess*

Auf der Ebene des verantwortlichen Managements ist es darüber hinaus hilfreich, den vier großen Phasen einen Überbau zu verleihen; eine Klammer, die gleichsam als Aufmerksamkeitsregel für die Steuerung des Veränderungsprozesses dient. Ausgehend von den grundlegenden Arbeiten Kurt Lewins beschreiben das Auftauen, Verändern und Verankern die relevanten Organisationszustände, die fließend sind und sich mit den vier oben beschriebenen Phasen überschneiden. Die folgenden Grundsätze sollten deshalb beachtet werden:

- Das Entwickeln der Strategie ist kein Selbstzweck. Sie dient auch und vor allem der Organisation sowie den Mitarbeitern dazu, den bisherigen Status anzugehen, alte Routinen zu durchbrechen und damit den noch bestehenden Ist-Zustand wie einen Eiswürfel *aufzutauen*, um ihn auf die anstehende Veränderung vorzubereiten.

- Das eigentliche *Verändern* beginnt bereits in der Strategiephase und umfasst auch Design, Umsetzung und eine erste Evaluierung.
- Das *Verankern* beinhaltet die Beruhigung der Organisation, das Verfestigen der neuen Abläufe und Strukturen sowie das Herstellen neuer Routinen. Dies sollte mit dem Abschluss des Umsetzungsprozesses beginnen sowie die gesamte Evaluierung bis zum Ende umfassen.

Die Bedeutung eines begleitenden Kommunikationsprozesses

Im Kern dieser vier Felder steht die Kommunikation. Ohne sie kann keine erfolgreiche Veränderung erfolgen. Kommunikation ist das basale Medium der Prozesse, gleichsam der Kitt, der die vier Dimensionen zusammenhält. Erfolgreiche Veränderung meint, dass das richtige Ausmaß an Kommunikation gefunden wird – nicht zu spärlich, da dies zu Intransparenz führt, und nicht zu viel, da dies dann oftmals nicht adäquat verarbeitet werden kann. Zudem muss sie zielgruppenspezifisch erfolgen, da die verschiedenen Mitarbeitergruppen eine andere Ansprache benötigen als das Management. Den Möglichkeiten des Einsatzes sind keine Grenzen gesetzt; bewährte Instrumente in der Design Phase sind Befragungen, um Wünsche, Befürchtungen und Erwartungen zu erheben, sowie Kulturanalysen, die über den Ist-Stand Aufschluss geben. In der laufenden Umsetzung sind „Change-Barometer" ideal, die über den laufenden Stand von Veränderung sowie über Stimmungen Auskunft geben. Nachfolgend wollen wir nun die vier Phasen dieses Modell bezogen auf die Einführung eines leistungsorientierten Vergütungssystems näher erläutern und aufzeigen, auf was es bei jeder dieser Phasen ankommt.

Phase 1: Strategie-Entwicklung – die neue Richtung festlegen

Am Anfang einer optimalen, nachhaltigen Veränderung steht stets die Strategie und mit ihr die Ausarbeitung von Zielen. Ohne eine klare Richtung und – in unserem Fall – ohne einen Bezug zwischen Unternehmenszielen und Leistungskultur herzustellen, besteht die Gefahr, dass die Ziele der Organisationsveränderung aus dem Blickfeld geraten und die Organisation sich verstärkt wieder an sich selbst orientiert. Mit anderen Worten: Die handelnden Akteure fallen immer wieder in alte Muster zurück. Denn viele Führungskräfte haben die Tendenz, sei es aus alter Gewohnheit oder weil sie Konflikte vermeiden wollen, zu einer nivellierenden Form der Leistungsbewertung zurückkehren, wann immer sich eine Möglichkeit dazu bietet.

Für das Gelingen einer solchen Einführung ist es deshalb von entscheidender Bedeutung, dass sich die handelnden Akteure über die Herausforderungen und Chancen eines leistungsorientierten Vergütungssystems und den damit verbundenen Veränderungsprozess von Anfang an bewusst sind. Dazu gehört auch, dass die Problemstellungen der Ausgangsorganisationen klar benannt werden. Auf personeller Ebene sind hier vor allem klassische Management- und Führungskompetenzen gefragt. Alle Führungskräfte müssen sich darauf einstellen, dass es beim Einsatz von Methoden und Instrumenten zur Leistungsbewertung vor allem darauf ankommt, die strategischen Zielsetzungen des Unternehmens bezogen auf die Themen

- veränderte Serviceerwartung von Kunden,
- Verbesserung der Qualität von Produkten,
- Verbesserung der Prozessqualität,
- Steigerung der Wissenspotenziale und der Innovationsfähigkeit

stets im Blick zu haben.

Um die Entwicklungs- und Veränderungsbedarfe einer Organisation zu erfassen und dem Veränderungsprozess die richtige Richtung zu geben sowie daraus die geeigneten Strategien abzuleiten, bedarf es neben einer gründlichen Betrachtung der Organisationsumwelt (Wettbewerbsfähigkeit am Markt) auch einer gründlichen Analyse der Organisationskultur (hier mit besonderem Fokus auf die Leistungskultur). Letztgenannter Aspekt stellt eine Erweiterung der Perspektive dar, denn bisher wurde die Einführung eines leistungsorientierten Vergütungsmodells im besten Fall – das heißt wenn der Prozess zielgerichtet und nicht nur aus tarifpolitischer Pflichterfüllung begonnen wurde – beinahe ausschließlich in einem engen Zusammenhang mit den Unternehmenszielen gesehen. Ob das ausgewählte Anreizsystem aber mit dem Leistungsverständnis und den damit einhergehenden Gerechtigkeitsdenkstilen der Beschäftigten oder einzelner Beschäftigtengruppen innerhalb einer Organisation in Einklang zu bringen war, schwang als Thema zwar implizit immer irgendwie mit, war aber aufgrund fehlender Analyseverfahren nur selten Gegenstand einer dezidierten Betrachtung.

Leistungsorientierte Vergütungsmodelle können aber nur dann ihre auf die Unternehmens- bzw. Organisationsziele bezogene Wirkung entfalten, wenn sie zu den Gerechtigkeitseinstellungen der Beschäftigten kompatibel sind. Andernfalls werden sie als nicht sinnstiftend wahrgenommen und haben damit keinerlei motivierende Wirkung. Es muss deshalb bereits im Vorfeld der Einführung sehr genau herausgearbeitet werden, durch was die Leistungskultur einer Organisation geprägt wird und welche damit korrespondierenden Denkstile zur Gerechtigkeit in den einzelnen Bereichen bzw. in der gesamten Organisation vorherrschend sind. Erst danach lassen sich genauere Aussagen darüber machen, wo und welche Veränderungsvorhaben mit Blick auf eine positive Veränderung der Leistungskultur durch ein neues Anreizsystem tatsächlich gestartet und umgesetzt werden sollten.

Die praktische Umsetzung der dazu notwendigen Organisations- bzw. Leistungskulturanalyse lässt sich durch ein vereinfachtes Modell der am Anfang dieses Buches vorgestellten Grid-Group-Analyse zu den Denkstilen der Gerechtigkeit in Unternehmen nach Liebig und Lengfeld (2002) durchführen. Aus ihr lassen sich Schlussfolgerungen zur Ausprägung des jeweiligen Leistungsverhaltens bzw. zur bestehenden Leistungskultur ableiten.

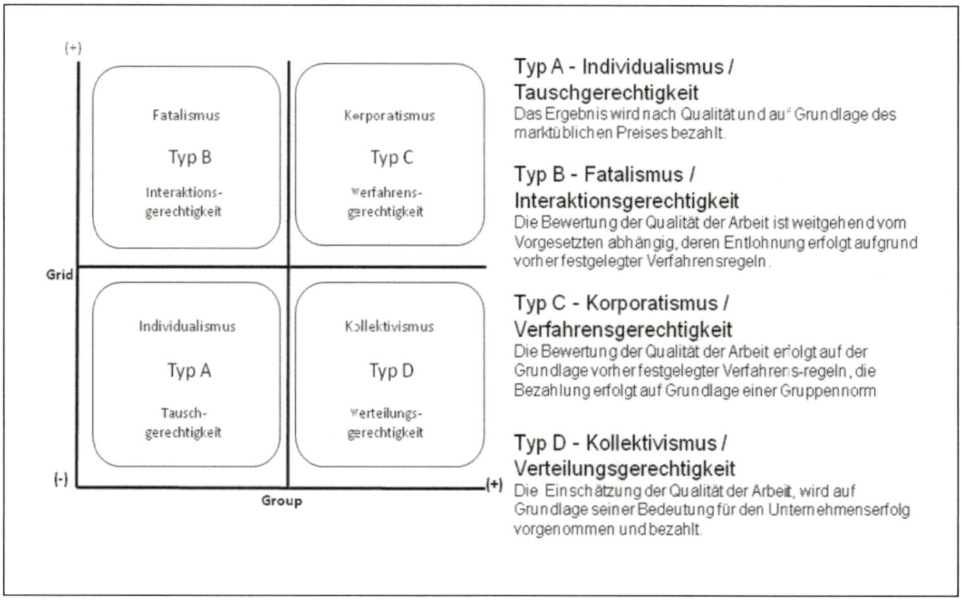

Abbildung 2: *Das Modell zu den Denkstilen der Gerechtigkeit in Unternehmen nach Liebig und Lengfeld (2002)*

Ablauf einer Leistungskulturanalyse:

Im Rahmen von Workshops auf den verschiedenen Hierarchieebenen und Bereichen werden die nachfolgend beschriebenen Analyseschritte vollzogen und die auf diese Weise erarbeiteten Ergebnisse ausgewertet und kommuniziert.

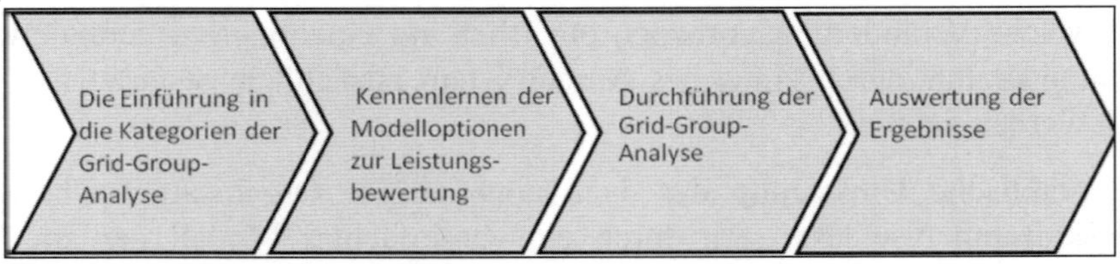

Abbildung 3: *Das Workshop-Design im Überblick*

1. Schritt: Einführung in die Methode der Leistungskulturdiagnose: Einführung der verantwortlichen Akteure in die empirisch ermittelten Konstrukte zum Zusammenhang zwischen Arbeitskontexten und den Denkstilen zur Gerechtigkeit nach Liebig und Lengfeld.

2. Schritt: Danach werden in einem zweiten Schritt die verschiedenen Möglichkeiten der Leistungsbewertung (systematische Leistungsbewertung, Zielvereinbarungen oder Kombination aus beiden Verfahren) und der Gestaltung von Prämiensystemen (Berechnungsmodalitäten für Prämien und/oder Zulagen) vorgestellt.

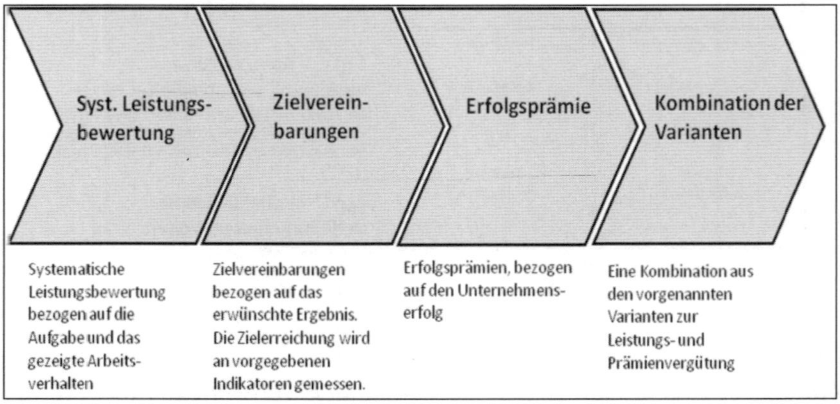

Abbildung 4: *Überblick über die Optionen zur Leistungsbewertung*

3. Schritt: Anschließend kann die Grid-Analyse – auf der Grundlage eines Fragebogen mit anschließend Auswertung – durchgeführt werden.

Grid-Dimension						
		ganz und gar nicht				voll und ganz
		1	2	3	4	5
1.	Auf Veränderungen in den Abläufen habe ich keinen Einfluss					
2.	Meine Urlaubsplanung bespreche ich ausschließlich mit meinem Vorgesetzten					
3.	Die Anerkennung meiner Vorgesetzten ist für mich sehr wichtig					
4.	Die Ergebnisse meiner Arbeit werden ausschließlich von meinen Vorgesetzten beurteilt					
5.	Die inhaltliche Arbeitsplanung wird mir von meinem Vorgesetzten vorgegeben					
6.	Die Regelung der Pausen unterliegen strengen Vorschriften					
7.	Die Repräsentation des Unternehmens nach außen ist ausschließlich meinem Vorgesetzten vorbehalten					
8.	Die zeitliche Arbeitsplanung wird mir von meinem Vorgesetzten vorgegeben					
9.	Für meine Vergütung gibt es einen genau vorgegebenen Rahmen					
10.	Ich bin für die Erreichung meiner Ziele unabhängig von meinen Kollegen verantwortlich					

Group-Dimension						
		ganz und gar nicht				voll und ganz
		1	2	3	4	5
1.	Als Team können wir unsere inhaltliche Arbeitsplanung selbstständig gestalten					
2.	Mein Aufgabengebiet verändert sich mit der Zusammensetzung meiner Gruppe/meines Teams					
3.	Arbeitsergebnisse werden stets als gesamte Gruppenleistung/Teamleistung bewertet					
4.	Ausstattung und Arbeitsmittel werden in der Gruppe/im Team verteilt					
5.	Die Organisation der Arbeitsabläufe ist der Gruppe/dem Team überlassen					
6.	Für meine Aufgabenerledigung ist die Abstimmung mit der Gruppe/dem Team notwendig					
7.	Ich muss mich mit meinen Kollegen direkt abstimmen, wenn ich Pause machen möchte					
8.	Meine Vergütung hängt vom Gruppenerfolg/Teamerfolg ab					
9.	Meine Gruppe/ Mein Team stimmt sich regelmäßig über die Abläufe zur Aufgabenerledigung ab					
10.	Als Team können wir unsere zeitliche Arbeitsplanung selbstständig gestalten					

4. Schritt: Diskussion der Ergebnisse und Entscheidung darüber, welches Leistungsbewertungs- und Prämien-Modell am besten zur Leistungs- und Gerechtigkeitskultur der Organisation passt bzw. von welchem Modell ein nachhaltiger Veränderungsimpuls ausgehen kann.

Der Vorteil dieses Vorgehens liegt darin, dass sich die verantwortlichen Akteure sehr früh ein Bild darüber machen können, welche Ausprägungen der Denkstile zur Gerechtigkeit in den einzelnen Arbeitskontexten ihrer Meinung nach gegeben sind. So entsteht eine für alle nachvollziehbare und zugängliche Verständigungsbasis, und die verantwortlichen Akteure können ihre Sicht auf die bestehende Leistungskultur der Organisation miteinander vergleichen.

Durch eine statistische Auswertung der Ergebnisse (bei entsprechend großer Teilnehmerzahl an der Befragung) lassen sich außerdem in der Regel zusätzliche Erkenntnisse darüber gewinnen, inwieweit die verschiedenen Arbeitskontexte einer Organisation mehr oder weniger differenzierter betrachtet werden müssen, was unter Umständen dazu führen kann, dass unterschiedliche Leistungsbeurteilungs- und Anreizsysteme in einer Organisation entwickelt werden müssen.

Phase 2: Festlegung des Projektdesigns – erfolgreich verändern und planen

In dieser Phase des Veränderungsprozesses steht die Ausgestaltung der auf Grundlage der vorgeschalteten Strategieentwicklung und Leistungskulturanalyse geplanten Veränderungen im Mittelpunkt. Bezogen auf die Organisation kann dies bedeuten, dass beispielsweise Führungsspannen neu definiert sowie Arbeitsprozesse und Schnittstellen überprüft und angepasst werden müssen, da sonst das Vereinbaren von Zielen oder eine auf den Arbeitsplatz bezogene individuelle Leistungsbewertung nur schwer durchgeführt werden kann. Sofern der Strategieprozess eher als ein Top-down-Prozess angelegt wurde, ist spätestens hier darauf zu achten, ausgewählte Mitarbeiter als Experten für die eigene Organisation in die Entwicklung des Systems einzubinden, da ansonsten mit Verlusten hinsichtlich der Qualität und Akzeptanz der geplanten Veränderungen gerechnet werden muss.

Für die Entwicklung eines Leistungs- und Prämiensystems bedeutet Ausgestalten und Planen, dass die Einzelheiten des Systems entlang der Ergebnisse zur Leistungskulturanalyse der beteiligten Abteilungen, Berufsgruppen und Hierarchieebenen erarbeitet werden müssen. Zu den Einzelheiten zählen neben der

Festlegung von festen und variablen Entgeltbestandteilen auch die Festlegung der Kriterien und der entsprechenden Indikatoren für den Erfolgsfall sowie die Entwicklung eines Verfahrens zur Erhebung der Indikatoren. Üblicherweise werden in diesem Zusammenhang Zielsetzungen operationalisiert und Verfahren wie Mitarbeitergespräche, Zielvereinbarungen und die Kriterien sowie Rahmensetzungen für die Beurteilungs- und Bewertungssysteme definiert. Die präzise Beschreibung von Zielsetzungen und die Ableitung von Indikatoren, die die Zielerreichung messbar machen, sind nicht nur für die Gewährung erfolgsabhängiger Vergütungsbestandteile sinnvoll und notwendig, sondern auch für die Messbarkeit der erwünschten Wirkungen auf die Leistungskultur und nicht zuletzt auf die Wettbewerbsfähigkeit eines Unternehmens insgesamt. Es gilt deshalb frühzeitig, das heißt bereits bei der Planung von Veränderungen, Indikatoren zu entwickeln und zu vereinbaren, die den Erfolg der Veränderung nachvollziehbar machen. Idealerweise werden im Sinne des Change Managements zur Einführung eines leistungsorientierten Vergütungssystems deshalb zwei Sachverhalte miteinander verknüpft:

1. Die Entwicklung einer Systematik für eine leistungsorientierte Vergütung leitet sich aus der Strategie und den Zielsetzungen der Organisation ab.

2. Damit der motivierende Aspekt der leistungsorientierten Vergütung bezogen auf die Unternehmensziele zum Tragen kommen kann, muss die Systematik der Vergütung zu den Gerechtigkeitsdenkstilen der verschiedenen Berufsgruppen im Unternehmen kompatibel sein.

Um die Auswirkungen eines neuen Vergütungsmodells für die Organisation (Kostenseite) einerseits und für die Mitarbeiter (Einkommensseite) andererseits bewerten zu können, ist es deshalb unbedingt empfehlenswert, verschiedene Szenarien in Modellrechnungen zu simulieren. Auf Basis der Ergebnisse kann dann vorab eine gegebenenfalls erforderliche Feinjustierung des entwickelten Systems vorgenommen werden. In der Praxis wird dieser Aspekt häufig vernachlässigt und nicht selten muss dann während des „Rollout" über die Kostenseite nachverhandelt werden. Für alle, die das schon einmal erlebt haben, war dies nicht nur eine sehr unerfreuliche Erfahrung, sondern führte meistens auch dazu, dass die Akzeptanz einem solchen Anreizsystem gegenüber rapide sank.

Neben der inhaltlichen Ausgestaltung des neuen Vergütungssystems zählt zu den notwendigen Arbeitspaketen dieser Phase auch die Planung der konkreten Einführung. Im Zuge dieses Planungsschrittes empfiehlt es sich außerdem, eventuelle Schulungs- und Trainingsbedarfe in der Personalabteilung, bei den Führungskräften und den Mitarbeitern zu erheben und die entsprechenden Angebote frühzeitig zu erarbeiten und anzubieten. Als Meilenstein der Design Phase werden dann die nachfolgend aufgeführten Ergebnisse vereinbart:

- Abschluss einer Betriebsvereinbarung zum neuen Vergütungsmodell
- Klärung der Rahmenbedingungen und Voraussetzungen der Umsetzung
- Information der Belegschaft über den Abschluss der Dienstvereinbarung, zu den Rahmenbedingungen der Einführung und zum Starttermin für das neue Vergütungssystem

Phase 3: Die Umsetzung

Keine Reorganisation, keine Organisationsentwicklung ohne Commitment, das heißt ohne das Mitgehen, das Engagement, die Motivation und die innere Verpflichtung der Führungskräfte und der Mitarbeiter der Organisation. Um Widerständen zu begegnen, Konflikte zu lösen und Motivation zu erzeugen, ist ein gemeinsames Verständnis der kulturellen Basis und der psychologischen Zusammenhänge innerhalb der Organisation entscheidend. Nur so lassen sich Engagement, Einsatz und Verbindlichkeit im Prozess aufrechterhalten. Ob top-down, bottom-up oder kombinierte Wege gegangen werden, ist dabei fast nachrangig. Erfolgskritisch ist vielmehr die Wahl eines Umsetzungsweges, der zur Organisation passt und sich damit in ihre Historie und Kultur einbettet. Andernfalls steigt das Risiko, zwar ein neues Leistungsbewertungs- und Vergütungssystem erarbeitet zu haben, im Inneren aber immer noch die alten Strukturen und Gewohnheiten anzutreffen: Oberflächenveränderung ohne Nachhaltigkeit wäre die Folge. Zur Erprobung der neuen Regelungen sollte deshalb eine Testphase vorgeschaltet werden. Diese dient als Check für die Praxistauglichkeit des neuen Systems und für die Qualität der eingesetzten Instrumente. Eine systematische Auswertung der Testphase zeigt, ob die im Vorfeld der Einführung getroffenen Annahmen, beispielsweise zu den Kosten, richtig waren. Möglicherweise zeigt sich hier noch ein Anpassungs- oder Nachjustierungsbedarf in Bezug auf einzelne Regelungen oder ein Informations- und Trainingsbedarf. Nach der Anpassung folgt dann die verbindliche Einführung des neuen Vergütungsmodells. Die eigentliche Umsetzungsphase beginnt dann

- im ersten Schritt mit Informationsveranstaltungen und Schulungen zum neuen Leistungsvergütungssystem: Einzelne Abteilungen und Berufsgruppen werden über die Details der neuen Regelungen informiert und Mitarbeiter und Führungskräfte werden zur Durchführung von Mitarbeitergesprächen und zur Vereinbarung von Zielen geschult;

- parallel dazu mit der Einführung der Personalabteilung in die konkrete Handhabung der Neuerungen beim Leistungsentgelt.

Für den sicheren Umgang mit den Neuerungen bietet es sich an, den unterschiedlichen Beteiligten einen Werkzeugkasten oder ein Handbuch für die konkrete Umsetzung an die Hand zu geben und für die entsprechende IT-Umsetzung zu sorgen.

Phase 4: Die Evaluation des Prozesses und der Ergebnisse für die Akzeptanz

Für den nachhaltigen Erfolg eines Veränderungsprozesses ist das Festhalten der Ergebnisse von großer Wichtigkeit. Nur durch ein genaues Controlling des Fortschritts kann der Wandel beobachtbar und damit bewertbar gemacht werden. Das heißt auch, dem Wunsch der Organisation, zur Ruhe kommen zu wollen, nicht vorschnell stattgeben zu dürfen. Leadership und Zielorientierung sind gefragt, um die Organisation wach zu halten und den Veränderungsprozess zu vollenden. Der Erfolg darf am Ende gefeiert werden, aber tatsächlich auch erst dann, wenn er nachweislich erreicht wurde. Nicht wenigen Veränderungsprozessen geht kurz vor Schluss die Luft aus; die Energie fehlt für die letzten Schritte und alte Muster brechen wieder durch. Im Vergleich zur Bewertung der Testphase geht die Evaluation des gesamten Prozesses sehr viel weiter. Über die Detailfragen der Kosten und der Bewertung der einzelnen Instrumente hinaus ist es nämlich Ziel der Evaluation zu prüfen, inwieweit mit dem gesamten Veränderungsprozess die Wirkungen erzielt werden konnten, die bereits im Rahmen der Strategiefindung formuliert wurden. Es gilt insbesondere darauf zu achten, ob das Anreizsystem geeignet ist, die Entwicklung des Leistungsverhaltens in Richtung einer Verbesserung

- der Servicequalität gegenüber Kunden,
- der Qualität von Produkten,
- der Prozessqualität,
- der Wissenspotenziale und der Innovationsfähigkeit

zu beeinflussen (dies lässt sich auf Grundlage der Balanced Scorecard ermitteln) und ob sich die Leistungskultur positiv, im Sinne der auf Grundlage der Grid-Analyse festgelegten Zielsetzungen, verändert hat (dies lässt sich durch eine Wiederholung der Grid-Analyse – Vorher-Nachher-Effekt – ermitteln).

Aber nicht nur durch die Wiederholung der in der Strategiephase durchgeführten Leistungs-kulturanalyse, sondern auch über regelmäßige Mitarbeiterbefragungen oder über qualitative Einschätzungen der Führungskräfte aus den Mitarbeitergesprächen lassen sich zusätzliche Erkenntnisse zur Effektivität des neuen Leistungsvergütungssystems gewinnen. Und schließlich bilden die Lerneffekte und der gegebenenfalls bei der Evaluation ans Licht gebrachte Weiterentwicklungsbedarf den Ausgangspunkt für den nächsten Strategie- und Veränderungsprozess.

Schlussbemerkung

Unserer Erfahrung nach ist es für die erfolgreiche Einführung eines leistungsorientierten Vergütungssystem von entscheidender Bedeutung, dass bereits im Vorfeld der Systemsentscheidung und Projektplanung die spezifische Leistungskultur und die damit einhergehenden Denkstile zur Gerechtigkeit einer Organisation analysiert werden, und dass der Prozess insgesamt als wirklicher Veränderungsprozess begriffen und umgesetzt wird. Eine rein technische Umsetzung wird der Herausforderung, die ein solches Vorhaben darstellt, nicht gerecht. Ebensowenig ist die Einführung standardisierter Modelle geeignet, den spezifischen Bedingungen einer Organisation gerecht zu werden. Wir haben hier einmal einen prototypischen Verlauf aufgezeigt, uns ist dabei bewusst, dass jede Organisation ihren eigenen Prozess durchlaufen muss.

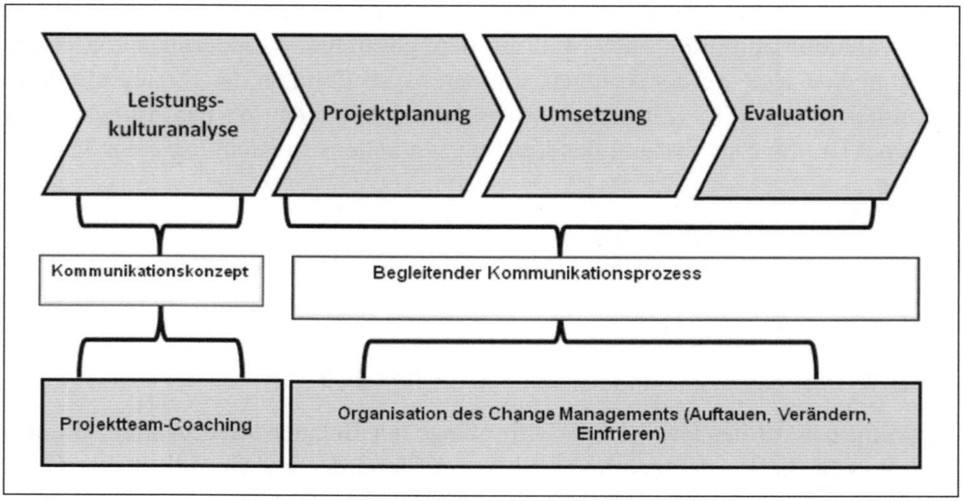

Abbildung 5: *Der gesamte Einführungsprozess im Überblick*

Doch in jedem Falle gilt: Eine systemtische Planung und die Beachtung einiger grundsätzlicher Determinanten – hierzu zählt die Durchführung einer Leistungskulturanalyse – sparen nicht nur Zeit, sondern führen vor allem zu mehr Transparenz und Entscheidungssicherheit und trägt letztlich wesentlich zum Erreichen der mit der Einführung verbundenen Ziele bei.

Literaturverzeichnis

BECKER, F. G.: Grundlagen betrieblicher Leistungsbeurteilungen. 4. Auflage Stuttgart 2003

BRÖCKLING, U.: Das unternehmerische Selbst. Frankfurt a. M. 2007

BÜHNER, R.: Mitarbeiter mit Kennzahlen führen. 4. Auflage Landsberg/Lech 2000

DILCHER, BETTINA: Das Büro als Milieu. Wiesbaden 1995

DOUGLAS, MARY: Wie Institutionen denken. Frankfurt a. M. 1991

COOPERRIDER, D.; WHITNEY, D.: Appreciative Inquiry – A Positive Revolution in Change. San Francisco 2005

EYER, E. (HRSG.): ERA erfolgreich einführen – Methoden und Praxisbeispiele zum Entgeltrahmenabkommen. Düsseldorf 2006

EYER, E. (HRSG): Praxishandbuch Entgeltsysteme – Durch differenzierte Vergütung die Wettbewerbsfähigkeit steigern. Düsseldorf 2001

GRATTHOFF, R.: Milieu und Lebenswelt. Einführung in die phänomenologische Forschung. Frankfurt a. M. 1989

HAVRANEK, C.; NIEDL, K.: Gehaltsmanagement. Wien/Frankfurt a. M. 1999

KAPLAN, S., NORTON, D. P.: Balanced Scorecard: Translating Strategy into Action. Cambridge/USA 1996

LENGFELD, H.: Gerechtigkeit und die zwei Ebenen industrieller Konflikte – Empirische Befunde der betrieblichen Einstellungsforschung. In: Schreyögg, G./Conrad, P. (Hrsg.): Gerechtigkeit und Management. Wiesbaden 2004

LIEBIG, S.: Soziale Gerechtigkeitsforschung und Gerechtigkeit in Unternehmen. München 1997

LIEBIG, S.: Was ist gerecht im Unternehmen? – Über die Möglichkeiten einer erfahrungswissenschaftlichen Gerechtigkeitsanalyse in Unternehmen In: Schreyögg, G./ Conrad, P. (Hrsg.): Gerechtigkeit und Management. Wiesbaden 2004

LIEBIG, S.; LENGFELD, H., MAU, S. (HRSG.): Verteilungsprobleme und Gerechtigkeit in modernen Gesellschaften. Frankfurt a. M. 2004

LEWIN, K.: Group decision and social change. In: Maccoby, E. E. (Hrsg.): Readings in social psychology. 3. Auflage, New York 1958

SCHETTGEN, P.: Arbeit, Leistung, Lohn – Analyse- und Bewertungsmethoden aus sozioökonomischer Perspektive. Stuttgart 1996

SCHWERDLE, J., BREMECKER, D.: TVöD in der Praxis – Das neue Tarifrecht sicher umsetzen. Freiburg/Berlin/München 2006

TONDORF, K.: Projektbericht einer Studie der Hans Böckler Stiftung – Leistungsorientierte Vergütung – Betriebliche Umsetzung des § 18 TVöD am Beispiel der Kommunen, Düsseldorf 2007

WEBER, MAX: Wirtschaft und Gesellschaft, 5. Auflage., Tübingen 1985

WEIßKOPF, R: Management, Organisation und die Gespenster der Gerechtigkeit. In: Schreyögg, G./Conrad, P. (Hrsg.): Gerechtigkeit und Management. Wiesbaden 2004

WITTGENSTEIN, L.: Philosophische Untersuchungen. In: Werkausgabe Bd. 1, 5. Auflage, Frankfurt a. M. 1989.

Die Autoren

Dominik Bartmuß
ist Leiter des Personalbereichs bei der ZF-Friedrichshafen im Unternehmensbereich Nutzfahrzeug- & Sonder-Antriebstechnik.

Dr. Niels Bunzen
ist Personalvorstand der Damp Gruppe und verantwortlich für die Entwicklung und Umsetzung des erfolgsorientierten Prämiensystems auf der Basis von Kennzahlen

Dr. Bettina Dilcher
ist als Arbeits- und Organisationspsychologin seit 1999 als freiberufliche Beraterin tätig. Zu ihrem Arbeitsschwerpunkt gehört u. a. die Unterstützung von Unternehmen und öffentlichen Betrieben bei der Entwicklung und Umsetzung von leistungsorientierten Vergütungssystemen. Sie hat in dieser Zeit mehrere größere Projekte zu diesem Themenbereich betreut. Außerdem verfügt sie selbst über langjährige Führungserfahrungen im öffentlichen Dienst.

Klaudia Dmuß
ist seit 1997 Leiterin des Personalressorts der Stadt Wuppertal. Sie hat nach dem Studium der Sozialwissenschaften als Gleichstellungsbeauftragte für Siegen und Wuppertal gearbeitet und Projekte wie die Umsetzung des § 18 TVöD zur Verwaltungsreform, Frauenförderung und zur Personalentwicklung durchgeführt.

Dr. Christoph Emminghaus
ist Geschäftsführer von Rambøll Management Consulting in Deutschland. Er begleitet seit Jahren Organisationen in Veränderungsprozessen, bei der Einführung neuer Steuerungssysteme und Personalentwicklungskonzepten.

Rainer Haus
leitet seit mehreren Jahren den Bereich „Compensation & Benefits“ bei der Heidelberger Druckmaschinen AG. In dieser Funktion war er als Gesamtprojektleiter für die Einführung des neuen Entgeltrahmentarifvertrages (ERA) der Metall- & Elektroindustrie an allen deutschen Standorten des Unternehmens verantwortlich. Erfahrungen über die Implementierung neuer Organisationsansätze und damit verbundender Vergütungsmodelle sammelte er als Leiter der Arbeitswirtschaft u. a. auch während seiner Tätigkeit bei Mannesmann Rexroth.

Achim Lang
ist seit 2004 als Projektkoordinator im Bereich „Compensation & Benefits“ für die Umsetzung des ERA in verschiedenen Unternehmensbereichen an den deutschen Standorten der Heidelberger Druckmaschinen verantwortlich. Parallel hierzu leitet er den Bereich Arbeitswirtschaft. Erfahrungen im Bereich Tarifpolitik, Entgeltfindung und Einstufung sammelte er während seiner mehrjährigen Tätigkeit als Personalreferent und Gruppenleiter im operativen Personalbereich der Heidelberger Druckmaschinen AG.

Dr. Wolfram Menrad
ist Leiter der Entgeltanalytik, er betreut Beratungsprojekte im Bereich Entgeltgestaltung, ZF Friedrichshafen AG Unternehmensbereich Nutzfahrzeug- & Sonder- Antriebstechnik. Er war langjähriger wissenschaftlicher Mitarbeiter am Fraunhofer Institut für Arbeitswirtschaft und Organisation in Stuttgart.

Jette Pahlke
ist Beraterin von Rambøll Management Consulting. Nach ihrem Studium der Arbeits- und Organisationspsychologie arbeitete sie zunächst mehrere Jahre als Psychologin in Norwegen und hat sich insbesondere mit Fragen des interkulturellen Managements beschäftigt.

Dr. Felix Schiedner
arbeitet heute als interner Change-Berater bei der ZF AG im Unternehmensbereich Nutzfahrzeuge und Sonderantriebstechnik in Friedrichshafen. Zuvor war er bei einem Energieversorger, in einer Unternehmensberatung und freiberuflich beratend tätig. Der Autor begleitete den Veränderungsprozess zur Einführung eines Zielvereinbarungsverfahrens in seiner Funktion als Leiter Personal- und Organisationsentwicklung. Er promovierte im Rahmen eines Forschungs- und Beratungsprojekts an der Universität Kassel und arbeitete am Fraunhofer Institut für Arbeitswirtschaft und Organisation in Stuttgart.

Gerlinde Schönberg
ist seit beinahe dreißig Jahren als freiberufliche Beraterin und Trainerin tätig. Sie begleitet Unternehmen und öffentliche Betriebe bei Veränderungsprozessen und unterstützt diese bei der Personalentwicklung

Fritz Spannagel
ist geschäftsführender Gesellschafter und in dieser Funktion maßgeblicher sowie verantwortlicher Mitgestalter des erfolgsorientierten Vergütungssystems bei der Peipers-Gontermann GmbH.

Dr. Dieter Wahl
ist als Führungskraft international überwiegend im asiatischen Raum tätig und war in dieser Funktion maßgeblich an der Gestaltung des Prämiensystems für Hochleistungsteams beteiligt.

ROLF KRAMER

Umgang mit der Armut

Sozialwissenschaftliche Schriften

Heft 16

Umgang mit der Armut

Eine sozialethische Analyse

Von

Prof. Dr. Rolf Kramer

Duncker & Humblot · Berlin

CIP-Titelaufnahme der Deutschen Bibliothek

Kramer, Rolf:
Umgang mit der Armut: eine sozialethische Analyse / von Rolf Kramer. — Berlin: Duncker u. Humblot, 1990
(Sozialwissenschaftliche Schriften; H. 16)
ISBN 3-428-06818-1
NE: GT

Druck: Druckerei Gerike GmbH, Berlin 36
Printed in Germany

ISSN 0935-4808
ISBN 3-428-06818-1

Vorwort

Armut hat sich im Laufe der Geschichte immer wieder anders gezeigt: als schicksalhaft verhängte, durch eigenes Handeln oder Nicht-Handeln selbstverschuldete, als freiwillige oder unfreiwillige, offene oder verborgene Armut. Außerdem muß zwischen einer selbstverschuldeten und einer nicht verschuldeten Armut unterschieden werden.

Weltweit wird in unterschiedlichen Gesellschafts- und Wirtschaftssystemen von der Armut gesprochen. Armut ist eine beliebig zu handhabende Größe geworden. Man kann die Hungersnot der Ärmsten ebenso wie die „Neue Armut" in der Bundesrepublik als Armut bezeichnen. Aber der Hungernde in einem der am wenigsten entwickelten Länder ist vom Sozialhilfeempfänger oder vom Empfänger von Arbeitslosengeld der westlichen Welt weit entfernt.

Die Festlegung der Armut ist abhängig vom angelegten Maßstab. Sie wird unterschiedlich definiert, je nachdem sie von Beteiligten oder nur von Außenstehenden festgelegt wird. Armut kann ebenso auf das leibliche Wohl wie auch auf die immateriellen Güter der Menschen bezogen werden. Wenn mit ihr eine Mißachtung des Menschseins verbunden ist, widerspricht sie der Würde des Menschen. Wo das geschieht, versündigt sich der Mensch seinem Mitmenschen gegenüber. Darum kann sich in der Armut auch die Sünde des Menschen zeigen. Zwar ist Armut nicht gleichzusetzen mit Sünde. Aber der Arme ist auch nicht sündlos! Sollte sich in der Armut die Mißachtung des Armen und die Selbstrechtfertigung und Selbsterhöhung des nicht Betroffenen zeigen, tritt in ihr das Kennzeichen der Sünde hervor.

Die unfreiwillige Armut kann dadurch hervorgerufen sein, daß der einzelne seine Armut unwillentlich selbstverschuldet hat oder aber nur unfähig ist, sie zu überwinden.[1]

Die freiwillige Armut steht der unfreiwilligen Armut gegenüber. Sie verzichtet auf leibliche Güter oder auf die Ausübung eigener Rechte und eigener Macht. Im übertragenen Sinn ist der Demütige gerade der Arme! Die freiwillige Armut ist oft eine selbstverschuldete. Der Mensch nimmt bewußt in Kauf, durch eigenes Verschulden in Armut zu fallen. Er wäre in der Lage, die Armut zu überwinden, tut aber nichts dagegen.

Die Armut berührt nicht nur die Menschenwürde, sondern auch andere Rechte des Menschen. Sie beeinflußt ihrerseits die Freiheit, Gerechtigkeit und auch das

---

[1] Vgl. Georges Enderle, Sicherung des Existenzminimums im nationalen und internationalen Kontext, Stuttgart und Bern 1987 (Abgekürzt: Enderle, Sicherung), S. 42 und 189. Enderle widmet sich vor allem der Überwindung der Armut durch die Sicherung des Existenzminimums.

Recht auf Eigentum. Das Leben in Armut kann nämlich die Möglichkeit einschränken, Freiheit und Gerechtigkeit in der Gesellschaft wahrzunehmen.

Die vielfachen Armutsbegriffe der biblischen Tradition, des Mittelalters und der Reformationszeit sollen in dieser sozialethischen und sozialwissenschaftlichen Untersuchung aufgegriffen werden. Der Behandlung der Armut in der evangelischen und katholischen Kirche wird besondere Aufmerksamkeit geschenkt. Die Gemeinsamkeiten und Unterschiede in den Theologien beider Kirchen werden herausgearbeitet.

Die Option für die Armen in der lateinamerikanischen Befreiungstheologie hat ihre Eigenart und ihren spezifischen Charakter. Sie muß deshalb im Blick auf ihre besonderen Akzente ebenfalls untersucht werden.

Der Begriff der Armut ist zum Charakteristikum der Dritten Welt geworden. Es gilt darum, die dortigen Armutsprobleme und vor allem die durch die Armut entstandenen Schuldenfragen aufzugreifen. Gesucht wird dabei nach handfesten praktikablen Regelungen. Auch hier hat sich in der Vergangenheit wiederholt jede der beiden Kirchen zu Wort gemeldet.

Die Armutsfrage ist in den siebziger Jahren — und auch heute wieder — als Folge der massiven Arbeitslosigkeit in den Industrienationen des Westens und auch besonders der Bundesrepublik aufgetaucht. Man spricht von einer „Neuen Armut", die man — allerdings in bestimmten ideologisch ausgerichteten Gruppen — mit dem Pauperismus des 19. Jahrhunderts in einen engen Zusammenhang bringt. Aber es ist zu fragen, ob dieser Zuordnung nicht von vornherein Grenzen zu setzen sind. Kann man die Erscheinungen der gegenwärtigen sozialen Problematik unter dem Stichwort der Armut des Pauperismus erfassen? Inwieweit ist eine Lösung des Armutsproblems an die Forderung nach der Wiederherstellung der Vollbeschäftigung zu knüpfen?[2] Hat die gegenwärtige Armutsproblematik nicht auch ganz andere Strukturen und Implikationen?

Um die Behandlung aller dieser Fragen in sozialethischer und sozialwissenschaftlicher Hinsicht geht es in dieser Untersuchung.

Der Verfasser möchte dieses Vorwort nicht abschließen, ohne dem Verlag zu danken, daß er nach dem Buch „Sozialer Konflikt und christliche Ethik" auch dieses Manuskript in seine „Sozialwissenschaftlichen Schriften" aufgenommen hat.

Außerdem ist dem Freund, Herrn Dipl.-Ing. Horst Plath, herzlich Dank zu sagen, daß er sich der mühevollen Kleinarbeit des Korrekturlesens unterzogen hat.

Berlin, im Advent 1989

---

[2] Das Recht auf Arbeit und seine Grenzen ist bereits an anderer Stelle vom Verfasser bearbeitet worden. Vgl. Rolf Kramer, Arbeit, Göttingen 1982, S. 58 ff. und Rolf Kramer, Sozialer Konflikt und christliche Ethik, Berlin 1988, S. 101 ff. Anders argumentiert Enderle, Sicherung, S. 194.

Inhaltsverzeichnis

Erstes Kapitel

Die Bedeutung der Armut in der Bibel

Zweites Kapitel

Armut im Mittelalter und in der Reformation

Viertes Kapitel

Die Stellung der Armen in der katholischen Kirche

Fünftes Kapitel

Die Theologie der Befreiung

Erstes Kapitel

Die Bedeutung der Armut in der Bibel

I. Die Armen im Alten Testament

Die Begriffe Arme und Armut werden im Alten Testament mehrschichtig gebraucht. Es gilt zu unterscheiden zwischen den Armen im sozial-ökonomischen und im religiösen Sinn. Dabei muß der Armutsbegriff auch die Ursachen berücksichtigen. Es ist weiter zwischen einer selbstverschuldeten und einer unverschuldeten Armut zu differenzieren. Allerdings ist im Alten Testament die Begrifflichkeit nicht immer scharf voneinander getrennt worden. Oftmals geht die eine Bedeutung mit der anderen Hand in Hand.

a) Arm im sozial-ökonomischen Sinn

Als Arme im sozial-ökonomischen Sinn gilt der rash, ani, ebyon, dal. Arm ist der ebyon, dem das zum Leben Notwendige fehlt. Auch dal bezeichnet in den prophetischen Büchern und bei Hiob den Armen als den Schwachen, Kranken und Abgemagerten. Der ani ist der in Not befindliche Arme, der Gebeugte. Anaw entstammt derselben Wurzel. Allerdings ist sein Dasein religiös geprägt.

Vor allem in der Weisheitsliteratur wird Armut als Folge fehlenden Tuns bewertet.[1] In ihr finden sich, sieht man vom Psalter einmal ab, am häufigsten Armutsaussagen. Die alttestamentlichen Erwähnungen der Armut in der Weisheitsliteratur entstammen der praktischen Lebenserfahrung. Es wird darum auch vom Haß gegen die Armen gesprochen und von der Tatsache, daß der Reiche viele Freunde besitzt.[2] Wer gut haushält, wer fleißig und tüchtig ist, der wird auch die Früchte des Reichtums ernten und eben nicht arm bleiben.[3]

Den Armen dagegen trifft Vereinsamung.[4] Über ihn kommt Ruhelosigkeit und Demütigung seines Selbstbewußtseins. Solche Armut ist vor allem in der Weisheitsliteratur eine selbstverschuldete. Sie ist die Folge von Faulheit[5], von

---

1 Diethelm Michel, Armut / AT, in: Theologische Realenzyklopädie, Bd. 4, Berlin, New York 1979, S. 72.

2 Spr. 14,20.

3 Spr. 24,4; 10,4; 11,16.

4 Spr. 14,20; 19,4.7.

5 Spr. 6,6 ff.

Genußsucht[6] oder von Zuchtlosigkeit[7]. Diese Armut ist nicht das Ergebnis von Unterdrückung.

b) Arm im nicht-sozial-ökonomischen Sinn

Als Arme im nicht-sozial-ökonomischen Sinn gelten der Kranke[8] oder generell der Elende[9]. Allerdings können auch diese zum ökonomischen Armen werden. Dann gehört auch der in seinem Recht unrechtmäßig Gebeugte dazu. Arm ist der rechtlich Schwache und Gefährdete.

Arm im religiösen Sinn ist der anaw. Das Wort anaw entstammt derselben Wurzel wie ani und es meint den speziell vor Gott Demütigen, der vor Gott arm dasteht.

Hiob kennt auch ein Handeln Jahwes, das zur Armut führt und das die Prüfung[10] und die Läuterung[11] des Menschen zum Inhalt hat. Dieses Armsein ist nicht selbstverschuldet.

c) Die Armutsproblematik im Deuteronomium und bei den Propheten

Die Propheten haben in ihrer Sozialkritik auf die nicht selbst verschuldete Armut hingewiesen. Armut kann durch fremde Einflüsse, zum Beispiel durch Unterdrückung[12] hervorgerufen sein. Armsein ist darum nichts Verwerfliches. Die Schuld dafür liegt bei anderen. Die Propheten klagen die unlauteren Geschäftemacher und die Reichen an, die die Armen mißbrauchen und ausbeuten. Sie üben Kritik, daß man den Armen keinen Schutz gewährt (Hesekiel), sich an den Gütern der Armen bereichert[13]. Sie fordern die Einhaltung der Mosaischen Gesetze, die für den Schutz der Armen und Bedrückten sorgen. „Wenn Du Geld verleihst an einen aus meinem Volk, an einen Armen neben Dir, so sollst Du an ihm nicht wie ein Wucherer handeln; Du sollst keinerlei Zinsen von ihm nehmen.[14] Die Reichen lassen die Armen vor Gericht nicht zu ihrem Recht kommen.

Im Deuteronomium heißt es: „Das Land, von Jahwe seinem Volk zum Erbteil (nachala) gegeben, ist ein Land der Fülle und des Reichtums, in dem kein

---

6 Spr. 21,17.
7 Spr. 13,18.
8 Ps. 22,88.
9 Ps. 22,25.76.
10 Hiob 1,13 ff. (Prüfung).
11 Hiob 36,15 (Läuterung).
12 Vgl. Am. 2,6; 4,1; 5,12.
13 Jes. 3,14 f.; Am. 5,11.
14 Ex. 22,24; vgl. Lev. 25,36 f.; vgl. auch Hes. 16,49; 18,12 f.

Darbender[15] leben soll und darum auch keine ptocheia (scil. Armut) nötig ist."[16] „Die Verheißung ist an Israel als Ganzes gerichtet; darum haben alle am Boden Anteil."[17] Auf dieser Grundlage baut das Armenrecht auf.

Die Propheten greifen den Mißbrauch des Reichtums durch die Herrschenden auf. Ihre sozialkritische Stellungnahme ergeht nicht gegen Reichtum als solchen, sondern gegen die Reichen, die als Herrscher über das Land eine falsche Einstellung zu den Armen haben. Sie sind es, die durch Landerwerb den Armen von seinem Lande vertreiben. Nicht der Reichtum, sondern Mächtige und Reiche sind es, die Schuld an der Armut der Armen haben.[18]

In der Bewertung der Armut spielt auch die Behandlung der Eigentumsfrage eine besondere Rolle. Die Schriftpropheten Amos und Jesaja benutzen eine deutliche Sprache gegenüber den Eigentümern von Land und Gebäuden.[19]

Das Deuteronomium und die Propheten setzen sich in ihrer Sozialkritik zu Gunsten der Armen und zu Lasten der Eigentümer und der Reichen ein. Ihre sozialreformerischen Forderungen werden zu Schutzbestimmungen für die sozial Schwachen.[20] Die theologische Begründung für ihre Eigentumsregelung und damit für eine Umverteilung zu Gunsten der Armen liegt darin, daß der eigentliche Eigentümer Jahwe selbst ist. „Denn das Land ist mein und Ihr seid Fremdlinge und Beisassen bei mir."[21] Das Recht des Eigentümers wird zu einem Nutzungsrecht auf Zeit. Eine darauf beruhende Bodenreform wird ebenso wie Sklavenbefreiung oder der Schuldennachlaß zu Gunsten der sozial Schwachen in der jüdischen Gesetzgebung institutionalisiert.

Dem im Leben Benachteiligten, dem Schwachen hilft Jahwe auf. Im Hintergrund steht die Botschaft, daß Gott die Niedrigen erhöht und die Erhöhten erniedrigt.[22] Der ani (der Arme) hat ein Recht, als vollwertiges Glied des Bundes anerkannt zu werden. In diesem Begriff des Armen schwingt geradezu ein Rechtsanspruch gegen Jahwe mit.[23] Die Armen werden „ganz unbefangen direkt als die eigentlichen Anwärter des göttlichen Schutzes angesehen"[24]. Sie begreifen sich als die, die allein von Jahwe abhängig sind; und darum verstehen sie sich auch als solche, die Gott suchen.[25] Der Mittellose und Entrechtete erhält sein

---

15 Dtn. 15,4 endees.

16 Dtn. 8,9.

17 Ernst Bammel, Ptochos, Theologisches Wörterbuch, Bd. VI, Hrsg. Kittel-Friedrich, Stuttgart 1959, S. 888 ff. Hier S. 891.

18 Vgl. Hiob 20,19; 24,4.14.

19 Am. 5,10 ff.; 8,4 ff.; Jes. 5,8 ff.; 10,1 ff.

20 Vgl. 3. Mos. 25,8 ff.

21 3. Mos. 25,23.

22 Ps. 17,28.

23 A. Kuschke, Arm und Reich im AT, in: Zeitschrift für at.liche Wissenschaften 1939, S. 31 ff. Hier S. 50.

24 Gerhard von Rad, Theologie des alten Testaments, Bd. I, München ^{4}1957, S. 413.

25 Vgl. von Rad, S. 414.

Recht und seinen Schutz nicht von den Mächtigen, sondern vom Herrn selbst. Der Herr errettet aus der Gewalt der Mächtigen.[26] Gott ist nicht so sehr der in der Geschichte Israels handelnde Gott als vielmehr der, der Armen und Elenden hilft und sie errettet.[27] Das ist nämlich Israels Erfahrung: Jahwe errettet aus der Not. Er hat das Volk aus Ägypten herausgeführt. Darauf beruht die Rettung der Armen, ihre Erwählung. Den Armen zu helfen wird darum auch zur Aufgabe des Menschen.[28] Schließlich wird eine solche Tat letztlich Gott selbst erwiesen. „Wer dem Geringen Gewalt tut, lästert dessen Schöpfer; aber wer sich des Armen erbarmt, der ehrt Gott."[29] Aus der Selbstbezeichnung der in Not Befindlichen und Elenden als Arme wird allmählich eine Bezeichnung, die inhaltlich durch den Begriff des Gerechten gefüllt wird.[30] Der Arme ist es, der Gott seine Sachen anheim stellt. Die Beter vieler Psalmen sehen sich als arm und zugleich als gerecht an.[31] Sie suchen den Herrn, sie kennen seinen Namen.[32] Sie halten seinen Bund und seine Gebote.[33] Sie sind seine Knechte.[34] Wer sich unter Jahwe stellt, beugt sich unter ihm. Der Arme erhofft alles von seinem Gott. Die Armut geht in Frömmigkeit, in Demut über. Wer dem Herrn in Demut naht, ordnet sich unter, demütigt sich vor Gott und gibt ihm die Ehre.[35]

Ob es in der Zeit nach dem Exil eine sogenannte Partei der gottlosen Reichen und eine „Partei der frommen Armen" gegeben hat oder nur einzelne „Typen und Arten"[36], ist umstritten. Es hat den Anschein, „daß hinter manchen Spätpsalmen und Ergänzungsgeschichten zu älteren Psalmen immerhin eine Gruppe steht, die ‚Armut' in einem theologischen Sinn als positive Größe verstand"[37]. Jahwe ist in jedem Fall der, der sich der Armen und Bedürftigen annimmt. Es mag die Identifizierung zwischen den Armen und Israel, da beide auf Gottes Hilfe angewiesen sind, nahegelegen haben.[38]

---

26 Hiob 5,15.

27 Diethelm Michel, S. 76.

28 Spr. 31.9.20; Hiob 29,12.16.

29 Spr. 14,31; 19,17.

30 von Rad, S. 414.

31 Ps. 34,16.18; 37.29.

32 Ps. 9,11; 34,11.

33 Ps. 25,10.

34 Ps. 34,23.

35 Vgl. Kuschke, S. 511.

36 Kuschke, S. 57.

37 Michel, S. 75. Norbert Lohfink macht in einem Aufsatz „Von der ‚Anawim-Partei' zur ‚Kirche der Armen'" in: Biblica 1986, S. 153 ff., darauf aufmerksam, daß man von den „Armen" — besonders auch in den Psalmen zeitweilig a) von einer Partei, b) von einer Richtung und c) schließlich auch von einer Spiritualität gesprochen hat. Die Entscheidung der lateinamerikanischen Bischöfe zu Gunsten einer „Option für die Armen" nach ihrer Rückkehr vom zweiten vatikanischen Konzil spiegelt alle drei Deutungen der alttestamentlichen Armen wieder. Standen die ersten Exegesen noch unter der Frage: Partei oder Richtung, so wurde die Interpretation in Richtung auf Spiritualität immer stärker, je mehr die Basisgemeinden an Bedeutung gewonnen haben (Lohfink, S. 170).

II. Der Begriff Armut im Neuen Testament

Auch im Neuen Testament steht neben der sozial-ökonomischen die theologische Deutung der Armut. Als arm gilt der sozial Schwache, der Unterstützung und Hilfe braucht. Aber arm ist auch der, der seine Hoffnung ganz auf Gott setzt und nicht auf geistliche Leistungen pocht. Er ist der ptochos, der Bettler. Dem materiell und geistlich Armen steht der materielle bzw. scheinbar geistlich Reiche gegenüber. Dem Armen widmet sich Christus. Ihm wird das Evangelium verkündet.[39]

a) Armut im Evangelium nach Markus

Nach dem Evangelisten Markus[40] wird zwar die Aufgabe des Besitzes und seine Verteilung an die Armen gefordert, aber eine „grundsätzliche Hervorhebung des Armen als solchen" ist vom Evangelisten nicht beabsichtigt.[41] Jesus erkennt zwar, daß der Reiche Macht besitzt, auf die Menschen einzuwirken. Er ist deshalb von der Jüngerschaft fernzuhalten.[42] Einen Angriff aber gegen die Reichen unternimmt Jesus im Markus-Evangelium nicht.[43] Allerdings stellt der Reichtum für ihn eine Gefährdung der Botschaft vom Reiche Gottes dar.[44] Die Geschichte vom reichen Jüngling ist dafür ein besonderes Beispiel. Die Nachfolge hat darum eine Verzichtleistung zur Voraussetzung.[45]

b) Armut im Evangelium nach Matthäus

Auch bei Matthäus stellt der Reichtum eine der eschatologischen Grundgefährdungen dar. Er steht bei Matthäus an der Stelle für vieles, was den Menschen hindert, Jesus nachzufolgen.[46] Andererseits sind jedoch Armut, Hunger und Sorge keinesfalls Ausweis für das Reich Gottes.

Der Ton der Botschaft im Matthäus-Evangelium liegt nicht so sehr auf dem materiellen als auf der geistlichen Seite. Selig ist nämlich der, der geistlich in seiner Leistungsorientierung arm, also nicht an geistlichen Leistungen reich ist.

---

38 Jes. 49,13; Ps. 68,1.
39 Mk. 12,41 ff.
40 Mk. 10,17 ff.
41 Bammel, S. 902.
42 Mk. 10,17 ff.
43 Mk. 12,41 b.
44 Friedrich Hauck und Wilhelm Kasch, ploutos in: Theologisches Wörterbuch, Bd. VI, Stuttgart 1959, S. 316 ff. Hier S. 325.
45 Mk. 10,21.
46 Mt. 19,24.

Wer geistlich arm ist, stellt sich dem Herrn nicht zur Verfügung. Es geht deshalb für die Jünger um die theologische und nicht um ethische Fragen nach dem Kommen des Reiches Gottes. Die Vollendung kündigt sich zwar hier an, aber sie steht noch aus.

In den Seligpreisungen dieses Evangeliums leuchtet besonders der Lobpreis der Armen auf. Aber es wird der Schwerpunkt auf die eschatologische Hoffnung verlegt.

c) Armut im Evangelium nach Lukas

Die Frage der Armen und der Armut nimmt beim Evangelisten Lukas eine wesentlich größere Bedeutung ein als im Markus- und Matthäus-Evangelium. Bei Lukas spielt die soziale Problematik eine besondere Rolle. Für ihn gehört die Besitzlosigkeit zur Nachfolge hinzu. Denn vom reichen Jüngling wird ausdrücklich erwartet, daß er „alles" verkauft, das ist der Inhalt des „panta" an der Stelle Lk. 18,22.[47] Es geht dabei nicht um einen zu erstrebenden Zustand der Armut, sondern um eine anzustrebende Besitzlosigkeit. Der Arme und nicht etwa seine Armut steht im Mittelpunkt. So sind auch die Seligpreisungen im Lukas-Evangelium zu verstehen. Lukas setzt sich nicht so sehr mit dem Reichtum auseinander als vielmehr mit den Reichen und ihrem Reichsein. Vom Jünger Christi wird freiwilliger Verzicht erwartet. Denn Reichtum behindert die Nachfolge.[48] Darum wird der Reichtum negativ bewertet.[49] Es ist deshalb durchaus sinnvoll, von Lukas als von dem „Evangelisten der Armen" zu sprechen.[50] Schmithals billigt ihm auf Grund unterschiedlicher Textstellen dieses Prädikat zu. Er gewinnt seine Aussage auf Grund einer besonderen Deutung der lukanischen Überlieferung. Für ihn erweist sich die Darstellung des Lukas-Evangeliums und der Apostelgeschichte nicht als eine zeitlose Anweisung zum Verhalten gegenüber irdischem Besitz. Weder empfiehlt Lukas dem Klerus die Armut, noch verkündigt er für alle Christen ein mönchisches Armutsideal und ein weltflüchtiges Leben, noch programmiert er den Liebeskommunismus oder die Leistungsverweigerung, noch fordert er gar die Vergesellschaftung des Privatbesitzes.[51] Für Schmithals weist vielmehr das lukanische Doppelwerk mit seinem Besitzverzicht und seiner Besitzhergabe auf eine „konkrete und angemessene Verhaltensweise" in der besonderen Situation öffentlicher Verfolgung hin. Diese Überlegung stellt eine interessante Deutung dar. Ob sie zutrifft, bedarf

---

47 Vgl. Lk. 10,22; Luise Schrotthoff und Wolfgang Stegemann, Jesus von Nazareth — Hoffnung der Armen, Stuttgart, Berlin, Köln, Mainz 1978, S. 93.

48 Lk. 18,22 ff.

49 Lk. 8,14.

50 Walter Schmithals, Lukas — Evangelist der Armen, in: Theologia Viatorum, Bd. XII, Berlin und Schleswig-Holstein 1975, S. 153.

51 Schmithals, S. 165.

einer genauen Untersuchung, insbesondere der Frage, inwieweit das lukanische Doppelwerk aus der Verfolgungssituation der damaligen Gemeinde heraus geschrieben worden ist. Für uns ist es wichtig, daß das Lukas-Evangelium das Armsein nicht nur als eine soziale Armut verstanden hat, sondern die Armut auch als ein religiöses Defizit geprägt sieht. Die Reichen verstellen sich selbst den Zugang zum Reiche Gottes. Sie stehen damit sich und ihrem Heil im Wege.[52] Wer sich von seinem Reichtum trennen kann, dem wird Vielfältiges vergolten werden.[53] Der Arme setzt auf andere Werte, er lebt in Demut vor Gott und vertraut ihm. Insofern werden bei Lukas nicht nur die als Reiche angesprochen, die im materiellen Sinn Reichtum besitzen, sondern auch die, die sich auf andere Werte und eine andere Einstellung zum Leben verlassen.[54] Hier stimmt Lukas in der Definition der Armut als geistliche Armut mit der Grundrichtung des Matthäus-Evangeliums überein.

Gustavo Gutiérrez (Theologie der Befreiung) gibt der lukanischen Version von der Armut eine für die Befreiungstheologie aufschlußreiche Deutung. Jesus preist die Armen nach Lukas selig, *weil* das Reich Gottes angebrochen ist, und das heißt, Gottes Herrschaft setzt der Armut ein Ende. Darum ist nach der Theologie der Befreiung Armut ein Übel und Skandal, denn sie ist von nun an „unvereinbar“ mit der Herrschaft Gottes.[55]

d) Arm und reich in der Theologie des Apostels Paulus

Das Verhältnis von arm und reich in der Theologie des Apostel Paulus ist anders bestimmt als bei den Evangelisten. Bei den Armen sind zwar die materiell Bedürftigen in Jerusalem gemeint, für die eine Kollekte erhoben wird.[56] Aber hinter dem Ausdruck Arme (ptochoi) steckt mehr. Er wird als Würdename der Jerusalemer Urgemeinde gebraucht, freilich nicht im Sinne einer Selbstbezeichnung.[57] Selbstverständlich hat Paulus auch sonst Kenntnis von der Armut seiner Gemeinden.[58] Denn er weiß zum Beispiel von der Zusammensetzung der Gemeinde in Korinth aus schwachen und verachteten Menschen.[59] Die Mißstände beim Herrenmahl in Korinth, bei dem die einen ein Festgelage feiern, während die anderen hungern, sprechen Bände.[60] Indessen gilt allgemein, daß für ihn die

52 Vgl. Lk. 18,18 ff.; 19,12 ff.
53 Lk. 14,12 f.
54 Lk. 18,9 ff.; 21,1 ff.
55 Gustavo Gutiérrez, Theologie der Befreiung, München 1973, S. 281.
56 Galater-Brief, 2,10 und Römerbrief, 15,26.
57 Bammel, S. 909.
58 Vgl. 2. K. 8,2.
59 1. K. 1,27; 11,21 f.
60 1. K. 11,20.

Armut der jeweiligen Gemeinde keine zentrale Bedeutung hat, auch wenn er selbst von der Armut betroffen ist.[61]

Mit dem Begriff der Erniedrigung im Philipper- und 2. Korintherbrief erfährt der Begriff der Armut seine besondere eschatologische Ausrichtung. Christi Inkarnation und vor allem sein Tod am Kreuz sind Ausdruck seiner Armut. Sein Sterben beantwortet Gott mit seiner Erhöhung. In dieser Dialektik von Erniedrigung und Erhöhung drückt sich für Paulus das Verhältnis von arm und reich aus. Denn von Christus wird gesagt: „Obwohl er reich ist, wurde er doch arm um euretwillen, damit ihr durch seine Armut reich würdet."[62]

Damit wird auch der traditionelle Reichtumsbegriff umgedeutet. Denn „Reichtum wird für ihn ein Ausdruck zu Kennzeichnung des Seins Christi, des Wirken Gottes in Christus und der eschatologischen Situation seiner Gemeinde".[63] Nicht der materiell Reiche ist in Wirklichkeit reich. Christus ist der Reiche. Er allein stellt das Beispiel für die Gemeinde dar. Christus, der Arme, ist also der Reiche! Das ist die Umkehr der Werte. Denn er ist reich für alle, „die ihn anrufen"[64]. Insofern wird der Reichtum seiner Herrlichkeit offenbar werden.[65]

Der Apostel fordert deshalb die Gemeinde auf, nicht selbstsüchtig und ehrgeizig zu sein und in der Form des Selbstruhmes ihr Verhalten zu bestimmen, sondern Demut zu üben und Selbstlosigkeit zu praktizieren.[66]

Für den Apostel stellt sich der Reichtum der Christen als eine eschatologische Größe dar, die kennzeichnend ist für die bereits jetzt in Christus gegenwärtige, aber doch erst zukünftige Welt. Für die hiesige Welt ist die Gegenwart des Reiches Gottes und sein Reichtum mit seiner eschatologischen Dimension nichts anderes als Armut und Torheit.[67]

e) Das Verhältnis von Armut und Nachfolge

Zwischen Armut und Nachfolge besteht in den neutestamentlichen Schriften ein enger Zusammenhang. Nachfolge bedeutet, daß der einzelne seine Gesinnung ändert und alles hinter sich lassen soll. Nachfolge gibt dem Leben die neue Richtung. Sie stellt nicht die Übernahme von formalen Lehrsätzen oder die Annahme von außen gegebener Gesetze dar. Sie verlangt als Bindung an den Herrn Gehorsam. Der Ruf ergeht an den einzelnen Menschen. Aber jeder folgt

61 Phil. 4,12 f.
62 2. K. 8,9; vgl. 2,6 f.
63 Hauck und Kasch, in: Theologisches Wörterbuch, Bd. VI, S. 327.
64 Rm. 10,12.
65 Rm. 9,23.
66 Phil. 2,3; vgl. Acta 20,19.
67 Hauck und Kasch, in: Theologisches Wörterbuch, Bd. VI, S. 327; vgl. 1. K. 1,23.

Christus auf seine Weise, „mitunter sehr bewußt und kohärent, mitunter wenig aufmerksam und sehr inkonsequent“[68].

Die Gemeinschaft mit Christus bedeutet nicht weltliche Macht oder Herrschaft, sondern setzt ganz auf das Vertrauen und auf die durch Gott gewährte Freiheit. Wer Christus nachfolgt, begibt sich in eine Gemeinschaft mit denen, die neutestamentlich geistlich Arme genannt werden. Er wird einer von ihnen und steht in der Gemeinschaft mit denen, die den Ruf zur Nachfolge vernommen haben. Nachfolge bedeutet deshalb, als Jünger Jesu in der Gemeinschaft der Armen zu leben. Denn Nachfolge ist die Annahme des Rufes Christi in die Armut. Wer nachfolgt, gibt sich mit dem Diesseitigen, dem Vorletzten, nicht zufrieden. Nachfolge besitzt darum einen eschatologischen Charakter, der das Letzte im Auge hat.[69] Sie stellt sich als Gestaltung der Welt zwischen der ersten Schöpfung und der Wiederkunft des Herrn zur zweiten Schöpfung dar. Da diese letzte Wirklichkeit noch aussteht, sind die Menschen aufgerufen, das von Jesus verkündigte Reich Gottes in der Nachfolge Christi zu gestalten.

f) Die Beziehung von Armut zum Eigentum

Das Reden von Armut und Reichtum steht auch in einem unmittelbaren Zusammenhang mit der Frage des Eigentums im Neuen Testament.

Die zentrale Aussage in den Evangelien über das Eigentum stellt die vom Kommen des Gottesreiches dar. Seine Nähe gewährt Freiheit gegenüber den Dingen dieser Welt. Darum heißt es im Matthäus-Evangelium auch: „Trachtet zuerst nach dem Reiche Gottes und nach seiner Gerechtigkeit, dann wird euch das alles zufallen.“[70] Wer am Eigentum hängt und den Nächsten dabei vergißt, unterliegt der fremden Macht des ungerechten Mammons.[71] Habgier und Geiz, Sorge und Selbstherrlichkeit vermitteln eine falsche Sicherheit. Mit dieser Unterwerfung unter den Götzen Mammon gehört der Mensch nicht Christus, sondern umgekehrt der Besitz und das Eigentum, die Macht und der Reichtum üben über ihn ihre Herrschaft aus, haben von ihm Besitz ergriffen.[72] Das Reich Gottes indessen relativiert die irdischen Güter, die Werte dieser Welt und auch das Eigentum.

Auch der Apostel Paulus erkennt durch die Nähe der Wiederkunft Christi die endzeitliche Relativierung des Eigentums.[73] Der einzelne erfährt im Glauben

---

68 Johannes Paul II, Redemptor Hominis n. 21,2; vgl. Rolf Kramer, Sozialer Konflikt und christliche Ethik, Berlin 1988, S. 69 ff.

69 Lk. 9,59.

70 Mt. 6,33.

71 Lk. 12,13.

72 Lk. 12,16 ff.

eine Distanz zu den Werten dieser Welt.[74] Die Sorge um das Eigentum und den Besitz ist gegenüber der eschatologischen Nähe des Kyrios zweitrangig. Wer in der Liebe Christi steht, wird Eigentum haben, als hätte er es nicht.[75] Aber die Regelung dieses Äons und damit auch die Rechtsordnung des Eigentums wird nicht einfach aufgehoben, auch nicht zu Gunsten der Armen! Der Aufruf an den reichen Jüngling, alles zu verkaufen, bedeutet nicht eine Institutionalisierung der Eigentumsaufgabe zu Gunsten eines allgemeinen Güter- oder Liebeskommunismus. Es geht vielmehr um den Ruf an alle Besitzenden, ihr Verhältnis zum Eigentum angesichts des gekommenen Herrn neu zu gestalten.[76] Wenn es zu einer Eigentums- oder Besitzaufgabe kommt, dann kann das nur eine persönliche, nicht eine institutionierbare Entscheidung sein.

---

73 Martin Hengel, Eigentum und Reichtum in der frühen Kirche, Stuttgart 1973, S. 47; vgl. Rm. 13,12.

74 1. K. 7,29 ff.

75 1. K. 7,29 ff.

76 Vgl. Helmut Thielicke, Theologische Ethik, Bd. III, Tübingen 1968, § 786.

Zweites Kapitel

Armut im Mittelalter und in der Reformation

I. Die Armut im Mittelalter

Für die Zeit des Mittelalters im Abendland hat Michel Mollat in seiner Arbeit über „Die Armen im Mittelalter“ eine Untersuchung über den Sprachgebrauch der Armut vorgelegt[1] und auf die Auffächerung des Begriffes arm und Armut in seiner lateinischen Gestalt als pauper und paupertas hingewiesen.[2] „Armut bezeichnet zunächst eine Qualität und erst dann den Status einer Person gleich welchen sozialen Standes, die von einem Mangel betroffen war. Man sprach von einem armen Mann, einer armen Frau, einem armen Bauern, einem armen Unfreien, einem armen Kleriker, einem armen Ritter oder einem armen Kerl.“[3] Der Begriff der Armut ist also relativ. Denn unterschiedliche Phänomene werden von ihm erfaßt. „Man ist immer ärmer oder weniger arm als ein anderer.“[4]

Viele und sehr unterschiedliche Begriffe charakterisieren im Mittelalter das Armsein und die Armut: Mangel an Geld im allgemeinen (lateinisch egens, inops, insufficiens, miser), Mangel an Nahrungsmitteln oder Kleidung (nudus), eine schwache Gesundheit, Krankheit oder das Vorhandensein von Wunden (aegrotans, infirmus, vulneratus) oder auch der Verlust der Eltern, des Ehepartners oder der Freiheit (orphanus, vidua, captivus). Dieser im wesentlichen durch Mangel und Not gekennzeichnete Inhalt der Armut läßt sich als paupertas coacta, als unfreiwillige Armut, umschreiben. Ihr steht die freiwillige Armut, die paupertas spontanea, zur Seite. Sie wird von den Mönchen als Nachfolge Christi gelebt.[5] Die zwei unterschiedlichen Weisen der Armut haben ihre Basis im Neuen Testament und hier in der Unterscheidung der materiellen und geistlichen Armut. Trotzdem hat sich die Differenzierung nicht durchgesetzt.[6] Für die sozial-materielle unfreiwillige Armut ebenso wie für die geistliche freiwillige Armut haben sich dann im griechischen und lateinischen Sprachraum die Begriffe ptochos und pauper erhalten.

---

1 Michel Mollat, Die Armen im Mittelalter, München 1984, S. 9 ff.

2 Mollat, S. 9 ff.

3 Mollat, S. 10.

4 Ebenda.

5 Mollat, S. 11 f.

6 Mollat, S. 11 und 26.

Armut in den ländlichen Regionen war zwar durch den Mangel an Nahrungsmitteln ein nur zu gut gekanntes allgemeines Schicksal. Aber gerade die erlebte Armut zwang die Bauern unter die Herrschaft der Mächtigen in der damaligen Gesellschaft. Im Verhältnis zu ihnen waren sie an allen Dingen dieser Welt, an Vermögen, Gesundheit und Ausbildung und am zu erwarteten Alter benachteiligt. Aber sie gehörten, wie Wolfram Fischer in Anknüpfung an Michel Mollat feststellen konnte, bis zum 12. Jahrhundert nicht zu einer Gruppe. „Sie existierten ebenso gut oder schlecht wie die Gemeindemitglieder, von deren Caritas sie lebten.“[7] Andererseits kennzeichnet die Gleichsetzung von Bauern und Arme die Verachtung, denen die Armen ausgesetzt waren.[8]

Die städtische Armut setzte sich im späten Mittelalter aus unterschiedlichen Gruppen zusammen. Alle lebten mehr oder weniger von der Hand in den Mund. Sie waren ausgeliefert den Schicksalsschlägen. Zur Schar der Armen gehörten drei Gruppen:

1. Die selbständigen Gewerbetreibenden, die unterbeschäftigt waren, deren Erwerbszweig nicht genug abwarf, die eine große Familie hatten oder selbst zu alt oder krank waren.
2. Die Lohnarbeiter, Handwerker, die Gesellen blieben, Lehrlinge, Knechte, Mägde usw. Allerdings konnten aus dieser Gruppe — vor allem die Mägde taten es — auch kleine Geldsummen zusammengespart werden.
3. Die Arbeitslosen, die Arbeitsscheuen, die Kranken und Waisen, Alte und fahrende Leute usw. Sie waren die wohl am schlechtesten Bemittelten und stellten Marginalgruppen dar.[9]

„Arme waren im Mittelalter allgegenwärtig“, schreibt Wolfram Fischer.[10] Michel Mollat spricht davon, daß man bis zum hohen Mittelalter Armut als ein Übel angesehen hat, das „ebenso natürlich und unvermeidbar wie Naturkatastrophen“ eintrat.[11] Arme waren etwas Selbstverständliches. Sie wurden weder als Ärger noch als ein besonderes Problem empfunden.[12] Die Schar der Armen setzte sich zusammen, wie bereits angedeutet, aus den Arbeitern, die von einem Tag zum anderen lebten, aus Arbeitslosen, Invaliden, Kranken, Waisen, Witwen, mittellosen Alten, Gescheiterten, Ausgeschlossenen, ehemaligen Strafgefangenen, Schwachsinnigen, unehelich Geborenen und Prostituierten usw. Das sind etwa die Gruppen, die generalisierend aufgezählt werden.[13] Die unfreiwillige Armut wurde als ein von Gott verhängtes Leiden angesehen. Sie war die Folge

---

7 Nach Wolfram Fischer, Armut in der Geschichte, Göttingen 1982, S. 11 f.

8 Mollat, S. 68.

9 Vgl. Fischer, S. 21.

10 Ebenda.

11 Fischer, S. 27.

12 Fischer, S. 27.

13 Fischer, S. 10.

unzulänglicher materieller Lebensbedingungen.[14] David Flood interpretiert sie „als Folge eines fehlerhaften Produktions- und Verteilungssystems“[15]. Armut kennzeichnet den, der vorübergehend oder ständig in Abhängigkeit und Erniedrigung unter Hunger oder unter einer anderen Mangelsituation leidet. Dem Armen fehlt es an Geld, an Beziehung, Einfluß, Freiheit und an Menschenwürde.[16] Generell muß in dieser Gruppe der unfreiwilligen Armen zwischen ehrbaren und umherziehenden Armen unterschieden werden. Der ehrbare Arme war der Bescheidene, im sozialen Verband Lebende, der in seinem Unglück und seiner Not von der Verwandtschaft oder der Gemeinde oder dem Dienstherren durchgehalten wurde. Ihm galt insbesondere die Fürsorge und ihm wurden Almosen gegeben. Bei den umherziehenden fremden Armen dagegen war man mit Hilfe sehr viel vorsichtiger. Es war eben kein Bekannter, er blieb vielmehr unbekannt, fremd. Fürsorge, Caritas und Almosen wurden keinesfalls unbegrenzt dem Fremden gewährt. Hier war aus Angst vor Krankheit und Unruhe Mißtrauen angebracht.

Während des ganzen Mittelalters spielte die Frage der freiwilligen Armut eine besondere Rolle. Der pauper Christi, der Arme um Christi willen, vor allem also der Mönch, findet aus freiwilligem Entschluß den Weg zur Armut. Aus christlicher Überzeugung, aus Liebe zu Gott, glaubt er, diesen Weg gehen zu sollen, um ihm nahe zu sein.[17] Er will Gott in Demut dienen. Die materiellen und freiwilligen Armen „drängen zu den Klosterpforten, um von den pauperes Christi Brot zu bekommen. Sie betteln an den Stadttoren, wo sich oft auch die Niederlassungen der Bettelorden befanden“[18]. Während die freiwillige Armut der Kirche, also insbesondere im Mönchtum, als religiöses Ideal durchgehalten wurde, geriet die unfreiwillige Armut mehr und mehr an den Rand der Gesellschaft.[19] Es ist keine Frage, daß die freiwillige Armut, sie zählt zu den evangelischen Räten, auf Grund des geforderten Armutsgelübdes ein Stückwerk der Gerechtigkeit darstellt und damit den Verdienst-Charakter erfüllt. Aber auch im Mittelalter ist keineswegs der freiwillige Arme immer und überall der Angesehene. Die Tugend der Demut (humilitas) wurde nicht überall als die Demut der „Magd des Herrn“, wie sie in Mariae Lobgesang im Lukas-Evangelium ihren besonderen Niederschlag gefunden hat, erkannt. Hinzu kam, daß zwar der einzelne Mönch als pauper Christi dem Armutsideal, etwa in der Aufgabe seines Besitzes, nachkommen wollte. Aber wurde dieses im Einzelfall auch realisiert? Inwieweit lebten die Klostergemeinschaften nicht selbst im Widerspruch zu ihrem Armutsideal?[20]

---

14 David Flood, Armut V und VI, in: Theologische Realenzyklopädie, Bd. IV, Berlin, New York 1979, S. 85 ff., hier S. 88.

15 Flood, S. 89.

16 Mollat, S. 13.

17 Flood, S. 88; Mollat, S. 11.

18 Flood, S. 88.

19 Flood, S. 98.

20 Flood, S. 90.

Die Christen haben sich aus dem Gedanken der Nachfolge heraus im frühen Mittelalter der notleidenden Menschen angenommen. Sie wollten ihnen als Nachfolger Christi rundum helfen. „So verteilten die Mönche nicht nur regelmäßig Almosen, sie eröffneten auch Arbeitsmöglichkeiten während der Ernte oder bei Bauvorhaben und trafen Vorsorge für Zeiten der Hungersnot.“[21]

Die Entwicklung des Armenwesens hatte im 12. und 13. Jahrhundert eine besondere Blüte. Einerseits war die europäische Bevölkerung vom 10. Jahrhundert an außerordentlich gewachsen, andererseits entwickelte sich eine neue Wirtschaftsordnung. Sie führte vom Naturaltausch hin zur Geldwirtschaft. Beide Entwicklungen hatten zur Folge, daß Massen namenloser Armen das Land überzogen. Dies war die Zeit, in der die Armenfürsorge institutionalisiert wurde.[22] Denn „längst war die Zeit vergangen, da die Wohltätigkeit fast ausschließlich in den Händen der Mönche lag“.[23] Man bemühte sich „um die Schaffung von Fürsorgeeinrichtungen zu Gunsten der Bedürftigen, weil man begann, die Armut mit ihren Folgeerscheinungen als soziales Problem und nicht mehr als von der Vorsehung verhängtes Geschick zu betrachten“[24]. Die religiösen Bewegungen des 12. und 13. Jahrhunderts lassen Wohltätigkeit von ganz unterschiedlicher Art entstehen. Es wurden Hospitäler, Leprosenhäuser, Hospize für Arme und Kranke gegründet. Caritative Einrichtungen, insbesondere Hospize wurden entlang der üblichen Verkehrswege errichtet. Diese Bewegung hat ihren Höhepunkt in den von Franziskus und Dominikus ins Leben gerufenen Brüderschaften gefunden. In ihnen wurde nicht nur der Mönch zum pauper Christi, sondern der Arme wurde zum vicarius (Stellvertreter Christi).[25] Männer und Frauen fanden sich zu einer Gütergemeinschaft ein, wie sie in der Urgemeinde — etwa in der Apostelgeschichte[26] — überliefert wurde. Die vita apostolica gab ihnen Grund und Richtung.[27] Aus unterschiedlichen Schichten bildeten sich Gruppierungen, die die Nachfolge Christi für ein apostolisches Leben in Armut unter gleichzeitiger religiöser Wirksamkeit anstrebten. Dazu gehörten die Katharer, die Beginnen und Humiliaten, um neben den franziskanischen und dominikanischen Richtungen noch andere bedeutende Gruppierungen zu nennen. Ihre Zusammensetzung, Zielsetzung und Motivation waren im einzelnen unterschiedlich. Die Übernahme der freiwilligen Armut jedoch zeichnete sie alle aus.

Bis ins hohe Mittelalter hinein stellten die unfreiwilligen wie auch die freiwilligen Armen einen großen Teil der Bevölkerung dar. Beispielhaft sei darauf

---

21 Flood, S. 89.

22 Mollat, S. 122 ff.

23 Ebenda.

24 Flood, S. 92.

25 Mollat, S. 110.

26 Acta 2,42.

27 Vgl. Herbert Grundmann, Religiöse Bewegungen im Mittelalter, Darmstadt 1961, S. 20 ff.

verwiesen, daß etwa ein Fünftel der Einwohnerschaft von Lyon in bitterster Armut in dieser Zeit gelebt hat.[28]

Auf eine Ausweitung der Armut, die seit der alttestamentlichen Zeit in besonderer Weise ausgeprägt war, sei hier hingewiesen. Denn im Deuteronomium wird die Wohltat gegenüber dem Armen als etwas hingestellt, das auf den Geber selbst zurückfällt. Dort heißt es: „Wenn einer Deiner Brüder arm ist in irgendeiner Stadt in Deinem Lande, das der Herr, Dein Gott, Dir geben wird, so sollst Du Dein Herz nicht verhärten und deine Hand nicht zuhalten gegenüber Deinem armen Bruder, sondern sollst ihm auftun und ihm leihen, soviel er Mangel hat."[29]

Die Begründung und auch die daraus folgende Konsequenz wird im Anschluß daran gegeben: „Denn dafür wird Dich der Herr, Dein Gott, segnen in allen Deinen Werken und in allem, was Du unternimmst."[30] Der Geber dieser Gaben wird von Gott gesegnet. Letztlich fällt also das Handeln des Reichen gegenüber dem Armen auf jenen selbst zurück. Bei den theologischen Autoren des Mittelalters wird der Arme vor allem eben in bezug auf den Reichen gesehen. Der Arme ist für das ewige Heil des Reichen geschaffen.[31] Für den Reichen ist es nämlich schwierig, in das Paradies zu gelangen. Darum kommt dem Armen die Rolle zu, zum Wohle des Reichen dazusein, um seine Spenden, Gaben und Almosen in Empfang zu nehmen. Denn Pflicht für den Christen ist es, die irdischen Güter mit dem anderen zu teilen. „So rückt der Arme in die Position dessen, der darauf wartet und der einen Anspruch darauf hat, daß ihm gegenüber eine Pflicht erfüllt wird."[32]

II. Luthers Stellung zur Armutsfrage

a) Luthers Kritik am Armutsideal des Mönchtums

Luther hat den Werken der Barmherzigkeit und der menschlichen Mitwirkung an seiner Erlösung jede Heilswirkung abgesprochen. Der Arme als solcher ist nicht von vornherein vor Gott angenehm. Das Armutsideal der Bettelmönche und ihrer Orden stellte für ihn nicht Grundlage des Rechtfertigungsgeschehens dar. Die Übernahme freiwilliger Armut bringt kein ewiges Heil. Auch ihre Verbindung mit der beruflichen Tätigkeit im mönchischen Dasein wird von ihm abgelehnt. Das Priestertum aller Gläubigen ließ die Unterscheidung eines elitären Standes gegenüber einer minderen Vollkommenheit in der Gestalt von Laien und Almosengeber nicht zu.[33] Luther kämpft gegen eine Ordnung, die zwischen

---

28 Flood, S. 97.
29 Dtn. 15,7 ff.
30 Dtn. 15,10 b.
31 Mollat, S. 100.
32 Mollat, S. 100 f.

geistlichen und weltlichen Berufen glaubt, unterscheiden zu können. Für ihn stellt sich Armut nicht als Ideal dar. Vielmehr hat er an den Wurzeln dieses Ideals Kritik geübt und „leidenschaftlich auf Reformen der zur Landplage gewordenen Bettelorden" gedrängt.[34] Für ihn stellt die vom Glauben her erwartete Liebe gegenüber dem Nächsten, also auch gegenüber dem Armen, keinen Verdienstanspruch dar. Armut ist „vielmehr eine gefährliche Folge der Sünde"[35]. Sie ist nicht gottgewollt. Dieser Armutsbegriff ist geprägt durch eine theologische Neufassung der Humilitas, in der sich Luther in christologischer Deutung von den Demutsvorstellungen des Mittelalters absetzt. Sie ist kein Verdienst und stellt keine Tugend dar. Für Luther besteht die geistliche Armut in der Abwendung des Herzens vom Reichtum und den Gütern dieser Welt.[36] Es geht ihm um den Kampf des Glaubens gegen die Vergötzung des Besitzes und des Eigentums.

b) Luthers Stellung zur Humilitas

In der Demut (humilitas, tapeinophrosyne) ist zwar das alte Mönchsideal angesprochen, aber Luther deutet sie neu. Sie stellt die Selbsterkenntnis des Menschen im Angesicht Gottes dar. Es geht jedoch Luther nicht um die Tugend der Demut. Für ihn ist die Humilitas „ebenso wenig wie fides eine Tugend neben anderen Tugenden, sondern in erster Linie einmal ein Verzicht auf alle Tugendhaftigkeit"[37]. Im Gegenteil: Die Demut folgt aus dem Glauben. Denn sie ist Ausdruck des Vertrauens auf Gottes Gnade und lehrt damit die Selbstverwerfung des Menschen.[38] Humilitas schließt darum den rechtfertigenden Glauben ein. Für Luther ist damit das mönchische Demutsideal überwunden. Denn im Mittelpunkt des demütigen Verhaltens, das im Mönchtum zum Synergismus führte, steht nunmehr die Niedrigkeit (tapeinosis), die zweite Seite der Demut. Sie besteht in der eigenen Niedrigkeit, in der Selbstverwerfung. Aber unsere Niedrigkeit oder Nichtigkeit ist kein Verdienst. Gott allein schenkt sie. Denn Gott offenbart sich selbst in der Niedrigkeit Christi, also in seiner Armut. Die Menschwerdung Christi ist Ausdruck dieser Armut. Es ist die menschliche Gestalt Christi, an der seine Armut festgemacht werden kann. Gott allein ist der, der hört, „wenn das liebe armut ... schreit und rüffet gen himel"[39].

---

33 Gerhard Krause, Armut VII, in: Theologische Realenzyklopädie, Bd. VII, Berlin, New York 1979, S. 103.

34 Vgl. Krause, S. 102 f.

35 Krause, S. 103.

36 WA 47,353, 39.

37 Walther von Loewenich, Luthers theologia crucis, Bielefeld 1982, S. 151 (Abgekürzt: von Loewenich, Luthers theologia).

38 von Loewenich, Luthers theologia, S. 150.

39 WA 5,660, 1 ff.

Martin Luther hat diese Stellung der Armut unter dem Stichwort der humilitas besonders in seinen Weihnachtsliedern hervorgehoben. So läßt er in „Gelobet seist Du, Jesu Christ“ singen: „Er ist auf Erden kommen arm, daß er sich erbarm und in dem Himmel mache reich und seinen lieben Engeln gleich“.[40] In dem Lied „Vom Himmel hoch, da komm ich her“, heißt es: „Ach Herr, Schöpfer aller Ding, wie bist Du worden so gering, daß Du da liegst auf dürrem Gras, davon ein Rind und Esel aß!“[41] Christi humilitas ist Gottes Gnade für den Menschen, denn diese humilitas allein heilt ihn: „Humilitas sola salvat.“[42] Hier zeigt sich in besonderer Weise Luthers theologia crucis.

Luther sieht im einzelnen Christen den Menschen, der ohn all Verdienst und Würdigkeit ist, in dessen Fleisch und Blut Christus kommt.[43] Im Choral „Ach Gott, vom Himmel sieh darein“ läßt er Gott selbst sprechen: „Ich muß auf sein, die Armen sind verstöret; ihr Seufzen dringt zu mir herein, ich hab ihr Klag erhöret. Mein heilsam Wort soll auf dem Plan, getrost und frisch sie greifen an und sein die Kraft der Armen.“[44]

Dahinter steht nicht die Werkgerechtigkeit der Tugend Demut, sondern die Vorstellung eines rechtfertigenden Handelns, das nicht auf die Tat der Menschen setzt. Von der ganzen Christenheit kann Luther im Sinne seines Römerbriefkommentars als von den geistlichen Armen sprechen. Die Gemeinde als das neue Volk Israel wird als „armes Häuflein“ und als von den Menschen verachtet bezeichnet.[44a] Es geht nicht um den einzelnen Armen im Geiste, sondern immer auch um die communio der Gerechtfertigten, der Glaubenden. Mit der Bitte um Leben in Frieden und Einigkeit entläßt Luther seine Gemeinde nach dem Abendmahl in die Welt: „Herr, dein Heilig Geist uns nimmer laß, der uns geb zu halten rechte Maß, daß dein arm Christenheit leb in Fried und Einigkeit“.[45] Diese Demut setzt nicht auf sich, sondern erwartet alles vom Herrn. Sie kann nur in Niedrigkeit und Nichtigkeit bestehen.[46] Da Gott allein die wahre Demut sieht, geht sie auch in ihrem Verhältnis zur Welt nur von innen nach außen. Darin besteht ihr Unterschied zum Verdienstcharakter in mönchischer Tugend. Denn sie setzt allein auf die Rechtfertigung sola gratia.

---

40 EKG (Ev. Kirchengesangbuch) Nr. 15, 6.

41 EKG Nr. 16,9.

42 WA IV,475,17.

43 EKG 15,2.

44 EKG 177,4.

44a EKG 192,1.

45 EKG 163,3.

46 von Loewenich, Luthers theologia, S. 154.

c) Luthers Stellung zum Eigentum

Die Güter dieser Welt sind Gaben Gottes. Den Menschen wird kein selbstverständliches Besitz- und Verfügungsrecht darüber zugestanden. Der Mensch ist dem Geber, der die Gaben auch wieder nehmen kann, verantwortlich.[47] Darum stellt sich auch weder der Reichtum als Unrecht noch die Armut als Verdienst des Menschen dar.[48] In den Gütern dieser Welt steckt also weder Unrecht noch Verdienst. Wer sich jedoch zum Mißbrauch gegen sie verführen läßt, übertritt das 1. Gebot. Deshalb kann die Armut nicht die Grundlage dafür liefern, sie als solche positiv zu bewerten. Denn auch Bettler können sich im Herzen geldgierig und geizig zeigen. Umgekehrt kann auch der Reiche in seiner Einstellung und Entscheidung zur evangelischen Armut ein abschreckendes Beispiel des Unglaubens und der Lieblosigkeit darstellen.[49]

Weil Luther der Armut die werkgerechte Funktion abspricht, kann er sich für das Eigentum stark machen. Eigentum ist ein Lehen Gottes, wofür der einzelne Verantwortung trägt. Er hat deshalb kein Recht auf Eigentum, aber er muß verantwortlich damit umgehen. Der Glaubende weiß, daß aller Besitz von Gott nur geliehen ist, damit der Mensch mit ihm dem Nächsten dient.[50] Eigentum hat eine Funktion für die Gestaltung des christlichen Lebens. Es wird von der Liebe zum Nächsten in den Dienst genommen.[51] Luthers theologische Wertung der Armut und seiner Ablehnung der mönchischen Tugend unterstreicht seine Einstellung zum Eigentum. In der Apologie hat Melanchthon diese Einstellung summarisch niedergelegt. Dort wird als unverschämt angeprangert, wenn der Christ seine Vollkommenheit darin sehen sollte, nichts „eigenes zu haben“[52]. Eine solche Einstellung entspricht nämlich der Werk- und nicht der Glaubensgerechtigkeit. Sie führt zur Selbsterlösung und nicht zu einem Vertrauen auf das Werk Christi. Nach Melanchthon darf der Christ also Privateigentum haben. Die christliche Einstellung zeigt sich nicht darin, daß der Christ sich an die Güter klammert, sondern daß er sein Vertrauen nicht darauf setzt.[52a]

Luther meint dazu: Nur der, der etwas hat, ist in der Lage zu geben. Denn „soll ein Christ geben, so muß der zuvor haben.“[53] Gerade vom gesellschaftlichen Amt sagt Luther: Dieses müsse „mit Eigenem“ ausgerüstet sein, damit es wirksam

---

47 Krause, S. 101.

48 Walter von Loewenich, Luther als Ausleger der Synoptiker, München 1954, S. 276 (Abgekürzt: von Loewenich, Luther als Ausleger).

49 WA 4,610,38 ff.

50 Vgl. von Loewenich, Luther als Ausleger, S. 280.

51 Gottfried W. Locher, Der Eigentumsbegriff als Problem evangelischer Theologie, Zürich ²1962, S. 33.

52 Apologie 16,9. Vgl. C.A. XVI, wo es heißt, daß der Christ Privateigentum haben solle (tenere proprium).

52a Melanchthon Apologie, XXVII, 45 f.

53 WA 51,385,4 ff.

seine Aufgaben erfüllen kann. „Zum weltlichen Regiment gehört, daß man Geld, Gut, Ehre, Gewalt, Land und Leute haben und ohne diese nicht bestehen könne. Darum soll und kann ein Herr oder Fürst nicht arm sein; denn er muß allerlei solche Güter zu seinem Amt und Stand haben."[54]

Man kann über Luthers Stellung zum Eigentum zusammenfassend sagen: „Der Christ braucht Eigentum, damit er Gott dienen könne."[55] Wer dagegen, wie im Mönchtum, auf das private Eigentum verzichtet, richtet sich nach egoistischen Handlungsbedürfnissen und orientiert sich nicht an der Nächstenliebe. Das dem Nächsten verpflichtete Eigentum stellt für Luther die Grundlage der Eigentumsordnung dar.

Luthers Einstellung zur Arbeit und zum Beruf weist ebenfalls darauf hin, daß für ihn die vita activa vor der vita contemplativa zu bewerten ist. Die Arbeit selbst steht — obwohl im Dienst an dem Nächsten — im eigentlichen Sinn in Gottes Diensten. Sie erhält gar einen gottesdienstlichen Charakter. Deshalb setzt der Beruf die Berufung zu ihm voraus.[56] Den Menschen ist in weltlichen und geistlichen Berufen Arbeit aufgetragen. Müßiggang wird von Luther in jedem Fall verworfen. Wer jedoch arbeitsunfähig ist, wie etwa Witwen, Waisen, Kranke und Greise, dem soll der christliche Dienst erwiesen und damit rechte Almosen gegeben werden. Das soll auch deshalb geschehen, damit die Menschen nicht betteln müssen, so daß gleichsam nachträglich die Armut als Werkgerechtigkeit gerechtfertigt würde. Eine Gütergemeinschaft dagegen wird, schon um der Faulheit, der Habsucht, der Anarchie entgegenzutreten, von Luther abgelehnt.

d) Luthers Stellung zur Armenpflege

Luther hat sich bei seiner Stellungnahme zur Armenpflege immer wieder darauf berufen, daß es bereits im Alten Testament geheißen hat: „Es soll niemand betteln oder des nötigsten ermangeln müssen."[57] Vielmehr soll den Armen gegeben werden. So steht es in dem großen Sermon über den Wucher von 1519[58] und wiederholt in der Schrift von „Kaufhandel und Wucher" von 1524[59].

Die Städte werden aufgefordert, ihre Armen zu versorgen und eine geordnete Armenpflege mit entsprechenden Verwesern aufzubauen. In der „Ordnung eines gemeinen Kastens" hat Luther sich 1523 zur Armenpflege mit aller Deutlichkeit geäußert. Die Gemeinde Leisnig an der Freiberger Mulde, die nach damaligem Recht die kirchliche und politische Gemeinde in einem war, hatte die Sache

---

54 WA 32, 307.
55 Locher, S. 27.
56 Rolf Kramer, Arbeit, Göttingen 1982, S. 21 f.
57 5. Mos. 15,4.
58 WA VI, 42.
59 WA VI,15,293 ff.

zwar in die Hand genommen, war aber nicht damit klargekommen. In der „Leisniger Kastenordnung" gab Luther Ratschläge, wie die geistlichen Güter zu behandeln seien.[60] Er schlägt vor, daß man alles, was man nicht zur Versorgung der Klosterinsassen braucht, gleichgültig ob diese bleiben oder weggehen wollen, zum gemeinen Kasten zuschlagen soll, um daraus dann entsprechend der christlichen Liebe zu geben oder zu leihen dem, der bedürftig ist.[61] Auf daß der christliche Glaube zur eigentlichen Frucht der brüderlichen Liebe komme, wird der „gemeine Kasten" eingerichtet. Denn es gibt keinen größeren Gottesdienst als den der christlichen Liebe.

In den gemeinen Kasten gehen die Einnahmen der verschiedensten Art, Vermögen oder Vorräte ein. Aus ihm sollen dann die Ausgaben des Pfarramtes[62], der Küsterei[63], der Schule[64] und auch der Armen, Gebrechlichen und Alten, der Witwen und Waisen u. a. bezahlt werden.[65] Der gemeine Kasten soll darüber hinaus der Vorsorge für die ganze Bevölkerung dienen.[66]

Gleichzeitig mit der Errichtung des gemeinen Kasten soll das Bettelunwesen bekämpft werden. Die Mönche bekommen keine Erlaubnis mehr zu betteln, und Bettler oder Bettlerinnen sollen nicht mehr gelitten werden.[67] „Denn welche mit Alter oder Krankheit nicht beladen sind, sollen arbeiten oder aus unserem Kirchspiel, aus der Stadt und Dörfern auch mit Hilfe der Obrigkeit hinweggetrieben werden. Die aber aus Zufällen bei uns verarmen oder aus Krankheit und Alter nicht arbeiten können, sollen durch die verordneten Zehn aus unserem gemeinen Kasten ziemlicherweise versehen werden."[68] Das gleiche gilt auch von den Waisen und Armenkindern, die im Kirchspiel leben. Sie sollen versorgt werden, bis sie arbeiten und ihr Brot verdienen können.[69]

Luther verlangt von den Besitzenden, daß sie trotz ihres gerechten Anspruchs auf die Güter dieser Welt nach dem Evangelium darauf verzichten.[70] Bei einer Bedürftigkeit soll das „Ausleihen" oder „Borgen" ohne Zinszahlungen erfolgen.[71]

---

60 Luthers Werke, Bd. V, München 1952, Hrsg. H. H. Borcherdt und G. Merz, S. 43.
61 Luthers Werke, Bd. V, S. 47.
62 Ebenda.
63 Luthers Werke, Bd. V, S. 58.
64 Ebenda.
65 Luthers Werke, Bd. V, S. 59 f.
66 Luthers Werke, Bd. V, S. 61.
67 Luthers Werke, Bd. V, S. 56 f.
68 Luthers Werke, Bd. V, S. 57, vgl. S. 59.
69 Luthers Werke, Bd. V, S. 60.
70 Luthers Werke, Bd. V, Sermon vom Wucher, S. 134 ff.
71 Luthers Werke, Bd. V, S. 145.

e) Luthers Stellung zum Zins

Mit dem Alten und Neuen Testament kann Luther immer von neuem die Zinslosigkeit des Ausleihens unterstreichen. Aber seine Einstellung zur Zinsfrage ist vielschichtiger, als daß sie mit einer einseitigen Verwerfung des Zinsnehmens ausgesagt werden könnte.[72] Luther hat zwar im wesentlichen das Zinsverbot und seine Begründung übernommen. Er verweist auf das Alte Testament: „Wenn dein Bruder neben dir verarmt und nicht mehr bestehen kann, so sollst du dich seiner annehmen, wie eines Fremdlinges oder Beisassen, daß er neben dir leben könne; und du sollst nicht Zinsen von ihm nehmen noch Aufschlag . . .“[73] In gleicher Weise zieht er die Bergpredigt heran: „Tut Gutes und leiht, wo ihr nichts dafür zu bekommen hofft.“[74] Zinsen nehmen galt in der Zeit Luthers als ein Verstoß gegen das Naturrecht. Deshalb besaß jeder Kreditnehmer — unabhängig von seinen Verhältnissen — „das unumstößliche Recht, vor einer Ausbeutung von Darlehensgebern geschützt zu werden“[75]. Außerdem muß nach Aristoteles Geld als unfruchtbar angesehen werden: pecunia pecuniam non parere potest (Geld kriegt keine Kinder).

Aber das Zinsverbot wurde auf verschiedene Weisen umgangen. Zwei Zinsertragsarten, die auch bei Luther als Umgehungswege eine Rolle spielen, sollen hier genannt werden:

1. Da man nicht gegen das kanonische Verbot des Zinsnehmens verstoßen wollte, wurde die Gewährung des Darlehens in die Form eines Renten- oder Zinskaufs geändert. Der Darlehensnehmer verkaufte sein Grundstück. Der Käufer gab das Grundstück sogleich zurück, behielt jedoch das Recht auf eine Geld- oder Naturalleistung als Ertrag an diesem Grundstück. Diese hatte der „alte und neue Besitzer des Grundstücks“ zu zahlen.[76] Durch päpstliche Entscheidung — Martin V. (1425) und Calixt (1455) — war diese Form des Zins- oder Rentenkaufs als nicht wucherisch bezeichnet worden. Luther kann in Übereinstimmung mit dieser Entscheidung der katholischen Kirche einen „rechten“ Zinskauf bejahen. Seine Auswüchse jedoch sind als wucherisch zu bezeichnen.[77] Denn für Luther ist dieser Kauf nicht dadurch, daß die kirchliche Entscheidung getroffen war, „los oder sicher vom Geiz und uneigennütziger Liebe“[78].
2. Das kanonische Zinsverbot konnte man auch umgehen, indem der Darlehensnehmer sich verpflichtete, bei einem Schaden, der evtl. durch eine verspätete

---

[72] Werner Elert, Morphologie des Luthertums II, 1932, S. 481.

[73] 3. Mos. 25,35 f.

[74] Luk. 6,35 f.

[75] Helmut Hesse, Über Martin Luthers „Vom Kaufhandel und Wucher“, Düsseldorf 1987, S. 33.

[76] Hesse, S. 39.

[77] Luthers Werke, Bd. V, S. 48.

[78] Luthers Werke, Bd. V, S. 151. Vgl. S. 48.

Rückzahlung des Schuldners entstanden war, dafür aufzukommen. Ein auftretender Verlust war etwa dadurch nachzuweisen, daß der Gläubiger gezwungen war, einen verzinslichen Kredit aufzunehmen. Sollte ihm eine Gelegenheit zu einer gewinnbringenden Anlage entgangen sein, mußte er dieses belegen. Bei Kaufleuten, Händlern war dieses nicht allzu schwer. Allerdings mußte im Einzelfall der Schaden konkret nachgewiesen werden.

In der Form des „Zinskaufs auf Wiederkauf" sollte der Schuldner unabhängig von seinen Verhältnissen Zinsen zahlen und die Rückzahlung des Kapitals vornehmen. Dieses stellt heute die übliche Form des Kredits an Konsumenten dar. Aus Nächstenliebe hat Luther den wucherischen Zins verurteilt. Er tat das, weil man erwartete, daß das als selbständige Größe zur Verfügung gestellte Kapital Zins (abwerfen) erbringen sollte. Hiergegen hat sich Luther in der „Ordnung eines gemeinen Kastens" und im „Sermon vom Wucher" gerade dann gewandt, wenn wucherische Auswüchse beim Zinskauf zu erkennen waren.

Andererseits konnte er akzeptieren, wenn „unter bestimmten Voraussetzungen ein Aufschlag auf das Kapital bei der Rückzahlung" als Forderung erhoben wurde.[79] Denn, so schreibt er in „Vom Kauffshandlung und Wucher", es sei recht und billig, „daß ein Kaufmann an seiner Ware so viel gewinne, daß seine Kosten bezahlet, seine Mühe, Arbeit und Gefahr belohnet werden". Dabei kommt es der Obrigkeit zu, durch „vernünftige, redliche Leute" Kosten und Preise zu überschlagen und zu kontrollieren. Wo jedoch diese Maßnahmen nicht sinnvoll seien oder gar unmöglich erscheinen, soll es dem Markt überlassen werden, welcher Preis erzielt werden könne. Dabei sei der Kaufmann seinem Gewissen überlassen, daß er ja nicht seinen Nächsten übervorteile.[80] Das ist ein rechter und ehrlicher Dienst und ein christliches Werk.[81]

III. Calvins Einstellung zur Armut

a) Der Erwählungsgedanke

In seinem Aufsatz „Die protestantische Ethik und der Geist des Kapitalismus" hat Max Weber von der „innerweltlichen Askese" gesprochen, auf Grund derer es zu Beginn der Industrialisierung zu einer verstärkten Kapitalbildung gekommen sein soll. Vielfach hat man angenommen, daß der Erwählungsgedanke, wie

79 Elert, S. 480.

80 Luthers Werke, Bd. V, S. 117 f.

81 Elert, S. 480.
Aber Luther kann auch eine bestimmte Zinshöhe von etwa 4 — 6 Prozent als tragbar ansehen. Dennoch erscheinen ihm die neuen kapitalistischen Erwerbsformen mit ihren Produktivzinsen als insgesamt verdächtig. Denn sie schützen die Armen nicht. Vgl. Locher, S. 26.

Weber ihn angeblich bei Calvin vorfand, die entscheidende Rolle gespielt haben soll. Danach glaubte man, in der Interpretation Calvins durch Weber die These bewiesen zu finden, daß ein durch strenge Arbeitsmoral erzielter Erfolg als Zeichen für die Auserwähltheit zum Heil angesehen werden könnte.[82] Der Antrieb zur Industrialisierung und zur damit verbundenen Kapitalbildung soll durch die im calvinistischen Erwählungsgedanken geforderte Askese in Gang gesetzt worden sein. Wer des ewigen Heils gewiß sein wollte, soll unter dem Druck gestanden haben, sich diese Gewißheit innerweltlich zu verschaffen.

Diese These ist nicht unwidersprochen geblieben, sondern hat gerade in der letzten Zeit vielfältige Kritik erfahren.[83] Zu bedenken ist, daß im Calvinismus der Reichtum nicht unangefochten und uneingeschränkt bejaht wird. Reichtum kann ein schlechtes Gewissen hervorrufen. Ferner ist zu berücksichtigen, daß Weber in seiner These nicht den Calvinismus meinte, sondern die Beziehung des Kapitalismus zur „protestantischen Ethik" im Auge hatte. Dennoch gilt zweifellos, daß der Calvinismus stärker als der Katholizismus die geistige Grundlage für eine wirtschaftliche Entwickung im industriellen und finanziellen Bereich übernommen hat.

b) Calvins „Lehre" vom Zins

In der Auseinandersetzung mit der These Max Webers muß darauf hingewiesen werden, daß Calvin zwischen dem Wucher und einem „normalen" Zins unterschieden hat. Calvin hatte sich in Genf ausdrücklich gegen den Wucher ausgesprochen. Er unterschied dabei zwischen dem die Not ausbeutenden Wucherzins und dem angemessenen Zins, der für Produktivkapital zu zahlen war. Den parasitären Wucherzins stellte er unter Verbot. Den anderen ließ er unter bestimmten „strengen Reglementen" zu[84]. In einer Situation, in der menschliches Elend und Not herrschen, sollte dem Wucher Einhalt geboten werden, entsprechend der Barmherzigkeit in der Bergpredigt. Den Zins für das Produktivkapital stellt er unter das Gebot von Rechtmäßigkeit und Billigkeit und damit unter das der Gerechtigkeit. Er gibt einen mäßigen Zins frei, damit der kreative Unternehmer das nötige Betriebskapital erhält.

---

82 Gunnar Hillerdal, Armut VII, in: Theologische Realenzyklopädie, Bd. 4, Berlin, New York 1979, S. 107 f. Rolf Kramer, Der Unternehmer und sein Gewinn, Berlin 1985, S. 20.

83 Rolf Kramer, Der Unternehmer und sein Gewinn, Berlin 1985, S. 20 f.

84 Herbert Lüthy. Nochmals: „Calvinismus und Kapitalismus", in: Gesellschaft in der industriellen Revolution, Hrsg. Rudolf Braun u. a., Köln 1973, S. 35.

c) Die Aufgabe der Gemeinde gegenüber dem Reichen

Calvin trug der Gemeinde auf, ihre Armen zu pflegen. Den Reichen läßt er sagen: Es ist „dein Armer“. Mit ihm soll er Gemeinschaft pflegen. Der Reiche nämlich braucht den Armen! Umgekehrt wiederum benötigt auch der Arme den Reichen. Nur wer den jeweils anderen braucht und ihm dient, ist in Wirklichkeit reich.

In der Kirche soll der Unterschied zwischen arm und reich beseitigt werden. Eine solche Trennung widerspricht dem Prädestinationsgedanken. Reichtum und Armut müssen gleichermaßen aus der Hand Gottes hingenommen werden. Der Reiche bekommt seine Gaben zugewiesen, um sie zum Wohl des Nächsten, des Armen, und zum Aufbau der Gemeinde einzusetzen. Aber auch die Armut ist eine Gabe Gottes. Sie will den Armen lehren, sein Los recht zu tragen.

„Ein frommer Mann muß alle seine Möglichkeiten zu den Möglichkeiten der Brüder machen und auf seine privaten Interessen nur im Hinblick auf den gemeinsamen Aufbau der Kirche bedacht sein.“[85] Es geht Calvin also um den Bau der Kirche. Da Armut und Reichtum Gnade Gottes sind, geben sie dem Menschen die Möglichkeit, die ihm zugewiesene Gabe zu tragen und gemeinsam Kirche aufzubauen.

d) Calvins Einstellung zum Eigentum

Auch der Genfer Reformator geht wie Luther davon aus, daß das Eigentum ein Lehen ist. Es trägt in sich die Verpflichtung, „mit seiner Hilfe die angemessene und wirtschaftliche und caritative Funktion zu erfüllen“[86]. Alles Eigentum kommt von Gott. Es stellt eine selbstverständliche natürliche Ordnung dar. Die Eigentumsfrage ist keine Privatangelegenheit, sondern betrifft das gemeinschaftliche Leben. Für Calvin ist der Aufbau der Gemeinde das eigentliche Ziel. In ihm leuchtet die Ehre Gottes, und diesem Ziel müssen alle Güter, Dienste und Opfer dienen. Also auch das Eigentum.

IV. Zwinglis Stellung zur Armut

a) Zwinglis Lehre vom Eigentum

Für Zwingli gibt es nur einen Eigentümer. Das ist Gott selbst. Er schafft das Eigentum. Deshalb heißt es auch bei Zwingli: „Du sollst din zytlich guot nit für din haben; due bist nur ein schaffner darüber.“[87] Die Eigentümer sind also nur

---

[85] Calvin Institutio III, 7,5.

[86] Locher, S. 36.

Verwalter „ihres" Eigentums. Denn es ist den Menschen alles zum Lehen gegeben. Gott stellt das Eigentum den Menschen zur Verfügung.[88] Im Privateigentum eignet der Mensch sich etwas an, was ihm eigentlich nicht gehört. Darin offenbart sich seine Sündhaftigkeit. Im Eigentum erweisen sich die Menschen als Sünder. Sie streben nämlich nach etwas, das nicht ihr Eigen ist. Menschliches Eigentum stellt sich für Zwingli auf Grund des göttlichen Rechtes als Unrecht dar. Eigentum ist keine heilige Sache, „sondern ein Symptom unserer Unheiligkeit"[89]. Trotzdem schützt Gott das Eigentum und bewahrt so das menschliche Gemeinwesen vor der Zerstörung. Nachdem die gefallene Welt die Liebesgemeinschaft zerstört hat, zu der der Schöpfer die Menschen berufen hatte, schützt Gott das Eigentum durch sein Gebot „Du sollst nicht stehlen" und bewahrt durch diese Rechtsordnung die Welt vor dem Untergang in eine chaotische Anarchie.[90] Zu dieser Welt, wie sie nun einmal ist, gehört also für Zwingli das Eigentum. Darum auch hat er der Forderung nach einer Gütergemeinschaft nicht nachgegeben, obwohl doch nach der göttlichen Gerechtigkeit alle Dinge „gemein" sind. Wie die menschliche Gemeinschaft zu ordnen ist, das ist Sache der menschlichen Gerechtigkeit. Diese muß das Privateigentum schützen. Wer nämlich das von Gott gegründete Recht des Gemeineigentums verkünden und durchsetzen will, stellt denen einen Freibrief aus, die andere gebrauchen und ausplündern wollen.[91] Wegen dieses eigensüchtigen und dementsprechend sündigen Strebens bedarf es des Privateigentums. Aber der Eigentümer darf sein Eigentum nur in Gestalt eines Treuhänders benutzen. Darum ist die von Luther praktizierte Anwendung des Eigentums zur Ausübung der Nächstenliebe auch von Zwingli zwar nachvollziehbar, aber Nächstenliebe und Eigentum stehen in der sündigen Welt in einer Spannung.[92]

Von der Obrigkeit wird verlangt, daß sie für Ordnung bei der Zubilligung des Eigentums sorgt. Damit soll jedoch nicht gesagt werden, daß die Obrigkeit dem Reichen das nehmen darf, was dieser dem Armen vorenthält. Würde sie das tun, würde sie sich eines Unrechts schuldig machen. Die menschliche Gerechtigkeit muß vielmehr das Eigentum schützen.[93] Dennoch bleibt die Forderung, daß der Reiche von seinem Hab und Gut dem Armen abzugeben hat. Denn der Arme kann von Zwingli in diesem Zusammenhang gar mit Gott gleichgesetzt werden: „Ja der rych is schuldig das sin hinzegeben, den armen, das heisst: gott."[94] Letztlich jedoch bleibt Zwingli bei einem Appell an das christliche Gewissen

---

87 Ebenda.

88 Heinrich Schmid, Zwinglis Lehre von der göttlichen und menschlichen Gerechtigkeit, Zürich 1959, S. 187.

89 Locher, S. 32.

90 Vgl. Locher, S. 33.

91 Vgl. Schmid, S. 192.

92 Locher, S. 33.

93 Vgl. Schmid, S. 191 f.

94 Huldrych Zwingli, Von göttlicher und menschlicher Gerechtigkeit, Leipzig und Stuttgart 1934, S. 72 f. (Abgekürzt: Zwingli, Gerechtigkeit).

und dessen guten Willen stehen, wenn er von der Umverteilung des Eigentums zu Gunsten der Armen spricht. Wer nach göttlichem Recht leben will, der soll und kann freiwillig auf sein Recht auf Eigentum verzichten. Der Arme jedoch hat keinen Anspruch am Eigentum des Reichen.

Daß Zwingli der Erwerb von Eigentum problematisch bleibt, ist auch an seiner Einstellung zum Kirchengut abzulesen. Denn nach ihm wurde dieses „unter dem Deckmantel klerikaler Armut" von Geistlichen und Klosterbrüdern durch Betteln unrechtmäßig angeeignet.[95] Man macht durch die Androhung von Strafen des Fegefeuers den Menschen Angst, um dadurch immer mehr Reichtümer in seine Gewalt zu bringen.[96] Hätten dagegen die Menschen ihre Zuversicht mehr in die Botschaft Christi gelegt, dann wüßten sie, daß ihre Hoffnungen nicht auf Ordensleute oder Kleriker zu gründen sind. Diese Hoffnungen aber trügen. „Sie rühren vom Unglauben her und taugen darum nichts."[97]

b) Zwinglis Einstellung zum Zins

Auch Zins und Wucher spielen für die Beurteilung der Armut bei Zwingli eine Rolle. Zwar ist für ihn nach göttlichem Recht die Forderung eines Zinses nicht erlaubt, aber nach menschlichem Recht billigt er die Erhebung und Bezahlung eines Zinses dem Gläubiger bzw. dem Schuldner zu. Zwingli selbst versteht den Zins ganz unterschiedlich: Als Pacht- und als Kapital- oder Hypothekendarlehenszins. Der Wucher wird von ihm einerseits als überhöhter Zins oder als ein jährlich anwachsender Zinseszins verstanden.

Andererseits kann er ihn jedoch auch als Zins für „persönlichen Kleinkredit", wie man heute wohl sagen würde, interpretieren.[98] Wichtig für die Beurteilung der Einstellung Zwinglis gegenüber dem Zins ist die Polarität zwischen der Ungerechtigkeit nach göttlichem Recht und der Notwendigkeit einer Zinszahlung nach menschlichem Recht. „Zins ist man ouch schuldig ze bezalen by dem Gebott Gottes: Ihr söllen allen Menschen geben, das ir inen schuldig sin."[99] Dies gilt sowohl für den Kapitalzins wie auch für das Hypothekendarlehen. In beiden Fällen hat sich die Obrigkeit damit zu befassen, daß ein Mißbrauch abgewendet wird. Insofern die Obrigkeit den Zins für eine Schuld erklärt, muß er nach menschlichem Recht auch bezahlt werden.[100] Dies wurde von Zwingli sogar bis

---

[95] Peter Landau, Eigentum V, in: Theologische Realenzyklopädie, Bd. 9, S. 427.

[96] Huldrych Zwingli, Hauptschriften, Bd. II, Zürich 1952 (Bearbeitet von Oskar Frei), S. 245 (Abgekürzt: Zwingli, Hauptschriften).

[97] Zwingli, Hauptschriften, S. 49.

[98] Hrsg. Knut Schulz, Zur Wirtschaftsethik Huldrych Zwinglis, in: Beiträge zur Wirtschafts- und Sozialgeschichte des Mittelalters, Köln und Wien 1976, S. 312.

[99] Zwingli, Gerechtigkeit, S. 98.

[100] Zwingli, Gerechtigkeit, S. 104.

auf den Wucher ausgedehnt: „Wo eine Oberkeit Woucher lasst bruchen, so ist der Ufnemend schuldig, den Woucher ze bezalen.“ [101] Wo dagegen die Obrigkeit den Wucher nicht duldet, ist man nach Zwingli auch nicht schuldig, ihn zu bezahlen. Eine ehrbare Obrigkeit muß zusehen, daß sie ihr armes Volk von Wucherern und Schuldeneintreibern befreit. Die Obrigkeit ist also verpflichtet, einerseits für die Zinszahlung einzutreten; denn die Verweigerung des Zinses bedeutet Diebstahl und damit Unordnung in der Gesellschaft. Andererseits ist aber auch die Obrigkeit dazu verpflichtet, Wuchergeschäfte zu unterbinden.

c) Zwinglis Einstellung zur Armut

Zwingli hat die Notwendigkeit zur Arbeit betont. Denn Arbeit wehrt Müßigkeit und führt die Bettelnden einer sinnvollen Tätigkeit zu. Durch sie werden die notwendigsten Güter des Lebens erzeugt. Bauern, Hirten und Handwerker werden mit ihrer Arbeit von Zwingli besonders herausgestellt. Seine Einstellung zur Arbeit fand auch bei den führenden politischen Kräften besondere Berücksichtigung. In der Stadt Zürich kam es durch die Almosenverordnung der Jahre 1520 und 1525 zu einer staatlichen Armenpflege. Die Verantwortlichen der Stadt sollten ihre Mittel dazu aus dem saekularisierten Kirchengut beziehen. [102] Für die Kirche bestimmt Zwingli sogar neben der Predigt, der Verwaltung der Sakramente und der Kirchenzucht auch die Armenpflege als eine der wichtigsten Aufgaben.

Insgesamt gilt:

Der reformatorische Christ hat die Armut nicht als ein von Gott gewolltes Übel, das aus der Sünde entsprungen ist, hingenommen. Das protestantische Arbeitsethos hat in Verbindung mit der lutherischen Einstellung zum Beruf den Bruch mit dem Gesellschaftsbild der Scholastik vollzogen. Es entwickelte sich eine neue Wertvorstellung in der Welt der Arbeit, des Berufes und in der Weltgestaltung. Damit wurde die „ewige, resignierte Gebärde des almosenheischenden Bettlers und des almosenspendenden Reichen“ überwunden. [103]

---

101 Zwingli, Gerechtigkeit, S. 104.
102 Schulz, S. 311, Anm. 22.
103 Lüthy, S. 36.

Drittes Kapitel

Neuzeitliche evangelische Stellungnahme zur Problematik der Armut

Die offiziellen Worte, Studien und Denkschriften der EKD beziehen sich auf Fragen der Gesellschafts- und Wirtschaftspolitik und darum nicht direkt auf die Armut. Indirekt ist jedoch aus solchen Stellungnahmen Grundsätzliches zu diesem Fragenkomplex abzuleiten.

I. Die Denkschriften der Evangelischen Kirche in Deutschland

a) „Eigentumsbildung in sozialer Verantwortung" (1962)

Die Evangelische Kirche in Deutschland hatte durch ihre Sozialkammer im Jahr 1962 eine Denkschrift über die Eigentumsbildung, Eigentumsstreuung und Verteilung erarbeiten lassen. Die im ersten Abschnitt geäußerten Gedanken geben die Richtung der gesamten Denkschrift an. „Der Mensch soll ‚mein' sagen können, um frei zu sein"[1], und „der Mensch muß ‚dein' sagen können, um frei zu bleiben"[2]. Grundvoraussetzung für das Eigentum ist „das Recht des Menschen, über irdische Güter zu verfügen". Denn diese sind als Gaben Gottes den Menschen mitgegeben worden, um „in Verantwortung und Freiheit miteinander zu leben"[3].

Beim Gebrauch des Eigentums geht es um die Entfaltung der Gaben, die Sorge für den Mitmenschen, die Wahrung der Rechte und der Ordnung in der Gesellschaft. Indessen muß der Mensch als einer verstanden werden, der von seinem Eigentum unabhängig ist und ohne sein Zutun in die Freiheit der Kindschaft Gottes gerufen wird.[4] Deshalb soll der Mensch „im Umgang mit dem Eigentum . . . in einer Spannung leben zwischen der Freiheit zur Aneignung und zum Verzicht"[5].

Weil die Bedingungen, Eigentum zu erwerben, sich durch die Industrialisierung wesentlich verändert haben, weist die Denkschrift darauf hin, daß heute

---

[1] n. 4.
[2] n. 5.
[3] n. 4.
[4] Vgl. n. 3.
[5] n. 6.

der einzelne Arbeitnehmer „weithin nicht mehr Eigentümer seiner Arbeitsmittel" ist.[6] Vielmehr macht die Arbeit „den Einsatz großer Kapitalien" und die Zusammenarbeit vieler Menschen nötig.[7] Das führt zu einer weitgehenden Abhängigkeit der Arbeitnehmer, auch zu einer einseitigen Anhäufung von Eigentum am Produktivvermögen weniger Menschen, die Macht über die Nicht-Eigentümer, also über Arbeitnehmer, besitzen. Deshalb wendet sich die Denkschrift gegen die gesellschaftliche Ordnung, die eine einseitige Stärkung des Eigentums unterstützt, und setzt sich für eine breite Streuung des Eigentums an den Produktionsmitteln ein.[8] Lohn- und Gehaltsempfänger sollen am Produktivvermögen Anteilsrechte erhalten. Es wird eine gerechte Eigentumsverteilung auf Grund von Sparanreizen gefordert.[9] Einseitige Vermögensanhäufungen sollen vermieden werden. Das ist Aufgabe des Gesetzgebers, aber auch der Arbeitgeber, Arbeitnehmer und deren Verbände. Dem wirtschaftlich Schwachen sollen Hilfen angeboten werden, damit er seine Haushalterschaft über sein Produktivvermögen ausüben kann.[10] Ziel aller Überlegungen ist es, dem Rechnung zu tragen, was unter der Überschrift „Eigentum in einem mündigen Volk" steht. Dadurch soll die Stärkung des wirtschaftlich Schwachen erreicht werden. Auch „das Eintreten für eine Verbesserung der gesellschaftlichen Ordnung gehört zu den Diensten, über deren rechte Erfüllung wir Gott Rechenschaft schulden."[11] Denn die Verpflichtung zur Nächstenliebe schließt das Eintreten für eine Verbesserung der gesellschaftlichen Ordnung ein. „Das gilt besonders in einer Zeit, in der wirtschaftlich Schwachen wirksam nur noch durch gesellschaftliche Maßnahmen, aber nicht mehr durch die Hilfsbereitschaft einzelner geholfen werden kann"[12].

b) „Die soziale Sicherung im Industriezeitalter" (1973)

Die in früherer Zeit gewährte Solidarität in der Familie oder Nachbarschaft besteht im Industriezeitalter nicht mehr. Diese Veränderungen in den wirtschaftlichen und gesellschaftlichen Strukturen fordern auch eine andere Absicherung für das Alter, die Invalidität und die Krankheit, für den Unfall und die Behinderung, den Familienausgleich und die Sozialhilfe. Auffällig an dieser 1973 erschienenen Denkschrift ist, daß zwar von notleidenden Gruppen die Rede ist, wenig dagegen von ihrer Armut. Dennoch darf diese sprachliche Differenzierung nicht überbewertet werden. Denn gleich zu Anfang heißt es, daß es besonders in einer

---

6 n. 7.

7 n. 7.

8 Vgl. n. 10. 18.

9 n. 21 f.

10 n. 26.

11 n. 30.

12 Eberhard Müller, Eigentumsbildung in sozialer Verantwortung, Der Text der Denkschrift, erläutert von E. Müller, Hamburg 1962, S. 117 f.

Wohlstandsgesellschaft bedrückend sei, „zu den Notleidenden zu gehören“[13]. Schließlich stempelt hier „die Armut einen Menschen zum Außenseiter, weil ein gewisser Wohlstand als das Normale gilt“[14]. Armut wird in der Wohlstandsgesellschaft der siebziger Jahre nicht als Klassenschicksal bewertet. Aber sie ist auch nicht ein persönlich allein zu verantwortendes Übel. „Ihre Ursachen und der Grund für den Mangel an Hilfen für notwendige Nöte sind, wenigstens zum Teil, gesellschaftlich bedingt.“[15] Zur Armut, zur Not, werden nicht nur materielle Entbehrungen, sondern auch psychologische Elemente hinzugezählt, so Einsamkeit, Verzweiflung und das „Unangepaßtsein“[16].

Die kleinen personalen Gemeinschaften, wie Familie und Nachbarschaft, können die in einer Industriegesellschaft auftretenden Nöte allein nicht lindern. Die überlieferten Kräfte der Liebe, Barmherzigkeit, Menschlichkeit und der Gerechtigkeit, „die sich aus dem christlichen Glauben ergeben“, bedürfen in einer industriellen Gesellschaft ganz neuer Maßnahmen.[17]

Das Gebot der Nächstenliebe fordert heute, daß vor allem bei der sozialen Absicherung der in Not Befindlichen auf den Staat und die Gesamtgesellschaft zurückgegriffen werden muß. Dennoch darf nicht auf individuelle Hilfen und Leistungen verzichtet werden. „Schon immer mußten die Erwerbstätigen den Unterhalt auch für die noch nicht oder nicht mehr Arbeitenden aufbringen.“[18] Aber früher war dafür eine kleine ökonomische Einheit zuständig. Heute muß das die gesamte Volkswirtschaft eines Staates tun.

Die soziale Sicherung ist dementsprechend sowohl auf die Schulter des einzelnen als auch auf die der gesamten Gesellschaft gelegt. Denn einerseits bleibt die „unmittelbare Zuwendung des Menschen zu seinem Mitmenschen, die Fürsorge der Eltern für ihre Kinder, die Verantwortung der Familie für ihre Kranken und ihre Alten, ja die persönliche Hilfe für alle Mitmenschen, die sich in einer Notlage befinden, . . . nach wie vor eine unaufgebbare sittliche Verpflichtung.“[19] Aber andererseits wird die wirtschaftliche Absicherung der sogenannten „großen Lebensrisiken (Unfall, Krankheit, Erwerbslosigkeit, Tod des Ernährers) sowie die Altersversorgung“ und die zusätzlichen Kosten für die längere Ausbildung von Kindern in die Verantwortung der Gesellschaft gestellt.[20]

Deshalb stimmt man auch in der Denkschrift dem von der Weltkirchenkonferenz Amsterdam 1948 geprägten Begriff einer „verantwortlichen Gesellschaft“

---

[13] n. 3.
[14] n. 3.
[15] n. 3.
[16] n. 3.
[17] n. 5.
[18] n. 6.
[19] n. 16.
[20] n. 16.

zu.[21] Zugleich übernimmt man auch aus der Enzyklika Quadragesimo Anno des Jahres 1931 den Begriff des Subsidiaritätsprinzips, das „das Eigenrecht und die eigene Verpflichtung kleiner Gemeinschaften" darlegt.[22] Man unterstreicht damit die personale Verantwortung des einzelnen und wehrt damit den Totalitätsanspruch des Staates ab. Andererseits jedoch soll der Staat die politischen und sozialen Aktivitäten seiner Mitglieder fördern und stärken, so daß Fürsorge und Subsidiarität gegenüber den Notleidenden und Schwachen geleistet werden können. Allerdings will man einen falschen Gebrauch des Subsidiaritätsprinzips vermeiden. Das geschieht immer dann, wenn auch bei großen sozialen Risiken der Staat erst eingreifen darf, „wenn sich herausstellt, daß personale Gemeinschaften nicht mehr ausreichend helfen können"[23]. Die großen sozialen Risiken müssen von vornherein gesellschaftlich oder staatlicherseits gesichert werden.[24] Im Industriezeitalter entwickelt sich aus der unmittelbaren Zuwendung zu den Notleidenden die Forderung nach einer gerechten Ordnung. Indessen, wie diese aussehen soll, darüber gehen die Meinungen weit auseinander. Zwar kann die soziale Gerechtigkeit nur in einem ständig sich wandelnden Prozeß einer Verwirklichung zugeführt werden, aber es gibt keinen Zustand der Gesellschaft, „der von allen als gerecht angesehen wird. Ebensowenig kann eine vollständige Sicherheit garantiert werden."[25] Ohnehin können bei den großen Lebensrisiken nur die wirtschaftlichen Folgen von der Gesellschaft ganz oder zum wesentlichen Teil getragen werden.[26] Indessen, alle Risiken decken zu wollen, würde eine völlige Veränderung des Wirtschafts- und Gesellschaftssystems bedeuten.

c) „Der Entwicklungsdienst der Kirche — Ein Beitrag für Frieden und Gerechtigkeit in der Welt" (1973)

Die Denkschrift „Der Entwicklungsdienst der Kirche" stammt aus der Kammer der EKD für kirchlichen Entwicklungsdienst. Sie greift gleich der Sozialkammer-Denkschrift „Die soziale Sicherung im Industriezeitalter" auf den Begriff der „verantwortlichen Gesellschaft" zurück. Aber sie erweitert ihn, indem sie die Diskussion der Weltkonferenz für Kirche und Gesellschaft in Genf 1966 und die ökumenische Diskussion in der Weltkirchenkonferenz von Uppsala von 1968 in ihre Erörterung mit einbezieht und von einer „verantwortlichen Weltgesellschaft" sprechen will.[27] Denn nunmehr sind Gerechtigkeit und Frieden außer der Einheitsfrage die gewichtigsten Themen der Ökumene.

---

21 n. 15.
22 n. 17.
23 n. 17.
24 n. 17.
25 n. 23.
26 n. 23.
27 n. 12.

Man macht sich die Aussagen der Vollversammlung von Uppsala 1968 zu eigen, auf der der Erwartung Ausdruck verliehen worden ist, daß die Christen sich für das Recht der Armen und Unterdrückten einsetzen und für wirtschaftliche Gerechtigkeit und Frieden unter den Völkern mithelfen sollten, durchzusetzen. Damals wurde gesagt, daß aus Gründen christlicher Weltverantwortung die Kirche sich nicht „der Forderung nach strukturellen Veränderungen und nach politischer und wirtschaftlicher Beteiligung der Machtlosen" entziehen könne.[28]

Dementsprechend muß die Kirche sich „für soziale Gerechtigkeit im Weltmaßstab" einsetzen.[29] Der Dienst an den einzelnen und an der Gesellschaft sind Ausdruck ihrer Barmherzigkeit und ihres diakonischen Einsatzes. Die Denkschrift schließt ihren theologischen Teil damit ab, daß sie die Christen zum Anwalt der Gerechtigkeit erklärt. Christen „warten nicht, bis die sozialen Probleme im eigenen Volk gelöst sind, ehe sie sich den sozialen Nöten der anderen Völker zuwenden. Sie setzen sich für eine Änderung der Besitzverhältnisse ein, wo diese eine volle Beteiligung aller Bevölkerungsgruppen an der Entwicklung verhindern."[30] Die gesellschaftlichen und sozialen Verhältnisse müssen so umgestaltet werden, daß sich bereits heute eine sozialere Gerechtigkeit abzeichnet, Freiheit und menschliche Würde vergrößert und verstärkt wird.[31]

Der große und rasche soziale Wandel in den Entwicklungs- und Industrieländern fordert seinen Tribut auch von den Industrieländern.

II. Die ökumenische Auseinandersetzung mit der Armut

a) Die geschichtliche Entwicklung

Auf den ökumenischen Vollversammlungen nahm, wie bereits aus der Darstellung der verschiedenen Denkschriften der EKD zu ersehen war, die Bekämpfung der Armut von Jahr zu Jahr zu. Der Mangel vieler Armer an den zum Leben notwendigen Dingen wurde dem Überkonsum der Reichen gegenübergestellt. Als Ursache der Armut wurde in Nairobi 1975 „Die Sünde des Egoismus und des Machtwillens" genannt[32]. Die Parteinahme fällt in Vancouver 1983 noch konkreter aus: „Gott ist auf der Seite der Armen und verficht ihren Anspruch auf Gerechtigkeit und die Fülle des Lebens."[33] Damit sollten nicht die Armen

---

28 n. 24.

29 n. 60.

30 n. 72.

31 Vgl. n. 75.

32 Bericht aus Nairobi 1975, Hrsg. Hanfried Krüger u. Walter Müller-Römheld, Frankfurt ²1976, S. 114.

33 Bericht aus Vancouver 1983, Hrsg. Walter Müller-Römheld, Frankfurt 1983, S. 64 (Abgekürzt: Vancouver).

und auch nicht ihre Armut seliggepriesen werden. Ihnen wird vielmehr Vergebung zugesprochen und „die Vision eines neuen Lebens und einer neuen Erde geschenkt"[34].

Würde man den Armen die Frohe Botschaft des Evangeliums von der Befreiung nicht verkünden, sondern ihnen das Wissen um Gottes Liebe und befreiendes Handeln vorenthalten, blieben sie Opfer gesellschaftlicher, wirtschaftlicher und politischer Unterdrückung. Aufgabe der Kirche ist es, das Zeugnis des Evangeliums zu verbreiten und gleichzeitig die Stimme der Armen und Stimmlosen für ihre Befreiung zu werden. Das bedeutet für sie, sich für diese neue gerechte, partizipatorische und überlebensfähige Gesellschaft einzusetzen. Deshalb werde die Kirche aufgefordert, eine Ordnung für eine gerechtere Welt im internationalen Maßstab zu schaffen.[35] Damit würden die Kirchen den Begriff der „verantwortlichen Gesellschaft" ausfüllen. Dieser Begriff nämlich spielt seit Genf in der Ökumene eine immer größere Rolle. Genf 1966, Uppsala 1968, Nairobi 1975 und schließlich Vancouver 1983 sind Stationen auf dem Weg einer sich ständig verändernden Weltgesellschaft. Daß dabei das Eintreten für Gerechtigkeit, Frieden und damit für eine neue Verhältnisbestimmung zwischen den Industrienationen und den Entwicklungsländern zu einem entscheidenden Thema in der Beziehung der Kirche untereinander geworden ist, ist verständlich, wenn man etwa an die vorhandenen ungerechten Strukturen bei der Nahrungsmittelproduktion und ihrer Verteilung im internationalen Rahmen denkt.

b) Solidarität mit den Armen

Die Kommission für kirchlichen Entwicklungsdienst (CCPD) des Weltrates der Kirchen — 1971 gebildet — hat dem Zentralausschuß des Ökumenischen Rates der Kirchen (ÖRK) anläßlich seiner Tagung im August des Jahres 1980 ein Dokument über das Problem der Armut und die mit den Armen solidarische Kirche vorgelegt.[36] Sie hat sich dabei auf die 5. Vollversammlung des ÖRK vom 20. 11. - 10. 12. 1975 in Nairobi bezogen. Die Grundthese der damaligen Vollversammlung lautete: „Der Entwicklungsprozeß ist als Befreiungsprozeß zu verstehen, dessen Ziele Gerechtigkeit, Eigenständigkeit und Wirtschaftswachstum sind. Es ist seinem Wesen nach ein Volkskampf, dessen aktive Streiter und unmittelbare Nutznießer die Armen und Unterdrückten sind und sein müssen."[37] Die CCPD-Kommission hat im Anschluß an Nairobi den Kirchen ihre Solidarität mit den Armen und Unterdrückten nahebringen wollen.[38] Als Ausgangspunkt

---

34 Vancouver, S. 64 n. 33.

35 Vancouver, S. 65 n. 36.

36 epd Dokumentation, Kommission für kirchlichen Entwicklungsdienst (CCPD) des ÖRK Frankfurt 25 a / 80 (Abgekürzt: epd Dokumentation).

37 epd Dokumentation 25 a / 80 n. 1,1, S. 1.

setzen ihre Überlegungen damit ein, die Armut differenziert zu betrachten. Denn es besteht zwischen einer Armut in Europa bzw. Nordamerika und einem Arm-Sein im Süden von Europa und Amerika ein großer Unterschied. Wer nach heutigem Begriff in Europa der Armut anheim gefallen ist, ist im Vergleich zu einem asiatischen oder lateinamerikanischen Armen trotz allem noch verhältnismäßig reich.[39] Armut wird dabei als Zustand umschrieben, in dem der einzelne nicht in der Lage ist, seine menschlichen Bedürfnisse (Ernährung, Wohnung, Gesundheit, Bildung, Arbeit, Partizipation in der Gesellschaft) zu befriedigen. Diese Armut ist nicht neu, sondern schon sehr alt. Aber sie erreicht heute nach Meinung der Kommission „skandalöse Ausmaße"[40]. Sie wächst in den meisten Ländern Asiens, Afrikas, Lateinamerikas und des mittleren Ostens immer weiter. Auch in den Industrienationen ist sie keinesfalls ausgemerzt.[41] Stetiges Wachstum wird deshalb so schändlich empfunden, weil die wissenschaftlich-technischen Mittel zur Bekämpfung der Armut größtenteils vorhanden sind.

Auch in der Kirche werden die Armen nicht an der kirchlichen oder gesellschaftlichen Entwicklung beteiligt. Die kirchlichen Strukturen sind nur „ein Abbild der jeweils herrschenden Gesellschaftsstrukturen"[42]. Die gesellschaftlichen Strukturen der Kirche „in den Entwicklungsländern besonders durch die Kolonialmächte und deren Einfluß geprägt", beteiligen die Armen am aktiven Leben ihrer Kirchen nicht, obwohl sie von ihrer Begründung her in allen ihren Tätigkeiten die Armut als eine Herausforderung verstehen müssen. Ihr Ziel dürfte nur sein, sich kompromißlos auf die Seite der Armen zu stellen und entsprechend der neuen ethischen Perspektive des ÖRK für eine gerechte, partizipatorische und überlebensfähige Gesellschaft, „an der auch die Armen beteiligt sind", einzutreten[43].

aa) Der Kampf der Armen

Nach der Kommission für kirchlichen Entwicklungsdienst sind die Armen bis heute eine treibende Kraft zur Veränderung der geschichtlichen Entwicklung gewesen. Sie kämpfen für die in der Zielsetzung des ÖRK an vorderster Stelle stehenden Ziele: Gerechtigkeit, Freiheit, Partizipation und Überlebensfähigkeit.[44] Drei Forderungen sind kennzeichnend für den Kampf der Armen gegen Unterdrückung und für eine gerechtere Gesellschaft:

1. Die Armen müssen die Ursachen ihrer Entbehrungen und Leiden kennen und sich ihrer Möglichkeiten und Fähigkeiten bewußt werden, die neue Gesell-

---

38 Ebenda.

39 epd Dokumentation 25 a / 80, S. 2 n. 5.

40 epd Dokumentation, S. 2 n. 6.

41 Ebenda.

42 epd Dokumentation, S. 6 n. 19.

43 Ebenda.

44 epd Dokumentation, S. 7 n. 22.

schaft zu schaffen.[45] Nur durch ihr konkretes Handeln auf der Basis dieser *Bewußtseinsbildung* können sie die Gesellschaft zu einer gerechteren und freiheitlicheren umgestalten.

2. Der Einsatz der Armen für die neue Gesellschaft basiert auf einem *Widerstand* gegen jede Form von Ungerechtigkeit und Unterdrückung.
3. „Die Armen müssen sich organisieren", um ihren Kampf gegen Armut, Unterdrückung und für Befreiung und Gerechtigkeit fortzusetzen. Allerdings ist darauf zu achten, daß eine kritische Einstellung gegenüber der eigenen Planung und Organisation erhalten bleibt. Das muß auch bedeuten, den Organisationsprozeß trotz gewisser Institutionalisierung flexibel zu halten.[46]

Ihr Kampf muß nach der Kommission für eine Veränderung der Marktmechanismen in Richtung auf eine sozialistische Planungs- und Produktionsweise gekennzeichnet sein. Das bedeutet Rationalisierung und Kontrolle des Konsums unter Zuhilfenahme der Mitbestimmung durch die Basis. Die Abkehr von den Konsumgewohnheiten reicher Länder und Gesellschaftsschichten und die Hinwendung zu neuen Produktions- und Konsumverhalten erbringt den armen Ländern eine ökonomische Eigenständigkeit, die sie aus dem Teufelskreis von Armut und nationaler Unabhängigkeit herausführt. „Ziel ist die Anpassung des materiellen Wachstums an die tatsächlichen Bedürfnisse."[47]

Ferner schwebt der Kommission als Ziel vor, auf Kosten eines Individual-Wohls zu Gunsten von kollektiven Werten die soziale Ungleichheit und Ungerechtigkeit abzuschaffen und damit Armut und Unterdrückung zu beseitigen.[48] Die wirtschaftlichen Verhältnisse müssen sich nämlich nach den kollektiven Werten richten.

Auf der Basis demokratischer Mitbestimmung wird für eine uneingeschränkte Mitbestimmung an den Entscheidungsprozessen im Produktions- und Konsumbereich gekämpft.

Leitmotiv darf entsprechend diesen Überlegungen nicht der Markt sein, sondern muß vielmehr die Solidarität der Menschen darstellen.[49]

bb) Die Forderungen an die Theologie

Von der Theologie wird erwartet, daß sie sich jeder Form einer Anbetung materialistischer und profitorientierter Tätigkeiten enthält. Sie soll sich um die Menschen und nicht um ihre Institutionen, Ideologien oder Systeme kümmern.[50]

---

45 epd Dokumentation, S. 8 n. 23.

46 epd Dokumentation, S. 8 n. 23 ff.

47 epd Dokumentation, S. 11 n. 31.

48 epd Dokumentation, S. 11 n. 32.

49 epd Dokumentation, S. 11 n. 33.

Sie steht mitten in der gesellschaftlichen Auseinandersetzung und darf sich nicht nur um Teilbereiche bemühen. Denn Jesus Christus ist der Herr über das ganze Leben. Darum darf die Geschichte nicht in eine Heilsgeschichte, für die die Theologie zuständig ist, und in eine Profangeschichte, die ihr entzogen ist, aufgespaltet werden.

Für die Kommission erfüllt die Theologie in ihrem Kampf gegen die Armut eine apologetische, kritische und korrigierende Funktion. Die *apologetische* Funktion bedeutet Verteidigung der Hoffnungen und Forderungen der Armen. Sie entsteht aus der Gemeinschaft des Volkes Gottes und richtet sich „gegen gesellschaftliche Ungleichheit und Diskriminierung“[51]. Die *kritische* Funktion legt die Mechanismen der Unterdrückung bloß. Diese widersprechen dem Willen Gottes. Es gilt, den Armen und Unterdrückten zu helfen, zur Buße zu rufen und die Sündhaftigkeit des Menschen offenbar zu machen. Diese Funktion stellt darum zugleich eine prophetische Aufgabe dar. Die *korrigierende* Funktion der Theologie soll erkenntlich machen, wo ein Befreiungsprozeß stattfindet.[52]

cc) Aktionen zur Solidarität mit den Armen

Aufgrund der „Forderung, eine Kirche der Armen zu werden“, werden folgende Vorschläge gemacht:

1. Die Kirche hat sich auf die Seite der Armen zu stellen, indem sie direkt an ihrem Kampf teilnimmt. Ihre Maßnahmen müssen zur Stärkung der Gerechtigkeit beitragen.[53]
2. Der ÖRK und seine Mitgliedskirchen sollen ihr theologisches Denken in Richtung auf neue theologische Erkenntnisse, aus denen Gerechtigkeit und Freiheit erwachsen, entwickeln.[54]
3. Die Solidarität mit den Armen muß letztlich zu einer gerechten, partizipatorischen und überlebensfähigen Gesellschaft führen.[55]

Dazu gehört auch, daß in Konfliktsituationen neue Modelle zur Befreiung der Unterdrückten erstellt werden.[56] Die Kirchen sollen den Versuch unternehmen, die Organisationsstrukturen so zu gestalten, daß die gesellschaftlichen Ziele Gerechtigkeit, Partizipation und Überlebensfähigkeit erreicht werden.[57]

---

50 epd Dokumentation, S. 18 n. 59.
51 epd Dokumentation, S. 18 n. 60.
52 epd Dokumentation, S. 19 n. 60.
53 epd Dokumentation, S. 21 n. 1 f.
54 epd Dokumentation, S. 22 n. 3.
55 epd Dokumentation, S. 24 n. 5.
56 epd Dokumentation, S. 24 n. 6.
57 epd Dokumentation, S. 26 n. 10 f.

Die neue Gesellschaft, die durch die wiederholt genannten Prädikate als „gerecht, partizipatorisch und überlebensfähig" gekennzeichnet ist, stellt eine Füllung der seit Amsterdam 1948 bekannten sozialethischen Zielsetzung der „verantwortlichen Gesellschaft" dar. Mit dem Begriff *Gerechtigkeit* wird, wie in der Auseinandersetzung des ÖRK mit den Transnationalen Unternehmen zu erkennen ist, „eine für alle Ebenen der persönlichen und gesellschaftlichen Beziehungen geltende Norm aufgestellt, die die Gesamtheit sozialer Interaktionen mit den eigentlichen Erfordernissen der menschlichen Bestimmung ... in Übereinklang bringt"[58]. Die gerechte Gesellschaft fordert Gleichheit der Menschen, Respektierung der Menschenrechte und eine gerechte Verteilung des Sozialproduktes — allerdings unter der Voraussetzung, daß Gerechtigkeit nicht nur den gegenwärtigen, sondern auch den zukünftigen Menschen dient.[59] Mit der *Partizipation* wird nicht nur die wirtschaftliche Mitbestimmung gefordert, sondern eine Verbesserung der demokratischen gesellschaftlichen Organisationsstrukturen. Im Mittelpunkt steht die Forderung „nach wahrhafter Demokratie"[60]. Selbstverständlich geht es entsprechend der Basis-Demokratie auch darum, die Entscheidung, was, wann, wie, von wem und für wen produziert wird, den gesellschaftlichen Kräften und damit den Armen zu überlassen. Bei der *Überlebensfähigkeit* der Gesellschaft geht es um die ökonomisch abgesicherte Gesellschaft, in der nicht nur Verteilungsgerechtigkeit, sondern auch ein ausgewogenes Verhältnis zwischen Ökonomie und Ökologie garantiert ist. Die Gesellschaft ist nämlich nur dann überlebensfähig, wenn dieses Verhältnis geregelt ist. Zur ökonomischen Absicherung der Gesellschaft gehört auch, daß die einzelnen Menschen eine ökonomische Unabhängigkeit besitzen. Die Auseinandersetzung mit den Transnationalen Unternehmen, wie sie vom ÖRK geführt worden ist, macht deutlich, daß die Überlebensfähigkeit der Gesellschaft in den Dritte-Welt-Ländern aufgrund ihrer wirtschaftlichen Abhängigkeit von den Industrieländern nicht gewährleistet ist.[51]

III. Die evangelische Theologie und die Armut

Helmut Thielicke ist einer der wenigen Sozialethiker, der sich in seiner „Theologischen Ethik"[62] ausführlich mit der Frage der Armut beschäftigt hat. Den äußeren Anlaß bildete die Frage nach dem Wesen des Staates. Dabei kommt er zwangsläufig auch auf das Problem des Wohlfahrtsstaates zu sprechen.[63] „Der Wohlfahrtsstaat ist der kollektive, vom Staate ideell und materiell getragene

---

58 epd Materialien Entwicklungspolitik III / 82, S. 86.

59 epd Dokumentation 36-37 / 82, S. 64.

60 epd Dokumentation 1982, S. 44.

61 epd Materialien III / 82, S. 91.

62 Thielicke, Theologische Ethik, Bd. II, 2 Tübingen ^{2}1958 (Abgekürzt: Thielicke).

63 Thielicke, § 1954.

Versuch, der Misere des menschlichen Lebens mit dem Mittel einer rationalisierten Fürsorge zu begegnen."[64]

a) Der Wohlfahrtsstaat

Zwei Entwicklungen haben nach Thielicke zum modernen Wohlfahrtsstaat geführt: Zum einen die Entstehung der Massen- oder Industriegesellschaft, zum anderen der Glaube an die Machbarkeit aller Dinge.

aa) Die Entstehung der Massengesellschaft

Der eine Grund liegt also in der Kollektivstruktur der Gesellschaft und in der daraus sich entwickelnden Massenarmut und den kollektiven Selbsthilfemaßnahmen (Entstehung der Gewerkschaftsbewegung). Das Zeitalter des Massenelends ruft im Gegensatz zur individuellen Armut vergangener Zeiten nicht nach individuellen, sondern auch nach kollektiven Hilfen. „Dieser Stil kollektiver Hilfe drängt notwendig darauf, die umfassendste kollektive Größe zu ihrem Träger zu machen: Eben den Staat."[65] Thielicke sieht in der individuellen Armut den in der Bibel vorgezeigten ursprünglichen Begriff. Der Arme der biblischen Überlieferung ist der einzelne, der sich bar aller Sicherheiten weiß. Seine Hoffnung ist allein Gott. Dem Armen gilt das Evangelium. Armut ist für den Menschen die Chance, sich des Armen im liebenden Erbarmen anzunehmen. So verhält sich in seiner Liebe Gott als erster zu den Menschen. In diesem Sinne versteht das überlieferte Wort des Heiligen Laurentius, „daß die Armen die Schätze der Kirche seien"[66]. Bei Hilfeleistungen zu Gunsten der Armen besteht die Gefahr, daß der einzelne Arme zum Objekt degradiert wird. Das ist immer dann der Fall, wenn Subsidien- oder Almosen-Geben als Werkgerechtigkeit für den Spender verstanden wird. Tatsächlich aber gründet die geleistete Hilfe auf der Solidarität mit dem Armen und Hilfsbedüftigen. Der Spender weiß sich mit dem Empfänger solidarisch. Coram deo (vor Gott) sind beide gleich. Vor ihm weiß sich der Geber in der Situation des Empfängers, eines Menschen, der ohne Verdienst empfängt.[67] Thielicke spricht deshalb von einer Partnerschaft zwischen dem Geber und dem Beschenkten, dem Spender und dem Empfänger. Wenn der Arme nicht als Objekt, sondern als Partner angesehen wird, muß der Geber bzw. Spender mithelfen, die Armut zu beseitigen. Er muß sogar alles tun, daß Armut gar nicht erst entsteht. Es geht um eine vorbeugende Verhinderung wirtschaftlicher Armut. Außerdem muß der Arme eine ökonomische Selbständigkeit erreichen, um sich vor Armut schützen zu können. Diese „Prophylaxe" darf nicht

---

64 Thielicke, § 1956.
65 Thielicke, § 1960.
66 Thielicke, § 1973.
67 Thielicke, § 2039 f.

allein den einzelnen vor Armut schützen; sie muß vielmehr eine Gesamtordnung herstellen, die Armut als ein kollektives Phänomen verhindert bzw. überwindet. Eine solche Möglichkeit liegt vor allem beim Staat.[68]

Es ist die Aufgabe des Wohlfahrtsstaates, solche kollektive Armut zu verhindern und vorbeugend eine Ordnung zu schaffen, in der sie nicht erst entsteht. Thielicke sieht als derartige vorbeugende Maßnahmen die Zusicherung des Rechtes auf Arbeit oder ökonomische Angebote, um zu einer wirtschaftlichen Selbständigkeit zu gelangen.[69]

bb) Die „Machbarkeit" aller Dinge

Die andere Entwicklung zum Wohlfahrtsstaat stellt der Glaube an die „‚Machbarkeit' aller Dinge" dar[70]. Die Machbarkeit wird für Thielicke zu einer „Signatur der Lebensbewältigung"[71]. Der Mensch im technischen Zeitalter glaubt an sie so lange, bis er aufgrund bestimmter Katastrophensituationen lernt, daß noch nicht alles bewältigt ist.[72] Immerhin traut er bis zu diesem Zeitpunkt dem sogenannten „wohlgeölten" Apparat.[73] Deshalb sieht Thielicke im Wohlfahrtsstaat die Möglichkeit, prophylaktisch die Armut erfolgreich zu bekämpfen. Die unmittelbar ausgeübte Nächstenliebe ist gekennzeichnet durch Improvisation. Die „systematisch angestrebte Wohlfahrt" drängt zur Rationalisierung. Dem industriellen Ablauf entsprechend, in dem durch Rationalisierung ein Minimum an Aufwand und ein Maximum an Erfolg erreicht werden soll, geht es auch in der rationalisierten Wohlfahrt darum, daß der Mechanismus des Helfens so geplant wird, „daß er das Ziel der Lebenssicherung gegenüber Armut, Krankheit und sonstigen Krisen möglichst ohne menschliche Intervention und Improvisation erreicht"[74].

Mit der Rationalisierung der Fürsorge tritt auch gleichzeitig eine Entpersonalisierung des helfenden Handelns auf. Denn wiederum wird entsprechend den industriellen Arbeitsvorgängen mit der Zerlegung in Teilbereiche und -stücke auch das „Fürsorge-Produkt" in Teilvorgänge zerlegt und damit entpersönlicht.[75] „Allenfalls an den Endpunkten der einzelnen Prozesse, wo sie durch das Glied der Stafette ‚an den Mann' gebracht wird, mögen sich Chancen unmittelbarer menschlicher Kontakte ergeben."[76]

---

68 Thielicke, § 2053 ff.
69 Thielicke, § 2053.
70 Thielicke, § 1961.
71 Thielicke, § 1961.
72 Thielicke, § 1963.
73 Thielicke, § 1964.
74 Thielicke, § 1999.
75 Thielicke, § 2003.
76 Thielicke, § 2002.

Hat nun der Staat das Monopol in der Wohlfahrtspflege übernommen, treten zwei Folgen auf:

1. Er vermindert nicht nur die Initiative des einzelnen, „sondern es wird sich auch die Neigung bei ihm einstellen können, jede durch Gruppen bestimmte Wohlfahrtspflege zu beargwöhnen, besonders wenn sie — wie bei der Kirche — mit einer speziellen Sinngebung versehen und von einer ‚Botschaft' begleitet ist."[77] Er kann dann die christliche Erziehung z. B. durch die Regelung von Zuschüssen behindern. Zu denken wäre auch etwa, um ein Beispiel für eine extreme Situation zu nennen, das allerdings von Thielike selbst nicht zitiert wird, an die Ausschließlichkeit der staatlichen Hilfs- und Fürsorgearbeit der Nationalsozialisten im Deutschen Winterhilfswerk.

2. Eine weitere Folge eines staatlichen Wohlfahrtsmonopols liegt in der Tatsache, „daß Fürsorge zum Gegenstand eines *Anspruchs* wird"[78]. Danach steht die Versorgung im Notfall dem in Not Geratenen zu. „Der Staat ist verpflichtet, mir unabhängig von meiner Leistung oder meinem Leisten-Können beizuspringen."[79]

Der Staat hat danach eine Verpflichtung gegenüber den Bedürftigen. Umgekehrt glaubt der Notleidende einen Anspruch auf Hilfeleistung zu haben. In diesem Zusammenhang setzt sich Thielicke mit der Behauptung auseinander, daß von den Verfechtern eines solchen Rechtsanspruchs auf Hilfe abwertend herausgestellt wird: Wo der Arme — wie in der individuellen Armenfürsorge vor der Zeit des Wohlfahrtsstaates — zum Objekt eines noch so hilfreich gemeinten „guten Willens" seines Helfens wird, erfährt er in seiner Personenwürde eine Degradierung.[80] Thielicke weist jedoch darauf hin, daß diese Verfechter „das gegenüber von Fürsorge als staatlich geregeltem Rechtsakt und Fürsorge als Funktion ‚privater', improvisierender Liebe" nicht richtig sehen „und sich dadurch den Zugang zur ethischen Problematik jener staatlichen Fürsorge-Apparatur" verbauen[81]. Darum wendet er sich gegen die Totalität eines Wohlfahrtsstaates und spricht sich für einen Staat und eine Fürsorge aus, in der im Mittelpunkt Prophylaxe und Aktivierung des in Not Geratenen stehen.[82] In einem solchen Fall wird ein wirkliches partnerschaftliches Verhältnis zwischen dem Staat und seinen Bürgern entstehen und nicht ein totaler Wohlfahrtsstaat, demgegenüber die Bürger nur Ansprüche haben.[83]

---

77 Thielicke, § 2018.
78 Thielicke, § 2032.
79 Thielicke, § 2032.
80 Thielicke, § 2035.
81 Thielicke, § 2037.
82 Thielicke, § 2061.
83 Vgl. Thielicke, § 2066.

Das Ergebnis seiner Überlegung läßt sich so zusammenfassen:

1. Der „relative" Wohlfahrtsstaat ist zu bejahen.[84]
2. Daß Armut prinzipiell beseitigt werden könne, ist eine Illusion, vor der gewarnt werden muß.[85]
3. Der Staat hat kein Wohlfahrtsmonopol. Aber er kann Aufgaben zur Wohlfahrtspflege an Instanzen delegieren; er muß ihnen sogar die Möglichkeit dazu einräumen.[86]
4. Auch die Kirche besitzt kein Fürsorgemonopol; ihr ist jedoch eine Beteiligung in dem Maße an den Wohlfahrtsaufgaben einzuräumen, wie sie über die dafür befähigten Menschen verfügt.[87]
5. Es wird immer Bereiche geben, in denen der Staat unmittelbare Aufgaben übernimmt und sie auch übernehmen muß.[88] Solche Aufgaben sind etwa: Die Prophylaxe der Armut, Reaktivierung der sozial Zurückgeworfenen, Lösung der Rentenfragen[89].
6. Der Fürsorgestaat darf nicht zu einem totalen Versorgungsstaat werden.[90]

b) Thielickes Stellung zum Eigentum

Das Eigentum besitzt nach biblischem Verständnis eine Ambivalenz. Denn einerseits macht es frei und gibt Unabhängigkeit, aber andererseits kann es auch den Menschen in seinen Besitz nehmen und ihn binden.[91] Dahinter steht die Glaubensvorstellung, daß die Güter dieser Welt nur anvertrautes Gut sind. Das Eigentum hat darum einerseits seinen Sinn und seine Berechtigung; aber andererseits erfährt es gerade dadurch auch seine Relativierung.

Das Neue Testament macht mit seiner radikalen Kritik des Eigentums darauf aufmerksam, daß die Situation nicht allein dadurch zu kennzeichnen ist, daß der Mensch sein Eigentum ‚besitzt', „sondern daß das Eigentum ihn besitzt"[92]. Das Verhältnis zum Eigentum aber muß so bestimmt sein, daß es das Verhältnis zum Nächsten gestalten läßt. Dieses ist nur möglich in einer Haltung der Distanz

---

84 Thielicke, § 2086.

85 Thielicke, § 2087.

86 Thielicke, § 2096.

87 Thielicke, § 2097 ff.

88 Thielicke, § 2110.

89 Thielicke, § 2113.

90 Thielicke, § 2124.

91 Helmut Thielicke, Theologische Ethik, Bd. III, Tübingen 1968, § 792 (Abgekürzt: Thielicke, Bd. III).

92 Thielicke, Bd. III § 775.

gegenüber dem Eigentum. Es gilt nämlich, dieses so zu haben, als hätte man es nicht.[93] Es muß eschatologisch relativiert werden. Thielicke drückt diesen Aspekt als Frage nach „Besitz" oder „Besessenheit" und nach „Distanz von und Verzicht auf Eigentum" aus.[94] Die Frage, wie man sich zum Eigentum verhält, darf nicht allein individualistisch, sondern muß auch gesellschaftlich beantwortet werden. Was individuell als Ausnahme gelten kann, darf noch lange nicht zu einer allgemeinen Eigentumsordnung führen.

Die Eigentumsordnung hat etwas mit der Eigentumsverteilung zu tun.[95]

Diese weist auf einen krassen Unterschied zwischen Mächtigen und Machtlosen bzw. Entmachteten, zwischen Selbständigen und Unselbständigen hin.[96] Thielicke verweist auf gesellschaftliche und gesetzgeberische Maßnahmen, die die eigengesetzlich verlaufende Entwicklung der Wirtschaft durch soziale Korrekturmaßnahmen steuern. Unter diesen sieht er etwa die Kontrolle des Besitzes, die Beschneidung von Monopolen, den sozialen Ausgleich, die Sicherung des Arbeitsplatzes und die Gestaltung eigenverantwortlicher Tätigkeit durch die Mitbestimmung.[97] Als „Urbestimmung des Eigentums" stellt er das Ziel dar, „den Menschen eine ‚Sphäre', einen Daseinsraum zur Verfügung zu stellen, innerhalb deren er Subjekt von Selbstverfügung und Selbstverantwortung ist."[98] Darum liegt ihm daran, das Eigentum möglichst breit gestreut und damit gerecht verteilt zu sehen. Diese Gestalt der Eigentumsordnung entspricht einer ethischen Konzeption des „Fahrinnen-Modells"[99]. Durch die Bedingungen einer gerechten Eigentumsordnung lassen sich nämlich Grenzen abstecken, in denen es einerseits zwar zu einem Ordnungssystem des Eigentums kommt, andererseits jedoch nicht zu einem „Verlust der Selbstverfügung"[100]. Wegen der Möglichkeit einer Selbstverantwortung und Selbstverfügung über das Eigentum soll es weit gestreut werden, ohne die Unterschiede zu nivellieren.[101] Die Eigentumsverteilung ist für ihn nicht auf Gebrauchsgüter, sondern auch auf das Produktivvermögen auszudehnen. In diesem Sinne weiß er sich mit der Denkschrift der Evangelischen Kirche über „Eigentumsbildung in sozialer Verantwortung" einig. Denn nur „in dieser Gestalt des Eigentums kann es zu mündiger, selbstverantwortlicher Freiheit im Mittragen gesellschaftlicher Ordnung kommen."[102]. Bei der Beteiligung am Produktivvermögen geht es also nicht so sehr um die finanzielle Beteiligung der

---

93 1. Kor. 7,29.
94 Thielicke, Bd. III § 840.
95 Thielicke, Bd. III § 840.
96 Thielicke, Bd. III § 822.
97 Thielicke, Bd. III § 827.
98 Thielicke, Bd. III § 855.
99 Thielicke, Theologische Ethik, Bd. I, Tübingen ^{3}1965, § 2201.
100 Thielicke, Bd. III § 828.
101 Thielicke, Bd. III § 855.
102 Thielicke, Bd. III § 859. Vgl. n. 30 der Denkschrift.

Arbeitsleistung oder um eine Umverteilung des Vermögens, als vielmehr um eine „mitverantwortliche Teilnahme“ am ökonomischen und gesellschaftlichen Ganzen, „in das der Beteiligte jetzt durch die *mit*zutragenden Risiken, die *mit*gehegten Erwartungen und Befürchtungen angesichts des Marktgeschehens einbezogen ist“[103].

103 Vgl. Thielicke, Bd. III § 859.

Viertes Kapitel

Die Stellung der Armen in der katholischen Kirche

I. Die Kirche der Armen in der katholischen Soziallehre

In der dogmatischen Konstitution Lumen Gentium wird Kirche sowohl nach ihrer geistigen Art als ecclesia invisibilis und nach ihrer menschlichen Zusammensetzung als ecclesia visibilis beschrieben. Aber „die irdische Kirche und die mit himmlischen Gaben beschenkte Kirche sind nicht als zwei verschiedene Größen zu betrachten, sondern bilden eine einzige komplexe Wirklichkeit.“[1] Diese geistige und zugleich irdische Kirche wird in der Analogie zu Christi Werk beschrieben. Christus hat seine Erösungstaten in Armut und Verfolgung vollbracht. Darum wird das Gleiche von seiner Kirche erwartet. Von Christus heißt es, daß er sich selbst entäußerte und Knechtsgestalt angenommen hat.[2] Deshalb wird die Kirche mit ihrem Beispiel Niedrigkeit und Selbstverleugnung ausbreiten (sed ad humilitatem et negationem etiam exemplo suo divulgandas[3]). Denn es kann nicht ihre Aufgabe sein, eine irdische Herrlichkeit anzustreben. Die Kirche der Armen ist als eine Kirche zu verstehen, die sich in der Deutung eines Genetivus subiectivus aus Armen zusammensetzt.

In der dogmatischen Konstitution Lumen Gentium tritt die Kirche aber auch so hervor, wie sie in der Pastoralkonstitution Gaudium et Spes beschrieben wird: In der Deutung eines Genetivus obiectivus wird sie als Kirche für die Armen verstanden. Von der Kirche wird gesagt, daß sie sich aller derer annimmt, „die von menschlicher Schwachheit angefochten sind.“ In der Liebe zu ihnen sucht sie, das Leid der Armen und Unterdrückten zu lindern. Dieser Auftrag nach außen kennzeichnet die Weltverantwortung der Kirche. Dabei ist „der Geist der Armut und Liebe“ Ruhm und Zeugnis der Kirche für Jesus Christus.[4] Es ist Christus selbst, der „in den Armen mit lauter Stimme seine Jünger zur Liebe aufruft“, heißt es in der Pastoralkonstitution.[5] Im Gaudium et Spes wird auch auf die Struktur des heutigen „Wirtschaftslebens“ hingewiesen, in der Not und Elend und Verschwendung bzw. Luxus einander gegenüberstehen.

---

1 Lumen Gentium n. 8 (Abgekürzt: L.G.).
2 Phil. 2,6 f.
3 L.G. n. 8.
4 Gaudium et Spes n. 88 (Abgekürzt: GeS.)
5 Ebenda.

Eine Beziehung zur Enzyklika Rerum Novarum, in der ja das Privateigentum — in Abgrenzung zum Sozialismus — ausdrücklich bejaht wird, ist offenkundig.[6] Armut darf nach Leo XIII. im Lichte der ewigen Wahrheit nicht als Schande angesehen werden. Ebenso bringt Handarbeit als Erwerbsarbeit keinesfalls Unehre. Aber andererseits soll der, der mit leiblichen und / oder geistigen Gütern reichlich gesegnet ist, diesen Überschuß zu seinem und seiner Mitmenschen Besten nutzen.[7] Eigentum und Arbeit dienen der Person so, wie es die ganze Wirtschaft der personalen Würde gegenüber tut. „Wurzelgrund nämlich, Träger und Ziel aller menschlichen Institutionen ist und muß auch sein die menschliche Person", heißt es nachdrücklich im Vaticanum II.[8] Darum muß die Wirtschaft die Würde der menschlichen Person achten und fördern. Denn der Mensch ist „Urheber, Mittelpunkt und Ziel aller Wirtschaft"[9]. Leider ist eine große Störung des Gleichgewichtes zu beklagen. Denn während der großen Masse immer noch das absolut Notwendige zum Leben fehlt, leben andere in Üppigkeit „und treiben Verschwendung"[10]. Dementsprechend herrschen nebeneinander Elend und Luxus. „Einige wenige erfreuen sich weitestgehender Entscheidungsfreiheit, während viele fast jeder Möglichkeit ermangeln, initiativ und eigenverantwortlich zu handeln, und sich oft in Lebens- und Arbeitsbedingungen befinden, die des Menschen unwürdig sind."[11]

Den Einsatz zu Gunsten der Armen hat Paul VI. in seiner „Entwicklungsenzyklika" Populorum Progressio aus dem Jahre 1967 weiter ausgebaut. Er hat sich, wie er selbst vor der UNO sagte, zu einem „Anwalt der armen Völker gemacht"[12]. Er weist auf die weltweiten sozialen Konflikte hin und betont, indem er Gedanken aus Gaudium et Spes wörtlich aufnimmt, daß nicht nur Ungerechtigkeit in der Besitzverteilung besteht, sondern daß der Skandal in der unterschiedlichen Nutzungsmöglichkeit zu sehen ist.[13] Leo XIII. hatte bereits auf die Unterscheidung zwischen „gerechtem Besitz und gerechtem Gebrauch des Besitzes" hingewiesen.[14] Paul VI. fragt anläßlich des 80jährigen Gedächtnisses der Enzyklika Rerum Novarum nach der sozialen Gerechtigkeit und weist in seinem Schreiben Octogesima Adveniens auf die neuen Probleme der sozialen Entwicklung hin. Er zeigt auf, welche Ungerechtigkeiten sich in den unterschiedlichen Ländern aufgrund des wirtschaftlichen und gesellschaftlichen Wandels breitgemacht haben. Er stellt dabei die durch die Industrialisierung und die aufgrund dieser Entwicklung hervorgerufene neue Armut heraus. Für ihn sind die „neuen" Armen die körper-

---

6 R.N. n. 19 (Rerum Novarum).

7 R.N. n. 19 f.

8 GeS. n. 25.

9 GeS. n. 63.

10 Ebenda.

11 Ebenda.

12 P.P. n. 4 (Populorum Progressio).

13 P.P. n. 9.

14 R.N. n. 19.

lich Behinderten, beschränkt Leistungsfähigen, die Alten, die — aus welchen Gründen auch immer — am Rande der Gesellschaft Lebenden.[15] Ihnen muß die Sorge der Kirche gelten. Denn ihnen hat sie als Kirche für die Armen entgegenzukommen. Es geht indessen Paul VI. nicht allein um eine Entwicklung des Einzelmenschen. Diese muß vielmehr Hand in Hand gehen mit der Entwicklung der gesamten Menschheit. „Beide müssen sich wechselseitig unterstützen."[16] Deshalb änderte sich für Paul VI. auch die Regel, daß das, was in früheren Zeiten nur dem nahen Angehörigen gegenüber galt, nunmehr als eine Weltverantwortung der reichen Länder gegenüber den armen praktiziert werden muß. Lassen nämlich jene ihren Überfluß den Armen nicht zustatten kommen, „so wird ihr hartnäckiger Geiz das Gericht Gottes und den Zorn der Armen erregen, und unabsehbar werden die Folgen sein"[17]. Theologisch-eschatologische Gerichtsaspekte verbinden sich hier mit drohenden politischen Folgen.

Johannes Paul II. hat später in seiner Arbeitsenzyklika Laborem Exercens die Kirche der Armen besonders solidarisch mit den Arbeitenden gesehen. Er weist darauf hin, daß immer dort die Kirche gefragt ist, wo „die soziale Herabwürdigung des Subjekts der Arbeit, die Ausbeutung der Arbeitnehmer und die wachsenden Zonen von Elend und sogar Hunger" Solidaritätsbekundungen erforderlich machen.[18] Die Kirche setzt sich deshalb für eine soziale Gerechtigkeit und die Solidarität mit den Arbeitenden ein, „weil sie es als ihre Sendung und ihren Dienst, als Prüfstein ihrer Treue zu Christus betrachtet, um so wirklich die ‚Kirche der Armen' zu sein"[19]. Die Armen treten in der Verrichtung menschlicher Arbeit „in verschiedenem Gewande", „an verschiedenen Orten und zu verschiedenen Zeiten" auf. Armut kann für Johannes Paul II. bedingt sein durch den Verlust von Arbeit, aufgrund einer unangemessenen Wohnung oder aufgrund bestimmter Unsicherheitsfaktoren für den einzelnen Arbeitnehmer und seine Familie.[20]

Äußerungen der Päpste Paul VI., Johannes Paul II. und des 2. Vatikanischen Konzils haben auch die lateinamerikanischen Kirchen in ihren Vollversammlungen von Medellin und Puebla bestimmt.[21] Sie fordern aufgrund innerer und äußerer Notwendigkeit eine Umkehr „der gesamten Kirche im Sinne einer vorrangigen Option für die Armen"[22]. Der Dienst an den Armen verlangt, wie bereits in Lumen Gentium zu erkennen war, „eine immer vollständigere Identifizierung

---

15 Octogesima Adveniens n. 15.

16 P.P. n. 43.

17 P.P. n. 49.

18 Laborem Exercens n. 8,6.

19 Ebenda.

20 Ebenda.

21 Die Evangelisierung Lateinamerikas in Gegenwart und Zukunft, in: Stimmen der Weltkirche Nr. 8, S. 7.

22 Stimmen der Weltkirche Nr. 8, S. 193 Nr. 1134.

mit Christus einerseits und den Armen andererseits"[23]. Als Ursache der in Lateinamerika herrschenden unmenschlichen Armut nennt der Episkopat in Puebla folgende Phänomene: Kindersterblichkeit, Wohnungsmangel, Gesundheitsprobleme, Hunger, Löhne, Arbeitslosigkeit, Unterbeschäftigung, Unterernährung, Instabilität der Arbeitsplätze und Massenauswanderungen.[24] Konkret läßt sich die Realität der Armut an unterschiedlichen Personengruppen ablesen, an

— Kindern, „die schon vor ihrer Geburt mit Armut geschlagen sind",

— jungen Menschen ohne Orientierung,

— Indios und auch den Afro-Amerikanern, die am Rande der Gesellschaft leben,

— der Landbevölkerung,

— häufig schlecht bezahlten Arbeitern,

— Arbeitslosen oder Unterbeschäftigten,

— Randgruppen der Gesellschaft,

— Alten, „deren Zahl ständig zunimmt"[25].

In seiner jüngsten Enzyklika Sollicitudo Rei Socialis hat Johannes Paul II. von der Option für die Armen gesprochen, die traditionell als eine soziale Verpflichtung für die ganze Kirche zu gelten hat.[26]

Das tätige Leben und auch die Entscheidungen in „Politik und Wirtschaft" müssen von dieser vorrangigen Liebe geprägt sein.[27] Johannes Paul II. legt großen Wert darauf, festzuhalten, daß die Güter dieser Welt „ursprünglich für alle bestimmt" sind[28].

Zur Bestimmung der Armut gehört der Entzug von Grundrechten der Person. Der Papst rechnet dazu die Religionsfreiheit und auch das Recht auf „freie wirtschaftliche Initiative"[29]. Eine Überwindung der Armut kann nur durch eine Entwicklung auf allen Gebieten erreicht werden, die Einzelpersonen und Völker aus den ungerechten Bindungen, in denen sie leben müssen, erlöst.[30]

„Eine rein wirtschaftliche Entwicklung vermag den Menschen nicht zu befreien."[31] Entscheidendes Argument und damit Inhalt der neuen Enzyklika SRS lautet deshalb: „Eine Entwicklung, die nicht die kulturelle, transzendente

---

23 Stimmen der Weltkirche Nr. 8, S. 194 Nr. 1140.
24 Stimmen der Weltkirche Nr. 8, S. 22 Nr. 29.
25 Stimmen der Weltkirche Nr. 8, S. 22 Nr. 31 — 39.
26 Johannes Paul II., Sollicitudo Rei Socialis n. 42,2 (Abgekürzt: S.R.S.).
27 Ebenda.
28 S.R.S. n. 42,4.
29 S.R.S. n. 42,4.
30 S.R.S. n. 46,1.
31 S.R.S. n. 46,4.

und religiöse Dimension der Menschen und der Gesellschaft umfaßt, trägt in dem Maße, wie sie die Existenz solche Dimensionen nicht anerkennt und die eigenen Ziele und Prioritäten nicht an ihnen ausrichtet, noch weniger zur echten Befreiung bei."[32]

Eine solche allumfassende Entwicklung zu erreichen, ist Ziel der Sozialenzyklika SRS. Johannes Paul II. weiß sich verbunden in der Darstellung des Elends und der Unterentwicklung der Armen mit den Aussagen des 2. Vatikanischen Konzils und der Enzyklika Paul VI. Populorum Progressio. Nach seinen Worten gibt SRS das Neue der Enzyklika Populorum Progressio in drei Punkten wieder:

1. Der Begriff „Entwicklung" — aus dem Wortschatz der Sozial- und Wirtschaftswissenschaften entnommen — wird im Anschluß an die Enzyklika von Leo XIII. auch als ein Anliegen der Kirche betrachtet, weil es nicht nur den wirtschaftlichen, sondern auch den ethischen und kulturellen Charakter der mit der Entwicklung verbundenen Problematik heraushebt.
2. Diese soziale Frage wird in weltweiter Dimension gesehen. Denn die Entwicklungsländer als reiche Länder haben eine weltweite sittliche Verpflichtung. Es besteht eine „Pflicht zur Solidarität". Entwicklung darf nicht auf Kosten von Unterentwicklung geschehen.
3. „Entwicklung ist der neue Name für Frieden"[33].

Für Johannes Paul II. besteht außerdem zwischen Frieden und Gerechtigkeit ein enger Zusammenhang. Dort, wo eine vollkommenere Gerechtigkeit erreicht ist, entsteht auch die Möglichkeit für Frieden.[34]

Für Johannes Paul II. ist deutlicher als für Paul VI. Friede die Frucht der Solidarität.[35] Der Friede wird mit „jeder Verwirklichung der sozialen und internationalen Gerechtigkeit erreicht werden"[36]. Zu dieser gehört sowohl die Achtung der Menschenrechte wie auch die gerechte Verteilung der Früchte dieser Welt. Hinzu kommt die Notwendigkeit, „die Unversehrtheit und die Rhythmen der Natur zu achten und bei der Planung der Entwicklung zu berücksichtigen"[37]. Nachdem das 2. Vatikanische Konzil[38] und auch Paul VI. in Populorum Progressio[39] die Bestimmung der irdischen Güter unterstrichen hat, weist Johannes Paul II. darauf hin, daß die irdischen Güter allen Menschen zur Verfügung stehen.[40] Dennoch bleibt das Recht auf Privateigentum als „gültig und

---

32 Ebenda.
33 P.P. n. 87.
34 S.R.S. n. 8 — 10.
35 S.R.S. n. 39,9.
36 S.R.S. n. 39,10.
37 S.R.S. n. 26,6.
38 GeS. n. 69.
39 P.P. n. 22.
40 S.R.S. n. 42.

notwendig"[41]. Allerdings muß seine soziale Ausgestaltung erkannt und wahrgenommen werden. Denn das Prinzip einer allgemeinen Bestimmung der Güter dieser Welt darf vom Eigentum her nicht ausgehöhlt werden. Vielmehr ist mit dem Eigentum als soziale Funktion die Bestimmung der Güter für die Allgemeinheit mitgegeben. Andererseits läßt sich nach Populorum Progressio[42] deutlich erkennen, daß an dieser allgemeinen und sozialen Funktion das Eigentum seine Grenzen hat.

Die kirchliche Soziallehre will mit ihrer Verkündigung das Verhalten der Personen beeinflussen, den Einsatz für Menschenwürde, Menschenrecht und Gerechtigkeit verstärken, vorrangig Liebe für die Armen predigen und in konkrete Taten einmünden lassen.[43] Grund dafür ist formal und inhaltlich die Tatsache, daß die Armen die Armen des Herrn sind.[44]

II. Die Option für die Armen im Hirtenbrief der amerikanischen Bischofskonferenz

Der am 13. November 1986 verabschiedete Hirtenbrief der US-Bischofskonferenz über „Die katholische Soziallehre und die amerikanische Wirtschaft" stellt sich nationalen und internationalen wirtschaftlichen Problemen dieser Welt, ohne eine bestimmte Theorie, wie Wirtschaft funktioniert, zugrunde zu legen.[45] Der Hirtenbrief weiß jedoch, daß wirtschaftliche Entscheidungen die Armen im eigenen Land und in der Welt am stärksten treffen. Deshalb formuliert er: Die Entscheidungen müssen danach beurteilt werden, inwieweit sie allen Menschen dienen, jedoch vor allem den Armen.[46]

Sich mit der Armut auseinanderzusetzen, ist, wie die Verfasser sagen, „kein Luxus, den sich unsere Nation leisten kann, wenn sie dazu die Zeit und die Ressourcen hat."[47] Eindrucksvolle Zahlen haben die Verfasser bereit: 800 Mill. Menschen leben in absoluter Armut, 450 Mill. sind unterernährt und hungern.[48] Nach offizieller Definition der US-Regierung leben mehr als 33 Mill. Amerikaner unter den Bedingungen der Armut.[49] Die Armut ist besonders im letzten Jahrzehnt in den Vereinigten Staaten drastisch gestiegen. Der Umfang hat sich seit 1973

---

41 S.R.S. n. 42,4.

42 P.P. n. 22.

43 S.R.S. n. 41 ff.

44 S.R.S. n. 43,1.

45 Bischofskonferenz der Vereinigten Staaten von Amerika, Wirtschaftliche Gerechtigkeit für alle: Die Katholische Soziallehre und die amerikanische Wirtschaft vom 13. Nov. 1986, in: Stimmen der Weltkirche Nr. 26 (Abgekürzt: Hirtenbrief), Vorwort n. 12.

46 Hirtenbrief, n. I, 24.

47 Hirtenbrief, n. I, 170.

48 Hirtenbrief, Vorwort, n. 4.

49 Hirtenbrief, n. 170.173; vgl. Anm. 27.

um ein Drittel vergrößert. In diesen Zahlen wird allerdings nur von der materiellen Armut gesprochen, obwohl die Verfasser sonst an vielen Stellen auch von der immateriellen Seite der Armut zu reden wissen. Charakteristische Merkmale der Armut sind:

— Sie ist kein isoliertes Problem einiger weniger Menschen;
— sie findet sich über längere Zeit bei den Familien alleinernährender Frauen, bei ethnischen Minderheiten, die durch rassische Vorurteile und Diskriminierungen am Arbeitsmarkt, im Bildungssystem und bei anderen Gelegenheiten betroffen sind;
— die meisten Armen sind unter den Weißen zu finden; aber prozentual leiden die Schwarzen am stärksten unter ihr;
— ungleiche Verteilung von Einkommen und Vermögen stellt wirtschaftliche Ungleichheit und damit den Abstand zwischen den Reichen und Armen dar;
— Alte, Behinderte und Kinder sind besonders von ihr geprägt.[50]

Die Erzeugung von Nahrungsmitteln und Energie hat zwar die USA reich gemacht, aber sie hat infolge des übermäßigen Verbrauchs auch zu wachsenden Schäden an den natürlichen Ressourcen geführt. Kennzeichen dafür sind in der amerikanischen Landwirtschaft eine Konzentration des Grundbesitzes[51], der Verfall der ländlichen Gemeinde[52], die Erosion des Bodens und andere damit verbundene ökologische und soziale Probleme.[53] Solche und andere Ungleichgewichte schaden der Entwicklung einer ganzen Gesellschaft. Damit verlangt die Gerechtigkeit, daß die Gesellschaft sich für wirtschaftliche, politische und soziale Reformen einsetzt, um Gerechtigkeit und Ungleichheit abzubauen.[54]

Grundlage der Überlegungen sind für die Verfasser des Hirtenbriefs die Schriften des Alten und Neuen Testaments und die Soziallehre der Kirche. Aus ihnen haben sie gelernt zu erkennen, daß „die Gerechtigkeit einer Gesellschaft daran gemessen wird, wie sie mit den Armen umgeht“[55]. Nicht nur im Zeichen des Bundesschlusses Gottes mit Israel, sondern auch und gerade als Ausdruck der Nachfolge Christi ergeht an die Christen die Aufforderung, „eine grundlegende ‚Option für die Armen‘ zu treffen“[56]. Aber mit dieser immer von neuem geforderten Option[57] soll nicht gesagt werden, daß man auf diese eine Gruppe von Menschen setzt und die anderen vernachlässigt. Vielmehr gilt: „Als Christen

---

[50] Hirtenbrief, n. 175 ff.
[51] Hirtenbrief, n. 225.
[52] Hirtenbrief, n. 226.
[53] Hirtenbrief, n. 227.229 f.
[54] Hirtenbrief, n. 185.
[55] Hirtenbrief, Vorwort, n. 16.
[56] Hirtenbrief, Vorwort, n. 16.
[57] Hirtenbrief, Vorwort, n. 16; I, 52.87 f. u. ö.

sind wir dazu aufgerufen, auf die Nöte *aller* unserer Brüder und Schwestern einzugehen, aber die in größter Not brauchen die meiste Hilfe.“[58] Die Armut wird nicht nur als Mangel an materiellen Gütern verstanden, sondern den biblischen Aussagen entsprechend mit Machtlosigkeit und Abhängigkeit in Verbindung gebracht. Armut wird auch als Unglück und als Anlaß zur Traurigkeit verstanden. Arme werden in Übereinstimmung mit der biblischen Überlieferung als von Gott Auserwählte angesehen. Ihrer nimmt sich Gott an. Denn sie sind die Niedrigen, denen sich Gott offenbart. Aber sie sind es auch, die für Gott offen sind.[59]

Die Reichen dagegen stehen unter der Gefahr, vom Reichtum erdrückt zu werden. Sie neigen dazu, sich einem fremden Glauben auszuliefern und fremden Göttern nachzulaufen. Sie sind offen für Gewalt und Unterdrückung. Ihr Reichtum blendet sie. Die Verfasser kennen zwar die Gefahr, die aus dem Reichtum entsteht; aber sie fordern trotzdem keine generelle Enteignung. Statt dessen schreiben sie: „Die christlichen Gemeinden haben seit dem 1. Jahrhundert und durch die gesamte Geschichte verschiedene Formen der Unterstützung für die Schwachen und Ohnmächtigen entwickelt, und zwar in Gesellschaften, die sich oft herzlich wenig um das menschliche Leiden kümmern. Auf dieser Grundlage ist der Begriff ‚Option für die Armen‘ zu verstehen.[60] Die Kirche als Ganze und in ihr die einzelnen Gläubigen sollen sich auf die Seite der physisch und geistig Bedürftigen stellen.[61] Das ist ein Ausdruck der Nächstenliebe und der Nachfolge Jesu.

Das Personen-[62], Solidaritäts-[63], Subsidiariäts-[64] und das Gemeinwohlprinzip[65] werden als Elemente zur ethischen Beurteilung der Armut herangezogen. In den Sozialprinzipien werden die Grundrechte der menschlichen Person als Grundlage für das menschenwürdige Leben in der Gemeinschaft geregelt. In ihnen wird auf die Menschen- und Personenwürde des Geschöpfes als des Ebenbildes Gottes abgehoben. Dieses findet in der Gemeinschaft der Menschen seine Erfüllung und Verwirklichung. Im Gemeinwesen hat jedes Glied nicht nur Rechte, sondern auch Pflichten. Es geht um die Gestaltung der Gemeinschaft. Deshalb steht sowohl der Respekt vor den Menschenrechten als auch die Förderung der in der menschlichen Gemeinschaft miteinander lebenden Personen im Mittelpunkt.[66]

---

58 Hirtenbrief, Vorwort, n. 16.
59 Hirtenbrief, n. I, 49 ff.
60 Hirtenbrief, n. 51 f.
61 Hirtenbrief, n. 52.
62 Hirtenbrief, Vorwort, n. 13.
63 Hirtenbrief, n. 74.119.187.
64 Hirtenbrief, n. 99 f. 124.323.
65 Hirtenbrief, n. 79.122.124.295.
66 Hier wird besonders auf das II. Vatikanische Konzil verwiesen (n. 79; vgl. GeS. n. 26; Pacem in Terris und die Erklärungen Paul VI. vor den Vereinten Nationen). Gemeint sind die Rechte der Redefreiheit, der Religions- und Versammlungsfreiheit,

Der Christ weiß, daß die endgültige Gestalt der Gesellschaft erst mit Vollendung des Königreiches Gottes gegeben sein wird. Trotzdem muß sich der einzelne und mit ihm die Gesellschaft darum bemühen, in Liebe und Solidariät eine gerechte Gesellschaft für alle zu entwerfen. An dieser Gesellschaft sollen alle partizipieren können.[67] Schließlich hat zum einen jeder Mensch die Pflicht, am gesellschaftlichen Leben teilzunehmen, zum anderen muß ihm die Gesellschaft diese Teilnahme ermöglichen.[68] „Das Gemeinwohl fordert Gerechtigkeit für alle und den Schutz der Menschenrechte für jeden einzelnen."[69] Gerade in dieser Forderung steckt für die Gesellschaft die Verpflichtung, sich um den Abbau der materiellen, physischen und psychischen Not der Armen zu kümmern.[70] Das entspricht auch der biblischen Forderung nach der Nächstenliebe. Daraus resultiert die „Option für die Armen".

Sie stellt keinen Angriff einer Gruppe gegen die andere dar, sondern besagt vielmehr, daß Armut und Ohnmacht jedem der Gemeinschaft schadet.[71] Die Würde des Menschen wird erst dann verwirklicht sein, wenn jeder die Möglichkeit erlangt, an der Gestaltung der Gemeinschaft mitzuarbeiten und so ihre Lebensqualität mitzubestimmen.

Johannes Paul II. hat nach den Worten des Hirtenbriefes bei seinem Kanadabesuch 1984 den Inhalt der katholischen Soziallehre mit Blick auf die Normen der Wirtschaft so formuliert, daß die Berücksichtigung der Nöte der Armen vor den Wünschen der Reichen Vorrang haben müßte.[72] Allerdings ist damit nicht gemeint, daß eine „absolute Gleichheit bei der Verteilung von Einkommen und Vermögen" erreicht wird[73]. Es bleibt die Ungleichheit der Verteilung von Einkommen und Vermögen. Denn „ein gewisser Grad von Ungleichheit ist nicht nur akzeptabel, sondern kann sogar aus wirtschaftlichen und sozialen Gründen als wünschenswert betrachtet werden, wie etwa die Notwendigkeit des Anreizes und die Zuteilung größerer Belohnung für höheres Risiko."[74] Es sollte allerdings ein ausgewogenes Maß an Gleichheit einerseits und Ungleichheit andererseits angestrebt werden. Dabei darf jedoch im Abwägen dieser Zuordnung die Priorität der Grundbedürfnisse der Armen nicht nivelliert werden.[75]

Im Hirtenbrief wird betont, daß die katholische Lehre zwar keine Lösung für die Aufhebung des Ungleichgewichtes in der nationalen Wirtschaftsordnung

---

das Recht auf Leben, Nahrung, Kleidung, Obdach und Erholung, medizinische Versorgung etc.

[67] Hirtenbrief, vgl. n. 67 f.

[68] Hirtenbrief, n. 71.

[69] Hirtenbrief, n. 85; vgl. Mater et Magistra n. 65.

[70] Hirtenbrief, n. 86.

[71] Hirtenbrief, vgl. n. 88.

[72] Hirtenbrief, n. 94.

[73] Hirtenbrief, n. 185.

[74] Hirtenbrief, n. 185.

[75] Hirtenbrief, n. 185.187.

anzubieten hat, aber das Gebot der christlichen Nächstenliebe und der menschlichen Solidarität strebt nach einer Durchsetzung der Gerechtigkeit. Alle Völker haben das Recht, an der Weltwirtschaft so teilzunehmen, daß ihre Freiheit und Würde anerkannt werden. Die Nächstenliebe verlangt nach einer Durchsetzung der Menschenrechte und nach der Sicherung der Grundbedürfnisse der Armen.[76] Aufgrund dieser Forderung wird erwartet, daß eine Reform der internationalen Wirtschaftsordnung angestrebt wird. Speziell im Nord-Süd-Dialog wollen die Vereinigten Staaten von Amerika ihre Einstellung gegenüber den Bedürfnissen der Entwicklungsländer ändern. Das bezieht sich auf die Entwicklungshilfe, den Handel als den wichtigsten Bestandteil der internationalen Wirtschaftsbeziehungen, die Frage der Schuldenregulierung der Entwicklungsländer, die Investitionspolitik und die Fragen der Ernährungsproblematik.[77] Gerade im Blick auf die internationale Weltwirtschaftsordnung greift der Brief viele Verantwortungsbereiche der USA gegenüber den Entwicklungsländern auf, die für das Problem der Armut und der Unterentwicklung maßgeblich sind. Außer den bereits genannten Punkten werden die Fragen der Auslandsinvestitionen, der Transnationalen Unternehmen, der Landwirtschaft, der Waffenverkäufe oder der Bevölkerungspolitik behandelt. Auf allen Gebieten werden nicht so sehr wirtschaftliche Entscheidungen als vielmehr moralische bzw. ethische gefordert.

Am erfolgreichsten wird der Kampf gegen die Armut durch den Aufbau einer gesunden Wirtschaft geführt, die dem arbeitsfähigen Menschen Erwerbsarbeit zu gerechten Löhnen bereitstellt.[78] Minderheiten und Frauen sollen gleichberechtigte Arbeitsbedingungen vorfinden, die den weißen bzw. männlichen Arbeitnehmern entsprechen.[79] Bei den Bemühungen, den Armen Hilfe zur Selbsthilfe zu leisten, sind öffentliche wie private Institutionen zu beteiligen.[80] Das Steuersystem muß auf eine Wirkung für die Armen hin ausgerichtet werden. Bildung und Ausbildung sind so zu bestreiten, daß die Armen eine Möglichkeit, am politischen und wirtschaftlichen Leben teilzunehmen, erhalten.[81] Eltern sollen für ihre Kinder sorgen können. Darum muß die Familie besonders gestärkt werden.[82] Nationale Wohlfahrts- und Unterstützungsprogramme sind so zu reformieren, daß die Menschenwürde der Armen nicht verletzt und zugleich eine angemessene Unterstützung gewährt wird.[83]

Das Bestreben, mit der Armut fertigzuwerden, darf nicht kurzfristig gesehen werden. Es sind Maßnahmen zu ergreifen, die langfristig helfen, die Armut zu

---

76 Hirtenbrief, n. 258.
77 Hirtenbrief, n. 261 ff.
78 Hirtenbrief, n. 196 a.
79 Hirtenbrief, n. 199 b.
80 Hirtenbrief, n. 200 c.
81 Hirtenbrief, n. 202 d und 203 e.
82 Hirtenbrief, n. 206 f.
83 Hirtenbrief, n. 210 g ff.

beseitigen und Einkommen und Vermögen gerechter zu verteilen. Die Verfasser streben eine Demokratisierung der wirtschaftlichen und politischen Macht an.[84] Dazu gehört auch, daß sie sich für eine neue Gestalt der Gerechtigkeit einsetzen. Sie wird als „kontributive" Gerechtigkeit und damit als eine Form der sozialen Gerechtigkeit bezeichnet. Sie besagt, „daß die Menschen die Pflicht zu aktiver und produktiver Teilnahme am Gesellschaftsleben haben und daß die Gesellschaft die Verpflichtung hat, dem einzelnen diese Teilnahme zu ermöglichen."[85] Man bezeichnet sie deshalb als kontributiv, weil sie die Verpflichtung aller herausstellt, Güter und Dienstleistungen und andere Werte zu schaffen, die zum Wohl der ganzen Gemeinschaft notwendig sind.[86] Da der freie Markt nicht *automatisch* Gerechtigkeit hervorbringt[87], muß die Gemeinschaft die Produktionsstrukturen so gestalten, daß die Grundbedürfnisse abgedeckt, die Beschäftigungssituation berücksichtigt, die Diskriminierung vermieden, die Qualität der Umwelt nicht geschädigt und der Gemeinschaftssinn erhalten wird.[88] Das bezieht sich nicht nur auf die nationale Wirtschaft, sondern auch auf die internationale.

III. Das Eigentum und die Eigentumsordnung

a) Der Vorrang der Gemeinbestimmung des Eigentums

Gott hat die Oberherrschaft über alle irdischen Güter (principale dominium omnium rerum), so steht es in Thomas von Aquins Summa Theologiae.[89] Der Mensch dagegen besitzt nur die natürliche Herrschaft über die Dinge („in Bezug auf die Macht, sich ihrer zu bedienen")[90] Er hat also das naturale rerum dominium. Damit ist dem Menschen zunächst der naturrechtliche Anspruch zuerkannt, die Dinge für sich selbst zu gebrauchen (potestas utendi). Thomas differenziert allerdings noch weiter: Nach dem genannten Gebrauchsrecht (potestas utendi, usus)[91] kann der Mensch die Güter gebrauchen bzw. verbrauchen. Aber vom Gebrauch oder Verbrauch bei Konsumartikeln (usus) trennt Thomas das Recht der Bewirtschaftung und Verwaltung der Güter (potestas procurandi et dispensandi).[92] Im Blick auf die Nutzung der Güter (potestas utendi) soll der Mensch bedenken, daß er sie nach dem Naturrecht nicht als sein eigen (res proprias) ansehen darf, sondern nur als gemeinsame Güter (res communes). Aber

---

84 Hirtenbrief, n. 114.225.
85 Hirtenbrief, n. 71.
86 Ebenda.
87 Hirtenbrief, n. 115.
88 Hirtenbrief, vgl. n. 71.
89 Thomas von Aquin, Summa Theologiae (Abgekürzt: S.Th.) II / II q. 66 a.1 ad 1.
90 Thomas von Aquin, S.Th. II / II q. 66 a.1 ad 1.
91 Thomas von Aquin, S.Th. II / II q. 66 a.1 ad 1 u. 2.
92 Thomas von Aquin, S.Th. II / II q. 66 a.2.

damit soll nicht gesagt werden, daß der Mensch kein Privateigentum haben dürfe. Nach dem Naturrecht gibt es keine Unterscheidung des „Besitzes“ (distinctio possessionum); diese ist mehr (magis) menschliches Gesetz, positives Recht (ius positivum). Das Naturrecht gebietet also nicht, alles in Gemeinschaft zu besitzen und kein Privateigentum an den Gütern dieser Welt zu haben.[93] Das Privateigentum steht darum nicht gegen das Naturrecht, sondern wird aufgrund der „Findung“ (erfinderischen Ergänzung) der menschlichen Vernunft (per adinventionem rationis humanae) dem Naturrecht hinzugefügt.[94] Nach dem usus communis, dem Gemeingebrauch, hat jeder einen Zugang zu den Gütern der Welt. Gleichzeitig ist jedermann verpflichtet, diese Güter auch bei Bedarf anderer ihnen mitzuteilen (in neccessitate aliorum). Der Gebrauch und Verbrauch der Güter darf also den anderen nicht vorenthalten werden. Die individuelle Nutzung der Güter wird nach Thomas jedem insoweit zuerkannt, als er verpflichtet ist, den Nöten der anderen zu entsprechen.

Aufgrund des Rechtes einer guten Bewirtschaftung und Verwaltung der Güter (potestas procurandi et dispensandi) ist es dem Menschen erlaubt, die Güter in das Eigentum zu übernehmen. Diese Befugnis ist ein Naturrecht. Drei Gründe werden genannt, die es für den Menschen notwendig machen, die Güter in sein Eigentum zu nehmen:

1. Jeder fühlt sich gegenüber dem, was allein ihm gehört, eher verpflichtet, als wenn es allen oder vielen gehört. Das Privateigentum spornt den Fleiß mehr an als eine Gütergemeinschaft. Denn nach Thomas scheut jeder die Arbeit und überläßt das, was die Gemeinschaft angeht, anderen.
2. Die menschlichen Dinge werden sorgfältiger verwaltet, wenn jeder sich selbst um die Beschaffung seiner Sachen sorgt. Es entsteht dann ein Durcheinander, wenn jeder sich um alles zu kümmern hat.
3. Die friedliche Verfassung der Menschen wird stärker bewahrt, wenn jeder mit seinen eigenen Sachen zufrieden ist.[95]

Thomas begründet also das Privateigentum durch die produktive Nutzung der Güter der Welt. Ohne diese In-anspruch-nahme wird auch der usus communis der Güter — ihre „Gemeinbestimmung“ (sic Rauscher) oder ihr „Gemeingebrauch“ (sic Franz Klüber) — nicht verwirklicht. Auf diesem Boden haben später dann die Päpste einerseits das Gemeineigentum (Sozialismus) zurückgewiesen und andererseits den Vorrang der Gemeinbestimmung (Gemeingebrauch) vor dem Privateigentum behauptet. Denn gegenüber dem absoluten und unwandelbaren Naturrecht des usus communis ist das Privateigentum ein relatives und wandelbares Naturrecht, auch wenn es naturrechtlich verankert ist.

---

93 Thomas von Aquin, S.Th. II / II q. 66 a.2 ad 1.

94 Thomas von Aquin, S.Th. q. 66 a.2 ad 1.

95 Thomas von Aquin, S.Th. q. 66 a.2.

Seit Leo XIII. haben die Päpste an der Lehre des Eigentums nach Thomas von Aquin festgehalten. Es steht bereits in Rerum Novarum, daß der Mensch das Recht zum Besitz privaten Eigentums von der Natur erhalten hat.[96] Der Mensch hat gemäß der Eigentumsanschauung von Thomas „Besitzrecht nicht bloß auf Dinge, die beim Gebrauch verzehrt werden, sondern auch auf solche, welche in und nach dem Gebrauch bestehen bleiben."[97] Der Papst bemüht sich einerseit um eine Gleichsetzung der Gemeinbestimmung des Eigentums mit einer Gütergemeinschaft oder Sozialisierung; aber er kämpft auch andererseits gegen eine individualistische Einseitigkeit der Eigentumsordnung. Und darauf ist nicht nur Pius XI. in Quadragesimo Anno eingegangen[98] (das wird weiter unten behandelt werden), sondern auch Johannes XXIII. in Mater et Magistra. Gerade der letztgenannte Papst hat sich zum natürlichen Recht auf Eigentum, vor allem an den Produktionsmitteln, positiv geäußert.[99] Dieses Recht auf Privateigentum gilt für jede Zeit. „Es ist in der Natur der Dinge selbst grundgelegt, die uns belehrt, daß der einzelne Mensch früher ist als die bürgerliche Gesellschaft, und daß diese zielhaft auf den Menschen hingeordnet sein muß. Übrigens würde die Anerkennung des menschlichen Rechts auf wirtschaftliche Privatinitiative gegenstandslos, wollte man den Menschen nicht zugleich auch die Möglichkeit einräumen, die für die Ausübung dieses Rechts notwendigen Mittel selbst zu bestimmen und anzuwenden."[100] Bei Leo XIII. klang bereits an, was später in der Pastoralkonstitution Gaudium et Spes unterstrichen worden ist: „Daß aber Gott der Herr die Erde dem ganzen Menschengeschlecht zum Gebrauch und zur Nutznießung übergeben hat, dies steht durchaus nicht dem Sonderbesitz (scil. Privateigentum) entgegen. Denn Gott hat die Erde nicht in dem Sinne der Gesamtheit überlassen, als sollten alle ohne Unterschied Herren über diese sein, sondern insofern, als er selbst keinem Menschen einen besonderen Teil derselben zum Besitze angewiesen, vielmehr dem Fleiß der Menschen und den von den Völkern zu treffenden Einrichtungen die Ordnung der Eigentumsverhältnisse unter ihnen anheimgegeben hat."[101] In Gaudium et Spes heißt es mit Thomas: Alle Menschen haben also ein ursprüngliches Nutzungsrecht an den Gütern dieser Erde, und keiner darf ausgeschlossen werden.

Der Grundsatz der Gemeinbestimmung ist der Ausgangspunkt und die Grundlage des christlichen Denkens.[102] Es muß deshalb immer wieder darauf hingewiesen werden, „daß das Privateigentum diesem Grundsatz untergeordnet bleibt"[103].

---

96 Leo XIII, R.N. n. 4.

97 R.N. n. 5.

98 Pius XI, Q.A. n. 45. 46 (Quadragesimo Anno).

99 Johannes XXIII, M.e.M. n. 108.

100 M.e.M. n. 109.

101 R.N. n. 7.

102 Anton Rauscher, Das Eigentum, in: Katholische Soziallehre in Text und Kommentar, Bd. 15, Köln 1982, S. 17.

103 Ebenda.

Johannes Paul II. hat in seiner Enzyklika „Laborem Exercens" von der christlichen Tradition gesprochen, nach der dieses Recht auf Privateigentum nie als absolut und unantastbar betrachtet wurde. Ganz im Gegenteil, sie hat es immer im Rahmen des gemeinsamen Rechtes aller auf die Nutzung der Güter der Schöpfung gesehen. Das Recht auf Privateigentum ist dem gemeinsamen Recht auf Nutznießung und damit der Bestimmung der Güter für alle untergeordnet.[103a] Die Nutzung der Güter erfolgt in einer Verantwortung gegenüber dem Mitmenschen. Inhalt und Folgerungen aus diesen sozialen Bindungen sind unterschiedlich. Es kann nicht ein für alle Male festgelegt werden, wie die Nutzung dieser Güter auszusehen hat.

b) Die Individual- und Sozialfunktion des Eigentums

Die Güter dieser Welt sind, wie bereits dargelegt, vom Schöpfer allen Menschen zur Nutzung zur Verfügung gestellt. Jeder Mensch kann an ihnen Eigentum erwerben. Jedoch ist dieses Eigentum sogleich mit sozialer Bindung versehen, denn so hat es bereits Thomas von Aquin ausgedrückt.

In Rerum Novarum ist von den Gütern die Rede, die zum Gebrauch und zur Nutznießung „dem ganzen Menschengeschlecht" zur Verfügung gestellt sind. Gleichzeitig weist Leo XIII. darauf hin, daß gerade die Gemeinbestimmung des Eigentums nicht im Gegensatz zum Individualrecht („dem Sonderbesitz") steht.[104]

Pius XI. hat in Quadragesimo Anno unmißverständlich von den *zwei* Naturen des Eigentums, von der individuellen und der sozialen Seite, gesprochen.[105] Er nimmt in diesem Zusammenhang sowohl Leo XIII. wie die unter Leitung „des kirchlichen Lehramtes wirkenden" Theologen in Schutz und weist darauf hin, daß sie niemals „die Doppelseitigkeit des Eigentums, d. i. seine individuelle und seine soziale, seine dem Einzelwohl und seine dem Gesamtwohl zugeordnete Seite verkannt oder in Zweifel gezogen (haben). Im Gegenteil: Einmütig lehren sie, das Sondereigentum sei von der Natur, ja sogar vom Schöpfer selbst dem Menschen verliehen, einmal, damit jeder für sich und die Seinen sorgen könne, zum anderen, damit mittels dieser Institution die vom Schöpfer der ganzen Menschheitsfamilie gewidmeten Erdengüter diesen ihren Widmungszweck wirklich erfüllen: Beides hat die Einhaltung einer festen und eindeutigen Ordnung zur unerläßlichen Voraussetzung."[106] Pius XI. will damit den „zwei gefährlichen Einseitigkeiten" bei der Deutung der Eigentumsnatur entgehen. „Auf der einen Seite führt (nämlich) die Leugnung oder Abschwächung der Sozialfunktion des

103a Johannes Paul II, Laborem Exercens n. 14,2 (Abgekürzt: L.E.).

104 Leo XIII, R.N. n. 7.

105 Pius XI, Q.A. n. 45.

106 Ebenda.

Eigentumsrechts zum Individualismus oder mindestens in seine Nähe; auf der anderen Seite trat die Verkennung oder Ausübung seiner Individualfunktion zu Kollektivismus oder läßt wenigstens dessen Standpunkt bedenklich streifen."[107] Die Kirche hält also die Abschaffung des Eigentums für unvereinbar mit der personalen Würde des Menschen. Andererseits kann es für sie kein Eigentum ohne soziale Bindung geben. Daß das Recht auf Privateigentum den Grundgedanken der Gemeinbestimmung des Eigentums unterzuordnen ist, hat Paul VI. in Populorum Progressio — ähnlich auch Johannes Paul II. — betont und damit den Primat der Gemeinbestimmung des Eigentums unterstrichen. Paul VI. weist mit einem Zitat des Ambrosius darauf hin, daß die Erdengüter für alle Menschen bestimmt werden: „‚die Erde ist für alle da, nicht nur für die Reichen.' Das Privateigentum ist also für niemand ein unbedingtes unumschränktes Recht. Niemand ist befugt, seinen Einfluß ausschließlich sich selbst vorzubehalten, wo andern das Notwendigste fehlt. ‚Das Eigentumsrecht darf nach der herkömmlichen Lehre der Kirchenväter und der großen Theologen niemals zum Schaden des Gemeinwohls genutzt werden.' Sollte ein Konflikt zwischen den ‚wohlerworbenen Rechten des einzelnen und den Grundbedürfnissen der Gemeinschaft' entstehen, dann ist es an der staatlichen Gewalt, ‚unter aktiver Beteiligung der einzelnen und der sozialen Gruppen eine Lösung zu finden.'"[108] Neben anderen wehrt sich Paul VI. mit Bezug auf Pius XI. dagegen, daß das Eigentum an den Produktionsmitteln als ein „absolutes Recht, ohne Schranken, ohne entsprechende Verpflichtungen der Gesellschaft gegenüber" hingestellt wird.[109]

Pius XI. hat ebenfalls darauf verwiesen, daß bestimmte Güter allein dem Staat vorbehalten werden müssen, „weil die mit ihnen verknüpfte übergroße Macht ohne Gefährdung des öffentlichen Wohls Privathänden nicht überantwortet bleiben kann"[110]. Die gleiche Einstellung zum öffentlichen Eigentum hat auch Johannes XXIII. in seiner Enzyklika Mater et Magistra gelehrt.[111]

Das 2. Vatikanische Konzil konnte in Gaudium et Spes die Zuordnung von Individualeigentum und der Sozialfunktion des Eigentums deutlich werden lassen. Nach dem Personenprinzip — „Wurzelgrund nämlich, Träger und Ziel aller gesellschaftlichen Institutionen" ist die menschliche Person — muß sich auch die gesellschaftliche Ordnung und ihre Entwicklung orientieren.[112] Das Eigentum und die Verfügung über die Güter der Erde sind unter dem Gesichtspunkt zu bewerten, ob sie zur „Selbstdarstellung der Person" beitragen[113]. Sie geben dem Menschen die Möglichkeit, „seine Aufgabe in Gesellschaft und Wirtschaft zu

---

107 Pius XI, Q.A. n. 46.
108 Paul VI, P.P. n. 23. Vgl. L.E. n. 14,2.
109 P.P. n. 26.
110 Pius XI, Q.A. n. 114.
111 Johannes XXIII, M.e.M. n. 116 ff.
112 GeS. n. 25 f.
113 GeS. n. 71.

erfüllen“ [114]. Ferner vermitteln das Privateigentum und die Verfügungsmacht über äußere Güter „den unbedingt nötigen Raum für eigenverantwortliche Gestaltung des persönlichen Lebens jedes einzelnen und seiner Familie.“ [115] Sie spornen „zur Übernahme von Aufgaben und Verantwortung“ an; „damit zählen sie zu den Voraussetzungen staatsbürgerlicher Freiheit.“ [116]

Die soziale Seite wird also vom Privateigentum keinesfalls abgetrennt; im Gegenteil: sie wird geradezu hervorgehoben. Diese hat ihre Grundlage „in der Widmung der Erdengüter an alle“ [117]. Das Recht auf Privateigentum darf darum „die Rechtmäßigkeit von Gemeineigentum in verschiedenen Formen“ nicht ausschließen. Aber: „Die Überführung von Gütern in Gemeineigentum kann nur von den zuständigen obrigkeitlichen Stellen entsprechend dem, was das Gemeinwohl fordert, und in dieser Begrenzung sowie gegen billige Entschädigung erfolgen.“ [118] Eine Enteignung des Eigentums zu akzeptieren, liegt nicht nur in der Natur der Soziallehre mit dem Vorrang der Person vor den Sachen, sondern hat bereits in Pius XII. einen Fürsprecher gefunden. Nach ihm „darf der Staat im Interesse der Allgemeinheit eingreifen und den Gebrauch des Privateigentums regeln oder auch, falls sich auf eine andere billige Weise kein Ausweg findet, gegen angemessene Entschädigung die Enteignung verfügen.“ [119]

Gaudium et Spes geht jedoch über diese Ziele hinaus und läßt die Enteignung unter ganz bestimmten Bedingungen zu. Dabei spielt die Entschädigung nach Billigkeit — „unter Abwägung aller einschlägigen Gesichtpunkte“ [120] — eine entscheidende Rolle. Paul VI. hat die Äußerung der Pastoralkonstitution kommentiert und gesagt: „Das Gemeinwohl verlangt deshalb manchmal eine Enteignung von Grundbesitz, wenn dieser wegen seiner Größe, seiner geringen oder überhaupt nicht erfolgten Nutzung, wegen des Elends, das die Bevölkerung durch ihn erfährt, wegen eines beträchtlichen Schadens, den die Interessen des Landes erleiden, dem Gemeinwohl hemmend im Wege steht.“ [121] Gaudium et Spes hat noch einen anderen Gesichtspunkt herausgestellt: Die durch die Enteignung Begünstigten müssen in der Lage sein, die ihnen zur Verfügung gestellen Flächen „ertragbringend“ zu bewirtschaften. [122] Die Neuverteilung des Großgrundbesitzes muß also das Ziel berücksichtigen, daß eine ertragreiche Nutzung garantiert wird. Dieses freilich ist nur dann möglich, wenn von den einzelnen neuen „Eigentümern“ der Boden bereitet wird. [123]

---

114 Ebenda.

115 GeS. n. 71,2; vgl. M.e.M. n. 109.

116 GeS. n. 71,2.

117 GeS. n. 71,5.

118 GeS. n. 71,4.

119 Pius XII, in Utz-Groner n. 736, in: Utz-Groner, Aufbau und Entfaltung des gesellschaftlichen Lebens Soziale Summe Pius XI, Bd. I, Freiburg ^{2}1954.

120 GeS. n. 71,6.

121 P.P. n. 24.

122 GeS. 71,6.

c) Das Verhältnis von Arbeit und Eigentum

Von der engen Verzahnung von Arbeit und Eigentum hat bereits Leo XIII. in Rerum Novarum gesprochen. Er schreibt: „Wer ohne Besitz ist, bei dem muß die Arbeit dafür eintreten, und man kann sagen, die Beschaffung aller Lebensbedürfnisse geschehe durch Arbeit, entweder durch die Bearbeitung des eigenen Bodens oder durch Arbeit in irgend einem anderen Erwerbszweig, dessen Lohn zuletzt nur von der Frucht der Erde kommt und mit der Frucht der Erde vertauscht wird.“[124] Arbeit wird zur Basis für das Eigentum. Umgekehrt ist Eigentum die Frucht der Arbeit und bedeutet damit Anreiz zum Arbeiten. Davon hat bereits Thomas von Aquin gesprochen, wenn er das Privateigentum als zweckmäßig ansieht, weil so der Trägheit und auch der Arbeitsunlust entgegengewirkt wird. Diesen Gedanken greift Leo XIII. auf, indem er sagt: „Mit dem Wegfall des Spornes zu Strebsamkeit und Fleiß würden auch die Quellen des Wohlstandes versiegen.“[125] Neunzig Jahre später drückt Johannes Paul II. diesen Zusammenhang zwischen Arbeit und Eigentum ähnlich aus, wenn er davon spricht, daß der Mensch, sofern er die Naturschätze für sich und die anderen nutzbar machen will, „nur über ein einziges Mittel, nämlich die Arbeit“ verfügt[126]. Immer von neuem betont er den Vorrang der Arbeit; denn Aneignung der Naturschätze geschieht für ihn durch Arbeit. Schließlich „ist alles, was zur Arbeit dient, alles, was beim heutigen Stand der Technik ihr immer vollkommeneres ‚Werkzeug‘ darstellt, eine Frucht der Arbeit.“[127] Eigentum wird durch Arbeit erworden und dient der Arbeit. Das ist eine der zentralen Aussagen in Laborem Exercens. Damit wird der Vorrang der Arbeit gegenüber dem Eigentum und speziell gegenüber dem Eigentum aus Produktionsmitteln herausgestellt. „Man darf sie (scil. die Produktionsmittel) nicht gegen die Arbeit besitzen: Man darf sie auch nicht um des Besitzes willen besitzen, weil das einzige Motiv, das ihren Besitz rechtfertigt — sei es in der Form des Privateigentums, sei es in der des öffentlichen oder kollektiven Eigentums —, dies ist, der Arbeit zu dienen und dadurch die Verwirklichung des 1. Prinzips der Eigentumsordnung zu ermöglichen: Die Bestimmung der Güter für alle und das gemeinsame Recht an ihrem Gebrauch.“[128]

Damit hat Johannes Paul II. einerseits die Vorrangigkeit der Arbeit vor dem Eigentum und andererseits zugleich die soziale Bindung des Eigentums miteinander verknüpft. Daß die Arbeit vor dem Eigentum rangiert, ist aus vielen Veröffentlichungen der Päpste direkt abzuleiten und hat seinen Grund in dem allen voranstehenden Personenprinzip, nach dem sich auch gesellschaftliche Institutionen,

---

123 Ebenda.
124 R.N. n. 7.
125 R.N. n. 12.
126 L.E. n. 12,2.
127 L.E. n. 12,4.
128 L.E. n. 14,3.

Ordnungen und Entwicklungen am Wohl der Person zu orientieren haben. Denn sie alle sind wie die Ordnung der Dinge der Ordnung der Personen dienstbar zu machen.[129]

Über die Vorrangstellung der Arbeit lehrt die Pastoralkonstitution: Die menschliche Arbeit hat Vorrang vor allen anderen Faktoren und sie ist zugleich ein unmittelbarer Ausfluß der Person. „Die in der Gütererzeugung, der Güterverteilung und in den Dienstleistungsgewerben geleistete menschliche Arbeit hat den Vorrang vor allen anderen Faktoren des wirtschaftlichen Lebens, denn diese sind nur werkzeuglicher Art."[130] Unmittelbar daran schließt sich die Aussage über das Verhältnis von Arbeit und Person an. „Die Arbeit nämlich, gleichviel ob selbständig ausgeübt oder im Lohnarbeitsverhältnis stehend, ist unmittelbarer Ausfluß der Person, die den stofflichen Dingen ihren Stempel aufprägt und sie ihrem Willen dienstbar macht."[131] Wilhelm Weber ist der Meinung, daß diese Aussage eine wörtliche Übernahme einer Formulierung von Pius XII. ist. Allerdings ist dann das Wort „Eigentum", das bei Pius steht, durch den Ausdruck „Arbeit" ersetzt worden. Bei Pius hatte es geheißen: „Das Recht des einzelnen und seiner Familie auf Eigentum ist ein unmittelbarer Ausfluß des Personseins."[132] Weber hat die Befürchtung — es war das Jahr 1968, und es ging um den Streit über die Mitbestimmung —, mit dieser Veränderung sollte eine „Abschwächung des Eigentumsinstituts" vorgenommen werden. Webers Vorwurf war der, daß das Eigentum dadurch der menschlichen Arbeit in einer bedenklichen Weise nach- und untergeordnet werde.[133] In der Tat sind Eigentum und Arbeit auf die Person bezogen. Sie stellen einen unmittelbaren Ausfluß der Person dar. Dennoch wird man über dieses gemeinsame Element hinausgehen und sagen müssen, daß die Arbeit vor dem Eigentum einen Vorrang besizt. Das gilt besonders für das Eigentum an den Produktionsmitteln.

Nach Johannes Paul II. wäre eine Auffassung, die die Produktionsmittel „isoliert betrachtet, als einen geschlossenen Komplex von Eigentum, der dann als ‚Kapital' der ‚Arbeit' gegenüberstände oder sie gar ausbeuten sollte", ein Gegensatz zum Wesen der Produktionsmittel und ihres Besitzes. „Man darf sie nicht gegen die Arbeit besitzen: man darf sie auch nicht um des Besitzes willen besitzen."[134] Was zur Arbeit dient, stellt Werkzeug und damit „Frucht der Arbeit" dar[135]. Denn den Primat im Produktionsprozeß nimmt der Mensch ein. Das

---

129 GeS. n. 25,1; 26,3.

130 GeS. n. 67,1.

131 GeS. n. 67,1 u. 2.

132 Pius XII, Utz-Groner, n. 628.

133 Wilhelm Weber, Die Aussagen der katholischen Soziallehre, besonders des II. Vatikanischen Konzils zur Mitbestimmung, in: Anton Rauscher (Hrsg.), Mitbestimmung, Köln 1968, S. 253.

134 L.E. n. 14,3.

135 L.E. n. 12,4.

Kapital und damit eine besondere Form des Eigentums „ist nur eine Summe von Dingen“[136]. Hinter der Arbeit und hinter dem Kapital steht der Mensch. Er ist das Subjekt, dem der Vorrang vor dem „Instrument ‚Kapital‘“ gebührt[137].

d) Das Eigentum an Grund und Boden

Das Eigentum an Grund und Boden unterliegt seit jeher besonderen sozialen Bedingungen. Der Erdboden hört nicht auf, wie immer er auch verteilt ist, „der Gesamtheit zu dienen“[138]. In den letzten Jahren hat die Frage des Eigentums an Grund und Boden in den päpstlichen Stellungnahmen und auch in den Erklärungen der Bischöfe an Bedeutung zugenommen. Die Pastoralkonstitution hat zu den landwirtschaftlichen Großgrundbesitzen und damit zu den sogenannten Latifundien Stellung genommen. Es wurde von den weniger entwickelten Ländern und ihren großen Landbesitzungen gesprochen, die entweder nur schwach genutzt oder aus Spekulationsabsichten ungenutzt liegengelassen werden. Dem steht die Mehrheit der Bevölkerung ohne Eigentum an Boden oder nur mit äußerst geringen landwirtschaftlichen Nutzflächen gegenüber. Für die Beseitigung der Hungersnot aber ist eine Vermehrung der Produktion dringend erforderlich. Die von dem Eigentümer eingestellten Arbeitskräfte müssen unter menschenunwürdigen Bedingungen arbeiten und wohnen. „Ohne jede Daseinssicherung leben sie in einer Dienstbarkeit, die ihnen nahezu jede Möglichkeit raubt, aus eigenem Antrieb und in eigener Verantwortung etwas zu unternehmen, ihnen jeden kulturellen Fortschritt und jede Beteiligung am gesellschaftlichen und politischen Leben versagt. Hier sind Reformen geboten mit dem Ziel, je nach Lage des Falles die Bezüge zu erhöhen, die Arbeitsbedingungen zu verbessern, das Beschäftigungsverhältnis zu sichern, Anreiz zu eigener Unternehmungslust zu bieten, schließlich auch die nicht hinreichend genutzten Besitzungen aufzuteilen unter diejenigen, die imstande sind, diese Flächen ertragbringend zu machen.“[139] Derartige Reformziele der Pastoralkonstitution lassen sich auch in den Erklärungen der Päpste nachweisen. Dabei werden die Möglichkeiten einer Enteignung und damit eines Eingriffs in die Eigentumsverhältnisse jedoch unterschiedlich beurteilt.[140]

---

136 L.E. n. 12,5.

137 L.E. n. 13,5.

138 R.N. n. 7.

139 GeS. n. 71,6.

140 Stephan H. Pfürtner, Werner Heierle, Einführung in die katholische Soziallehre, Darmstadt 1980, S. 81.

IV. Das Streben nach sozialer Gerechtigkeit

a) Die Botschaft von der Gerechtigkeit

Christi Verkündigung von der Herrschaft Gottes will den ganzen Menschen als ens individuale und als ens sociale umfassen. Aufgabe der Kirche ist es, diese Frohe Botschaft als Heil dem ganzen Menschen zu verkündigen. Als Antwort wird die Realisierung des Heils in der Gestaltung des Verhältnisses zum Mitmenschen erwartet. Ob nämlich der Ruf der Frohen Botschaft recht vernommen wurde, wird sich in diesem Verhältnis zeigen müssen. Die Realisierung und Gestaltung bedeutet eine weltweite Brüderlichkeit. Konkret ist damit die Durchsetzung der Gerechtigkeit gemeint. Die römische Bischofssynode hat 1971 unter der Überschrift „Gerechtigkeit in der Welt“ (De justitia in mundo) dafür die theologisch-christologische Fundierung gebracht. Christus hat in seinem Leben und in seiner Lehre „das Verhältnis des Menschen zu Gott unlösbar . . . mit einem Verhalten gegenüber seinen Mitmenschen“ verknüpft.[141] Da ist der Inhalt des christlichen Glaubens, daß Christus, der Sohn Gottes, sich selbst Gott für das Heil der Menschen und ihre Befreiung hingegeben hat. Dieser Glaube hat sich nach der Bibel im Dienst am Nächsten bewährt. Denn es besteht ein enger Zusammenhang in der christlichen Botschaft zwischen dem Verhältnis des Menschen zu Gott und zu den Mitmenschen. „Seine Antwort auf die Liebe Gottes, der uns in Christus das Heil schenkt, findet in der Liebe zum Nächsten und im Dienst an ihm seinen Ausdruck durch die Tat.“[142] Die Nächstenliebe, die die Anerkennung der Würde und der Rechte des Mitmenschen gebietet, fordert unbedingte Gerechtigkeit. Darum sind Liebe und Gerechtigkeit untrennbar miteinander verbunden.[143] Die Gerechtigkeit kommt freilich erst „in der Liebe zur Vollendung“[144]. Die christliche Botschaft wird deshalb nur dann richtig erfahren und wiedergegeben, „wenn sie sich als wirksam erweist in ihrem Einsatz für die Gerechtigkeit in der Welt“[145].

Mit dem Auftrag der Kirche, die Botschaft des Heils den Menschen zu verkünden, hat die Kirche zugleich „das Recht und die Pflicht, für Gerechtigkeit im sozialen, nationalen und internationalen Bereich einzutreten und rechtswidrige Zustände zu rügen, wenn grundlegende Menschenrechte oder gar das ewige Heil des Menschen auf dem Spiele steht.“[146] Allerdings ist zu bedenken, daß die Kirche für die Gerechtigkeit nicht allein verantwortlich ist. Ihr ist es nämlich auch als eine „religöse und hierarchische Gemeinschaft“ nicht möglich, realisti-

---

141 Römische Bischofssynode von 1971 De justitia in mundo, n. 32.

142 De justitia in mundo n. 35.

143 Ebenda.

144 Ebenda.

145 De justitia in mundo n. 36.

146 De justitia in mundo n. 37.

sche Lösungen anzubieten, aufgrund derer die Gerechtigkeit in sozialen, ökonomischen und politischen Bereichen verwirklicht werden kann.[147] Aber ihr „Einsatz für die Gerechtigkeit und Beteiligung an der Umgestaltung der Welt" ist ein „wesentlicher Bestandteil der Verkündigung der Frohen Botschaft"[148]. Darin sehen die Bischöfe die „Sendung der Kirche zur Erlösung des Menschengeschlechtes und zu seiner Befreiung aus jeglichem Zustand der Bedrückung"[149].

b) Die soziale Gerechtigkeit als neue Dimension der Gerechtigkeit

Der Menschheit ist es weitgehend verwehrt, in einer gerechten und brüderlichen Welt zu leben. Statt dessen herrschen Ausbeutung, Hunger, Ungerechtigkeit und Armut. Deshalb heißt es auch in der Römischen Bischofssynode 1971: „Wir gewahren in dieser Welt ein Knäuel von Ungerechtigkeit, die das Kernproblem unserer Zeit bildet und zu deren Überwindung es verantwortungsbewußter Zusammenarbeit auf allen Stufen der Gesellschaft bedarf bis hinauf zu der Weltgesellschaft, auf die hin wir uns im letzten Viertel des 20. Jahrhunderts bewegen."[150] Wo Gerechtigkeit verwirklicht werden soll, müssen unterschiedliche Pflichten und Dienste auf Weltebene übernommen werden. Allerdings wird dabei zugleich auch das Unvermögen sichtbar, die Ungerechtigkeit mit den „eigenen Kräften zu überwinden"[151]. In diesen Worten der Bischofssynode wird auf den Aspekt der sozialen Gerechtigkeit hingewiesen, der ein neues Element der traditionellen Lehre von der Gerechtigkeit darstellt.[152]

In der kirchlichen Sozialethik kennt man die auf Aristoteles aufbauende Unterscheidung von ausgleichender Gerechtigkeit (Tauschgerechtigkeit, iustitia commutativa), verteilender Gerechtigkeit (Verteilungsgerechtigkeit, iustitia distributiva) und gesetzlicher Gerechtigkeit (iustitia legalis).

In der *ausgleichenden* Gerechtigkeit werden die Beziehungen von Mensch zu Mensch behandelt. Jeder erhält das Gleiche. In der *verteilenden* (zuteilenden) Gerechtigkeit geht es um die Ausrichtung der Gemeinschaft auf das Wohl ihrer Mitglieder. Jeder erhält das Gleiche entsprechend der vorhandenen Ungleichheit. In der *gesetzlichen* Gerechtigkeit wird das Verhältnis der Menschen zur staatlichen Gemeinschaft geregelt. Diese Begriffe sind erwachsen aus der Vorstellung, daß die sozialen Ordnungen und jeweiligen Lebensverhältnisse für den einzelnen Menschen mehr oder weniger naturhaft vorgegeben sind. Heute wird Gerechtig-

---

147 De justitia in mundo n. 38.

148 De justitia in mundo n. 6.

149 Ebenda.

150 De justitia in mundo n. 20.

151 De justitia in mundo n. 30.

152 Hans Zwiefelhofer, Neue weltwirtschaftliche Ordnung und katholische Soziallehre, München, Mainz 1980, S. 47.

keit nicht nur benutzt, um das Handeln des einzelnen bzw. sein Ergebnis zu umschreiben, sondern es geht in der sozialen Gerechtigkeit um die rechte Ordnung der Gesellschaft selbst.

Auf die neue Dimension und den naturrechtlichen Charakter der Gerechtigkeit hat Paul VI. 1966 anläßlich der 75-Jahrfeier von Rerum Novarum hingewiesen. Er forderte, daß nicht nur in der Lehre, sondern auch im praktischen Lehramt die soziale Gerechtigkeit als „Verwirklichung des Gemeinwohls durch eine Reform der geltenden rechtlichen Ordnung“ zu fördern sei.[153] Paul VI. bezeichnete den Begriff der sozialen Gerechtigkeit als einen dynamischen, „der sich aus den Erfordernissen des Naturrechtes ableitet“[154].

Das Reden von der sozialen Gerechtigkeit in den sozialen Verlautbarungen der Päpste ist nicht neu. Auch Pius XI. hatte in Quadragesimo Anno verlauten lassen, daß gemäß den Worten Leo XIII. die Kirche ihr soziales Reformprogramm in sozialer Gerechtigkeit und in sozialer Liebe durchsetzen und die Gesellschaft erneuern müsse.[155] Johannes XXIII. hat in Mater et Magistra die Grundüberlegung Pius XI. so zusammengefaßt, daß er von einem Ausbau innerstaatlicher und internationaler Rechtsordnung sprach und das Ganze beseelt sein lassen wollte von der „sozialen Gerechtigkeit“[156]. Seinerseits forderte er, daß „dem wirtschaftlichen Fortschritt der soziale Fortschritt entsprechen und folgen muß, so daß alle Bevölkerungskreise an wachsendem Reichtum der Nation entsprechend beteiligt werden“.[157]

Diese Überlegungen hat Paul VI. in Populorum Progressio aufgenommen und konkretisiert. Er forderte eine solidarische Entwicklung der Menschheit. Diese ist an erster Stelle eine Pflicht der Begüterten. „Sie wurzelt in der natürlich-übernatürlichen Brüderlichkeit der Menschen, und zwar in dreifacher Hinsicht: Zuerst in der Pflicht zur Solidarität, der Hilfe, die die reichen Völker den Entwicklungsländern leisten müssen; sodann in der Pflicht der sozialen Gerechtigkeit, das, was an den Wirtschaftsbeziehungen zwischen den mächtigen und schwachen Völkern ungesund ist, abzustellen; endlich in der Pflicht zur Liebe zu allen, zur Schaffung einer menschlicheren Welt für alle.“[158] Entsprechend der Lehre vom Naturrecht sieht Paul VI. die soziale Gerechtigkeit keinesfalls als eine nur der katholischen Kirche zustehende Schöpfung. Vielmehr ist er der Meinung, daß sie auch durch andere Institutionen, zum Beispiel durch die internationale Arbeitsorganisation (IAO) vertreten wird. Er weiß sich dem Ziel der IAO verbunden: den „Ausbau der sozialen Gerechtigkeit und damit auch die Gestaltung eines

---

153 Paul VI, 75-Jahrfeier von Rerum Novarum n. 3.
154 Ebenda.
155 Q.A. n. 88 u. 126.
156 M.e.M. n. 40.
157 M.e.M. n. 73.
158 P.P. n. 44.

allgemeinen dauerhaften Friedens zu schaffen.“ [159] Paul VI. glaubt sogar, daß die IAO mehr als andere Institutionen dazu beitragen kann, das Ideal eines allumfassenden Friedens durch soziale Gerechtigkeit zu erreichen.

Die soziale Gerechtigkeit stellt ein gesellschaftliches Ordnungsprinzip dar. Denn sie will eine soziale Ordnung schaffen, „die nicht auf reiner Macht, auf Willkür, auf subjektive Nützlichkeit oder rein emotionalem Antrieb beruht, sondern eine gewisse Gleichheit in der Verteilung der Lebenschancen für alle sichert.“ [160]. Dem entspricht, daß ihr Auftrag nicht allein darin besteht, eine nationale, sondern vielmehr eine internationale Ordnung auf sozialem, ökonomischem und politischem Feld aufzubauen. Denn angesichts der Fülle der Probleme in den Entwicklungsländern, bei der Bekämpfung der Machtstrukturen, in der Zuwendung zu den Ärmsten der Armen muß sich die Kirche dafür einsetzen, „eine größere Gerechtigkeit in der Verteilung der Güter sowohl auf nationaler wie auch auf internationaler Ebene herbeizuführen“ [161]. In seinem Schreiben an die Kommission Justitia et Pax weist Paul VI. darauf hin, „daß die wichtigste Pflicht der Gerechtigkeit darin besteht, jedem Volke seine eigene Entwicklung zu erlauben, frei von jedem wirtschaftlichen und politischen Machtdruck.“ [162] Das bedeutet auch, daß man im Rahmen der sozialen Gerechtigkeit den Mut aufbringen muß, „zu einer Umgestaltung der Beziehung der Völker untereinander“ zu kommen, gleichgültig, ob es sich etwa um die Aufteilung der Gütererzeugung oder des Güteraustauschs, um die Kontrolle der Gewinne oder etwa um die Regelung des Geldwesens handelt. [163] Schließlich besteht eine der größten Aufgaben der Gegenwart darin, darauf hat bereits Papst Johannes XXIII. hingewiesen, zwischen dem entwickelten und den in Entwicklung begriffenen Ländern eine rechte Beziehung herzustellen. „Während die einen im Wohlstand leben, leiden die anderen bittere Not.“ [164]

Johannes Paul II. hat in seiner Enzyklika Dives in Misericordia von 1980 die Frage gestellt, ob es in dieser Welt genüge, allein der Gerechtigkeit zum Durchbruch zu verhelfen? Es sei zwar keine Frage, daß in der heutigen Welt „wieder ein Sinn für Gerechtigkeit“ erwacht sei; aber gleichzeitig müsse auch gesehen werden, daß die Gerechtigkeit mißbraucht, verfälscht werde und das menschliche Handeln sich von der Gerechtigkeitsidee hier und dort weit entfernt habe. [165] Zum einen werde dadurch offenbar, was sich alles als Widerspruch der Gerechtigkeit zwischen den einzelnen Menschen, den sozialen Gruppen, den Klassen, den Völkern und Staaten eingeschlichen habe; zum anderen zeigt sich daran auch,

---

159 Paul VI, Ansprache vor der IAO, n. 8.14.16.

160 Zwiefelhofer, S. 48.

161 Paul VI, Octogesima Adveniens 1971 n. 43 (Abgekürzt: O.A.).

162 O.A. n. 43.

163 Ebenda.

164 M.e.M. n. 157.

165 Johannes Paul II, Dives in Misericordia n. 12 (Abgekürzt: Dives).

was sich alles an verfälschten Formen von Gerechtigkeit und Gerechtigkeitsideen entwickelt hätte. Denn „die Programme, die von der Idee der Gerechtigkeit ausgehen und deren Verwirklichung im Zusammenleben der Menschen, der menschlichen Gruppen und Gesellschaften dienen sollen", werden in der Praxis oft entstellt.[166] Das führt den Papst zu der Schlußfolgerung: „Es ist ja offensichtlich, daß im Namen einer sogenannten Gerechtigkeit (z. B. einer gerichtlichen oder Klassengerechtigkeit) manchmal der Nächste vernichtet, getötet, seiner Freiheit oder der elementarsten Menschenrechte beraubt wird. Die Erfahrung der Vergangenheit und auch unserer Zeit lehrt, daß die Gerechtigkeit allein nicht genügt, ja, zur Verneinung und Vernichtung ihrer selbst führen kann, wenn nicht einer tieferen Kraft — der Liebe — die Möglichkeit geboten wird, das menschliche Leben in seinen verschiedenen Bereichen zu prägen."[167] Damit will Johannes Paul II. keinesfalls die Gerechtigkeit abgewertet wissen, vielmehr möchte er auf die Basis oder die „tieferen Quellen des Geistes" zurückverweisen, „denen sich die Ordnung der Gerechtigkeit selber verdankt"[168].

c) Der Zusammenhang von Entwicklung, Evangelisierung und Gerechtigkeit

aa) Entwicklung

Johannes XXIII. hatte 1963 in seiner Enzyklika Pacem in Terris von der Entwicklung gesprochen, die Frieden unter den Völkern und dabei Wahrheit und Gerechtigkeit, Liebe und Freiheit zum Tragen bringt. Paul VI. hat dann 1967 in seiner Enzyklika Populorum Progressio darauf aufmerksam gemacht, daß die Entwicklung der einzelnen Menschen mit der Entwicklung der ganzen Menschheit verknüpft ist. „Beide müssen sich wechselseitig unterstützen." Denn es besteht eine Pflicht der Menschen zu einer solidarischen Entwicklung der Menschheit.[169] Dabei stellt sich für die reichen Länder als besondere Aufgabe heraus, daß sie

1. sich in der Ausübung von Hilfeleistungen gegenüber den schwachen Ländern solidarisch erweisen,
2. eine soziale Gerechtigkeit schaffen; und das bedeutet, in wirtschaftlichen Dingen gerade das abstellen, was innerhalb der Wirtschaftsbeziehungen zwischen den großen und mächtigen, den schwachen und kleinen Partnern und Völkern ungesund ist,
3. sich für eine menschlichere Welt für alle Menschen einsetzen.[170]

---

166 Ebenda.
167 Dives n. 12,3.
168 Ebenda.
169 P.P. n. 43.
170 P.P. n. 44.

Aber diese und andere Maßnahmen, die die Unterentwicklung, den Hunger und die Armut in der Dritten Welt bekämpfen, reichen nicht aus. Denn „der Kampf gegen das Elend, so dringend und notwendig er ist, ist zu wenig. Es geht darum, eine Welt zu bauen, wo jeder Mensch, ohne Unterschied der Rasse, der Religion, der Abstammung ein volles menschliches Leben führen kann, frei von Versklavung seitens der Menschen oder einer noch nicht hinreichend gebändigten Natur; eine Welt, wo die Freiheit nicht ein leeres Wort ist, wo der arme Lazarus an derselben Tafel mit den Reichen sitzen kann."[171] Paul VI. wird also nicht müde, den bis dahin vielfach nur ökonomisch verstandenen Entwicklungsbegriff auszuweiten und ihm andere Begrifflichkeiten, wie Befreiung, Frieden und Gerechtigkeit an die Seite zu stellen.

bb) Evangelisierung

Durch Paul VI. ist dem sozialökonomischen Aspekt der Entwicklung der theologische Auftrag der Evangelisierung an die Seite gestellt worden. Der „Einsatz für die Gerechtigkeit und die Beteiligung an der Umgestaltung der Welt (ist) wesentlicher Bestandteil der Verkündigung der Frohen Botschaft". Die Gerechtigkeit gründet damit in der Befreiung des Menschen von Unterdrückung und Knechtschaft durch Jesus Christus.[172] 1975 greift er diesen Gedanken in seinem apostolischen Schreiben Evangelii Nuntiandi erneut auf. Dort heißt es, daß die Evangelisation sowohl eine klare Verkündigung dessen sein muß, was in Jesus Christus als Heil dem Menschen angeboten und als Gnadengeschenk des göttlichen Erbarmens zuerkannt wird.

Aber die Predigt des Evangeliums muß auch berücksichtigen, daß es jeweils um eine konkrete persönliche Situation des Menschen geht.[173] Sie nimmt jedoch auch das Familienleben, das Zusammenleben der Gesellschaft, das internationale Leben, Frieden, Gerechtigkeit und Entwicklung mit auf.[174] Der Kirche ist es übertragen, die Botschaft von der Befreiung von Hunger, Krankheit, Analphabetismus, Armut und Ungerechtigkeit in der Familie, in der Gesellschaft und in den internationalen Beziehungen direkt beim Namen zu nennen. Sie hat die Pflicht, die Befreiung der Menschen zu verkünden, zu helfen, „daß diese Befreiung Wirklichkeit wird, für sie Zeugnis zu geben und mitzuwirken, damit sie ganzheitlich erfolgt. Dies steht durchaus im Einklang mit der Evangelisation."[175]

Aber es ist verständlich, daß eine Predigt des Evangeliums ihre Existenzberechtigung dann verliert, wenn sie sich von der religiösen Zielsetzung, dem Reich

---

171 P.P. n. 47.

172 Vgl. Justitia in mundo n. 6.

173 Paul VI, Evangelii Nuntiandi vom 8. Dez. 1975, in: Verlautbarungen des Apostolischen Stuhls Nr. 2 n. 29 (Abgekürzt: Ev. Nuntiandi).

174 Ev. Nuntiandi, n. 29.

175 Ev. Nuntiandi, n. 30.

Gottes vor allen Dingen in seinem vollen theologischen Sinn zu dienen, entfernt, die sie bestimmen muß.[176] Indessen, das muß festgehalten werden, ist die Verkündigung des Evangeliums ohne Förderung des einzelnen Menschen nicht denkbar. Seine Befreiung „kann sich nicht einfach auf die begrenzte wirtschaftliche, politische, soziale oder kulturelle Dimension beschränken, sondern muß den ganzen Menschen in allen seinen Dimensionen sehen, einschließlich seiner Öffnung auf das Absolute, das Gott ist; sie ist deshalb so an ein bestimmtes Menschenbild gebunden, an eine Lehre vom Menschen, die sie niemals den Erfordernissen irgendeiner Strategie, einer Praxis oder eines kurzfristigen Erfolges wegen opfern kann.“[177] In diesen Sätzen wird begründet, warum die Kirche sich in ihrer Verkündigung der Befreiung des Menschen und in ihrer Solidarität mit denen, „die sich für sie einsetzen und für sie leiden“, nicht nur für die zeitlichen Probleme des Menschen interessiert und ihre Sendung nicht nur auf den Bereich des Religiösen beschränkt sieht.[178] Die Kirche verbindet das göttliche Heil mit der menschlichen Befreiung. Aber sie setzt beides nicht gleich; denn sie weiß aus der Geschichte der theologischen Reflexion, „daß nicht jeder Begriff von Befreiung zwingend schlüssig und vereinbar ist mit einer biblischen Sicht des Menschen, der Dinge und Ereignisse“[179]. Nach Paul VI. besteht zwischen der Evangelisierung und der menschlichen Förderung (Entwicklung und Befreiung) eine enge Verknüpfung in Gestalt von „Verbindungen anthropologischer Natur, denn der Mensch, dem die Frohbotschaft gilt, ist kein abstraktes Wesen, sondern sozialen und wirtschaftlichen Problemen unterworfen; Verbindungen theologischer Natur, da man ja den Schöpfungsplan nicht vom Erlösungsplan trennen kann, der hineinreicht bis in die ganz konkreten Situationen des Unrechts, das es zu bekämpfen und der Gerechtigkeit, die es wiederherzustellen gilt.“[180] Der Papst zitiert aus seiner Ansprache zur Eröffnung der Dritten Generalversammlung der Bischofssynode 1974 und hebt den Gedanken hervor, es sei nicht zu akzeptieren, „daß das Werk der Evangelisierung die äußerst schwierigen und heute so stark erörterten Fragen vernachlässigen kann und darf, die die Gerechtigkeit, die Befreiung, die Entwicklung und den Frieden in der Welt betreffen. Wenn das eintreten würde, so hieße das, die Lehre des Evangeliums, von der Liebe zum leidenden und bedürftigen Nächsten zu vergessen.“[181]

In der Evangelisierung geht es um die Verkündigung des über das menschliche Dasein hinausweisenden ewigen Neuen Bundes und um des Menschen diesseitige Befreiung.[182] Die Botschaft erfaßt das ganze Leben des Menschen. Botschaft und Leben sind so aufeinander bezogen, daß sie sich „gegenseitig fordern“[183].

---

176 Ev. Nuntiandi, n. 32.
177 Ev. Nuntiandi, n. 33.
178 Ev. Nuntiandi, n. 34.
179 Ev. Nuntiandi, n. 35.
180 Ev. Nuntiandi, n. 31.
181 Ebenda.
182 Ev. Nuntiandi, n. 25 — 28.

Die Folgerung daraus lautet: „Darum gehört zur Evangelisierung eine ausführliche Botschaft, die den verschiedenen Situationen jeweils angepaßt und dadurch stets aktuell ist, über die Rechte und Pflichten jeder menschlichen Person, über das Familienleben, ohne das kaum eine persönliche Entfaltung möglich ist, über das Zusammenleben in der Gesellschaft, über das internationale Leben, den Frieden, die Gerechtigkeit, die Entwicklung."[184]

Die den Menschen verkündigte Botschaft ist eine Botschaft der Befreiung.[185] In einem Atemzug mit der Evangelisierung, also der geistlichen (eschatologischen) Befreiung, werden sowohl personale, familiäre wie auch soziale, innerweltliche Komponenten der Befreiung genannt. Aufgabe der Evangelisierung ist es, über die geistliche-eschatologische Befreiung hinaus die Befreiung des Menschen von Unterdrückung, Ängsten und Nöten zu verwirklichen. Für diese muß sie Zeugnis ablegen und auf ihre Verwirklichung drängen. Es ist verständlich, daß die Konferenz von Puebla mit dem Begriff der Evangelisierung sowohl die diesseitige wie auch die jenseitige Befreiung meinte. Theologische und soziale Aspekte gehen hier Hand in Hand. Denn es heißt: „Der beste Dienst an unserem Bruder ist die Evangelisierung, die ihn befähigt, sich als Kind Gottes zu verwirklichen, die ihn von der Ungerechtigkeit befreit und die ihn umfassend fördert."[186] Freilich glaubt man, daß bereits die Armen so etwas wie ein „evangelisatorisches Potential" darstellen. Sie haben durch ihre Fragen und durch ihre Aufrufe zur Umkehr die Kirche erst dazu gebracht, das Engagement der Armen und Unterdrückten individuell und in der Gestalt von Basisgemeinden ernst zu nehmen.[187]

cc) Gerechtigkeit und Erbarmen

Bereits in dem Abschnitt über die soziale Gerechtigkeit wurde darauf hingewiesen, daß über die Gerechtigkeit hinaus eine andere Kraft das Leben prägen muß. Nach Johannes Paul II. führt die Liebe über die Gerechtigkeit hinaus. Sie ist es, die einerseits der Gerechtigkeit Einhalt gebietet, andererseits vor allem „dem Erbarmen Raum gibt, das seinerseits die Gerechtigkeit ihrer Vollendung offenbar macht"[188]. Die Liebe wird zum Erbarmen, „wenn es gilt, die — genaue und oft zu enge — Norm der Gerechtigkeit zu überschreiten"[189]. Erbarmung und Liebe müssen die Gerechtigkeit überwinden. Denn im Namen der Gerechtigkeit kommt es oft zu hoher Ungerechtigkeit. Erbarmen darf jedoch nicht als Demütigung

---

183 Ev. Nuntiandi, n. 29.

184 Ebenda.

185 Ebenda.

186 Die Evangelisierung Lateinamerikas in Gegenwart und Zukunft, in: Stimmen der Weltkirche Nr. 8 n. 1145.

187 Stimmen der Weltkirche Nr. 8 n. 1147.

188 Dives, n. 8,4.

189 Dives, n. 5,5.

dessen mißverstanden werden, der die Erbarmung erfährt. Sie verletzt auch nicht die Würde des Menschen, dem die Erbarmung zugedacht wird. Das ist aber oft dann der Fall, wenn ein Verhältnis der Ungleichheit zwischen dem Schenkenden und dem Empfänger besteht. Wenn Erbarmen aus Liebe gewährt wird, wertet sie den Menschen auf, fördert ihn und stellt seine Würde wieder her. Erbarmen aus Liebe kann darum erst recht die Gerechtigkeit erfüllen und überbieten.[190] „Das echte Erbarmen ist sozusagen die tiefste Quelle der Gerechtigkeit.“[191] Das christliche Erbarmen ist die „vollkommenste Inkarnation der ‚Gleichheit‘ unter den Menschen und daher auch die vollkommenste Inkarnation der Gerechtigkeit.“[192] Die Gerechtigkeit bewirkt Gleichheit, allerdings mehr oder weniger in den äußeren Bereichen der Sachgüter. Die Liebe dagegen und das Erbarmen bringt die Menschen dazu, „einander in dem Wert zu begegnen, den der Mensch selbst in der ihm eigenen Würde darstellen“[193].

Wer an den Frieden, den Gott schafft, glaubt, wird zum Boten des Friedens. Dem Christen erwachsen aus seinem Glauben neue Fähigkeiten, Frieden gegenüber dem Nächsten zu stiften. Der Auftrag der Christen, Frieden zu schaffen, bedeutet u. a., sich für Recht und Gerechtigkeit einzusetzen. Zwar weist die Deutsche Bischofskonferenz im Jahr 1983 darauf hin, daß die Liebe nicht nur den eigenen, sondern auch den Rechtsstandpunkt des anderen übersteigt. Dennoch gilt: „Die Achtung vor dem Recht des Nächsten ist eine Mindestforderung der Liebe.“[194] Die Liebe kann nicht einfach das Recht überspringen. Die Anerkennung der Rechte des Menschen ist darum „die Brücke zum Frieden in Freiheit nach innen und nach außen“[195]. Es muß das Recht auf Leben, die Verknüpfung von Recht und Freiheit und der Zusammenhang von Recht und Gleichheit berücksichtigt werden. In Erinnerung an das Wort Paul VI., daß „Entwicklung der neue Name für Frieden“ sei, wird besonders die gemeinsame Abhängigkeit und Partnerschaft zwischen Industrie- und Entwicklungsländern herausgestellt. Die gemeinsame Verantwortung von allen für alle und von allen muß wahrgenommen werden.[196]

Eine Friedensordnung aufzurichten, bedeutet, auf ein wechselseitiges Vertrauen und auf Gerechtigkeit zu setzen. Aus dem Glauben heraus wird von Christen eine Verhaltensweise gefordert, in der der Würde jedes einzelnen Menschen als Gottes Ebenbild Rechnung getragen, der Überwindung von Elend, Armut und Ungerechtigkeit Raum gegeben und so Frieden und Gerechtigkeit geschaffen wird.

---

190 Dives, n. 6,3 ff.

191 Dives, n. 14,4.

192 Dives, n. 14,5.

193 Dives, n. 14,5.

194 Die Deutschen Bischöfe, Gerechtigkeit schafft Frieden, H. 34 vom 18. April 1983, n. 4.2.1, S. 43.

195 Ebenda.

196 Die Deutschen Bischöfe, H. 34, S. 47.

Fünftes Kapitel

Die Theologie der Befreiung

I. Die Entstehung der Theologie der Befreiung

Die räumliche und zeitliche Entstehung des Begriffs „Theologie der Befreiung“ ist relativ sicher auszumachen. In Lateinamerika setzt sich in den sechziger Jahren der Begriff langsam durch. Vor allem in der katholischen Kirche Brasiliens und Perus (hier insbesondere in den Zentren der Verelendung) hat damals die Befreiungstheologie Fuß gefaßt. Gustavo Gutiérrez — nach der Beendigung seines Studiums von Europa nach Peru zurückgekehrt — sagte über die Entstehung der Befreiungstheologie: „Nicht nur Intellektuelle, sondern auch viele Teile des Volkes fanden in den ereignisreichen sechziger Jahren nach und nach zu einer Vision Lateinamerikas, indem sie die Armut der großen Mehrheit der Bevölkerung und ihre Ursachen besser wahrzunehmen begannen.“ [1] Man beruft sich auf Johannes XXIII. und auf den Geist des II. Vatikanischen Konzils, wenn man die kirchlichen Anstöße für die Befreiungstheologie beschreibt. Auf dem Hintergrund einer „neuen Wahrnehmung der Realität“ und „eines neuen Bewußtseins des christlichen Glaubens“ ist diese Theologie in der lateinamerikanischen Situation entstanden. Für Gutiérrez kommen persönlich als brisante Themen die ökonomische Entwicklung und Veränderung der Gesellschaft hinzu. Allerdings ist für ihn der Begriff der Entwicklung nicht eindeutig definiert. [2] Denn unter Entwicklung will er nicht nur das wirtschaftliche Wachstum verstanden wissen, sondern Entwicklung stellt für ihn einen umfassenden sozialen Prozeß dar, der wirtschaftliche, soziale, politische und kulturelle Aspekte umfaßt. Dazu gehört, daß die Gesellschaft ihre geschichtliche Entwicklung selbst in die Hand nimmt, in der auch die ethische Dimension zu ihrem Recht kommen soll. In den gegenwärtigen gesellschaftlichen Verhältnissen deckt der Begriff der Entwicklung nicht mehr die Situation ab, in der sich die lateinamerikanischen Länder befinden. Die wirtschaftliche, soziale, politische und kulturelle Abhängigkeit ist in einem Maße gewachsen, daß eine Verbesserung nur durch einen Bruch der Strukturen ermöglicht werden kann. Deshalb meint man, sei es gerechtfertigt, nicht nur von einer Entwicklung zu sprechen, sondern man müsse für die Völker den Begriff

---

[1] Peter Eicher (Hrsg.), Theologie der Befreiung im Gespräch, München 1985, S. 26 (Abgekürzt: Eicher, im Gespräch).

[2] Gustavo Gutiérrez, Theologie der Befreiung, München 1973, S. 25 (Abgekürzt: Gutiérrez).

der Befreiung erwählen. Gutiérrez will von Befreiung deshalb sprechen, weil die Rede von der Befreiung biblischer sei, als wenn man von einer Entwicklung spreche. Die Befreiung erstreckt sich auf unterschiedliche Ebenen.

a) Die Befreiung als soziale Revolution

Die Strukturen dieser Welt üben ihre Herrschaft auf wirtschaftlichem, sozialem und politischem Gebiet aus. Klassenabhängigkeit und Unterdrückung sind in einem solchen Prozeß Ausdruck von Über- und Unterordnung. „Nur ein radikales Zerbrechen des gegenwärtigen Standes der Dinge, eine tiefgreifende Umgestaltung in den Eigentumsverhältnissen, ein Eingreifen der Macht von seiten der ausgebeuteten Massen und eine soziale Revolution, die die bestehende Abhängigkeit zerbricht, ermöglicht den Schritt in eine anders geartete, sozialistische Gesellschaft oder bewirkt wenigstens, daß diese möglich wird."[3] Gerade die lateinamerikanischen Entwicklungsländer werden als unterdrückt und als von den Industrieländern beherrscht und ausgebeutet angesehen.

b) Die generelle Befreiung von Abhängigkeiten

Die Befreiungsbewegung strebt nach einer Verwirklichung des Prozesses, der den Menschen von allem frei macht, was ihn einengt oder an seiner Selbstverwirklichung hindert.[4] Der Mensch soll sein Leben frei führen und „sich als Mitglied einer sozialen Klasse, eines Landes oder einer bestimmten Gesellschaft" verwirklichen können.[5] Dieser Prozeß zur Befreiung wird als ein permanenter Prozeß verstanden. Gutiérrez kann sogar von einer „permanenten Kulturrevolution" sprechen, die zur Schaffung eines neuen Menschen führen muß.[6] Der Befreiungsprozeß kommt nicht an sein endgültiges Ziel, sondern stellt vielmehr eine dauernde dynamische revolutionäre „Entwicklung" dar. Der Mensch ist in diesem Prozeß einer, der die Gestaltung seines Lebens selbst in die Hand nimmt und sich „in Solidariät mit der ganzen Menschheit" auf eine Verwirklichung des menschlichen Seins hin orientiert.[7]

---

[3] Gutiérrez, S. 29.
[4] Gutiérrez, S. 30.
[5] Gutiérrez, S. 34.
[6] Gutiérrez, S. 37.42.
[7] Gutiérrez, S. 37.

c) Die theologische Befreiung

Im Begriff der Befreiung kommt schließlich noch ein dritter Aspekt zum Tragen, der ebenfalls in dem Entwicklungsbegriff nicht enthalten ist. Es geht um die Befreiung des Menschen von der Sünde, die Christus ihm bringt. Gutiérrez beruft sich auf den Apostel Paulus, der im Brief an die Galater von der theologischen Befreiung spricht[8], aufgrund derer die Menschen in Freiheit leben können.[9]

Sünde wird als „Bruch der Freundschaft mit Gott und den Menschen" verstanden.[10] Das gebrochene Verhältnis des Menschen zu Gott und seinen Mitmenschen wird von Christus, dem Überwinder und Befreier von der Sünde, wiederhergestellt. Denn Christus ist es, der, von Ungerechtigkeit und Unterdrükkung befreit, die Brüderlichkeit schenkt und ein Leben in Gemeinschaft ermöglicht.

Die Theologie der Befreiung hat drei Komponenten zu vereinen, die Beziehung des Glaubens zur personalen Existenz, zur sozialen Wirklichkeit und zum politischen Handeln. Die Befreiungstheologie will das Verhältnis zwischen dem Reich Gottes und dem Aufbau der Welt regeln.[11] Der Schwerpunkt liegt auf der Forderung, die ungerechten wirtschaftlichen, sozialen und politischen Verhältnisse der Gegenwart zu verändern und in gerechtere Verhältnisse umzuprägen. Die Menschen sollen von der Unterwerfung und Unterdrückung befreit werden. Es geht letztlich um die Schaffung eine neuen Menschen.[12] „Dazu muß der Befreiungsprozeß von den eigenen Werten des Volkes ausgehen. Nur in einem solchen Zusammenhang kann es zu einer wirklichen Kulturrevolution kommen."[13]

Die Anhänger einer Theologie der Befreiung meinen, daß die katholische Kirche aus der Machtsituation vergangener Tage ausbrechen müsse und eine politische Option für die Befreiung der Menschen einzugehen habe.[14] Von allen Christen — von den Laien, den Priestern, Ordensleuten und auch von den Bischöfen — wird eine solche Aktivität gefordert.

Alle Gruppen haben bereits klare Entscheidungen für die Unterdrückten und ihre Befreiung getroffen. Eindeutige Positionen — auch auf politischem Gebiet — sind bereits bezogen. Noch geht zwar durch die Kirche Lateinamerikas ein großer Riß. Denn die Christen zerfallen in zwei Lager, in das der Opfer der Ausbeutung und der Ungerechtigkeit und das der Nutznießer der bestehenden Ordnung. Unter solchen Bedingungen stellt sich ein gemeinsames Leben mit

---

8 Galater 5,1.

9 Gutiérrez, S. 40.

10 Gutiérrez, S. 41.

11 Gutiérrez, S. 45.

12 Gutiérrez, S. 89.

13 Gutiérrez, S. 89.

14 Vgl. Gutiérrez, S. 91.

der einen Kirche als sehr schwierig dar; deshalb kann die gemeinsame Eucharistiefeier als Ausdruck der Gemeinschaft nur als eine reine Fiktion bezeichnet werden.[15] Aber ein Teil der lateinamerikanischen Priester hat bereits die Bitte geäußert, eine Gleichstellung oder gar Verwechslung zwischen denen, die als Unterdrücker die ungerechte Gewalt besitzen, und denen, die als Unterdrückte die gerechte Gewalt für die Befreiung der Menschen anwenden, müsse vermieden werden.[16] „Theologisch wird diese von Ungerechtigkeit und Unterdrückung gekennzeichnete Lage als eine ‚Situation der Sünde' gewertet, denn ‚dort, wo man ungerechte, soziale, politische, wirtschaftliche und kulturelle Ungleichheiten findet, wird die Friedensgabe des Herrn, mehr noch der Herr selbst, zurückgewiesen'".[17]

II. Das Verhältnis von Befreiung und Erlösung

a) Grundsätzliches

Für Gutiérrez setzt der Begriff der Erlösung zwei Perspektiven. Die eine richtet sich auf den quantitativen Aspekt. Sie hat die Frage nach dem Heil der Gläubigen und Ungläubigen zum Inhalt. Es geht um die Zahl der Erlösten und gleichzeitig um die Frage, was die Kirche dazu beitragen könne, daß die Menschen zum Heil kommen.

Die zweite Perspektive geht vom Qualitativen aus. Nach der inhaltlichen Füllung des Begriffs der Erlösung ist der Mensch gerettet, „der sich auf Gott und die anderen hin öffnet ... selbst wenn ihm diese Dinge nicht mit letzter Klarheit bewußt werden sollten."[18] Die Rettung des Menschen ist ohne Unterschied auf Christen wie Nichtchristen bezogen. Der Heilsbegriff bezieht sich nicht auf das Jenseitige, Überirdische, „demgegenüber das gegenwärtige Leben nur eine Prüfung wäre"[19]. Rettung ist real und konkret. Sie versteht sich als Befreiung von der Sünde. Rettung ist Gemeinschaft mit Gott und mit den Mitmenschen. Allerdings steht ihre endgültige Vollendung noch aus. In der Abgrenzung zum Begriff der Befreiung stellt Erlösung den vollendeten Zustand dar. „Erlösung als Gemeinschaft der Menschen mit Gott und Gemeinschaft der Menschen untereinander orientiert die Geschichte, verwandelt sie und bringt sie erst zu ihrer Vollendung."[20] Christus ist das Ziel der Geschichte. Für Gutiérrez gibt es keinen Unterschied zwischen der Welt- und der Heilsgeschichte. Christi Heilwerk umgreift alle Dimensionen des Lebens und führt sie zur Erlösung und damit zur

---

15 Gutiérrez, S. 126 f.
16 Gutiérrez, S. 103.
17 Gutiérrez, S. 104.
18 Gutiérrez, S. 137.
19 Gutiérrez, S. 138.
20 Gutiérrez, S. 140.

letztgültigen Vollendung. Weltgeschichte wird so zur Heilsgeschichte. Heilsgeschichte ist Weltgeschichte. Die Schöpfung der Welt ist bereits Gottes erste Heilstat. Sie setzt die Geschichte in Gang und gibt ihr das Ziel.[21]

Die Schöpfung wird zugleich als das Werk des Erlösers gesehen. Eine „vollkommenere Verschmelzung von Schöpfungsglauben und Heilsglauben" ist für Gutiérrez nicht vorstellbar.[22] Christi Erlösungstat wird von ihm als eine neue Schöpfung verstanden. Sie stellt eine Befreiung von der Sünde und ihren Folgen dar. Christus ist der Schöpfer, der Neuschöpfer und Erlöser zugleich.

Der Mensch ist berufen, durch seine Arbeit diese Schöpfung fortzuführen. Diesen Gedanken erweitert Gutiérrez, indem er sagt, der Mensch bildet und schafft sich in seiner und durch seine Arbeit selbst. Er führt gleichsam Gottes Schöpfungstat weiter, indem er die Welt verändert, eine gerechtere Gesellschaft aufbaut, oder kurz: die Geschicke der Welt in seine Hand nimmt.[23] Damit wirkt der Mensch gleichsam erlösend mit. „Wer gegen eine Situation des Elends und der Ausbeutung kämpft und eine gerechte Gesellschaft aufbaut, hat ebenfalls teil an der Bewegung der Erlösung, die freilich erst noch auf dem Wege zur Vollendung ist."[24]

b) Jesus Christus der Befreier

In der Theologie der Befreiung geht es nicht „um die Sünde als eine individuelle, pivate und rein innerliche Wirklichkeit, die nur einer ‚geistigen' Erlösung bedarf, ohne jedoch die Ordnung, in der wir leben, in Frage zu stellen. Sünde ist vielmehr eine soziale und geschichtliche Tatsache. Sie besagt entzweite Brüderlichkeit, enttäuschte Liebe, zerbrochene Freundschaft mit Gott und den Menschen und — damit auch — innere Spaltung der menschlichen Person."[25] Der Begriff der Entfremdung wird von der Theologie der Befreiung zur Interpretation dessen, was Sünde ist, angewandt. Denn sie ist fundamentale Entfremdung, die sich ausdrücken läßt in unterschiedlichen Strukturen der Ausbeutung, der Beherrschung und der Versklavung von Menschen und Völkern. Die Entfremdung findet in konkreten Situationen und entsprechenden Einzelfällen statt. Befreiung von der Entfremdung muß auch eine politische Befreiung mit einschließen. Gutiérrez verweist in diesem Zusammenhang auf die Interpretation der Erbsünde, wie sie Karl Marx in der Gestalt des Privatbesitzes an den Produktionsmitteln vorgenommen hat. Für ihn ist das Privateigentum an den Produktionsmitteln das, was die Arbeiter der Frucht ihrer Arbeit beraubt und sie entfremdet.[26]

---

21 Gutiérrez, S. 142.
22 Gutiérrez, S. 143.
23 Gutiérrez, S. 147 f.
24 Gutiérrez, S. 148.
25 Gutiérrez, S. 169.
26 Gutiérrez, S. 170 A. 98.

Christus bringt die Befreiung. Radikale Befreiung ist sein Geschenk. Christi Tod und Auferstehung erlöst die Menschen von der Sünde und ihren Folgen. Christus führt den Menschen in die Gemeinschaft mit Gott und mit den anderen Menschen. Er besiegt die Sünde, die die Negation der Liebe und aller ihrer Folgen darstellt.[27] Das christliche Leben ist darum „ein Hinübergehen von der Sünde zur Gnade, vom Tod zum Leben, von der Ungerechtigkeit zur Gerechtigkeit, vom Untermenschlichen zum Menschlichen.“[28] Für die Theologie der Befreiung ist der Kampf gegen Ausbeutung, Entfremdung und Versklavung ein Kampf für die Befreiung des Menschen. Es ist ein Bemühen, eine gerechtere Gesellschaft zu schaffen. In dieser Weise wirken Einsatz und Kampf als Befreiung. Diese Taten gelten als Taten der Erlösung, wenn auch nicht in einem umfassenden Sinn.[29]

Die Befreiung des Menschen stellt gleichzeitig Wachstum des Gottesreiches dar. Beides ist ausgerichtet auf die Gemeinschaft des Menschen mit Gott. „Das Wachsen des Reiches ist ein Prozeß, der sich geschichtlich *in* der Befreiung vollzieht.“[30] Das Reich Gottes wächst also in dem geschichtlichen Befreiungsversuch. Aber dieser Prozeß wird „die Wurzeln der Unterdrückung und der Ausbeutung des Menschen durch den Menschen erst mit dem Advent des Reiches besiegen.“[31] Es ist dabei zu erkennen, daß das Befreiungsgeschehen weder das Kommen des Reiches noch die ganze Erlösung darstellt. „In ihm realisiert sich historisch das Reich und, weil das so ist, kündigt es auch die Vollendung an.“[32] Christus umgreift also alle drei Bedeutungsebenen, in denen der Befreiungsprozeß sich abspielt. Der Erlöser handelt nicht nur im Bereiche des Religiösen, sondern bringt auch die Befreiung in sozialer und politischer Hinsicht zu ihrer Vollendung. Darum muß der Erlösungsprozeß als ein totaler angesehen werden. Der Mensch, der sich im Befreiungsprozeß befindet, erlebt diesen Prozeß in der Polarität zwischen dem noch Unterdrückt- und schon Befreitsein. Denn der geschichtliche Befreiungsprozeß nimmt zwar die Eschatologie vorweg, aber er begründet noch nicht den eschatologischen Endzustand.

Nach Leonardo Boff läßt sich der prozessuale Zustand, in dem sich der Mensch befindet, mit der lutherischen Formel des simul iustus et peccator (gerecht und Sünder zugleich) vergleichen. Allerdings müßte man ihn mit einem simul oppressus et liberatus umschreiben. Der Mensch ist „unterdrückt und befreit“ zugleich. Auch dieses „simul“ soll nicht eine statische Wirklichkeit wiedergeben. Die Doppelheit der Aussagen ist genau wie das lutherische „simul“ als ein prozessualer Vorgang zu kennzeichnen. Wie bei Luther ist der Prozeß auf die Zukunft

---

27 Gutiérrez, S. 170.
28 Ebenda.
29 Gutiérrez, S. 171.
30 Ebenda.
31 Ebenda.
32 Ebenda.

hin offen. Der Mensch ist oppressus in re (unterdrückt in der Gegenwart) und gleichzeitig liberatus in spe (befreit in der Hoffnung). Das entspricht seiner Wirklichkeit, wenn auch zu sagen ist, daß die Aussage liberatus in spe die Tatsache berücksichtigt, daß die Befreiung bereits jetzt eingesetzt hat und der Mensch befreit ist. Aber er ist noch nicht vollgültig befreit. Es bleibt das „in spe" als Wirklichkeit bestehen, wie auch das „oppressus in re"[33]. Denn, der Mensch ist immer homo semper liberandus (ein immer zu befreiender Mensch).[34]

Für die Befreiungstheologen ersetzt der Begriff der Befreiung den paulinischen und reformatorischen Begriff der Rechtfertigung. Befreiung und Rechtfertigung meinen nach Leonardo Boff dasselbe.[35] Für ihn betont jedoch das Wort Befreiung stärker die „dynamische und geschichtliche Dimension." Denn die Theologie der Befreiung und Jesus Christus als Befreier sind „der schmerzvolle Aufschrei" der unterdrückten Christen.[36] Das Bild von Jesus Christus als den Befreier bringt nach Boff zwei unterschiedliche Christologien hervor. Beide sind Ausdrücke einer Christologie von unten. „Die erste entspringt aus einer ethischen Empörung, die zweite erwächst aus der gesellschaftsanalytischen Rationaliät."[37] Die erste Christologie nennt er eine „‚sakramentale' Artikulation der Befreiungschristologie"[38]. Sakramental bezeichnet er sie, „weil sie in den Fakten symbolisch deren grundsätzliche Bestimmung erahnt: Anwesenheit von Unterdrückung und Notwendigkeit von Befreiung."[38a] Für ihn ist die Armut eine soziale Sünde, die dem Heilsplan Gottes nicht entspricht.

Die andere Christologie geht zwar von derselben „geistlichen Erfahrung angesichts der Armen aus"[39]. Aber sie kommt zu dem Ergebnis durch die Analyse der Wirklichkeit, „welche die ursächlichen Mechanismen des skandalösen Elends aufdecken und eine Praxis in Gang setzen soll, die tatsächlich befreiend wirkt."[40] Das Ziel ist nicht die Beibehaltung der alten Verhältnisse, sondern das Streben nach einer revolutionären Veränderung. Die Option zielt auf Befreiung. Darum heißt diese Christologie auch „Befreiungschristologie"[41]. Ihre Grundlagen bildet die Unterentwicklung der lateinamerikanischen Länder und damit insbesondere ihre Abhängigkeit von anderen Ländern und Mächten.

---

[33] Leonardo Boff, Erfahrung von Gnade, Düsseldorf 1978, S. 228 (Abgekürzt: Boff, Gnade).

[34] Boff, Gnade, S. 230.

[35] Boff, Gnade, S. 222.

[36] Leonardo Boff, Jesus der Befreier, Freiburg, Basel, Wien 1986, S. 41 (Abgekürzt: Boff, Der Befreier).

[37] Boff, Der Befreier, S. 24.

[38] Boff, Der Befreier, S. 25.

[38a] Boff, Der Befreier, S. 25.

[39] Boff, Der Befreier, S. 26.

[40] Boff, Der Befreier, S. 26.

[41] Ebenda.

III. Die Solidariät mit den Armen

Die Befreiungstheologen sehen den Begriff der Armut aus drei verschiedenen Blickwinkeln:

1. Mit vielen biblischen Stellen spricht man von den materiellen Armen. Für das Bewußtsein des modernen Menschen stellt diese Armut etwas Erniedrigendes dar. Materielle Armut wird von den an ihr Leidenden bekämpft. Es entsteht eine Solidargemeinschaft der Armen. Diese materielle Armut wird von den Befreiungstheologen als Ausdruck von Sünde, und das heißt „Verneinung von Liebe“ gedeutet.[42] „Armut ist ein Übel und ein Skandal, der in unseren Tagen enorme Ausmaße erreicht.“[43] Man darf sie von seiten der christlichen Kirche nicht zu einem religiösen und menschlichen Ideal uminterpretieren.[44]
2. Armut wird als eine geistige Armut verstanden. Sie stellt eine Haltung dar, die sich Gott öffnet und die Bereitschaft zeigt, alles von ihm zu erwarten.[44a] Sie ist eine demütigende Haltung, die zu einer geistigen Ausrichtung des Menschen führt. Aber sie bleibt ein Übel. Armut ist nicht zu vereinbaren mit der Herrschaft Gottes. Indessen „die Überwindung von Ausbeutung und Armut, die die Armen an ihrem vollen Menschsein hindert, hat begonnen.“[45] Und das bedeutet: „Ein Reich der Gerechtigkeit ist angebrochen, das selbst ihre kühnsten Erwartungen übertrifft.“[46]
3. Armut wird auch als Engagement verstanden. Sie stellt „Solidarität und Protest“ zugleich dar. Als arm wird angesehen, wer als Unterdrückter am Rande der Gesellschaft lebt, wer als Proletarier für seine Rechte kämpft, wer ausgebeutet und betrogen um seine Befreiung ringt.[47] Wer für sie eintritt und sich mit den Armen solidarisiert, verschreibt sich dem revolutionären Prozeß der Befreiung. „Einzig und allein eine echte Solidarität mit den Armen und ein glaubwürdiger Prozeß gegen die Armut, so wie sie sich heute darstellt, sind imstande, die theologische Erörterung über die Armut in einen greifbaren lebensnahen Kontext einzuordnen.“[48] Erst wenn die Kirche die Armut bekämpft und gegen sie protestiert, wird sie auch in der Lage sein, „geistige“ Armut zu verwirklichen. Denn nur so wird sie auch ihrer Aufgabe gerecht, gegen Ungerechtigkeit und Ausbeutung zu kämpfen.

---

42 Gutiérrez, S. 277.
43 Gutiérrez, S. 277.
44 Gutiérrez, S. 270.
44a Die Bischofskonferenz von Medellin, Gutiérrez, S. 285, Anm. 48.
45 Gutiérrez, S. 281.
46 Ebenda.
47 Gutiérrez, S. 284.
48 Gutiérrez, S. 285.

Die Option für die Armen beansprucht Vorrangigkeit, allerdings nicht Ausschließlichkeit, wie Johannes Paul II. auf seiner Reise nach Mexiko ausgeführt hat. Es wird erwartet, daß dem Armen das Evangelium verkündet wird; es muß eine Evangelisation der Armen stattfinden. Aber es hat sich gezeigt, daß nicht nur den *Armen* das Evangelium verkündet werden muß. In Lateinamerika haben gerade die Evangelisatoren die Erfahrung machen müssen, daß sie selbst durch die Armen evangelisiert werden.[49] Sie haben zwar das Evangelium zu den Menschen Lateinamerikas gebracht, aber im Kontakt mit diesen ist ihnen das Verständnis des Evangeliums erst klargemacht worden.[50]

Aus der Solidarität mit den Armen und Unterdrückten erwuchs die „bewußtseinsbekennende Evangelisierung“[51]. Das neue Bewußtsein drückt sich darin aus, daß man zwar noch zu den Armen und Ausgebeuteten gehört, aber gleichzeitig ist man in der Lage, das eigene Geschick selbst in die Hand zu nehmen. Die Evangelisierung Lateinamerikas muß zum Ziel haben, daß die Kirche sich bekehrt und sich zu Gunsten einer vorrangigen Option für die Armen entscheidet. Eine solche vorrangige Option hat einen Prozeß in Gang gesetzt, der zu einer neuen Kirche, nämlich zur Kirche der Armen führt. In dieser neuen Kirche soll die Armut überwunden werden. Wenn dabei von einer Vorrangigkeit der Option für die Armen gesprochen wird, dann deshalb, weil Jesus Christus selbst die Entscheidung für die Armen getroffen hat.[52]

Mit der Überwindung der Armut sollen nicht alle Menschen zum Reichtum gebracht werden, sondern es soll Gerechtigkeit herrschen. „Denn das Reich Gottes ist ein Reich der Gerechtigkeit für die ungerecht Behandelten, ein Reich der Liebe für die an den Rand Gedrängten und ein Reich des Friedens für die von Unterdrückung Heimgesuchten. So zeigt sich, daß das Thema Arme nicht irgendein Problem der vielen anderen Fragen ist, die im Evangelium anklingen. Armut ist vielmehr das Thema, ohne das das Evangelium nicht als Frohe Botschaft verständlich wird.“[53]

Die Kirche muß eine Kirche *der* Armen und nicht nur *für* die Armen oder *mit* den Armen sein.[54] Darum gilt es zu erkennen,

1. daß die Kirche einen Zusammenschluß von Menschen darstellt, die nach ihrer Vorstellung aus dem Evangelium leben wollen. „Sie begreifen sich als die Kirche Jesu Christi und der Apostel und wissen sich aus diesem Grund in Übereinstimmung mit der Tradition der Kirche und in Gemeinschaft mit der

---

49 Boff, in: Eicher, im Gespräch, S. 35.

50 Boff, in: Eicher, im Gespräch, S. 36.

51 Gutiérrez, S. 115.

52 Leonardo Boff, Aus dem Tal der Tränen ins gelobte Land, S. 117, Düsseldorf 1982 (Abgekürzt: Boff, Tränen).

53 Boff, Tränen, S. 117.

54 Boff, Tränen, S. 111.

Kirche der Bischöfe und des Papstes in Rom."[55] Die Kirche der Armen besitzt ein neues Selbstverständnis. Sie will Kirche an der Basis sein. Deshalb ist die Befreiung einer der Pfeiler der Theologie für die Basisgemeinde. Die Kirche der Armen ist Volkskirche. Denn Volk wird als Synonym für Arme verstanden. Kirche entsteht kraft des Geistes Gottes aus dem Volk.[56] Bei der Verwendung des Wortes Volk sind also nicht alle soziale Gruppierungen gemeint, sondern Option für das Volk heißt in der Theologie der Befreiung Option für die Armen!

2. daß Solidarität *mit* den Armen und *gegen* die Armut entstehen muß.[57] In einer solchen Solidarität brauchen sich die Reichen nicht aus der Kirche ausgeschlossen zu fühlen. Sie sollen vielmehr sich mit den Armen gegen die Ungerechtigkeit solidarisieren. „Für die Armen zu optieren, bedeutet dann, sich für ihre Rechte, ihre Würde und für die notwendigen gesellschaftlichen Veränderungen zu entscheiden."[58] Die Entscheidung gegen die Armut und für die Armen hat unleugbar einen politischen Sinn. Wer so denkt, denkt nicht in der Kategorie von Machthabern, sondern von Machtlosen. Die entstehende Kirche wird kraft des Geistes Gottes aus dem Glauben des Volkes geboren. Sie optiert so wie der, der sich für die Armen entscheidet, „für die Kultur der Armen", „für die Volksreligiosität und für die Art und Weise, wie das arme Volk seinen Glauben lebt."[59] Die Option für die Armen und gegen die Armut bedeutet soviel wie „Bekehrung" zu Gunsten der Armut. Die dritte Vollversammlung des lateinamerikanischen Episkopats hat 1979 in der mexikanischen Stadt Puebla diese Definition festgeschrieben. „Damit den Armen tatsächlich gedient werden kann, müssen sich alle Christen ständig bekehren und läutern, um so jeden Tag mehr mit dem armen Christus und den Armen gleichgestaltet zu werden."[60]

IV. Die Basisgemeinde

Die Kirche ist eingefügt in die gesellschaftliche Situation. Sie ist für Leonardo Boff darum in ihrer institutionalen Struktur abhängig von den vorherrschenden Produktionsverhältnissen. Kirche schafft also nicht die gesellschaftliche Situation, sondern wird umgekehrt von dieser geprägt. „Die Produktionsweise bedingt, welche religiös-ekklesiastischen Aktionen unmöglich, unerwünscht, tragbar, an-

---

55 Ebenda.

56 Die Bewegung, die sich damit verband, wurde Ekklesiogenesis genannt; Boff, Tränen, S. 106 ff.

57 Boff, Tränen, S. 114 ff.

58 Boff, Tränen, S. 120.

59 Boff, Tränen, S. 122.

60 Vgl. Stimmen der Weltkirche Nr. 8 n. 1140, in: Boff, Tränen, S. 114 f.

nehmbar und vorrangig sind."[61] Die religiösen Aktionen müssen in Abhängigkeit von den gesellschaftlichen Aktivitäten gesehen werden. Denn die Kirche wird von den besonderen Produktionsweisen bestimmt. Aber auch die eigenen Handlungen der Kirche, ihre Wortverkündigung und Sakramentsverwaltung, werden von L. Boff als ihre Produktionsweisen verstanden. Ebenso wie im gesellschaftlichen und wirtschaftlichen Prozeß der Konflikt zwischen den Herrschenden und Beherrschten besteht, ist auch in der Institution Kirche, vor allem in ihrem religiös-ekklesiastischen Bereich, die gesellschaftliche Situation mit ihren Konflikten zwischen dem Herrschaftsblock und der untergeordneten Klasse wiederzuerkennen. „Eine asymmetrische Produktionsweise (scil. also der Konflikt zwischen Herrschenden und Beherrschten), die allmählich eine gesellschaftliche Konstellation herausbildete und zu einem Prozeß der Enteignung von Instrumenten der materiellen und symbolischen Produktion führte, gelangte schließlich auch in der Kirche zur Vorherrschaft."[62] Damit wurde nach Boff auch die „religiöse Produktion" asymmetrisch: Der Klerus stand dem christlichen Volk gegenüber. Die Arbeitsteilung der Produktion hat ihre Konsequenzen für die „religiöse Arbeitsteilung"[63]. Eine solche Kirche mußte sich, wie Boff betont, „mit der sie umgebenden Gesellschaft, in der dieselbe asymmetrische Produktionsweise herrscht", gut verständigen können.[64] Bis zur lateinamerikanischen Bischofskonferenz in Medellin 1968 hatten diese Verhältnisse zwischen Kirche und Gesellschaft geherrscht. In dieser Zeit, also während der sechziger Jahre, formten sich in Panama und Brasilien die ersten Basisgemeinden.

Das Entstehen der kirchlichen Basisgemeinden muß im Zusammenhang mit der modernen Gesellschaft gesehen werden.[65] Mit der Atomisierung der menschlichen Existenz, mit ihrem Abfall in die Namenlosigkeit und ihrer Uniformisierung sammelten sich die Kleingruppen und Gemeinschaften, in denen Intimität und Intensität des Gefühls gelebt werden konnten.[66] Es wurde eine neue Erfahrung von Gemeinschaft und Brüderlichkeit gemacht. Boff bezeichnet diese als eine „Wiedergeburt der Kirche". Darin wollte er das Eingreifen des Heiligen Geistes „in den Horizont der Notwendigkeit unserer Zeit" sehen.[67] Für die Theologie der Befreiung stellen die Basisgemeinden eine neue Ekklesiologie dar.

Mit der Entstehung bzw. Gründung der kirchlichen Basisgemeinden, die nichts anderes als eine Kirche der Apostel und der Überlieferung sein wollen, wird zurückgegangen auf die eigentliche Intention des Evangeliums. *Theologisch*

---

61 Leonardo Boff, Die Neuentdeckung der Kirche, Mainz ²1980, S. 57 (Abgekürzt: Boff, Neuentdeckung). Religiös-ekklesiastisch bedeutet: Kirche als Institution gedacht.

62 Boff, Neuentdeckung, S. 60.

63 Ebenda.

64 Ebenda.

65 Boff, Neuentdeckung, S. 9.

66 Ebenda.

67 Boff, Neuentdeckung, S. 10.

bezieht man sich auf den historischen Jesus, der sich der Armen angenommen hat. *Soziologisch* soll in ihnen die Überwindung der Klassensituation erreicht werden. *Ökonomisch* soll damit von der asymmetrischen Produktionsweise zur symmetrischen übergewechselt werden; in ihr soll Gerechtigkeit und Mitbestimmung an der Macht herrschen.

Das neue Kirchenverständnis läßt sich nach Boff folgendermaßen charakterisieren:[68]

1. Die neue Kirche wird zur Kirche des Volkes Gottes. Der Begriff Volk wird hier sehr unterschiedlich gebraucht. In ihm wird die Kirche als Volk Gottes bezeichnet; unter dem Begriff des Volkes wird auch die unterprivilegierte Klasse verstanden.[69] Die Befreiungstheologen sehen in ihm jedoch nicht eine Bezeichnung für Nation. Aber der Begriff wird noch weiter gefaßt: „Alle, nicht nur die unterprivilegierte Klasse, sind dazu aufgerufen, ‚Volk' zu werden. Die untergeordnete Klasse wird in dem Maße Volk, in dem sie durch die Vermittlung und Gemeinschaft aufhört, Masse zu sein . . ."[70] Alle Menschen also sind aufgerufen, Gottes Volk zu werden. Alle, die sich angesprochen fühlen, werden „in dem Maße Volk Gottes, in dem die getauften Gemeinschaften des Glaubens, der Hoffnung und der Liebe aufbauen, die sich von Jesu Botschaft der absoluten Brüderlichkeit bestimmen lassen und sich als Ziel setzen, in der Geschichte ein Volk von freien, brüderlichen und mitverantwortlichen Menschen zu bilden."[71] Die Basisgemeinden sehen sich auf dem Wege, dieses Volk zu werden.
2. Die Kirche ist eine Kirche der Armen und Schwachen. Sie wird nicht im soziologischen Sinne als solche angesprochen. Denn „die Armen sind die eigentlichen Träger der Utopie des Reiches Gottes."[72] Darum sieht die Theologie der Befreiung in der Existenz der Armen bereits den Einbruch des Reiches Gottes, die Epiphanie des Herrn, gekommen.
3. Durch die kirchlichen Basisgemeinden erkennen die ausgebeuteten Menschen ihre Rechte und ihre Würde. In ihnen wird das Bewußtsein gestärkt, daß Kirche und Gesellschaft sich zu verändern haben.
4. Die kirchlichen Basisgemeinden kennen nur Mitglieder des Volkes Gottes. Alle sind Laien. „In diesem Verständnis sind auch der Priester, der Bischof und der Papst ‚Laien'".[73] Die Frage stellt sich, ob darin die lutherische Lehre vom Allgemeinen Priestertum aller Gläubigen zum Tragen kommt?

---

68 Boff, Neuentdeckung, S. 65.
69 Ebenda.
70 Boff, Neuentdeckung, S. 66.
71 Ebenda.
72 Boff, Neuentdeckung, S. 67.
73 Boff, Neuentdeckung, S. 68.

5. Die ganze Gemeinschaft versteht sich als Inhaber der Macht. Denn „Macht ist eine Funktion der Gemeinde und nicht einer einzelnen Person.“[74]
6. Die kirchlichen Basisgemeinden wollen die theologische Aufteilung der religiösen Arbeit in Hierarchie- und Laientätigkeit überwinden. Denn alle Mitglieder sind Inhaber von Diensten.
7. Es darf kein Widerspruch bestehen zwischen der offiziellen Kirche und der Kirche des Volkes. Als Kirche des Volkes hat sie den Weg in die Gesellschaft zu beschreiten. Die Basisgemeinden sind diesen Weg zu den Armen bereits gegangen. Insofern bedeutet Kirche, speziell kirchliche Basisgemeinden, „christliche Diaspora innerhalb des Gefüges der Gesellschaft“[75].
8. Die christliche Gemeinde, die den Wünschen und Bedürfnissen der Armen entsprechen will, muß befreiend wirken. Befreiung ist als ein Prozeß zu sehen, der nicht nur den politischen Bereich umfaßt.
9. Die Kirche sakramentalisiert die konkreten Befreiungsschritte des Lebens. Als Ausdruck des Glaubens beschränkt sie sich eben nicht allein auf die sieben Sakramente des Konzils von Trient.
10. Die katholischen Basisgemeinden wollen sich im vollen Einklang mit Jesus, den Aposteln, den ersten christlichen Gemeinden, der Kirche der Märtyrer und der prophetischen Bewegung in der Kirche wissen. Eine solche Kirche kann nur eine Kirche der Armen und damit des Volkes sein.
11. Die Basisgemeinden wollen zur „Großkirche“ hin offen sein. Umgekehrt sollen die großen Kirchen den Basisgemeinden ihr „Symbolkapital des Glaubens, die Verbindung zur apostolischen Überlieferung und die Dimension der weltweiten Universalität“ zur Verfügung stellen.[76] Es gibt nämlich nicht zwei Kirchen, sondern nur eine. Aber aufgrund ihrer zur Basis hin gewendeten Orientierung findet eine Option für die Befreiung der Unterdrückten und der Armen in der Gesellschaft und in der Kirche statt.
12. Die Einheit der Kirche wird nicht mehr durch denselben Glauben, dieselben Sakramente, dieselbe hierarchische Struktur gebildet, sondern sie erfährt vielmehr ihre Einheit von der Sendung zu den Gedemütigten und Unterdrückten dieser Welt her.
13. Aufgrund des Kampfes der Basisgemeinden für eine wirtschaftliche, gesellschaftliche und politische Befreiung drückt sich auch die Katholizität der Kirche neu und anders aus. Die im Kapitalismus nur als Absichtserklärung ausgesagte Katholizität der Kirche wird in den katholischen Basisgemeinden verwirklicht. Denn die Gemeinschaft am Tische des Herrn zwischen Herr-

---

[74] Boff, Neuentdeckung, S. 68.
[75] Boff, Neuentdeckung, S. 70.
[76] Boff, Neuentdeckung, S. 72.

schenden und Beherrschten ist nicht mehr nur eine eschatologische Hoffnung am Ende der Zeit, sondern bereits hier reale Gemeinschaft.[77]

14. Die Basisgemeinden praktizieren eine neue Gestalt der Apostolizität. Denn sie üben die Dienste aus, die der Heilige Geist in ihnen entdeckt. Sie existieren in der Nachfolge Jesu. Sie sind Trägerinnen des eigentlichen Glaubens. „Die apostolische Sukzession ist also nicht auf die Sukzession der hierarchischen Funktion eingeengt und bringt damit keine Trennung von Anfang an in die Kirche zwischen denen, die solche Funktion haben, und denen, die sie nicht haben."[78] Alle Gläubigen sind „Träger der rechten Lehre der Apostel und alle haben Anteil an den drei Grunddiensten Jesu Christi: des Zeugnisses, der Heiligung und der Verantwortung für Einheit und Verwirklichung der Gemeinde."[79]

15. Es sind neue Tugenden, die in den Basisgemeinden zum Ausdruck kommen: Klassensolidarität, Mitsprache bei bestimmten Entscheidungen, Hilfeleistungen, Kritik gegenüber dem Machtmißbrauch, Ertragen von Verleumdungen oder Verfolgungen und anderer Ungerechtigkeiten.

Alle Merkmale zeugen von einem neuen Geist, von einer neuen Hinwendung zu den Ursprüngen der Frohen Botschaft. Der Glaube an sie entfremdet nicht von der Welt, sondern verändert sie. Die Hoffnung und die Liebe dieses Glaubens gründen in der Kraft der Armen und Schwachen und setzen auf „die Unfehlbarkeit von Gerechtigkeit und Solidarität"[80].

Paul VI. hat anläßlich seines Apostolischen Rundschreibens über die Evangelisierung in der heutigen Welt auch zu den Basisgemeinden Stellung bezogen.[81] Er bejaht die Basisgemeinden, die aus dem Bedürfnis heraus entstehen, „das Leben der Gemeinden noch intensiver zu leben, oder aus dem Wunsch und der Suche nach einer persönlichen Atmosphäre, die die großen Gemeinden nur schwer bieten können." Er lehnt jedoch die Basisgemeinden ab, die sich ihrerseits von der institutionellen Kirche unterschieden wissen. Sie verstehen sich nämlich gern als „charismatische Gemeinschaften", die frei von Strukturen sind und nur vom Evangelium her leben wollen. „Bezeichnend für sie ist also eine offenkundige Haltung der Kritik und Ablehnung gegenüber kirchlichen Formen, ihrer Hierarchie und ihrer Zeichen."[82] Für den Papst steht fest: „Der Name ‚kirchliche Basisgemeinschaften' kommt nur jenen zu, die sich innerhalb der Kirche bilden, um in der Einheit der Kirche zu bestehen und zum Wachstum der Kirche beizutragen."[83] Nur die zuletzt genannten Gemeinschaften sind deshalb „ein Ort

77 Boff, Neuentdeckung, S. 74.
78 Boff, Neuentdeckung, S. 75.
79 Ebenda.
80 Boff, Neuentdeckung, S. 76.
81 Ev. Nuntiandi, in: Verlautbarungen des Apostolischen Stuhls Nr. 2, n. 58.
82 Ev. Nuntiandi, n. 58,3.
83 Ev. Nuntiandi, n. 58,4.

der Evangelisierung zum Wohl größerer Gemeinschaften"[84]. Sie sind die Hoffnung für die universale Kirche. Das gilt aber nicht von denen, die sich „im Geist ihrer ‚Kontestation' von der Kirche trennen"[85]. Sie können sich zwar im soziologischen Sinne Basisgemeinschaften nennen; aber sie sind keine *kirchlichen* Basisgemeinden.

V. Die Option für den Marxismus in der Theologie der Befreiung

In der Theologie der Befreiung bilden die sozialen Wissenschaften die zentrale Ausgangslage für die Erkenntnis der gesellschaftlichen Situation. Bereits in der Darstellung des Kirchenbegriffs der Basisgemeinden war erkannt worden, daß die Produktionsweise auch das Wesen der Kirche bestimmt. Bei der Behandlung des Sozialen in der Gestaltung der Produktions- und Gesellschaftsverhältnisse greifen die Theologen in der Befreiungstheologie Lateinamerikas auf Karl Marx zurück. Aber Gutiérrez betont, daß die Theologie „die marxistische Analyse in ihrer Gesamtheit" nicht benutzt.[86] In gleicher Weise lehnt Leonardo Boff den Marxismusverdacht für die Theologie der Befreiung ab. Er verweist darauf, daß das angewandte marxistische Vokabular nur funktionalen Charakter habe.[87] Als Grundlage für die Entstehung und Gestaltung der Theologie der Befreiung gilt das christliche Leben und nicht der Marxismus.

Dennoch sind die Vertreter der Theologie der Befreiung der Meinung, daß die marxistische Analyse für die Erkennung und Erklärung der sozialen Gegebenheiten hilfreich ist. Man vergleicht die Übernahme des Marxismus durch die Theologie der Befreiung mit der Art und Weise, wie Thomas von Aquin den Aristotelismus in die Philosophie und Theologie des Mittelalters eingebracht hat.[88] Die Theologie der Befreiung beruft sich bei ihrer Rezeption des Marxismus auf Aussagen Paul VI. in Octogesima Adveniens aus dem Jahre 1971. Dort hatte nämlich der Papst sich mit den unterschiedlichen Formen des Marxismus auseinandergesetzt. Er unterschied:

1. Den Marxismus als aktive Praxis des Klassenkampfes. Dieser soll dauernd in Gang gehalten und immer von neuem „geschürt" werden.
2. Den Marxismus, der seine zentrale Gestalt darin besitzt, daß er die politische und wirtschaftliche Macht von einer einzigen Partei ausgeübt sehen will.
3. Den Marxismus als dialektischen Materialismus, der sich als „sozialistische Ideologie auf der Grundlage des historischen Materialismus und der Leugnung alles Jenseitigen" darstellt.

---

84 Ev. Nuntiandi, n. 58,5.
85 Ev. Nuntiandi, n. 58,4.
86 Gutiérrez, in: Eicher, im Gespäch, S. 42.
87 Boff, in: Eicher, im Gespräch, S. 86.
88 Clodovis Boff, die Befreiung der Armen, Freiburg / Schweiz 1980, S. 113.

4. Den Marxismus, der „als eine Methode zu genauester Erforschung sozialer und politischer Verhältnisse" in Erscheinung tritt. Er gibt sich als eine Verknüpfung theoretischer Erkenntnisse mit revolutionärer Praxis. Diese Art Marxismus, so sagt Paul V., erscheint vielen Menschen geeignet, als eine Methode oder als eine Form des „Arbeitsinstrumentes", um „auf wissenschaftlichem Wege zu ermitteln, welches die treibenden Kräfte sind, die den Fortschritt der menschlichen Gesellschaft tragen."[89]

In der Auseinandersetzung mit den vier Definitionen des Marxismus stellt Leonardo Boff zwei Fragen:

1. „Welche Art von Marxismus kann der Theologie nützlich sein?"
2. „Welche Art von Theologie kann dem Marxismus nützlich sein?"[90]

Zur ersten Frage:

Der Klassenkampf (in der ersten Kategorie des Marxismus) beschwört eine permanente Auseinandersetzung zwischen unterschiedlichen Interessen herauf. Diese Auseinandersetzung muß von allen geführt werden, von den Unterdrückern wie von den Unterdrückten. Marxisten wie Christen erwarten eine Veränderung der gesellschaftlichen Verhältnisse, so daß Gerechtigkeit, Brüderlichkeit und Gemeinschaft herrschen. Christen und Marxisten sollen sich in gleicher Weise an dem Engagement zu Gunsten der Armen beteiligen.

Die zweite Gestalt des Marxismus stellt aufgrund bürokratischer Tyrannei und der Verletzung der Menschenrechte keine „wünschenswerte Alternative" zu den gegebenen Systemen dar.[91]

Zur dritten Kategorie des Marxismus läßt Boff ein kategorisches Nein erklingen, weil diese Gestalt des Marxismus als dialektischer Materialismus in Opposition zum Christentum steht. Der Marxismus will ein „radikaler philosophischer Materialismus sein"[92].

Allein die vierte Definition des Marxismus ist für ihn zu bejahen. Sie liefert ihm als wissenschaftliche Praxis und Methode die Analyse zur Erforschung sozialer und politischer Verhältnisse. Der Marxismus in dieser Dimension wurde zwar auch als historischer Materialismus konzipiert. Aber er kann als eine wissenschaftliche Theorie den Christen, „denen an einer besseren ... Kenntnis der gesellschaftlichen Wirklichkeit, vor allem ihrer Konflikte und Marginalisierungsmechanismen, liegt, durchaus nützlich sein."[93] Darum wird dieser „Marxismus" trotz seiner Konzeption als materialistische Philosophie mit ihrer Leugnung der

89 Paul VI. Octogesima Adveniens, n. 33.
90 Boff, Tränen, S. 204 ff.
91 Boff, Tränen, S. 206.
92 Boff, Tränen, S. 106.
93 Boff, Tränen, S. 209.

Existenz Gottes nicht als solche erfahren, „sondern als das einzige Instrument, das den Armen zur Verfügung steht, damit sie ihre Situation als Ausgebeutete erklären und einen Weg finden können zu Zusammenschluß, Bewußtwerdung und Mobilisierung der Volksmassen.“[93a]

Der Marxismus als historischer Materialismus dient der Befreiungstheologie als Wahrnehmung der gesellschaftlichen Wirklichkeit. Sie sieht in ihm die Waffe zur Befreiung der Armen aus der Knechtschaft und Unterdrückung durch die Herrschenden.

Zur zweiten Frage:

Die Frage, welche Art von Theologie dem Marxismus nützlich sein kann, beantwortet Boff wiederum unter Zuhilfenahme der vierten Deutung des Marxismus. Mit dieser Definition kann nämlich die Theologie der Befreiung sowohl das Entstehen von Konflikten wie auch die Entwicklung der menschlichen Gesellschaft erkennen und deuten. Der Theologe soll sich der marxistischen Geschichtstheorien bedienen, „da es um ein möglichst sachgerechtes Erkennen der konfliktträchtigen gesellschaftlichen Wirklichkeit geht.“[94] Erst wenn das erreicht ist, soll die eigentliche theologische Arbeit einsetzen, die „soziale Entschlüsselung im Lichte des Glaubens, der Schrift, der lehramtlichen Dokumente, der Soziallehre, der Kirche u. s. f. zu deuten.“[95]

Diese Reihenfolge ist für die Befreiungstheologie einzig denkbar. Der Theologe muß auf diese Analyse zurückgreifen, wenn er zur Kenntnis der Wirklichkeit kommen will. Er bedient sich dieser Methode, „weil diese ihm am geeignetesten erscheint, die ideologischen Verfälschungen des Kapitalismus anzuprangern.“[96] Boff möche, wie er selbst sagt, „keine Theologie innerhalb des Marxismus, sondern die Nutzung des Marxismus (scil. historischer Materialismus) durch die Theologie.“[97]

VI. Innerkirchliche Kritik an der Theologie der Befreiung

Die offizielle Kirche hat in den letzten Jahren in zunehmendem Maße Kritik an der Theologie der Befreiung geübt. Vor allem werden Fragen der theologischen und soziologischen Kritik an die Befreiungstheologen gerichtet.

93a Ebenda.
94 Boff, Tränen, S. 211.
95 Ebenda.
96 Ebenda.
97 Boff, Tränen, S. 212.

a) Die Veränderung des hermeneutischen Zirkels

L. Boff hat von den symmetrischen und asymmetrischen Produktionsarten geschrieben. Der Westen und Lateinamerika sind durch eine asymmetrische Produktionsweise gekennzeichnet. Sie hat zu einer Klassengesellschaft geführt. Unabhängig von den Willensentscheidungen der Menschen hat die Klassenstruktur ihr Handeln, auch die religiöse Betätigung, bestimmt. Die Gläubigen nehmen die Wirklichkeit „je nach ihren gesellschaftlichen Bedingungen" wahr und deuten „die Botschaft des Evangeliums in Übereinstimmung mit ihrer Klassenfunktion"[98]. Zuerst kommt also die Wirklichkeitswahrnehmung und ihre Analyse, dann die theologische Reflexion. Daraus werden die kirchlichen Folgerungen gezogen. Aufgrund des hermeneutischen Denkansatzes wird nach der asymmetrischen Produktionsweise gesucht, in der Verteilungsgerechtigkeit vorherrscht und die Macht geteilt ist. Zu dieser Entwicklung kommt man nicht auf der Basis des theologischen Erkennens, sondern aufgrund der Analyse der ökonomischen Wirklichkeit. Diese Denkweise stellt gegenüber der Tradition eine umgekehrte Methode dar.

Bisher standen zunächst der Inhalt der Glaubensbotschaft und ihre genaue Kenntnis im Zentrum der Theologie. In einem zweiten Schritt wurde die geistige und ökonomische Wirklichkeit erarbeitet. Diese Vorgehensweise führte dann auch zur Deutung des christlichen Glaubens in der gegenwärtigen Zeit.[99] Der Glaube ist nämlich der, der „alles" mit einem neuen Licht erhellt.[100] Als Aufgabe der Kirche wird in diesem Zusammenhang auch die Umgestaltung der menschlichen Gesellschaft angegeben.[101] Die Kirche muß dabei unterscheiden, was „wahres Zeichen der Gegenwart oder der Absicht Gottes" ist.[102] Unter dem Beistand des Heiligen Geistes wird sie auf die „verschiedenen Sprachen unserer Zeit" hören, sie unterscheiden, deuten „und im Licht des Gotteswortes" beurteilen, „damit die geoffenbarte Wahrheit immer tiefer erfaßt, besser verstanden und passend verkündet werden kann."[103]

Befreiungstheologien wollen nicht eine Interpretation der Wirklichkeit durch den Glauben der Kirche darstellen; sie liefern eine „Deutung des Glaubensinhaltes und der christlichen Existenz", die „in Wirklichkeit ganz neu ist und schwerwiegend vom Glauben der Kirche abweicht"; sie bedeuten letztlich dessen praktische Leugnung. Diese Theologien werden von der päpstlichen Kongregation abgelehnt.[104]

---

98 Boff, Neuentdeckung, S. 58.

99 Lothar Roos, Befreiungstheologien und katholische Soziallehre H. 1. in: Kirche und Gesellschaft, Nr. 119, S. 8.

100 GeS. n. 11.

101 GeS. n. 40,2.

102 GeS. n. 11,1.

103 GeS. n. 44,2.

b) Das Problem einer Option für die Armen

Der Klassenkampf setzt die Entscheidung für eine und gegen die andere Klasse von Menschen voraus.[105] Sich zu einer Option für die Armen zu bekennen, bedeutet gleichzeitig, sich gegen die Reichen zu stellen. Trotzdem soll der umfassende Charakter der Liebe erhalten bleiben. Denn „universale Liebe bemüht sich . . ., in Solidarität mit den Unterdrückten auch die Unterdrücker von ihrer Macht, ihren Ambitionen und ihrem Egoismus zu befreien."[106] Die umfassende Liebe zu den Armen verwirklicht sich im Klassenkampf. „Das Mitwirken im Klassenkampf widerspricht nicht nur nicht dem umfassenden Liebesgebot, sondern ist heute gerade die notwendige und unumgängliche Vermittlung seiner Konkretion in einer klassenlosen Gesellschaft, in der es weder Eigentümer noch Beraubte, weder Unterdrücker noch Unterdrückte gibt."[107]

Die heutige Situation, wie sie die Theologie der Befreiung vorfindet, ist die des Kapitalismus, in der die Katholizität der Kirche und damit die gemeinsame Eucharistiefeier reine Absichtserklärungen bleiben. Arm und reich nehmen zwar an der Heiligen Messe teil, sie kommunizieren gemeinsam in der Kirche, aber in der Fabrik „exkommunizieren" sie sich.[108] Die Befreiungstheologen sehen in Jesus, in den Aposteln und den ersten Gliedern der christlichen Gemeinde Menschen aus dem Volk; das sind „arme Leute und Mitglieder der unterjochten Klasse"[109]. Aber die „Instruktion der Kongregation für die Glaubenslehre" von 1986[110] weist darauf hin, daß Jesus zwar durch die Propheten als der Messias der Armen angekündigt worden ist und daß er gerade unter diesen, „die nach Gerechtigkeit des Gottesreiches dürsteten", Anhänger gefunden hat. „Aber er wollte auch denen nahe sein, die, obwohl reich an irdischen Gütern, als ‚Zöllner und Sünder' von der Gemeinschaft ausgeschlossen waren; denn er war gekommen, um sie zur Bekehrung zu berufen."[111] Jesus hat sich den Armen, den Sündern, den Kranken und den Reichen zugewandt. Die Heilige Schrift weiß sogar vom Fortbestand der Sklaverei zu berichten. Sie fordert: Die Sklaven sollen dem Herrn gehorchen. Die als Sklaven im Herrn Berufenen sind zugleich Freigelassene im Herrn.[112] Zwar ist die Option für die Armen ein Dienst an den

---

104 Instruktion der Kongregation für die Glaubenslehre über einige Aspekte der ‚Theologie der Befreiung' vom 6. August 1984, Libertatis Nuntius, in: Verlautbarungen des Apostolischen Stuhls Nr. 57, n. VI, 9 (Abgekürzt: Libertatis Nuntius).

105 Gutiérrez, S. 263.

106 Gutiérrez, S. 263.

107 Gutiérrez, S. 264.

108 Boff, Neuentdeckung, S. 74.

109 Boff, Neuentdeckung, S. 71.

110 Instruktion der Kongregation für die Glaubenslehre über die christliche Freiheit und die Befreiung vom 22. März 1986 Libertatis Conscientia, in: Verlautbarungen des Apostolischen Stuhls Nr. 70.

111 Libertatis Conscientia, n. 66.

112 Tit. 2,9 u. 1. K. 7,21 ff.

„Geringsten seiner Brüder", aber sie ist doch nicht so zu interpretieren, als ob die Botschaft des Heils den materiell Armen, Elenden und Unterdrückten gilt. Darauf weist die dritte Generalkonferenz des lateinamerikanischen Episkopats in Puebla 1979 hin und formuliert: „Daher ist Dienst an den Armen vorrangiger, wenn auch nicht ausschließlicher Bestandeil unserer Nachfolge Christi."[113]

Leonardo Boff sieht in den Armen mehr, er erkennt in ihnen die „Epiphanie des Herrn"[114]. Für ihn bekommt der Arme eine gewisse Heilsmittlerfunktion. Schließlich stellt seine Existenz eine „Herausforderung für Gott dar, der ja einst beschlossen hatte, in den Lauf der Welt einzugreifen, um die Gerechtigkeit wiederherzustellen."[115] Stellt aber die Armut eine Verletzung der Gerechtigkeit dar, muß auch etwas dagegen getan werden. Darum werden die Armen nach L. Boff als „die eigentlichen Träger der Utopie des Reiches Gottes" angesehen.[116]

c) Die marxistische Analyse

Nach Paul VI. glaubt der Marxismus aufgrund seiner Analyse, zur „genauesten Erforschung sozialer und politischer Verhältnisse" zu kommen. Er will „auf wissenschaftlichem Wege" ermitteln, „welches die treibenden Kräfte sind, die den Fortschritt der menschlichen Gesellschaft tragen."[117] Leonardo Boff sieht in dieser marxistischen Analyse die wissenschaftliche Theorie für die „gesellschaftlich-geschichtliche Formation und ihre Zusammenhänge"[118]. Denn „der Marxismus geht davon aus, daß die materiellen Bedingungen von Produktion und Lebensreproduktion letztlich die Basis des ganzen sozio-historischen Gebäudes und seiner ideologischen und juristisch-politischen Instanz ist."[119] Boff sieht also den Wert des Marxismus in der Klarheit, die er gegenüber den anstehenden sozio-ökonomischen Problemen schafft. Aber er geht noch darüber hinaus. Denn, wie bereits ausgeführt, auch die Kirche wird durch den gesellschaftlich-ökonomischen Kontext, in dem die Gesellschaft sich befindet, bestimmt und begrenzt.

Aber die genannten religiös-ekklesiastischen Aktionen sind „keine rein gesellschaftlichen Produkte"[120]. Die in der westlichen Welt vorherrschende asymmetrische Produktionsweise hat nach Boff in der Kirche zu einem Prozeß der „Enteignung von Instrumenten der materiellen und symbolischen Produktion" geführt. In dieser Entwicklung war es dann der Klerus, der „dem christlichen Volk die

---

113 Stimmen der Weltkirche Nr. 8 n. 1145.
114 Boff, Neuentdeckung, S. 67.
115 Boff, Neuentdeckung, S. 67.
116 Boff, Neuentdeckung, S. 67.
117 Paul VI. O.A. n. 33.
118 Boff, Tränen, S. 208.
119 Boff, Tränen, S. 208.
120 Boff, Neuentdeckung, S. 57.

religiösen Produktionsmittel enteignete“[121]. Das bringt ihn zu dem Schluß: „Offensichtlich harmonisiert eine solchermaßen asymmetrisch strukturierte Kirche gut mit der sich umgebenden Gesellschaft, in der dieselbe asymmetrische Produktionsweise herrscht.“[121a]

Für Josef Höffner ist es „geschmacklos“, wenn die „Heilsgüter der Kirche“ zu „religiösen Produktionsmitteln“ werden. Denn die Heilsgüter sind „keine Produkte der jeweiligen gesellschaftlichen Verhältnisse, sondern ein Geschenk der sich offenbarenden Liebe Gottes.“[122] Für ihn ist es bestürzend, „wie unkritisch und unbekümmert die Theologen der Befreiungstheologie die marxistische Analyse übernehmen. Es ist nach Höffner unwissenschaftlich, die Religionen als Produkte jeweiliger gesellschaftlicher Verhältnisse hinzustellen. Selbst Max Weber hatte der These widersprochen, daß eine religiöse Entwicklung als ein Reflex von irgendwelchen ökonomischen Situationen angesehen werden könnte. Auch für Ernst Troeltsch ist „alles Spezifisch-Religiöse“ eine selbständige Äußerung „des religiösen Lebens“[123].

Für die innerkirchlichen Kritiker ist der historische Materialismus, wie er in der Theologie der Befreiung als Grundlage für die Betrachtung der sozialen Verhältnisse vorausgesetzt wird, eine Ideologie, die über der realen Basis, die von den Produktivkräften und ihren Produktionsverhältnissen gebildet werden, als Überbau thront. Darauf verweist die Kongregation für die Glaubenslehre aus dem Jahre 1984, denn sie schreibt: „Die ideologischen Apriori werden bei der Lektüre der sozialen Wirklichkeit vorausgesetzt.“[124] Für die Befreiungstheologen ist der Klassenkampf, wie die Kongregation in ihrer Instruktion von 1984 sagt, „der Motor der Geschichte“[125]. Die Theologen der Befreiung übernehmen nicht „die *Tatsache* der gesellschaftlichen Schichtungen und die mit ihnen verbundenen Ungerechtigkeiten, sondern die *Theorie* des Klassenkampfes als strukturelles Grundgesetz der Geschichte.“[126] Das hat zur Folge, daß die Geschichte „zu einem Zentralbegriff“ wird. Gott ist nach den Theologen der Befreiung nicht nur Geschichte geworden; sie fügen darüber hinaus hinzu, daß es nur eine Geschichte gibt, „in der nicht mehr zwischen Heils- und Profangeschichte unterschieden werden darf.“[127] Das führt dann nach der „Instruktion“ zu der zwangsweisen Folgerung, daß das Werden des Reiches Gottes mit der menschlichen

---

121 Boff, Neuentdeckung, S. 60.

121a Ebenda.

122 Joseph Höffner, Soziallehre der Kirche oder Theologie der Befreiung, Der Vorsitzende der Deutschen Bischofskonferenz Nr. 11. 24. Sept. 1984, S. 25.

123 Ernst Troeltsch, Die Soziallehre der christlichen Kirchen und Gruppen, Tübingen [2]1919, S. 975 ff.

124 Libertatis Nuntius v. 6. August 1984 n. VII, 6.

125 Libertatis Nuntius, n. IX, 3.

126 Libertatis Nuntius, n. IX, 2.

127 Libertatis Nuntius, IX, 3.

Befreiungsbewegung identifiziert wird und, daß „aus der Geschichte das Subjekt ihrer eigenen Entwicklung als Prozeß der Selbsterlösung des Menschen durch den Klassenkampf" gemacht wird.[128]

Die Befreiungstheologen betreiben mit der marxistischen Analyse nicht eine Tatsachenfeststellung, sondern sie arbeiten mit gesellschaftlichen und geschichtsphilosophischen Annahmen. Die Theologen der Befreiung meinen nämlich, daß sie den Marxismus akzeptieren können, ohne gleichzeitig auch seinen Atheismus mit übernehmen zu müssen. Die Verantwortlichen der Kirchen würden ohnehin, „wenn sie in die kulturelle Welt der Armen eintauchen, in der Regel auf den Marxismus stoßen. Dort erfahren sie ihn nicht als eine materialistische Philosophie, die die Existenz Gottes leugnet, sondern als das einzige Instrument, das den Armen zur Verfügung steht, damit sie ihre Situation als Ausgebeutete erklären und einen Weg finden können zu Zusammenschluß, Bewußtwerdung und Mobilisierung der Volksmassen".[129] Darum tritt die Theologie der Befreiung für eine sozialistische Gesellschaftsordnung ein. Denn im Kapitalismus werden die Interessen einer Klasse vertreten; in der sozialistischen Gesellschaft dagegen werden objektive Bedingungen dafür geboten, daß auch in der Kirche die Universalität voll zum Ausdruck gebracht werden kann.[130]

Das marxistische Verständnis des Klassenkampfes wird zum hermeneutischen Prinzip, dem die theologischen Wahrheitskriterien untergeordnet sind. In der „Instruktion" der Glaubenskongregation von 1984 heißt es deshalb: „In dieser Perspektive ersetzt man die Orthodoxie als die rechte Glaubensregel durch die Idee der Orthopraxie als Wahrheitskriterium."[131] Aber die rechtverstandene christliche Praxis kann doch nur dann wahrhaft richtig sein, wenn sie an der an Jesus Christus als Richtschnur ausgerichteten Orthodoxie orientiert ist. Die Praxis der Kirche folgt erst aus dem Glauben und ist Ausdruck ihres Lebens.

---

128 Ebenda.
129 Boff, Tränen, S. 209.
130 Boff, Neuentdeckung, S. 74.
131 Libertatis Nuntius, n. X, 3.

Sechstes Kapitel

Die internationale Schuldenkrise

I. Die Ursachen der Schuldenkrise

Die Kreditaufnahme der Entwicklungsländer setzt aufgrund der ersten Ölpreiskrise im Jahre 1973 ein. Infolge der erhöhten Ölpreise ergab sich eine Verschlechterung des Verhältnisses der Ausfuhrpreise zu den Einfuhrpreisen. Diese veränderten Terms of Trade waren eine Folge des sogenannten Einkommenstransfers von den ölimportierenden zu den ölexportierenden Ländern. Da der für die Ölimporte veranschlagte Teil des Volkseinkommens nicht ein zweites Mal ausgegeben bzw. verbraucht werden konnte, griffen viele importierende Entwicklungsländer auf externe Kredite zurück. Der steigende Einkommenstransfer bei den Ölexportländern führte zu Leistungsbilanzüberschüssen und damit zu einem Kapitalexport, oft auf die Konten international tätiger Banken. „Diese besorgten das sogenannte Recycling der Petro-Dollars zu den ölimportierenden Entwicklungsländern.“ [1] Leicht gemachte Kreditvergaben durch das westliche Bankensystem zu variablen Zinssätzen bürdeten die Risiken von Zinsänderungen den Entwicklungs- und Schwellenländern auf. Die auftretenden Leistungsbilanzdefizite der Entwicklungsländer erklären sich also vorwiegend aus den Importen von Kapitalgütern, die zwar den Ressourcenspielraum erweitern, aber durch Exporterlöse nicht bezahlt werden können.

Der zweite Erdölschock im Jahre 1979 brachte nicht nur eine Erhöhung der Erdölpreise, sondern als Folge einer auf Stabilisierung des Preisniveaus ausgerichteten Wirtschaftspolitik in den Industrieländern einen Nachfrageausfall nach Gütern der Entwicklungsländer. Dieser beschränkte zwangsläufig deren Exportmöglichkeiten. Der Preisanstieg des Erdöls, die verminderte Nachfrage nach Exportgütern und speziell nach Rohstoffen der Entwicklungsländer verschlechterten die Austauschverhältnisse zusehends, zumal die Industrieländer die realen Zinssätze anhoben und damit den Schuldendienst der Entwicklungsländer verteuern ließen. Das hohe Zinsniveau wirkte sich nicht nur auf die neuen Kredite aus, sondern infolge der variablen Zinssätze drückten auch die Altlasten deutlich. Noch heute beanspruchen die Zinszahlungen der am stärksten verschuldeten Länder zwischen 15 % und 50 % ihrer Exporte. „Die gesamten Auslandsschulden

---

[1] Manfred Holthus, Die Auslandsverschuldung der Entwicklungsländer, in: Materialien, Hrsg. Bundesministerium für wirtschaftliche Zusammenarbeit, Nr. 76, S. 23 (Abgekürzt: Holthus, Materialien).

betragen in diesen Staaten zwischen 50 % und 150 % des Bruttosozialproduktes."[2]

Die Industrieländer hatten ihrerseits — vor allem nach dem zweiten Erdölschock — Schwierigkeiten, ihre Wirtschaft zu stabilisieren. Ihre Wirtschaftspolitik war darauf ausgerichtet, zum einen dem inflationären Prozeß zu wehren und zum anderen das System der sozialen Sicherung auszubauen. Die Folge war ein steigendes Budgetdefizit bei gleichzeitigen hohen Steuern. Beides förderte nicht die Investition in Produktivkapital, sondern verursachte auch Arbeitslosigkeit und wirtschaftliche Stagnation. Speziell in Japan und in den Vereinigten Staaten von Amerika versuchte man, mittels eines Protektionismus die Rentabilität der Investitionen im eigenen Land wiederherzustellen.

Nach Schätzung des IWF betrug die gesamte Auslandverschuldung der Entwicklungsländer 1985 1 050 Milliarden US $, 1986 1 140 Milliarden US $. In jüngster Zeit hat sich das Tempo des Schuldenzuwachses verlangsamt, aber auch die Schuldendienstleistungen, die sich zwischen 1980 und 1985 von 88 auf 131 Milliarden US $ erhöhten, haben sich — allerdings auf hohem Niveau — stabilisiert. Die höchste Schuldendienstquote — das Verhältnis des Schuldendienstes zu den Exporterlösen — hat seit Jahren Lateinamerika. 1982 betrug sie 50 %. Aufgrund von Umschuldungen verringerte sie sich 1984 auf 42 und 1986 auf 45 %. Afrika erreichte 1986 die Summe von 30 %. Die Schuldendienstquote in Asien war weit günstiger. Sie lag 1986 bei 13 %.

Als Mexiko 1982 seinen Verpflichtungen gegenüber den Auslandsgläubigern nicht mehr nachkommen konnte, löste es eine internationale Schuldenkrise aus, bei der Mexiko nur die Spitze des Eisberges darstellte. Die Auslandsverbindlichkeiten der Entwicklungsländer sind bis heute auf über 1 Billion US $ angewachsen.

Insgesamt läßt sich feststellen, daß es mehrere Ursachen gibt, die zu der Schuldenkrise geführt haben:

1. Die Entwicklungs- bzw. Schwellenländer selbst haben eine expansive Wirtschafts- und Schuldenpolitik betrieben — besonders hervorgerufen durch die beiden Erdölschocks.

2. Die Industrieländer haben ihrerseits infolge einer Verschlechterung der internationalen Wirtschaft — ebenfalls bedingt durch den zweiten Erdölschock — versucht, ihre wirtschaftliche Struktur an die veränderten Gegebenheiten anzupassen.

3. Die Kreditbanken haben bei ihrem Engagement in den Entwicklungsländern hohe Gewinne erwartet und darum oft bedenkenlos Kredite an die Entwicklungs- und Schwellenländer vergeben.

---

2 Markus Lusser, Internationale Verschuldung — Wege aus der Krise, in: Die Bank vom 8. August 1987, S. 409.

4. Aus der Sicht der Banken war das Risiko relativ gering. Man glaubte, einem zahlungsunfähigen Entwicklungsland würde öffentliche Hilfe von anderer Seite zuteil werden; würde dieses nämlich nicht geschehen, wäre das ganze Finanzsystem gefährdet.
5. Die Banken schätzen die Sicherheit ihrer Forderungen gegenüber der Dritten Welt als weniger unsicher ein, wenn die Risiken unter den Konkurrenten der internationalen Banken gleichmäßig verteilt werden. Bei einer auftretenden Krise würden die Staaten und auch die Zentralbanken gezwungen werden, gemeinsam zu handeln. Da die Gläubiger selbst über keine Druckmittel verfügen, sich gegenüber einem insolventen Land der Dritten Welt durchzusetzen, konnten sie nur hoffen, daß die Notenbanken der Industrieländer ihrerseits tätig werden, um einem Zusammenbruch des Finanzsystems entgegenzutreten. „Diese Rechnung ist bei Ausbruch der Schuldenkrise aufgegangen. Die Zentralbanken der großen Industriestaaten stellten den verschuldeten Ländern über die BIZ (scil. Bank für Internationalen Zahlungsausgleich) Überbrükkungskredite zur Verfügung.“[3]
6. Als sich die Liquiditätssituation Mexikos äußerst verschlechterte, hielten sich die Privatbanken zunehmend zurück, sie verstärkten damit die Problematik der Schuldnerländer bei der Finanzierung ihrer Tilgungs-Zinszahlungen.

II. Merkmale der Schuldenproblematik

Die Lage der einzelnen Entwicklungsländer ist unterschiedlich zu beurteilen. Aber folgende Merkmale können allgemein als Kennzeichen für die Schuldnerstaaten gelten:

1. Je weniger weit eine Volkswirtschaft entwickelt ist, um so mehr ist sie auf öffentliche Kreditgeber angewiesen. Die entwickelten Länder können leichter auf Kredite zu Marktbedingungen zurückgreifen als die Entwicklungsländer.
2. Die Entwicklungsstaaten haben es schwer bei der Rück- und Zinszahlung ihrer Schuldverpflichtungen.
3. Die Kreditwürdigkeit für private und staatliche Darlehen ist bei den Entwicklungsländern eingeschränkt.
4. Neue Finanzmittel werden nur unter größten Schwierigkeiten vermittelt.[4]

Die Auslandsverschuldungen der Entwicklungsländer sind ganz unterschiedlich verteilt. Mehr als 60 % der ausstehenden Schulden der Dritten Welt entfallen auf die Staaten Lateinamerikas und Asiens, die in ihrer wirtschaftlichen Entwicklung schon weit fortgeschritten sind und / oder über Erdöl oder andere Rohstoffe

---

[3] Lusser, S. 410.
[4] Lusser, S. 408.

verfügen. Die Verbindlichkeiten dieser Staaten machen etwa 70 % aus, während die 34 ärmeren Länder in Afrika und Asien nur zu gut mit 11 % an der Auslandsverschuldung beteiligt sind.[5]

An den privaten Krediten sind nur wenige Großbanken beteiligt. Deshalb hat sich eine Risikokonzentration von Banken und bestimmten Ländern ergeben. Da die privaten Kreditgeber erwarten, daß ihre Darlehen staatlich abgesichert werden, besteht ein enger Zusammenhang zwischen den privaten Krediten und staatlichen Garantien bei den Entwicklungsländern. Das wiederum hat zur Folge, daß einzelne Staaten leichter und direkter von den Privatbanken Kredite erhielten als Wirtschaftsunternehmen. Je entwickelter das Land, um so weniger bedarf der Staat bei Darlehen konkreter Konzeptionen in Gestalt von Zuschüssen oder anderer Subsidien.

Als Mexiko — ein Erdölexportland — 1982 zahlungsunfähig wurde, Brasilien und andere Länder im Laufe desselben Jahres ihre Zahlungen einstellten, versuchten die Noten- und Privatbanken im amerikanischen, japanischen und europäischen Raum in Verbindung mit internationalen Institutionen, wie dem Internationalen Währungsfonds (IWF), der Bank für Internationalen Zahlungsausgleich (BJZ) und der Weltbank (WB), die Schuldenkrise dadurch zu lösen, daß sie sich zu Umschuldungsverhandlungen zusammenfanden. Die Gespräche zwischen den Schuldner- und Gläubigerländern (bzw. Gläubigerbanken) zogen sich schleppend hin. Das hat seinen Grund darin, daß die hochverschuldeten Entwicklungsländer, die sich dem Umschuldungsprozeß unterziehen, langfristig wirtschaftlich konsolidiert und saniert werden sollen, damit sie konkurrenzfähig und vor allem weiterhin kreditwürdig werden. Da alles, was für den Schuldendienst ausgegeben wird, im eigenen Land nicht mehr zur Verfügung steht, schränkt die Bedienung der Auslandsschulden den Handlungsspielraum der Wirtschafts- und Währungspolitik unweigerlich stark ein. Die Einstellung der Zinszahlung durch Brasilien zeigte, daß die Krise, die aufgrund der Hilfen von seiten der Bank für Internationalen Zahlungsausgleich und des Internationalen Währungsfonds gemeistert wurde, jeden Augenblick wieder aufbrechen kann.

III. Die Lösung des Schuldenproblems

Der Dialog zwischen den Entwicklungsländern spielt sich heute auf unterschiedlichen Ebenen ab. Insbesondere natürlich auf denen der Vereinten Nationen und ihrer Unterorganisationen, auf dem Boden des Internationalen Zoll- und Handelsabkommens (GATT), des IWF, der Weltbankgruppen und der UNCTAD-Konferenzen (United Nations Conference on Trade and Development). In diesen Konferenzen wurde 1978 der Entschluß gefaßt, daß die Industrieländer sich verpflichten, die Konditionen für öffentliche Kredite zu Gunsten der Entwick-

---

5 Holthus, Materialien, S. 15.

lungsländer, vor allem der ärmsten Länder, als für die sogenannten Least-Development-Countries (LDC), den „weichen" Konditionen anzupassen und in besonderen Fällen auf Tilgung und Zinszahlung ganz zu verzichten. Die am wenigsten entwickelten und am härtesten betroffenen Länder sollten vom Schuldendienst ganz entlastet werden. Auf der UNCTAD-Konferenz IV 1976 in Nairobi wurde ein Integriertes Rohstoffprogramm für 18 wichtige Rohstoffe verabschiedet. Mit ihm sollte auf dem Verhandlungswege eine Neuordnung des Rohstoffmarktes erreicht werden. Aber das Hauptfinanzierungsmittel des Rohstoffprogramms, der gemeinsame Fonds, ist bis heute nicht inkraft getreten, obwohl man sich 1979 grundsätzlich darauf geeinigt hat. Weder die Industrie- noch die Entwicklungsländer haben ihn ratifiziert.

Die Forderungen der Dritten Welt gegenüber den Industrieländern lassen sich in ihrem Kern auf drei Argumente zusammenfassen:

1. Die Industrieländer sollen zu einem Ausgleich für die Schäden bereit sein, die sie durch die Ausbeutung der Entwicklungsländer während und nach der Kolonialzeit angerichtet haben.
2. Zwischen den Industrie- und Entwicklungsländern muß eine wirtschaftliche Partnerschaft erreicht werden, so daß die Armen nicht durch die Maßnahmen der reichen Länder benachteiligt werden. Diese haben vielmehr die Verpflichtung, den armen Ländern bei ihrer Entwicklung zu helfen und ihnen entsprechende Mittel zu übertragen.
3. Auf dem Gebiet der Schuldenbewältigung fordern die Entwicklungsländer, daß
   — das Weltwährungssystem unter Berücksichtigung der Forderung der Entwicklungsländer neu geordnet wird,
   — die Entwicklungsländer zu den Kapitalmärkten einen besseren Zugang haben,
   — in den internationalen Finanzorganisationen den Entwicklungsländern mehr Mitbestimmung zugebilligt wird,
   — die Finanzmittel für den Ausgleich der Zahlungsbilanzdefizite bei den Entwicklungsländern erhöht werden,
   — die Schuldenlast der Entwicklungsländer erleichtert wird.

Um die Schuldenkrise zu lösen, bedarf es einer Stärkung des wirtschaftlichen Potentials, des wirtschaftlichen Wachstums und stabiler Bedingungen für das Investitions-, Import- bzw. Exportklima. Dazu müßte auch gehören, daß ein allgemeines Vertrauen in die Wirtschaft der Entwicklungsländer in diesen selbst gefunden wird, so daß eine Kapitalflucht aus ihnen unterbunden wird. Denn solange diese anhält, ist langfristig keine Lösung in Sicht.

Der wirtschaftliche Austausch zwischen Gläubiger- und Schuldnerländern kann nur gedeihen, wenn die Gläubigerländer bereit sind, einem Handelsprotektionismus zu wehren. Weder gibt es eine Patentlösung, noch existiert eine kurzfristige Regelung des Schuldenprogramms. Die langfristige hängt unmittelbar mit der Entwicklung der Weltwirtschaft zusammen. An der Überwindung der Schuldenproblematik sind sowohl die Schuldner- wie auch die Gläubigerländer zu beteiligen. Darauf hat auch der Sachverständigenrat zur Begutachtung der Wirtschaft erneut 1987 aufmerksam gemacht. In seinem Gutachten schreibt er über die Schuldnerländer, daß die Wiedererlangung ihrer Zahlungsfähigkeit bzw. ihrer Kreditwürdigkeit verlangt, „daß sie trotz aller damit verbundenen innenpolitischen und sozialen Schwierigkeiten die Spar- und Investitionsquote erhöhen, für eine höhere Produktivität der Investition sorgen und sich besser an die Bedingungen der Weltmärkte anpassen. Dabei erweisen sich der Abbau der hohen Budgetdefizite und die Bekämpfung der Inflation als unverzichtbar."[6] Von den Gläubigerländern wird gesagt, daß sie mit eigenem ökonomischen Wachstum und der Gewährung, zu ihren Märkten den Entwicklungsländern einen Zutritt zu ermöglichen, „wichtige Voraussetzungen für eine Überwindung der Schuldenkrise" schaffen.[7]

Bereits 1983 hat der Sachverständigenrat, nachdem die Schuldenkrise aufgrund des zweiten Erdölpreisschocks kaum ihren ersten Höhepunkt überwunden hatte, darauf aufmerksam gemacht, daß die Schuldnerländer nicht ohne soziale und politische Spannungen einen großen Teil ihrer Exporterlöse ungestraft für die Schuldentilgung und den Zinsendienst reservieren können. Denn von der eigenen Bevölkerung können diese Zahlungen nur als Ausbeutung empfunden werden, zumal sie entweder für nicht ertragreiche Kapitalanlagen, vergangene Fehlinvestitionen oder für längst erfolgten Konsum eingesetzt worden waren. Meistens gehen sie obendrein noch mit Währunsgewinnen im Ausland einher, „die kaum jemand legitim findet"[8]. Schon damals wies der Sachverständigenrat darauf hin, daß zum einen die Schuldnerländer Anstrengungen hinsichtlich struktureller Anpassungen und Erschließungen neuer wirtschaftlicher Möglichkeiten vornehmen müßten, und zum anderen die Gläubigerländer die Vergangenheit der Kreditvergabe in einer Weise aufarbeiten müßten, „die im Ergebnis inhaltlich einem Vergleich" nahekommt.[9]

Aber „inwieweit dies Forderungsverzicht heißen muß, Zinsverzicht oder langfristigen Tilgungsaufschub bei ermäßigten Zinsen, ist eine mehr technische Frage", läßt sich der Sachverständigenrat im Jahre 1983 vernehmen.[10] Er erneuert diesen Vorschlag, der auch weltweit diskutiert worden war, dahingehend, daß Regierungen und Banken einen Erlaß — wenigstens einen Teilerlaß — ihrer Forderungen vornehmen sollten.[11] Die Chancen für neue Lösungen dürften jeden-

---

6 Der Sachverständigenrat zur Begutachtung der Wirtschaft (Abgekürzt: Der Sachverständigenrat) 1987 n. 15.

7 Der Sachverständigenrat 1987 n. 16.

8 Der Sachverständigenrat 1983 n. 300.

9 Ebenda.

10 Ebenda.

falls nicht durch „Vorbelastungen“ verbaut werden, „die den Zustand der latenten Zahlungsunfähigkeit tendentiell verewigen, weil sie unrealistisch sind.“[12] Die Last von Schulden darf auch nicht zur Folge haben, „daß ein Schuldnerland dadurch gleichermaßen stigmatisiert wird und seine Kreditwürdigkeit verliert.“[13]

Außer einem Total- oder Teilerlaß der Auslandsschulden der Entwicklungsländer hat der Sachverständigenrat auf eine Reduzierung der Schuldenproblematik bei den Entwicklungsländern durch den freiwilligen Umtausch der Forderungen ausländischer Banken in Staatstitel hingewiesen.[14] Das Ziel der multinationalen Umschuldungsaktionen ist die Wiederherstellung der Kreditwürdigkeit und das Wachstumspotential der Schuldnerländer — bei gleichzeitiger Wahrung der finanziellen Interessen der Gläubigerländer. Speziell vom Pariser Klub — einem formellen Zusammenschluß westlicher Industrieländer zur Umschuldung von öffentlichen Krediten — werden solche Schuldenerleichterungen in bilateralen Abkommen zugestanden. Für eine Lösung der Verschuldungskrise wird die Umwandlung von Forderungen in Beteiligungskapital diskutiert. „Dabei erwirbt ein ausländischer Investor vom ursprünglichen Gläubiger die Forderung mit einem Abschlag vom Nominalwert. Er kann die Forderung aber im Schuldnerland zum ursprünglichen Wert geltend machen und über den Betrag in Landeswährung verfügen.“[15] Einen anderen Vorschlag hatte der seinerzeitige amerikanische Finanzminister unter seinem Namen als Baker-Plan vorgetragen. Sein Vorschlag geht dahin:

— Die Schuldnerländer verpflichten sich zu einer marktwirtschaftlichen Wirtschaftsordnung, die nachhaltig auf Wirtschaftswachstum ausgerichtet ist;

— die eigenen Anstrengungen werden durch neue Kreditmittel unterstützt, die durch die Weltbank, regionale Entwicklungsbanken und durch den Internationalen Währungsfonds bereitgestellt werden;

— die Privatbanken gewähren zur Unterstützung des Wirtschaftswachstums zusätzliche Kredite.[16]

In diesem Zusammenhang ist auch die Initiative des amerikanischen Staatsamtes interessant, das zur Entschuldung Mexikos einen Zero-Bond, also eine Null-Coupon-Anleihe herausgibt.[17]

---

11 Ebenda; 1987 n. 16.

12 Der Sachverständigenrat 1983 n. 300.

13 Der Sachverständigenrat 1987 n. 16.

14 Ebenda.

15 Holthus, Materialien, S. 38.

16 Holthus, Materialien, S. 39.

17 Der Zero-Bond soll zur Absicherung von Schuldverbriefungsaktionen herangezogen werden. Das entsprechende Land ist mit Hilfe dieser Anleihe in der Lage, einen Teil seiner Bankverbindlichkeiten unterpari aufzukaufen und statt dessen den Gläubigern neue Wertpapiere anzubieten, deren Verzinsung allerdings über dem Zins der Altkredite liegen müßte.

Für die USA soll nach dem Plan des neuen amerikanischen Finanzministers N. Brady den Ländern der Dritten Welt ein teilweiser Schuldenerlaß — in Höhe von 410 Milliarden $ — zuerkannt werden. Allerdings sollen die Ziele der alten vom Baker-Plan vertretenen Strategie, Wachstum, Strukturanpassung und neues Geld, nicht aufgegeben werden.

Für Mexiko konnte nach monatelanger Verhandlung im Sommer des Jahres 1989 erreicht werden, daß die Gläubigerbanken sich — wohl unter starkem Druck der USA — auf ein Umschuldungsabkommen einließen, das für Mexiko immerhin zu einer Verringerung der öffentlichen Schulden von 54 Milliarden Dollar führte. Außerdem wird von verschiedenen Fachleuten über einen allgemeinen teilweisen Schuldenerlaß nach Maßgabe individueller Leistungsfähigkeit jedes Schuldnerlandes nachgedacht.

Außerdem werden die Entwicklungsländer von den Gläubigerländern aufgerufen, für die Regelung ihrer Schuldenprobleme wirtschaftspolitische Maßnahmen zu ergreifen. Sie sollen neben den wachstumspolitischen Akzenten

— die Fiskal-, Geld- und Kreditpolitik mobilisieren,

— die öffentlichen Ausgaben effizienter gestalten und die öffentliche Investitionsplanung rationalisieren,

— die Ressourcen-Lenkung verbessern und die Wirtschaftsstruktur des Landes produktiver gestalten.

Von ihnen wird auch verlangt, daß sie vorrangig die Mißwirtschaft und Korruption ihrer Länder verhindern und die Militärausgaben einschränken.[18]

IV. Eine Ethik des Überlebens: Verantwortung aus internationaler Solidarität

Die päpstliche Kommission Justitia et Pax hat zu Beginn des Jahres 1987 ihre Überlegungen zur Schuldenproblematik unter dem Titel „Ein ethischer Ansatz

---

18 Um die Größenordnung der Umschuldungsprobleme sichtbar zu machen, sei auf einige Zahlen verwiesen. Für *Argentinien* lag seit 1987 ein rechtswirksames Umschuldungsprogramm in Höhe von 51,4 Milliarden US $ vor. Dieses ist bereits abgeschlossen. Für *Brasilien* betrug 1986 die Verschuldung ca. 81 Milliarden US $. Nachdem die Zinszahlungen Anfang 1987 eingestellt waren, aber 1988 wieder aufgenommen wurden, wurde die Unterzeichnung der Umschuldungsverträge vorgenommen; sie ist bereits abgeschlossen. Das Programm für *Chile* umfaßt eine Höhe von 20,6 Milliarden US $. Das Umschuldungsprogramm ist bereits abgeschlossen, die neuen Kredite sind bereits ausgezahlt. In *Peru* bestehen 15,5 Milliarden US $ Schulden. Da aber die Tilgungs- und Zinszahlungen eingestellt wurden, ist das Land vom IWF im August 1986 als nicht mehr „kreditwürdig" für neue Fondsfaszilitäten eingestuft worden. Vgl. Ekkehard Storck, 1988 — Ein Jahr der Konsolidierung des Euromarktes, in: Die Bank, Nr. 1 / 1988, S. 12 ff. und E. Storck, Das Vertrauen in die internationalen Finanzmärkte ist zurückgekehrt, in: Die Bank Nr. 1 / 1989, S. 8 ff.

zur Überwindung der internationalen Schuldenkrise“ veröffentlicht.[19] Die Kommission macht darauf aufmerksam, daß die Verschuldung der Entwicklungsländer nicht als ein isoliertes Ereignis betrachtet werden darf, sondern in einem Gesamtzusammenhang mit den wirtschaftlichen, politischen und technologischen Beziehungen zu den Industrieländern zu sehen ist. Da schließlich eine Interdependenz zwischen diesen und den Entwicklungsländern besteht, spricht man davon, daß neue Formen einer Solidarität zu entwickeln sind, die die Gleichheit und die Würde aller Völker berücksichtigt.[20] Die päpstliche Kommission setzt eine Solidarität voraus, die die Mitverantwortung für die Ursachen, wie die Lösung der internationalen Verschuldung, unterstreicht. Sie erkennt an, daß zum einen die Verschuldung der Entwicklungsländer auf internen, in den Schuldnerländern selbst liegenden und zum anderen auf externen, von den Gläubigerländern zu verantwortenden Gründen liegt.

Will man eine Veränderung der Schuldensituation herbeiführen, muß in beiden Bereichen etwas getan werden. Die Eigenverantwortung der Entwicklungsländer muß sich auf die Förderung des wirtschaftlichen Wachstums und damit auch auf die Mobilisierung der ökonomischen Ressourcen erstrecken. Wirtschaftswachstum ist kein Selbstzweck. „Es ist ein notwendiges Mittel“, wie es Justitia et Pax ausdrückt, das „zur Deckung der Grundbedürfnisse der Bevölkerung unter Berücksichtigung des Bevölkerungswachstums und des legitimen Strebens nach Verbesserung des Lebensstandards“ (in den Bereichen Gesundheit, Bildung und Kultur und des Konsums) dient.[21] Die Entwicklungsländer, insbesondere deren verantwortliche Führer, tragen mit Schuld an der wirtschaftlichen und finanziellen Lage. Ihr Verhalten, ihre Irrtümer oder ihr Mißbrauch dürfen nicht verschleiert werden. „Zweifellos ist es bequemer, anderen die Schuld an den ungerechten Lebensverhältnissen zuzuschreiben, als sich der Einsicht zu erschließen, daß man auch selbst nicht frei von Schuld ist, und daß jeder mit der Besserung bei sich selbst anfangen muß“, heißt es in dem Apostolischen Schreiben, das Paul VI. 1971 an den Präsidenten der päpstlichen Kommission Justitia et Pax gerichtet hat.[22] Darum werden die Entwicklungsländer und ihre Machthaber ihre Verantwortung prüfen lassen müssen, ob und inwieweit ihr Verhalten moralisch gerechtfertigt ist.[23]

---

[19] Päpstliche Kommission Justitia et Pax, Im Dienste der menschlichen Gemeinschaft: Ein ethischer Ansatz zur Überwindung der internationalen Schuldenkrise vom 27. 1. 1987. Die Mitglieder der Kommission für weltkirchliche Aufgaben der Deutschen Bischofskonferenz haben die wesentlichen Gedankengänge der Darlegungen von Justitia et Pax in ihre Veröffentlichung „Die internationale Schuldenkrise — eine ethische Herausforderung“ vom 16. Mai 1988, in: Die Deutschen Bischöfe, Kommission Weltkirche, Nr. 7, übernommen.

[20] I,1 S. 11.

[21] III,2,1 S. 22.

[22] Octogesima Adveniens, n. 48.

[23] Instruktion der Kongregation für die Glaubenslehre über die christliche Freiheit und die Befreiung, vom 22. März 1986.

In einem analogen Zusammenhang heißt es 1986: „Es bleibt . . . wahr, daß Strukturen, die für das Wohl der Personen geschaffen worden sind, von sich allein her nicht in der Lage sind, dieses Wohl hervorzubringen und zu garantieren. Die Korruption, die in gewissen Ländern Führungskräfte und staatliche Verwaltungen befallen hat und alles ehrliche soziale Leben zerstört, ist ein Beweis dafür. Die Beschaffenheit der Sitten ist Bedingung für die Gesundheit der Gesellschaft. Man muß sich also zugleich um die Bekehrung der Herzen und um die Verbesserung der Strukturen bemühen; denn die Sünde, die am Ursprung ungerechter Situationen steht, ist nach ihrer eigentlichen und primären Bedeutung ein Willensakt, der der Freiheit der Person entspringt.“ [24]

Den Industrieländern wiederum wird wegen ihrer Größe und wirtschaftlichen Stärke eine höhere Verantwortung bei der Lösung der Schuldenkrise zugewiesen. Deshalb hat Paul VI. in seiner Enzyklika Populorum Progressio die Staatsmänner aufgerufen, es als ihre Pflicht anzusehen, die Völker zu einer wirksamen weltweiten Solidarität zu mobilisieren, verschwenderische Ausgaben einzustellen und statt dessen die Hilfe für die Entwicklungsländer und für die Sicherung des Friedens zu verstärken. [25]

In solidarischer Verantwortung werden für die *Entwicklungsländer* besonders (hier bereits genannte) ökonomische Maßnahmen gefordert, wie: Ankurbelung des wirtschaftlichen Wachstums, Abbau des Protektionismus, Senkung der Zinssätze, Bereitschaft zur Stabilisierung der Rohstoffpreise, Verzicht auf die Rückzahlung von Krediten und ihren Zinsen. Paul VI. hat über diese Punkte hinaus gefordert, daß der internationale Warenaustausch zwischen Partnern geschehen müsse, „die wenigstens eine gewisse Gleichheit der Chancen haben. Dies ist sicher nicht schnell zu erreichen. Um sie zu beschleunigen, sollte schon jetzt eine wirkliche Gleichheit im Gespräch und in der Preisgestaltung geschaffen werden.“ [26]

Dennoch obliegt den *Gläubigerländern* eine Verpflichtung, zwischen den Entwicklungsländern und ihrem Kreditbedarf zu differenzieren. Sie sollten bei der Kreditvergabe nämlich berücksichtigen, welche Rückzahlungsbedingungen für die Länder der Dritten Welt möglich sind, wenn gleichzeitig die Grundbedürfnisse der inländischen Bevölkerung gedeckt werden sollen. Das bedeutet, daß einerseits den armen Ländern ein hinreichender Spielraum zugestanden wird, wirtschaftliches Wachstum zu produzieren, und andererseits bei den ärmsten Ländern die Kredite in verlorene Zuschüsse umgewandelt werden. „Ein derartiger Schuldenerlaß darf aber nicht die finanzielle, wirtschaftliche und politische Glaubwürdigkeit der ‚am wenigsten entwickelten‘ Länder untergraben und den Zufluß von frischem Bankkapital zum Versiegen bringen.“ [27] Die *Handelsbanken*

---

[24] n. 75.
[25] Paul VI, P.P. n. 84.
[26] Paul VI, P.P. n. 61.

der Industrieländer, die multinationalen Unternehmen mit ihrem Sitz in den Gläubigerländern und die multinationalen Finanzorganisationen werden im Blick auf ihre weltweite Verantwortung angesprochen, die sie gegenüber den Entwicklungsländern und ihren Schuldenproblemen haben. Sie haben sich an den Anstrengungen der Gläubigerländer und der internationalen Organisationen zur Lösung der Probleme in Form von Umschuldung, Veränderung der Zinssätze, Verstärkung der Investitionen usw. zu beteiligen. Auch die multinationalen Unternehmen müssen wegen ihrer internationalen Verflechtung an der Lösung der Schuldenlage der Entwicklungsländer mitwirken. „Aufgrund der Rolle, die sie im Bereich der Wirtschaft und der Finanzen auf internationalem Gebiet spielen, sind sie über ihre legitimen Interessen hinaus zur Mitverantwortung und zur Solidarität aufgerufen.“ [28]

Von den *multilateralen Finanzorganisationen* heißt es, daß sie ihre mannigfachen Aufgaben dann erfüllen, wenn sie zur Überwindung der Schuldenprobleme der Entwicklungsländer beitragen und so einen Zusammenbruch des internationalen Finanzsystems vermeiden, die Ausbreitung der Armut in allen Erscheinungsformen bekämpfen und damit den Frieden fördern. Dieses wird ihnen gelingen, „wenn sie sich bei ihren Entscheidungen und ihren Handlungen vom Geiste der Gerechtigkeit und der Solidarität im Dienste aller leiten lassen.“ [29] Die *Kirche* kann zwar nicht, wie sie selbst immer wieder betont, Wirtschafts- und Finanztheorien beurteilen und entsprechende praktikable Vorschläge machen, aber sie unterstützt alle Bemühungen für eine gerechtere und solidarischere Welt. Ferner erinnert sie daran, „daß die Menschen und ihre Bedürfnisse Vorrang haben müssen vor den Sachzwängen und den Finanzmechanismen, die oft als allein ausschlaggebend dargestellt werden.“ [30] Die Kirche appelliert an die multinationalen Finanzorganisationen und auch an deren Mitarbeiter, bestimmte Verhaltensmaßregeln zu wahren. Dazu gehört, daß

— die Bedingungen der Kredite auf die einzelnen Entwicklungsländer zugeschnitten werden,

— ein partnerschaftlicher Dialog zwischen Gläubigern und Schuldnern über Umschuldung und Verringerung der Kredite stattfindet,

— eine Koordination zwischen den Wirtschafts- und Währungspolitikern der Industrie- und der Entwicklungsländer angestrebt wird,

— die neu auftretenden Probleme bereits im voraus bedacht und Projekte finanziert werden, die für die Entwicklungsländer Priorität besitzen.

---

27 Justitia et Pax, Ein ethischer Ansatz zur Überwindung der Schuldenkrise, III,3 Z. 1, S. 25 (Abgekürzt: Justitia et Pax).

28 Justitia et Pax, III,3 Z. 3, S. 26.

29 Justitia et Pax, III,3 Z. 4, S. 27.

30 Justitia et Pax, III,3 Z. 4, S. 27.

Die päpstliche Kommission Justitia et Pax meint, daß es jetzt an der Zeit sei, ein umfassendes Programm für die Zusammenarbeit und Unterstützung der Entwicklungs- und der Industrieländer aufzustellen.

V. Menschenwürdige Bedingungen in den Entwicklungsländern

Der Rat der Evangelischen Kirche in Deutschland hat sich mit der Veröffentlichung einer Stellungnahme seiner „Kammer für kirchlichen Entwicklungsdienst" unter dem Titel „Bewältigung der Schuldenkrise — Prüfstein der Nord-Süd-Beziehungen" zu den ethischen Verpflichtungen für eine Lösung der Schuldenkrise bekannt.[31] Mit der Erklärung der Mitglieder der „Kommission für weltkirchliche Aufgaben" der Katholischen Bischofskonferenz über die internationale Schuldenkrise[32] haben nunmehr beide Kirchen in Deutschland sich in einem ähnlichen Sinne geäußert. Beide Papiere haben die Absicht, konkret auf die deutsche Verantwortung bei der Lösung der internationalen Schuldenkrise näher einzugehen.

Die Studie der EKD geht besonders von der finanziellen Seite des Schuldenproblems aus und stellt fest, daß das eigentliche Problem „in der zunehmenden Verarmung weiter Teile der Dritten Welt" besteht.[33] Da die Kreditmittel oft in den Entwicklungsländern in ein öffentliches Prestigeprogramm eingeflossen sind, sind die Armen nicht in den Vorteil der Kreditaufnahme gekommen. Bedingt durch die Schuldzins- und Tilgungszahlungen werden die Armen in ihrem inländischen Verbrauch eingeschränkt. Sie sind durch die Verschlechterung der wirtschaftlichen Situation am stärksten betroffen. Das zeigt sich in dem Ansteigen der Arbeitlosenzahlen, der Unterbeschäftigung, des Einkommensverlustes und generell der Verschlechterung der sozialen Situation.[34] „Auslandsverschuldung und Armut sind ein Ausdruck struktureller Ungerechtigkeiten, die auf nationaler wie internationaler Ebene bestehen. Innerhalb der Schuldnerländer ist es der Ausschluß der Armen von den politischen Entscheidungsprozessen und von produktiven Tätigkeiten, die die soziale Verschuldung der Lasten anschwellen lassen; im Verhältnis der Staaten untereinander hat ein ausgeprägtes Machtgefälle und das Fehlen verläßlicher Rechtsgrundlagen zu einer Verschärfung des Schuldenproblems geführt."[35]

Man fordert den *Aufbau* „einer leistungsfähigen, sozialen und gerechten Wirtschaftsordnung", bei der vor allem im internationalen Rahmen die Staats-, Leistungs- und Verteilungsgerechtigkeit gewährleistet wird.[36]

---

31 EKD-Texte Nr. 23, Bewältigung der Schuldenkrise — Prüfstein der Nord-Süd-Beziehungen, Eine Stellungnahme der Kammer der EKD für Kirchlichen Entwicklungsdienst, Mai 1988.

32 Siehe Anm. 19.

33 EKD-Texte Nr. 23, S. 3.

34 Ebenda.

35 EKD-Texte Nr. 23, S. 3 f.

Zunächst bedarf es der *Startgerechtigkeit.* Danach müßten die Wirtschaftsstrukturen in den Entwicklungsländern derart gestaltet werden, daß die Startbedingungen im weltwirtschaftlichen System so weit verbessert würden, daß sie gegenüber den funktionierenden und leistungsfähigen marktwirtschaftlichen Systemen der Industrieländer konkurrieren können.

Im Augenblick sind nach der Meinung der „Gemeinsamen Konferenz der Kirchen für Entwicklungsfragen" aus dem Jahre 1976 die Preise und die Tauschbeziehungen auf dem Weltmarkt keinesfalls so *leistungsgerecht,* daß die Dritte-Welt-Länder im internationalen Handel sich behaupten können. Von Leistungsgerechtigkeit wäre erst dann zu sprechen, „wenn man die Startbedingungen der Tauschpartner als vergleichbar ansehen könnte"[37].

Zur Start- und Leistungsgerechtigkeit kommt als drittes Element die *Umverteilungs- oder Bedarfsgerechtigkeit* hinzu. Damit ist nicht nur eine Umverteilung der Einkommen gemeint, sondern auch eine Umverteilung der Macht. Personale und regionale Umverteilungen von Einkommen und Machtzusammenballungen sollten im internationalen Rahmen zugunsten der Entwicklungsländer vorgenommen werden. Das Ziel dabei muß sein, „daß die Mindestbedürfnisse der Menschen in ihren Gesellschaften erfüllt werden. Um dieses Ziel zu erreichen, ist darüber hinaus die Bereitschaft und ihre institutionelle Absicherung notwendig, in den Entwicklungsländern eine Umverteilung der Einkommen vorzunehmen, die den Ärmsten zugute kommt."[38]

Die Auswirkungen der Schuldenkrise sind mannigfacher Art. Sie sind weder aus ökonomischen noch aus politischen Gründen zu verantworten. Die bisherigen Versuche, die Schuldenkrise zu überwinden, haben es nach Meinung der EKD nicht vermocht, „die Grundlagen für eine eigenständige, wirtschaftlich gesunde und menschenwürdige Entwicklung zu verbessern."[39]. Die Grundforderungen einer christlichen Ethik müssen darin gesehen werden, daß Entwicklungen eingeleitet werden, die auf der Basis von währungs- und finanzpolitischer Sachlichkeit menschengerechte Beziehungen gewährleisten. Die internationalen Beziehungen müssen Grundlage für entsprechende Rechtsordnungen liefern, die die elementaren Lebensrechte der Menschen im Norden und im Süden schützen. Der strukturellen Armut muß entgegengewirkt werden und den Armen ein „Freiraum und Handlungsspielraum" gesichert werden, der ihnen als Rechts- und Lebensraum zur Verfügung steht.

---

36 EKD-Texte Nr. 23, S. 4.

37 Soziale Gerechtigkeit und internationale Wirtschaftsordnung, Hrsg. Hermann Kunst und Heinrich Tenhumberg, Dokumente, Berichte, Meinungen Nr. 4 S. 12.

38 Ebenda.

39 EKD-Texte Nr. 23, S. 6.

Als Lösungsansätze sieht die Kammer für kirchlichen Entwicklungsdienst:

1. Bei den Schuldnerländern

Eine Politik, die sich dem Kampf der Armut verschreibt, muß den Armen selbst eine Beteiligung an den politischen Entscheidungen des jeweiligen Landes ermöglichen. Es muß in den Gesellschaften zu einer Demokratisierung und einer Rechtsordnung kommen, die allen Schichten der Bevölkerung ein entsprechendes Maß an politischer Willensbildung zuerkennt. „Dies schließt die Freiheit der Armen ein, sich zu Basisorganisationen zusammenzuschließen, die den Bedürfnissen und Rechten der Armen Ausdruck verleihen und ihnen eine politische Repräsentation ermöglichen. Nicht nur der Schutz dieser Freiheit, sondern auch der Schutz anderer Menschenrechte ist eine wichtige Vorbedingung dazu, daß die Lage der Armen verbessert werden kann.“[40] Zur Demokratisierung und zu einer neuen Rechtsordnung der Gesellschaft gehört auch eine Eigentumsordnung, aufgrund derer das Bodeneigentum, die Nutzungs- und Haftungsrechte neu geordnet bzw. geregelt werden können. „Die wirtschaftlichen Handlungsrechte müssen sicherstellen, daß jedermann die Früchte seiner Arbeit ernten und daß knappe Mittel in diejenigen Verwendungsbereiche gelenkt werden, in denen sie den höchsten sozialen Ertrag erwirtschaften.“[41] Dazu gehört auch ein „funktionierendes und leistungsfähiges marktwirtschaftliches System“[42] und der Abbau von Marktverzerrungen „damit die Preise ihre gesamtwirtschaftliche Lenkungsfunktion erfüllen können“[42a].

Es wird ein anhaltender Wachstumsprozeß gefordert. Dazu gehören ordnungspolitische Maßnahmen, eine Geld- und Fiskalpolitik und auch Maßnahmen, die zur monetären Stabilisierung beitragen. Hinzukommen müssen haushaltspolitische Konzepte, die zum einen Ausgabenkürzungen in unproduktiven Bereichen vornehmen und zum anderen steuerliche Maßnahmen fördern, die eine Umschichtung zugunsten der armen und zu Lasten der wohlhabenden Bevölkerung vornehmen.[43] Bei der Armutsbekämpfung sollte auch auf die Verbesserung des Gesundheitszustandes und der Ausbildung der Bevölkerung Rücksicht genommen werden.

2. Eine Neuregelung in den internationalen Finanzbeziehungen

Die Auslandsverschuldungen, insbesondere der Schwellenländer, bestehen in vielen Fällen hauptsächlich aus Schulden gegenüber den Geschäftsbanken. Viele Forderungen indessen sind bei diesen bereits wertberichtigt. Die Kommission ist deshalb der Meinung, daß es nur konsequent wäre, wenn eine

---

40 EKD-Texte Nr. 23, S. 9.

41 Ebenda.

42 Soziale Gerechtigkeit, s. Anm. 37, S. 12 Nr. 18.

42a EKD-Texte Nr. 23, S. 9.

43 Soziale Gerechtigkeit, S. 9 f.

Wertberichtigung auch gegenüber den Schuldnern vorgenommen werde. Da viele Schuldnerländer sich nicht nur in einer Liquiditätskrise, sondern in einer Zahlungsfähigkeitskrise befinden, wäre ein Schritt des Schuldenerlasses oder der Schuldenneubewertung nur gerecht. Beide Vorgehensweisen galten „im Interesse der Aufrechterhaltung der ‚Schuldnermoral'" als ein Tabu. Aber es ist „zynisch", dann von Schuldnermoral zu sprechen, „wenn die internationalen Bedingungen eine Rückzahlung der Schulden geradezu verhindern. Wie soll ein Land seine Schulden verzinsen oder gar zurückzahlen, wenn sich seine Exporterlöse unter dem Einfluß des Protektionismus der Industrieländer oder unter dem Einfluß des weltweiten Preisverfalls seiner wichtigsten Ausfuhrgüter deutlich verringern?"[44] Eine Neubewertung der Schulden kann nur einen ersten Schritt darstellen.

Ähnliche Überlegungen, wie sie gegenüber den Geschäftsbanken geäußert werden, sind auch gegenüber den öffentlichen Gläubigern notwendig. Auch hier müssen Schuldenstreichungen und Schuldenneubewertungen vorgenommen werden. Auf die Mitwirkung der internationalen Finanzinstitutionen, insbesondere des Internationalen Währungsfonds und der Weltbank kann bei einer solchen Neubewertung von Schulden nicht verzichtet werden. „Gerade die Politik des IWF sollte Konsequenzen aus der Tatsache ziehen, daß eine Fortführung des bisherigen Schuldenmanagements nicht ausreicht, um die Solvenzkrise der Entwicklungsländer zu lösen, und daß weitergehende Schritte unaufschiebbar sind."[45]

3. Die Verantwortung der Gläubigerländer

Die Industrieländer selbst müßten ihrerseits ein großes Interesse haben, die Schuldenprobleme der Dritten Welt zu lösen. In den Gläubigerländern sind die „Finanz-, Geld-, Agrar-, Handels- und Entwicklungspolitik" eng miteinander verbunden. Darum kann die Überwindung der Schuldenkrise bei den Entwicklungsländern nicht allein auf entwicklungspolitischem Gebiet gefunden werden. Strukturelle Benachteiligungen der Entwicklungsländer müssen abgebaut und die weltweiten Rahmenbedingungen zugunsten der Dritten Welt verbessert werden.[46] Auf dem Gebiet der Handelspolitik müssen sich die Gläubigerländer den Märkten für Agrarexporte der Entwicklungsländer öffnen. Protektionismus in der Handelspolitik entspricht weder dem Interesse der Dritten Welt noch der Industrieländer. Verwiesen wird weiter auf den Zusammenhang zwischen Rüstungsexporten der Industrieländer und der Auslandsverschuldung der Länder der Dritten Welt. Allgemeine friedenspolitische Bemühungen könnten helfen, die Rüstungsausgaben der Entwicklungsländer drastisch zu reduzieren.

---

[44] EKD-Texte Nr. 23, S. 11.
[45] EKD-Texte Nr. 23, S. 13.
[46] EKD-Texte Nr. 23, S. 14.

Schließlich wird auch darauf aufmerksam gemacht, daß der unmittelbare Zusammenhang zwischen der Entwicklungs- und der Umweltpolitik gesehen werden muß. In vielen Schuldnerländern besteht ein Druck, die Schuldendienstverpflichtungen zu erfüllen — auch auf Kosten der Umwelt. Die dadurch entstehenden langfristigen Umweltschäden betreffen nicht allein die Schuldnerländer. Es wird deshalb gefordert, nach Möglichkeiten zu suchen, „die Schuldendienst- und Kreditfähigkeit dieser Länder (scil. Entwicklungsländer) *ohne* nachteilige Umwelteffekte zu verbessern“[47]. Da die Kirchen in der Bundesrepublik weder die Mittel noch die Aufgabe haben, diese Lösungen politisch durchzusetzen, sehen sie es als ihre Verpflichtung an, „im Sinne des Aufrufs des Ökumenischen Rates der Kirchen (ÖRK) zu gegenseitiger Verpflichtung für Gerechtigkeit, Frieden und die Bewahrung der Schöpfung“ an die Verantwortlichen in Staat und Gesellschaft zu appellieren und sie zu ermahnen, entsprechende Schritte zu tun.[48]

VI. Die Gemeinsame Konferenz Kirche und Entwicklung

Die „Gemeinsame Konferenz Kirche und Entwicklung“ (GKKE), zu der sich die Arbeitsgemeinschaft kirchlicher Entwicklungsdienst von der evangelischen Seite und die Deutsche Kommission Justitia et Pax zusammengeschlossen haben, hat anläßlich der öffentlichen Anhörung des Bundestagsausschusses für wirtschaftliche Zusammenarbeit[49] eine Stellungnahme über den Einfluß der Weltbank und des internationalen Währungsfonds herausgegeben. Die mit den Stimmen der Partnerkirchen in Übersee erarbeiteten Voten hat die GKKE in fünf Punkten zusammengefaßt. Zentraler Leitgedanke ist, daß die Lösung des Verschuldungsproblems ein langfristiger Beitrag zum Frieden ist. „Entschuldung und Frieden sind in den krisenanfälligen Ländern der Dritten Welt nur durch die soziale Gerechtigkeit auf internationaler und nationaler Ebene möglich“, heißt es im Statement des Ko-Vorsitzenden Paul Bocklet.[50]

Als Ergebnis der Untersuchung wurden folgende Antworten festgestellt:

1. „Die IWF-Auflagen sind eindeutig schuldenorientiert und beseitigen deshalb nur einen Teil der Ursachen der Schuldenkrise.
2. Die Anpassungslasten sind auf die Sozialschichten unangemessen verteilt, weil die Ärmsten zusätzliche Einkommensminderungen nicht überleben.

---

47 EKD-Texte Nr. 23, S. 15.

48 Ebenda.

49 Gemeinsame Konferenz Kirche und Entwicklung zur Öffentlichen Anhörung des Bundestagsausschusses für wirtschaftliche Zusammenarbeit am 5. Nov. 1986 in Bonn, Der internationale Währungsfonds, die Weltbank und die Armen, Januar 1987 (Abgekürzt: GKKE).

50 GKKE, S. 7.

3. Auch die Sparmaßnahmen müssen entwicklungspolitisch konzipiert sein, Wirtschaftswachstum darf nicht durch Kaufkraftentzug abgewürgt werden, sondern es bedarf der Anregung.
4. Es gehört zur Politik des guten Gläubigers, vor allem der Privatbanken, nicht plötzlich von der Politik des leichen Geldes früherer Jahre auf eine übervorsichtige Kreditvergabe umzuschalten und damit eine Politik des ‚Rette-sich-wer-kann' zu betreiben.
5. Das Konzept der Hilfe zur Selbsthilfe ist nicht realisierbar, wenn den Trägern von Entwicklungsprojekten wie z. B. den einheimischen Kirchen die Eigenleistung unmöglich gemacht wird."[51]

Die Schwierigkeit, unter der die Maßnahmen des IWF stehen, liegen darin, daß sie einerseits schuldenorientiert sind, andererseits sich bei den Gläubigerländern der Einflußnahme des IWF entziehen. Denn die vom IWF vorgeschlagenen bzw. geforderten Anpassungsmaßnahmen, wie: Begrenzung des Staatsdefizites, Maßnahmen zur Steigerung des Exports und Begrenzung des Imports, Einführung von realistischen Wechselkursen etc., sind alle schuldnerorientiert. Auf die externen Ursachen, wie Handelsprotektionismus wichtiger Industrieländer einschl. des Agrarprotektionismus der EG, die Höhen der Risikoaufschläge bei der Umschuldung öffentlicher und privater Kredite, kann der IWF wenig Einfluß ausüben.[52] Unzureichende Berücksichtigung von seiten des IWF finden weiter die Höhe des Rüstungsetats, die Kapitalflucht, die Kosten für innenpolitische Auseinandersetzungen usw.

Zwar wird auch das abgestimmte Vorgehen des IWF und der Weltbank grundsätzlich begrüßt, aber diese Abstimmung zwischen beiden Institutionen darf nicht dazu führen, daß sie sich gegenseitig verschärfen, sondern daß sie sich „komplementär ausgleichend" verhalten.[53]

Vor allem sollen bei der Auswahl, Konzeption, Planung und Durchführung der Projekte die jeweiligen Länder ein stärkeres Mitspracherecht erhalten. Andererseits wird erwartet, daß zwischen den Entwicklungsländern einerseits und den Industrieländern andererseits eine Partnerschaft entwickelt wird, in der handels- und wirtschaftspolitisch von seiten der Industrieländer Rücksicht genommen wird auf die Entwicklungsländer.[54] Umgekehrt sollten dann die Entwicklungsländer für die Bereitstellung „öffentlicher Güter" (z. B. Reinhaltung der Luft, Bekämpfung des Drogenkonsums etc.) Rechnung tragen. Natürlich ist der IWF nicht zuständig für die Durchsetzung einer weltweiten Handelspolitik. Er kann an die Industrieländer nur appellieren, ihre Verantwortung gegenüber den Entwicklungsländern wahrzunehmen. Gegenüber den Entwicklungsländern dagegen

---

[51] GKKE, S. 8 f.
[52] GKKE, S. 11 f.
[53] GKKE, S. 14.
[54] Siehe unter IV.

hat er die Möglichkeit, Druck auszuüben. Von der GKKE wird aber diese unterschiedliche Vorgehensweise als eine fundamentale Asymmetrie empfunden: Von der Tätigkeit des IWF wird verlangt, daß er sich stärker sozialpolitischen Zielen öffnet und diese auch in den Entwicklungsländern zum Durchbruch verhilft. Dementsprechend sollte er sich dem Leitbild der sozialen Marktwirtschaft verpflichtet fühlen.

Die Politik und die Tätigkeit der Weltbank und des internationalen Währungsfonds sollen also die wirtschaftliche und politische Situation in den Entwicklungsländern beeinflussen. Sie können selbstverständlich keine andere Politik treiben als die ihrer Mitgliedsländer. Aber die Frage ist nicht die, „ob dieser Einfluß vermieden werden könnte, sondern sie lautet, welches politische Leitbild dieser Einflußnahme zugrunde liegt“[55].

Den Industrieländern wird vorgehalten, daß sie „häufig genug eine opportunistische Haltung eingenommen“ hätten. Die Frage, die sich also stellt, lautet: Entsprechen die unterstützten politischen Regierungen wirklich den eigenen Leitbildern politischen und wirtschaftlichen Handelns?[56] Die Konferenz meint, daß gerade in diesem Zusammenhang Korrekturen angemeldet werden müssen.

---

55 GKKE, S. 27.
56 GKKE, S. 27.

Siebentes Kapitel

Armut — Pauperismus — Neue Soziale Frage

I. Die Unterscheidung von absoluter und virtueller Armut bei Karl Marx

Karl Marx unterschied zwischen absoluter und virtueller Armut. Die absolute Armut ist auf die „Trennung des Eigentums von der Arbeit" bezogen. Die Lohnarbeit wird als Gegenpol zum Kapital und als Eigenschaft der absoluten Armut verstanden. Die Arbeit als absolute Armut: Das ist „Armut nicht als Mangel" verstanden, „sondern als völliges Ausschließen des gegenständlichen Reichtums."[1] Nach Marx steht dem absoluten Reichtum, dem Kapital, die Form der toten, vergegenständlichten Arbeit, die absolute Armut gegenüber. Demnach stellt sich für ihn auch als Grund der Trennung von Eigentum und Arbeit die Arbeit als absolute Armut dar. Die Lohnarbeit wird mit ihr, der absoluten Armut, gleichgesetzt. Arbeit bedeutet die Nicht-Teilhabe an den in der Form von Kapital gegebenen Produktionsmitteln. Arbeit verstanden als der existierende „Nicht-Wert", ist „eigentumlos, allen Möglichkeiten der Schaffung von Reichtum entzogen."[2]

Von der Gestalt der absoluten Armut ist für Marx die virtuelle (mögliche) Armut zu unterscheiden. Sie ist gekennzeichnet durch das im Menschen steckende Vermögen, durch seine Fähigkeiten und Anlagen, also durch seine Arbeit, mehr Wert, als er selbst darstellt, produzieren zu können.[3] Der virtuelle Arme sichert seine Existenz durch den Verkauf seiner Arbeitskraft. Für Marx ist in dem Begriff des „freien Arbeiters" bereits enthalten, „daß er Pauper ist: virtueller Pauper."[4] Der virtuelle Arme, der Arbeiter, ist „seinen ökonomischen Bedingungen nach bloßes lebendiges Arbeitsvermögen, also auch mit den Bedürfnissen des Lebens ausgestattet."[5]

Die Arbeitskraft vermittelt dem Arbeiter die Geldmittel, die er zur Produktion und Reproduktion seiner physischen Existenz und darum seines Arbeitsvermö-

---

1 Karl Marx, Grundrisse der politischen Ökonomie, Nachdruck der Moskauer Ausgabe von 1939 u. 1941, S. 203 (Abgekürzt: Marx, Grundrisse).

2 Gerhard Schäuble, Theorien, Definitionen und Beurteilung der Armut, Berlin 1984, S. 293 (Abgekürzt: Schäuble, Theorien).

3 Schäuble, Theorien, S. 307.

4 Marx, Grundrisse, S. 497.

5 Marx, Grundrisse, S. 497.

gens benötigt. Die notwendige Arbeit besteht in reproduzierender Arbeit. Kann jedoch der Kapitalist die Surplusarbeit nicht gebrauchen, dann kann der Arbeiter seine notwendige Arbeit nicht verrichten und kann seine Lebensmittel nicht produzieren.[6] Kann er sie nicht durch den Austausch erhalten, wird er sie nur so bekommen, „daß Almosen von der Revenu für ihn abfallen“[7]. Als Arbeiter ist er nämlich davon abhängig, daß er sein Arbeitsvermögen gegen „den Teil des Kapitals austauscht, der den Arbeitsfonds bildet“[8]. Er produziert nach einer Grundbedingung des Kapitalismus immer mehr Surplus. So wird „immer mehr notwendige Arbeit frei“. Dadurch vermehrt sich ständig der Pauperismus des Arbeiters. Dieser Gedanke wird von Marx noch unterstrichen, indem er folgende Beziehung herstellt: „Die Entwicklung der Surplusarbeit entspricht der Entwicklung der Surpluspopulation.“[9] Die Überbevölkerung, die Überpopulation, die Surpluspopulation (Überbevölkerung und Überschußbevölkerung) ist gleichbedeutend mit dem Pauperismus. Die Einstellung zur Surpluspopulation (Über- oder Überschußbevölkerung) bezieht sich „auf die Arbeitsvermögen, d. h. auf die notwendige Population; Surplus von Arbeitsvermögen“[10]. Denn „das Arbeitsvermögen kann nur seine notwendige Arbeit verrichten, wenn seine Surplusarbeit Wert für das Kapitel hat, verwertbar für es ist.“[11]

„Da die durch das Kapital notwendig gesetzte Entwicklung der Produktivkraft darin besteht, das Verhältnis der Surplusarbeit gegen die notwendige Arbeit zu vergrößern, oder die zu einem Quantum Surplusarbeit erheischte Portion notwendige Arbeit zu vermindern, so muß notwendig fortwährend, wenn ein bestimmtes Quantum Arbeitsvermögen gegeben ist, das Verhältnis der von ihm gebrauchten notwendigen Arbeit sich vermindern, d. h. ein Teil dieser Arbeitsvermögen überflüssig werden, indem eine Portion von ihnen hinreicht, das Quantum Surplusarbeit zu verrichten, wozu früher das ganze Quantum nötig war.“[12] Die Konsequenz des Wachstums der Mehrwertarbeit gegenüber der notwendigen Arbeit bedeutet, daß Teile des Arbeitsvermögens, nämlich die zur Reproduktion notwendige Arbeit, überflüssig werden.

Als Folge wird von Marx die Abnahme der relativ notwendigen Arbeit konstatiert, diese kann auch als „Zunahme der relativ überflüssigen Arbeitsvermögen — d. h. als Setzen von Surpluspopulation“ bestimmt werden.[13] „Wenn diese erhalten wird, geschieht es dann nicht aus dem Arbeitsfonds, sondern aus der Revenu aller Klassen. Es geschieht nicht durch die Arbeit des Arbeitsvermögens

---

6 Vgl. Marx, Grundrisse, S. 497.
7 Ebenda.
8 Ebenda.
9 Marx, Grundrisse, S. 498.
10 Marx, Grundrisse, S. 502.
11 Ebenda.
12 Marx, Grundrisse, S. 503.
13 Ebenda.

selbst — nicht mehr durch die normale Reproduktion als Arbeiter, sondern als Lebendiger wird er aus Gnade von Andren erhalten; wird daher Lump und Pauper"[14]; damit schiebt der Kapitalist für Marx „die Reproduktionskosten der Arbeiterklasse zum Teil von sich ab und pauperisiert so zu seinem Profit einen Teil der andren Bevölkerung. Andrerseits hat das Kapital, da es sich beständig als Surpluskapital reproduziert, ebensosehr die Tendenz, diesen Pauperismus zu setzen als aufzuheben"[15].

Für Marx gilt als der absolute Arme der „Lump und Pauper". Er wird aus dem Einkommen aller Klassen und von der Gesellschaft am Leben erhalten. Aber auch die Existenz des virtuellen Armen ist dadurch betroffen. Denn er kann nur durch den Verkauf seiner Arbeitskraft, seines Arbeitsvermögens, sich und die Seinen am Leben erhalten und die notwendigen Lebensmittel einkaufen. Nur durch den Verkauf seines Arbeitsvermögens erreicht der virtuelle Arme das notwendige Quantum an Subsitenzmitteln zu seiner Reproduktion. Die Bedingungen des Kapitalismus, daß der Arbeiter nicht nur für seine Reproduktion das Notwendige erarbeitet, sondern darüber hinaus einen Surplus erwirtschaftet, hat eine Pauperisierung der Arbeiter zur Folge. Für Marx ist Armut und Kapitalismus untrennbar miteinander verbunden. Armut und Pauperismus sind Ausdruck und Merkmal gesellschaftlicher Verhältnisse und der Bevölkerungsentwicklung, nicht dagegen Folge von außergesellschaftlichen Einflüssen, wie Lebensrisiken, Seuchen, Mißernten oder von gesellschaftlicher und wirtschaftlicher Entwicklung des Marktes oder der Konjunktur bzw. der Struktur. Denn der Pauperismus ergibt sich als Konsequenz der vom Kapital gesetzten Bedingung für die zur Verfügung gestellte Arbeitskraft. Seine Kraft und Stärke vermehrt sich bei der Annahme einer Überschußbevölkerung. Pauperismus und Überschußbevölkerung sind sogar identische Größen.

II. Die Neue Soziale Frage

a) Die neue Armut

Die soziale Frage des 19. Jahrhunderts war hervorgerufen durch die Technisierung und die damit verbundene Veränderung der Produktionsverhältnisse. Die Bedeutung des Faktors Kapital war im Vergleich zum Faktor Arbeit angewachsen. Die Folge davon war eine Unterprivilegierung der Arbeiterschaft. Damit wird die soziale Frage zur Arbeiterfrage.[16] Jede Sozialpolitik hatte zu dieser Zeit der alten sozialen Frage darum unmittelbar etwas mit dem Konflikt zwischen Kapital und Arbeit zu tun.

---

14 Ebenda.

15 Ebenda.

16 Heiner Geißler, die Neue soziale Frage, Freiburg 1976, S. 13.

Zu den alten sozialen Problemen sind im ausgehenden 20. Jahrhundert neue hinzugekommen. In den siebziger Jahren kam darum auch die Rede von der Neuen Sozialen Frage auf.[17] Diese läßt sich vor allem als Konflikt zwischen „organisierten und nicht oganisierten Interessen, zwischen Minderheiten und Mehrheiten, zwischen Stadt und Land, zwischen den Machtausübenden und Machtunterworfenen innerhalb der organisierten gesellschaftlichen Gruppen" beschreiben.[18] Aber das neue ist nicht allein darin zu sehen, daß anstelle der Arbeitnehmergruppen nunmehr leicht erkennbare Gruppen sozial Benachteiligter getreten sind. Viel bedeutsamer ist, „daß innerhalb dieser Gruppen trotz gleicher Leistung und gleicher Voraussetzung diejenigen unterprivilegiert sind, die ihre Ansprüche nicht unmittelbar aus einem ‚Produktionsverhältnis' ableiten oder durch eine Mitgliedschaft in einem starken Verband vertreten lassen können."[19] Als Ursachen kann die Unterprivilegierung der nichtorganisierten oder nicht produzierenden Gesellschaftsgruppen genannt werden. Die Gründe für die nicht produzierenden Gruppen liegen zum einen im Generationskonflikt und zum anderen im Konflikt zwischen Erwerbstätigen bzw. nicht mehr Erwerbstätigen. Dazu gehört selbstverständlich auch der Geschlechterkonflikt in der Gesellschaft, in der heute immer noch die nicht erwerbstätige Frau gegenüber dem Mann als die sozial Benachteiligte gilt. Als weitere Merkmale der Neuen Armut werden Alter und Kinderreichtum genannt. Mit diesen Merkmalen wird die Armut abgekoppelt von der Zugehörigkeit zu einer bestimmten Klasse, denn man ist nicht deshalb arm, weil man Arbeiter ist, sondern man ist arm, wenn man „Arbeiter ist und Kinder hat oder alt geworden ist oder unter die Leichtlohngruppen fällt"[20].

Aber Armut hat auch etwas mit sozialer Isolierung zu tun. Es besteht ein wechselseitiger Kreislauf: „Wer arm ist, verliert den sozialen Anschluß, und wer den Anschluß verliert, ist arm."[21]

Für die alte soziale Frage liegen Armut und Pauperismus eng beieinander. Der Pauperismus stellte dabei eine spezielle Form der Lohnarbeiter-Armut dar. Denn Armut war durch die öffentliche Situation hervorgerufen.

Heute dagegen wird der Zusammenhang zwischen Armut, Pauperismus und Lohnarbeit — so jedenfalls in der nichtmarxistischen Deutung — auch für die Bundesrepublik negiert.[22] Armut wird hier als Individualschicksal und als Einzelfallarmut gesehen. Nach der marxistischen Deutung dagegen gibt es auch in der Bundesrepublik einen Zusammenhang zwischen Armut und Pauperismus, der in der „Tradition des Lohnarbeiter-Pauperismus" steht.[23]

---

17 Siehe Geißler.

18 Geißler, S. 15.

19 Geißler, S. 16.

20 Geißler, S. 29.

21 Geißler, S. 28.

22 Margarete Tjaden-Steinhauer, Die verwaltete Armut, Hamburg 1985, S. 121.

23 Tjaden, S. 120.

Aber im allgemeinen wird die Diskussion in der Bundesrepublik nicht über den Begriff des Pauperismus, sondern über den der „Neuen Armut" als „Neue Soziale Frage" geführt. Im Gefolge einer über 10 Jahre anhaltenden Massenarbeitslosigkeit wird in der allgemeinen Diskussion nämlich nicht von einem neu entstandenen Pauperismus, sondern von einer durch Arbeitslosigkeit hervorgerufenen Armut gesprochen. Dabei spielt sowohl der durch Alter, Krankheit, Behinderung und mangelnde Ausbildung verursachte individuelle Verlust des Arbeitsplatzes eine Rolle, wie auch der durch die Rationalisierung und Strukturveränderung hervorgerufene Prozeß, der zur Arbeitslosigkeit führt.

Für Karl Marx bedeutet Pauperismus eine Weise des Existierens, in der die zum Leben notwendigen und unentbehrlichen Lebensmittel durch Lohnarbeit erworben werden. In der Neuen Sozialen Frage nimmt man für den Bereich der Bundesrepublik an, daß die für die physische Existenzerhaltung unentbehrliche Basis eines Existenzminimums in den Regelsätzen der Sozialhilfe gegeben wird.

Die unter die Begrifflichkeit der Armut bzw. des Pauperismus fallenden Menschen lassen sich in zwei Gruppen einteilen:

1. Die Problemgruppe des Arbeitsmarktes. Zu ihr gehören Frauen, Jugendliche, Ältere, Behinderte und Ausländer.
2. Die sozialen Randgruppen. Zu ihnen zählen: Obdachlose, Behinderte, Kranke, Drogen- bzw. Alkoholabhängige, Kriminelle und andere.[24]

In der Bundesrepublik gilt seit Beginn der siebziger Jahre derjenige als arm, der kein größeres Einkommen hat, als es ihm nach dem Bundessozialhilfegesetz zur Verfügung steht. Vorher wurde der Begriff Armut eher auf Bevölkerungsschichten der Dritten Welt und auf Länder mit instabilen politischen und wirtschaftlichen Systemen oder auf bestimmte Randgruppen, wie Obdachlose, Behinderte oder Nichtseßhafte angewandt. Erst mit dem Beginn der siebziger Jahre hat die Gesellschaft ihre definitorische Einordnung der Armen geändert. Aufgrund der Massenarbeitslosigkeit wurde der Armutsbegriff erweitert und auch auf Bevölkerungsgruppen ausgedehnt, „deren Einkommensverhältnisse zu Zeiten des wirtschaftlichen Aufschwungs auch langfristig gesichert zu sein schienen."[25] Außerdem erfuhr der Begriff der Armut auch eine statistische Veränderung. Denn „als ‚arm' galten nicht mehr nur diejenigen Gruppen, die nicht in ausreichendem Maße über Mittel zur Aufrechterhaltung ihrer physischen Existenz verfügten und unter lebensbedrohenden Verhältnissen lebten", man maß nun die Armut an einem durchschnittlich definierten gesellschaftlichen Lebensstandard.[26] Wer diesen nicht erreichte, der gehörte zu den Armen.

---

[24] Tjaden, S. 137. Schäuble, Theorien, S. 317.

[25] Christine Sellin, Klaus Besselmann, Erscheinungsformen und Auswirkungen sozialer Not und Verarmung, Untersuchung im Auftrag des Diakonischen Werkes der EKD, Köln 1987, S. 1 (Abgekürzt: Diakonisches Werk).

[26] Ebenda.

Die Armut konnte bestimmt werden durch das Existenzminimum. Wer es nicht sichern konnte — durch Arbeit oder Subsidien — war arm. Aber auch der, der durch seine Arbeit dieses Existenzminimum erreichte oder gerade darüber hinaus kam, konnte zu den Armen gezählt werden, wenn er den gesellschaftlichen Durchschnitt nicht erreichte. Armut hing also nicht allein an der Sicherung des Existenzminimums.[27]

Die erhöhte Zahl der Arbeitslosen in den letzten Jahren hatte den Anstieg sozialer Probleme zur Folge. Dabei ist zu beobachten, daß nicht nur generell die Hilfsbedürftigkeit von Arbeitslosen zugenommen hat, sondern daß speziell gerade solche Familien in soziale Not geraten sind, „deren Einkommenslage lange Zeit als weitgehend gesichert galt"[28]. Allerdings ist nicht der Eintritt in die Arbeitslosigkeit unmittelbar mit einem Absinken in die Armut verbunden. Vielmehr sind mit ihr psychische Nöte, wie Selbstwertverlust, Depressionen, Spannungen in der Familie, eng verknüpft. Bei länger anhaltender Arbeitslosigkeit treten infolge des Überganges von Arbeitslosengeld zur Arbeitslosenhilfe weitere materielle Mangelsituationen in einzelnen Haushalten auf.

Eine andere Gruppe, die das Armutspotential in der Bundesrepublik ausmacht, sind die Sozialhilfeempfänger. Auch bei ihnen ist die Hilfsbedürftigkeit in den letzten Jahren gestiegen. Nach einer Studie des Diakonischen Werkes liegt es daran, daß sich die Sozialhilferegelsätze nicht an der Entwicklung der Lebenshaltungskosten orientiert haben.[29]

b) Lösung der Armutsproblematik

In der Armutsdiskussion wird heute unterschieden:

1. Die offene, bekämpfte, beachtete oder manifeste Armut. Sie umfaßt Personen und Haushalte, „denen aufgrund von gesetzlich geltenden Regelungen Ansprüche auf Versorgungsleistungen, Nachlässe und / oder materielle Unterstützungen entstehen, die allesamt aufgrund der Verfügung über ein geringes Einkommen und Besitz / Vermögen zur Behebung von Notlagen oder Benachteiligungen zugesprochen werden und die von den Anspruchsberechtigten auch tatsächlich genutzt bzw. erhalten werden."[30]
2. Die latente oder verschämte Armut. Sie setzt sich im wesentlichen aus der Zahl von Haushalten und Personen zusammen, die zwar Ansprüche auf Versorgungsleistungen und Transfereinkommen besitzen, diese aber nicht oder

---

27 Die Intention von Georges Enderles ist es, die Sicherung des Existenzminimums mit der Durchsetzung des Rechtes auf Arbeit zu kombinieren. Enderle, Sicherung, S. 194 und 208 ff.

28 Diakonisches Werk, S. 22.

29 Diakonisches Werk, S. 25.

30 Schäuble, Theorien, S. 319.

verspätet oder nur teilweise einfordern. Man spricht deshalb auch von konstanten, temporären oder partiellen, latenten Armen.[31] Im Unterschied zu den Anspruchsvoraussetzungen, die bei der offenen Armut gelten, werden bei der latenten Armut die Ansprüche nicht oder nur partiell wahrgenommen, obgleich in beiden Fällen die Voraussetzungen dieselben sind.[32] Die latente Armut ist eine Einkommensarmut. Ihr Maßstab ist das Haushaltseinkommen. Dieses liegt bei ihr unter dem staatlichen Armutsstandard. Speziell an der latenten Armut ist die „Neue Soziale Frage" in den siebziger Jahren aufgebrochen.

3. Mit dem Begriff hypothetische Armut werden Personen und Personenhaushalte erfaßt, „die durch private Kompensationsmaßnahmen auf die Inanspruchnahme von Transfereinkommen oder öffentliche Unterstützungsleistungen verzichten." Man spricht deshalb von den hypothetischen Armen, weil sie bei einem Verzicht dieser Maßnahmen „langfristig sozialhilfeberechtigt" werden.[33]

4. Die bedeutsamste Unterscheidung ist die Differenzierung zwischen der relativen und der absoluten Armut, wie sie bereits oben gegeben worden ist.[34]

aa) Die relative Armut

Die Armut kann relativ verstanden werden; denn es wird nach Armut als einer relativen Benachteiligung „im Vergleich zur übrigen Gesellschaft" gefragt.[35] Mit der relativen Armut wird dann ein Sachverhalt beschrieben, der das Gefälle zwischen vergleichbaren Personen- und Haushaltsgruppen angibt. Oft allerdings ist der Vergleichsmaßstab nur ein Durchschnittswert.[36] „Im Mittelpunkt so fundierter Armutsanalysen steht dann notwendigerweise die Einkommensverteilung zur Erreichung einer egalitären Gesellschaft und nicht der Tatbestand, daß Bedürfnisse von Bevölkerungsgruppen nicht ausreichend befriedigt werden können."[37] Andererseits liegt in der Bezeichnung relative Armut die ganze Fragwürdigkeit der neuen sozialen Problematik. Denn die Armutsfrage ist immer im Zusammenhang und im Vergleich mit denen zu sehen, die im Produktionsprozeß stehen und am wirtschaftlichen Wachstum teilhaben. Der steigende Lebensstandard als Folge des Wirtschaftswachstums erhöht auch das Armutsniveau, weil die Bedürfnisse der Armen an den Konsummöglichkeiten der Produzierenden gemessen werden. Damit ergibt sich die Paradoxie, „daß sich mit steigendem

---

[31] Schäuble, Theorien, S. 322.

[32] Schäuble, Theorien, S. 323.

[33] Schäuble, Theorien, S. 324.

[34] Vgl. Enderle, Sicherung, S. 17.

[35] Helmut Winterstein, Armut: Grundlage der Neuen Sozialen Frage, in: Schriften des Vereins für Socialpolitik, Bd. 95, S. 70 (Abgekürzt: Winterstein).

[36] Ebenda.

[37] Winterstein, S. 72.

Lebensstandard und allgemeinem Wohlstand unserer Gesellschaft die Armut nicht vermindert, sondern ... eher vermehrt."[38] Seit der Einführung des Begriffs relative Armut konnten in der Bundesrepublik Deutschland die in Frage kommenden Bevölkerungsgruppen stark erweitert werden. Damit war die Möglichkeit gegeben, alles, was als nicht „normal" galt, mit dem Begriff arm bzw. Armut zu belegen. Hierbei bestand die Gefahr, daß relativ beliebig über die Gefährdung des physischen Existenzminimums hinausgegangen werden kann, und zwar je nachdem, was einem als Durchschnittswert vorschwebt.

bb) Die absolute Armut

Unter der absoluten Armut wird verstanden, daß eine Person oder ein Haushalt nicht über den Mindestlebensstandard verfügt, den die Gesellschaft als Voraussetzung eines „menschenwürdigen Daseins", als „soziales Existenzminimum" ansieht.[39] Dabei wird der Begriff des menschenwürdigen Daseins, also der Menschenwürde selbst, von der jeweiligen Gesellschaft normativ bestimmt. Durch den Verweis auf die Menschenwürde in der Definition der absoluten Armut wird die ganze Relativität dieses Begriffs deutlich; denn schließlich muß von Jahr zu Jahr die Sozialhilfe neu festgesetzt werden. Was dann zur Menschenwürde zu zählen ist, wird in Abhängigkeit von der gesellschaftlichen Entwicklung betrachtet.

Die absolute Armut kann in drei Gruppen eingeteilt werden:

1. Armut bei den Menschen und Haushalten in außergewöhnlichen Lebensumständen bzw. aufgrund „anormaler Erwerbslaufbahnen". Dazu gehören Haushalte von Studenten oder in Ausbildung befindlichen Personen, alleinerziehende Elternteile mit kleinen Kindern, vorübergehend Arbeitsunfähige usw.

2. Armut aufgrund „normaler Erwerbslaufbahnen" bei Arbeitslosigkeit oder Erwerbsunfähigkeit. Dazu werden auch Arbeitnehmer mit unterdurchschnittlichem Arbeitseinkommen und großen Familien, bei plötzlicher Arbeitslosigkeit und beim Ausscheiden aus dem Berufsleben gezählt. Hinzuzunehmen sind auch Selbständige in ähnlicher Situtión.

3. Armut aufgrund bestimmter abweichender Verhaltensweisen. Dazu gehört die „traditionelle Klientel der früheren Armenpflege und Fürsorge und der heutigen Sozialhilfe"[40].

Diese Aufschlüsselung zeigt, daß die Armut und damit die soziale Frage keineswegs angestiegen sein muß. Vielmehr ist zu erkennen, daß dort, wo Sozial-

---

[38] Hermann Scherl, Absolute Armut in der Bundesrepublik Deutschland, Messung, Vorkommen und Ursachen, in: Schriften des Vereins für Socialpolitik, Bd. 95, S. 80 (Abgekürzt: Scherl).

[39] Scherl, S. 99, 119 ff.

[40] Winterstein, S. 74; Scherl, S. 123 f.

politik betrieben wird und die einzelnen Leistungen angehoben werden, auch die Zahl derer steigt, die solche Leistungen in Anspruch nehmen. Je größer die Kreise werden, um so mehr werden auch verschämte Arme bereit sein, das Angebot der Gesellschaft bzw. des Staates in Anspruch zu nehmen.[41] Aber das Bundessozialhilfegesetz hat im § 12 Abs. 1 über das physische Existenzminimum hinaus die Befriedigung sozialer und kultureller Bedürfnise einbezogen. Dazu gehören die Beziehungen zur Umwelt und die Teilnahme am kulturellen Leben. Es kommt also darauf an, daß auch diese Bedürfnisse entsprechend erfüllt werden. Armut läßt sich also nicht auf einige wenige Komplexe eingrenzen, sondern sie kann erst aufgrund einer Kombination von finanziellen, psychischen und sozialen Erscheinungsformen recht erfaßt werden. Auf fast allen Gebieten der sozialen Not und Verarmung hat sich eine erhebliche Zunahme ergeben. Die sozialen, psychischen und finanziellen Defizite sind stärker geworden. Man muß gar von einer Interdependenz finanzieller und psycho-sozialer Belastung sprechen. Auf die Verknüpfung von Armut und gesellschaftlicher Isolierung wurde bereits hingewiesen. Armut ist also nicht nur am Maßstab des Einkommens zu messen, es gibt auch noch weitere Mangelerscheinungen im sozialen, psychischen oder kulturellen Bereich. Umweltbelastungen, schlechte Wohnverhältnisse, Gesundheitsprobleme, Ausstattung mit sozialen bzw. pädagogischen Einrichtungen sind Hinweise dafür.

Die beste Lösung aller Armutsprobleme liegt in einer Ökonomie mit einem „Wirtschaftssystem höchster Produktivität", wie es Werner Sombart einmal formulierte. Dabei geht es um ökonomische Fakten und damit vor allem um die Entfaltung der produktiven Kräfte der Wirtschaft. Die Verantwortlichen für die Neue Soziale Frage lassen diesen ökonomischen Gesichtspunkt weitgehend in den Hintergrund treten. Aber für die Vergangenheit wie für die Gegenwart gilt, eine gute Wirtschaftspolitik ist die beste Sozialpolitik und damit auch die beste Gegenwehr gegen entstehende neue Armut. Aber Armut wird in toto nie ganz beseitigt werden.

---

41 Diakonisches Werk, S. 94.

Achtes Kapitel

Rückblick und Ausblick in Thesen

I.

1. Den biblisch überlieferten Begriffen der materiellen und physischen Armut stehen im Alten wie im Neuen Testament die Aussagen über die geistliche Armut entgegen.

2a) Wem zum Leben das Notwendige fehlt, der ist arm, im sozial-ökonomischen Sinn.

2b) Die Ursachen dieser Armut können beim einzelnen Menschen selbst, speziell in seinem Handeln, liegen. Sie sind dann selbstverschuldet und können auf Desinteresse, Arbeitsunlust, Risikobereitschaft zurückzuführen sein und als Folge persönlicher Schuld bezeichnet werden.

3. Arm im nicht-sozial-ökonomischen Sinn ist der kranke und elende, der rechtlich schwache und gedemütigte Mensch. In die Armut ist er ohne eigenes Verschulden hineingeraten. Die Ursachen liegen im fremdbestimmten Handeln, in gesellschaftlichen Veränderungen, in Krankheit oder altersbedingten Schwächen.

4. Der Mensch ist arm vor Gott; er ist geistlich arm, weil er nichts von sich, aber alles von seinem Herrn und Schöpfer erwartet. Diese Armut lebt aus einer Rechtfertigung nicht aus eigenen Werken, sondern aus Gottes Tat.

5. Armut kann zur Prüfung und Läuterung des Menschen dienen. Sie ist ihm von Gott auferlegt. Aber wieviel Armut, Krankheit und Not verträgt der Mensch? Inwieweit ist er in der Lage, diesen Prüfungen und Versuchungen zu widerstehen?

6. Geistliche Armut kann den Armen wie den Reichen kennzeichnen. Insofern ist Armut eine eschatologische Größe. Sie differenziert nicht nach materiellen Werten. Der Besitzende wie der Habenichts setzt nicht auf eigene Macht, sondern auf die Herrschaft seines Gottes. Arm vor Gott heißt der Mensch, der weiß, daß er sich — schuldig oder unschuldig, gerecht oder ungerecht, arm oder reich — vor Gott zu verantworten hat.

7. Armut kann die Folge eigener oder fremder Sünde sein. Nur sollte man sich hüten, die Armen als Opfer fremder Schuld und Sünde zu bezeichnen. Das hieße, die Armen selbst von eigener Schuld freizusprechen und sie als

Bevorzugte für das Reich Gottes hinstellen. Armut als solche macht den Menschen nämlich vor Gott noch nicht reich. Vielmehr gibt die Einstellung des Menschen zu den Dingen und den Machtstrukturen dieser Welt Antwort auf die Frage, wer reich oder arm ist.

8. Im geistlichen Sinne macht nicht der Reichtum als solcher den Menschen zum Reichen, vielmehr gilt: wer sich nicht von seinem Reichtum abhängig macht, der ist reich. Wer dagegen seine Hoffnung auf seinen Reichtum setzt, der ist geistlich arm.

9. Eigentum und Besitz relativieren sich für den Glauben. Für den, der in Christus ist, üben die Güter dieser Welt nicht mehr ihre Herrschaft aus.

10. Armut steht in einem engen Zusammenhang mit der Nachfolge. Wer Christus nachfolgt, tut das im Gehorsam gegenüber seinem Herrn. Er weiß um seine Armut. Darum gibt er sich nicht mit den vorletzten Dingen zufrieden, sondern hat das Letzte im Auge.

II.

1. Die Unterscheidung zwischen unfreiwilliger und freiwilliger Armut enthielt im Mittelalter eine besondere Akzentuierung. Als unfreiwillige Armut wurde die von Gott verhängte Armut, wie sie in den biblischen Texten beschrieben wurde, angesehen. Die freiwillige Armut wird aus freien Stücken übernommen. Sie ist als christliche Überzeugung in der Nachfolge Christi von den Priestern oder den Mönchen gewählt worden.

2. Das Geben von Almosen galt als gutes Werk. Gutes Handeln des Reichen gegenüber den Armen fiel auf diesen verdienstvoll zurück. Dem Armen wurde eine Rolle zuerkannt, in der er für den Reichen notwendig ist, da dieser so die Möglichkeit hat, an ihn Almosen zu verteilen.

3. Armut als solche stellt für *Luther* kein Ideal dar. Sie ist nicht gottgewollt. Sie ist kein Verdienst, sondern Folge der Sünde.

4. Nicht nur der Reiche kann den Gütern dieser Welt unterworfen sein, auch der Arme hat einen Hang, sich von ihnen abhängig zu machen.

5a) Für Luther ist Eigentum Lehen, das der Glaube empfängt, mit dem er verantwortlich umgehen muß. Der Eigentümer hat ein Amt, das er aus christlicher Nächstenliebe wahrzunehmen hat.

5b) Der Mensch braucht Eigentum, um Gott und dem Nächsten zu dienen.

6a) Luther deutet die Armut von der Demut, der humilitas, her. Die Demut folgt aus dem Glauben, der rechtfertigt. Der demütige Mensch erwartet keinen Verdienst aus sich und seinem Vermögen.

6b) Christi Menschwerdung ist Christi Niedrigkeit. Gott schenkt diese Niedrigkeit den Menschen. Denn in ihr heilt er die sündige Menschheit.

7a) Den Armen soll nach der reformatorischen Gemeindlichen Kastenordnung soviel gegeben werden, daß niemand mehr zu betteln braucht. Die Gemeinde soll für die Armen, Witwen und Waisen sorgen.

7b) Das Nehmen von Zinsen wird vom Reformator als Wucher herausgestellt und wird darum verboten. Aber es gibt Ausnahmen, wie z. B. in der Gestalt eines Rentenkaufs oder eines Wiederkaufs, sofern diese Arten nicht ausufern.

8a) Calvins Einstellung zum Reichtum ist nicht unter dem Erwählungsgesichtspunkt zu sehen. Nicht innerweltliche Erfolge bedeuten auch ewige Erwählung. Reichtum ist eine Gabe Gottes und ist ebenso aus seiner Hand zu nehmen wie die auferlegte Armut. Beide haben ihre eigenen Aufgaben. Der Gemeinde und den Reichen insbesondere ist aufgetragen, sich um die Armen zu kümmern. Es geht letztlich dabei um den Aufbau der Kirche.

8b) Calvin ist unter den Reformatoren derjenige, der ausdrücklich zwischen dem Wucherzins und einem „normalen" Zins unterscheiden kann. Der Wucherzins wird in jedem Fall von ihm verboten. Dagegen wird ein angemessener Zins, auch auf das Produktionskapital, akzeptiert.

9a) Zwingli kennt Eigentum nur als Lehen, das dem Menschen anvertraut wird. Er ist nur Treuhänder. Der Mensch eignet sich im Privateigentum etwas an, das ihm nicht gehört. Darum soll der Reiche auch freiwillig auf sein Recht am Eigentum verzichten.

9b) In der Zinsregelung unterscheidet Zwingli zwischen göttlichem und menschlichem Recht. Nach göttlichem Recht ist Zinszahlung nicht erlaubt, das menschliche Recht gesteht sie jedoch zu. Die Obrigkeit hat sich für die Bezahlung der Zinsen und der Schulden einzusetzen.

9c) Dem Bettelwesen soll gewehrt werden durch die Arbeitsvermittlung. Die Verantwortlichen der Stadt Zürich sollen dementsprechend einerseits das Bettelwesen durch den Einsatz von Arbeit bekämpfen und andererseits die Armen durch staatliche Subventionen, also durch Almosen, mit dem Lebensnotwendigen unterstützen.

III.

1. Neuzeitliche Stellungnahmen der evangelischen Kirche liegen vor in Gestalt unterschiedlicher Denkschriften.

2a) In der Eigentumsfrage setzt man sich für eine breite Streuung des Eigentums an den Produktionsmitteln ein. Darum sollen Lohn- und Gehaltsempfänger auch am Produktivvermögen Anteilsrechte erhalten.

2b) Durch Eigentumsbildung sollen die Stärke des wirtschaftlich Schwachen erreicht und einseitige Vermögensanhäufungen vermieden werden.

2c) Aus der Verpflichtung zur Nächstenliebe wird das Eintreten für eine Verbesserung der gesellschaftlichen Ordnung geschlossen.

3a) Die Veränderungen der wirtschaftlichen und gesellschaftlichen Strukturen fordern auch eine Absicherung für Alter, Invalidität und Krankheit.

3b) Armut wird in der Wohlstandsgesellschaft nicht als Klassenschicksal bewertet, aber sie ist auch nicht nur ein persönlich zu verantwortendes Übel. Ihre Ursachen sind gesellschaftlich bedingt. Darum ist die soziale Absicherung sowohl die Sache des einzelnen wie auch die der ganzen Gesellschaft.

3c) Von der Gesellschaft können nur die großen Risiken gedeckt werden; um allen Risiken zu begegnen, bedarf es einer Veränderung der Wirtschafts- und der Gesellschaftsordnung.

4. Die in Amsterdam 1948 konzipierte „verantwortliche Gesellschaft“ hat nicht nur einen nationalen, sondern auch einen internationalen Aspekt. Die nachfolgenden Vollversammlungen der Ökumene habe sich zur Aufgabe gemacht, gerade diesen zu vertreten.

5. Denn Christen müssen für das Recht der Armen eintreten und wirtschaftliche Gerechtigkeit und Frieden unter den Völkern durchzusetzen helfen.

6. Der Entwicklungsprozeß der Armen und Unterdrückten wird von der Ökumene als ein Befreiungsprozeß verstanden, der zu Gerechtigkeit, Eigenständigkeit und Wirtschaftswachstum führen soll. Dabei soll die Armut überwunden werden, so daß der einzelne in der Lage ist, seine menschlichen Bedürfnisse zu befriedigen.

7. In ökumenischen Gremien ist ein Kampf der Armut angesagt; denn die Kirche hat sich mit den Armen zu solidarisieren und an vorderster Stelle für Gerechtigkeit, Freiheit, Partizipation und Überlebensfähigkeit zu kämpfen. Das sind die sozialethischen Zielsetzungen einer „verantwortlichen Gesellschaft“.

8a) In der evangelischen Theologie hat sich als einer der wenigen Sozialethiker Helmut Thielicke mit den Fragen der Armut speziell beschäftigt.

8b) Er unterscheidet zwischen einer individuellen Armut und einem kollektiven Armutsphänomen. Gegenüber dem individuellen Armen hat der einzelne die Möglichkeit, sich dessen in liebender Weise zu erbarmen. Dort, wo die Armut als ein kollektives Phänomen auftritt, liegt die Fürsorge beim Staat, speziell beim Wohlfahrtsstaat.

8c) Der Wohlfahrtsstaat hat die Möglichkeit, prophylaktisch die Armut zu bekämpfen. Dem einzelnen ist das nicht möglich.

8d) Mit der durch den Staat hervorgerufenen apparativen Möglichkeit, die Fürsorge zu organisieren, tritt gleichzeitig eine Entpersonalisierung des Helfens auf. Außerdem stellt sich die Neigung ein, die von bestimmten Gruppen wahrgenommene Wohlfahrtspflege zu beargwöhnen und zu fragen, welche Ziele damit verfolgt werden. Schließlich wird durch das staatliche Wohlfahrtsmonopol eine Art Anspruchs-Denken hervorgerufen.

8e) Darum ist nur eine „relative" staatliche Wohlfahrt zu bejahen. Der Staat darf kein Wohlfahrtsmonopol haben. Darum muß auch ein totaler Versorgungsstaat vermieden werden.

8f) Wer glaubt, daß Armut prinzipiell zu beseitigen wäre, erliegt einer Illusion.

8g) In der Frage der Eigentumsordnung hat sich Thielicke den Grundgedanken der Denkschrift der Evangelischen Kirche über Eigentumsbildung in sozialer Verantwortung angeschlossen. Auch ihm geht es um eine bessere Eigentumsverteilung.

IV.

1. Die Kirche der Armen ist nach katholischer Soziallehre eine Kirche, die aus Armen besteht, und auch eine, die sich für die Armen einsetzt.

2. Die Kirche ist seit eh und je Anwalt der Armen gewesen. Sie ist das heute insbesondere im Blick auf die armen Völker. Dieser Einsatz für die Armen läßt sich in unterschiedlichen Enzykliken der Päpste seit Leo XIII. und auch im Vaticanum II nachweisen.

3. Entwicklung, Frieden und Gerechtigkeit werden seit Paul VI. und besonders auch in den Schriften Johannes Paul II. in einem engen Zusammenhang bei der Bekämpfung der Armut gesehen.

4. Was in früheren Zeiten den in Not geratenen nahen Angehörigen galt, muß heute als eine Weltverantwortung der reichen Länder gegenüber den armen praktiziert werden. Die dabei notwendige Entwicklung hat nicht nur einen wirtschaftlichen, sondern auch einen ethischen und kulturellen Charakter. Sie ist der neue Name für Frieden.

5a) Die Option für die Armen wird nicht nur durch die Päpste vertreten, sondern auch durch die Bischofskonferenzen in Latein- und Nordamerika.

5b) Als Arme gelten nicht nur die Außenseitergruppen und ethnische Minderheiten, sondern auch große Einheiten der Bevölkerung im eigenen Land.

5c) Die Verfasser des nordamerikanischen Hirtenbriefes fordern eine größere Gerechtigkeit und eine bessere Einkommens- und Vermögensverteilung, um die Armut zu bekämpfen.

5d) Staatliche und gesellschaftspolitische Maßnahmen müssen die soziale Gerechtigkeit verbessern helfen. Dabei darf es nicht nur um eine Bekämpfung der Armut in der eigenen Bevölkerung gehen, sondern auch um die der Länder der Dritten Welt.

5e) Gerechtigkeit ist nicht automatisch zu erzielen, deshalb müssen die Produktionsstrukturen weltweit so gestaltet werden, daß die Grundbedürfnisse für alle abgedeckt, Diskriminierung vermieden und die Umwelt nicht geschädigt werden.

6a) In der Eigentumslehre hat für die Päpste die Gemeinbestimmung des Eigentums Vorrang vor dem Privateigentum.

6b) Die Eigentumslehre des Thomas von Aquin, auf den die Päpste in dieser Frage zurückgehen, basiert auf der Unterscheidung zwischen dem Ge- bzw. Verbrauch der Güter zum einen und ihrer Bewirtschaftung bzw. Verwaltung zum anderen. Der Ge- bzw. Verbrauch der Güter ist als ein Gemeingebrauch allen Menschen zu ermöglichen, sofern sie ihrer bedürfen. Eine individuelle Nutzung der Güter ist jedoch soweit möglich, als man der Not der anderen entspricht. Eigentum kann an diesen Gütern erworben werden, es erwächst aber nicht aus dem Naturrecht, sondern gilt als positives Recht, das dem Naturrecht hinzugefügt wird.

6c) In der Bewirtschaftung und Verwaltung der Güter ist es dem Menschen erlaubt, diese Güter zum Eigentum zu übernehmen. Denn privates Eigentum spornt an, die eigenen Sachen werden besser geschützt und eine friedliche Nutzung der Güter ist größer, wenn das Privateigentum vorhanden ist. Seit Leo XIII. wird dem Menschen auch das Recht zum privaten Eigentum an den Produktionsmitteln zuerkannt.

6d) Die Nutzung der Güter muß in Verantwortung gegenüber dem Mitmenschen erfolgen. Der Grundsatz der Gemeinbestimmung der Güter ist der Ausgang für christliches Denken und Handeln.

6e) Zwischen der Individual- und Sozialfunktion des Eigentums muß unterschieden werden. Es ist sowohl dem Einzelwohl wie auch dem Gemeinwohl zugeordnet. Eigentum hat zwar der Person zu dienen. Aber diese hat auch damit ihre Aufgaben in Gesellschaft und Staat zu erfüllen. Aus diesem Grunde ist auch eine Enteignung von Grundbesitz denkbar und möglich.

Diese muß insbesondere bei der Neuverteilung des Grundbesitzes in Lateinamerika bedacht werden. Da Arbeit unmittelbarer Ausfluß der Person ist, haben die Päpste schon sehr früh darauf hingewiesen, daß die Arbeit vor dem Eigentum zu rangieren hat. Dies ist auch zu bedenken, wenn es um das Verhältnis von Arbeit und Kapital geht. Denn Subjekt des Kapitals ist der Mensch.

7a) In der kirchlichen Tradition ist die aristotelische Denkweise von der ausgleichenden, verteilenden und gesetzlichen Gerechtigkeit bekannt. Diese zum Teil auf den einzelnen wie auch auf die Gemeinschaft ausgerichtete und die Ungleichheit bekämpfende Norm von Gerechtigkeit, die mehr oder weniger naturhaft vorgegeben ist, muß heute ergänzt werden durch den besonderen Kampf um die soziale Gerechtigkeit und damit um eine gerechte Ordnung der Gesellschaft.

7b) Die Rede von der sozialen Gerechtigkeit ist nicht neu. Pius XI. hat — auf Äußerungen von Leo XIII. fußend — von einer in Richtung auf Gerechtigkeit hin zu erneuernden Gesellschaft gesprochen.

7c) Das Streben nach sozialer Gerechtigkeit ist aber nicht nur eine nationale Aufgabe, sondern muß auch auf internationaler Ebene zwischen den mächtigen und den schwachen Völkern durchgesetzt werden.

7d) Jedes Volk soll seine eigene Entwicklung ohne irgendeinen Druck von außen erreichen dürfen. Insofern liegt in dem Begriff der sozialen Gerechtigkeit gleichzeitig das Streben nach Befreiung, Frieden und Entwicklung.

7e) Den sozialökonomischen und gesellschaftlichen Aspekten der Entwicklung wird die theologische Überlegung einer Evangelisierung des Menschen an die Seite gestellt. Durch diese soll der einzelne Mensch über die wirtschaftliche, politische, soziale und kulturelle Dimension hinaus eine totale Befreiung erleben. Die Frohe Botschaft des Evangeliums stellt die Menschen in den neuen Bund. In der von der Kirche aufzurichtenden Friedensordnung geht es um das Erbarmen Gottes, das als echte Quelle der Gerechtigkeit verstanden wird.

V.

1a) Die Theologie der Befreiung hat in Lateinamerika in den sechziger Jahren in der katholischen Kirche Brasiliens und Perus Fuß gefaßt.

1b) Man suchte nach neuen wirtschaftlichen, sozialen und politischen Strukturen, um die Abhängigkeit der Armen von den Mächtigen und Herrschenden zu trennen. Es geht um eine Neugestaltung der Eigentumsverhältnisse, aber auch um einen permanenten und umfassenden Prozeß des Menschen von wirtschaftlicher, sozialer, politischer und kultureller Abhängigkeit. Das schließt auch eine Befreiung des Menschen von theologischen Abhängigkeitsverhältnissen ein.

1c) In der Theologie der Befreiung wird der Mensch als Unterdrückter und Befreiter zugleich bezeichnet. Seine Wirklichkeit entspricht der Unterdrükkung, seine Hoffnung setzt er auf die Befreiung in Christus.

1d) Aufgrund dieser theologischen Zuordnung stehen sich Befreiung und Rechtfertigung nicht nur nahe, sie meinen dasselbe. Die Befreiungstheologie baut dementsprechend auf dem erlösenden und rechtfertigenden Handeln Christi auf.

2. Die Befreiungstheologie versteht sich als eine Theologie der Armen und für die Armen. Befreiungstheologie wird als Solidarität mit den Armen vertreten. Hinter ihr steht die Option für die Armen. Sie besitzt als Theologie Vorrangigkeit vor anderen Theologien.

3. Die Evangelisation muß zum Ziel haben, daß die Option für die Armen von der Kirche, die sich als Kirche der Armen für die Armen versteht, wahrgenommen wird.

4a) In dieser Eigenschaft ist sie Kirche an der Basis.

4b) Sie ist Volkskirche und ergreift als Theologie der Befreiung die Option für das Volk.

4c) Die Basisgemeinde, die sich als Kirche des Volkes sieht, versteht sich als eine Wiedergeburt der Kirche. Sie wird in Abhängigkeit von den ökonomischen Produktionsverhältnissen interpretiert. Denn erst wenn die wirtschaftlichen Verhältnisse und auch die religiöse Arbeitsteilung aus ihrer Asymmetrie befreit worden sind und zu einem symmetrischen Handeln zurückgefunden haben, wird Gerechtigkeit in der Kirche herrschen.

4d) Die damit verbundene Gleichheit zwischen Priestern und Laien findet bereits heute in den Basisgemeinden statt. In ihnen sieht sich die ganze Gemeinschaft der Gläubigen als dienende Inhaber der Macht. Darum ist in der Basisgemeinschaft auch die Hierarchie überwunden.

5. Die Theologie der Befreiung hat sich für eine Option zugunsten des Marxismus entschieden. Im Marxismus als wissenschaftliche Theorie zur Erforschung der sozialen und politischen Verhältnisse sehen die Armen die Möglichkeit, ihre Situation als Ausgebeutete zu erklären; so jedenfalls sagen es die Verfechter der Theologie der Befreiung.

6. Der Marxismus dient also zur Offenlegung der gesellschaftlichen Wirklichkeit für die Armen. Den Marxismus, interpretiert als historischen Materialismus, benutzt die Theologie der Befreiung darum zur Erklärung der Wirklichkeit.

7a) Die offizielle römische Kirche hat sich kritisch gegenüber der Theologie der Befreiung ausgesprochen.

7b) Sie weist darauf hin, daß man in der Kirche nicht von der Wirklichkeitserfassung auszugehen habe, sondern von der Glaubensbotschaft und ihrer Erkenntnis, um von dort die geistige und ökonomische Wirklichkeit zu erfassen, also genau umgekehrt als es die Theologie der Befreiung tut.

7c) Die offizielle Kirche sieht in ihrer Kritik gegenüber der Befreiungstheologie auch Jesus und seine Verkündigung anders. Er wollte nämlich nicht nur den materiellen Armen nahe sein, sondern den Zöllnern und Sündern, also auch den Reichen; schließlich hat er alle zur Umkehr gerufen.

7d) Gegenüber der Option für den Marxismus argumentiert der Apostolische Stuhl, daß man nicht den Marxismus als Methode anwenden könne, ohne gleichzeitig auch seinen Atheismus mit zu übernehmen.

7e) Außerdem darf nach Meinung der Kongregation für die Glaubenslehre der Klassenkampf nicht als Motor der Geschichte angesehen werden. Denn dann wäre auch das Werden des Reiches Gottes mit der Befreiungsbewegung unmittelbar verbunden.

VI.

1a) Die eigentliche Schuldenkrise begann nach dem ersten Erdölpreisschock im Jahre 1973.

1b) Den Leistungsbilanzüberschüssen bei den Öl-exportierenden-Ländern auf der einen Seite standen Leistungsbilanzdefizite bei den Öl-importierenden-Ländern, vor allem in den Ländern der Dritten Welt, gegenüber. Leichtgemachte Kreditvergaben für die Entwicklungsländer unterstrichen diese Situation.

1c) Der 2. Erdölschock im Jahre 1979 weitete diese Entwicklung aus. Die Kluft zwischen den Exporterlösen einerseits und den notwendigen Ausgaben für die Importe andererseits vergrößerte sich bei den Entwicklungsländern immer stärker. Die gesamte Auslandsverschuldung der Entwicklungsländer hat heute die 1 Billion Dollargrenze überschritten.

2a) Die Lösung der Schuldenprobleme liegt heute nicht allein bei den Entwicklungsländern, sondern auch bei den Industrieländern und vor allem bei den internationalen Organisationen. Insofern sind alle drei Gruppierungen an der Lösung zu beteiligen.

2b) Die Industrieländer müssen zu einem Ausgleich der Schäden gegenüber den Entwicklungsländern bereit sein, die während der Kolonialzeit angerichtet worden sind. Zwischen beiden Ländergruppen muß eine Partnerschaft —

auch und gerade unter Zuhilfenahme der internationalen Organisationen — erreicht werden.

2c) Die Entwicklungsländer haben ihrerseits für entsprechende menschenwürdige und ökonomisch tragende Ordnungssysteme zu sorgen, damit auf ihrem Gebiet die notwendigen Entwicklungsprozesse nicht nur in Gang gehalten, sondern auch zu Ende geführt werden können.

3a) Eine kurzfristige Regelung der Schuldenproblematik ist nicht möglich. Nur eine multinationale Umschuldungsaktion auf lange Sicht kann helfen. Sie muß die Wiederherstellung der Kreditwürdigkeit und des Wachstumspotentials der Schuldnerländer ebenso gewährleisten wie die Wahrung der finanziellen Interessen der Gläubigerländer.

3b) Stark differierende Maßnahmen und Lösungsmodelle sind bisher für einen allgemeinen totalen oder teilweisen Schuldenerlaß angeboten worden.

4a) Die evangelische und katholische Kirche sind sich in ihrer Verantwortung auf internationaler Solidarität für die Schuldnerländer weitestgehend einig.

4b) Es müssen menschenwürdige Lebensbedingungen in den Entwicklungsländern geschaffen werden, so daß eine wirtschaftliche, politische und gesellschaftliche Entwicklung auf breiter Grundlage stattfinden kann.

4c) Dazu gehören selbstverständlich auch die Stabilisierung der Rohstoffpreise, der Verzicht auf Rückzahlung von Krediten und deren Zinsen, ein partnerschaftlicher Dialog zwischen Gläubiger- und Schuldnerländern sowie eine Koordination zwischen Wirtschafts- und Währungspolitik in den Industrie- und Entwicklungsländern und der Aufbau einer leistungsfähigen und gerechten Wirtschaftsordnung.

4d) Das bedeutet in letzter Konsequenz ein leistungfähiges und marktwirtschaftlich orientiertes System, in dem Start-, Leistungs- und Verteilungsgerechtigkeit angestrebt werden.

4e) Aber die Neuregelung der Finanzbeziehungen kann nicht ohne Zuhilfenahme der internationalen Währungs- und Finanzinstitutionen vorgenommen werden.

5. Es darf bei alledem nicht vergessen werden, daß zwischen der Entwicklungspolitik und der Erhaltung der Umwelt ein enger Zusammenhang besteht. Dementsprechend sind die Schuldendienstleistungen der Entwicklungsländer zu begrenzen; denn sie dürfen nicht auf Kosten eines Raubbaus der Ressourcen vorgenommen werden.

VII.

1a) Karl Marx unterschied zwischen absoluter und virtueller Armut.

1b) Die absolute Armut bezieht sich auf die Trennung der Arbeit vom Eigentum. Der Arbeiter hat keinen Anteil am gegenständlichen Reichtum.

1c) Die virtuelle Armut stellt das Vermögen im Menschen dar, durch seine Arbeit mehr Wert, als er selbst darstellt, produzieren zu können. Und er produziert immer einen Surplus. Dadurch wird immer mehr notwendige Arbeit frei, so daß er selbst seinen Pauperismus ständig erhöht.

1d) Der Surplusarbeit entspricht die Surpluspopulation, die Überschußbevölkerung. Sie ist gleichbedeutend mit dem Pauperismus.

2a) Dadurch, daß die Lohnarbeit mit der absoluten Armut gleichgesetzt wird, wird für Marx der absolut Arme auch als Pauper bezeichnet.

2b) Auch der virtuelle Arme wird, da er trotz seines Surplus nichts anderes als Arbeiter ist, von der Pauperisierung betroffen.

2c) Darum sind für Marx Armut und Arbeit im Kapitalismus untrennbar miteinander verbunden. Pauperismus ist Ausdruck der gesellschaftlichen Verhältnisse und der Bevölkerungsentwicklung.

3. Die alte soziale Frage im 19. Jahrhundert war durch die Veränderung der Produktionsverhältnisse hervorgerufen. Der entstehende Pauperismus war eine bestimmte Form der Lohnarbeiterarmut.

4a) Die neue soziale Frage — aufgekommen in den siebziger Jahren dieses Jahrhunderts — wird heute unterschiedlich interpretiert. Das Neue besteht nicht darin, daß bestimmte sozial Benachteiligte an die Stelle der Arbeitnehmergruppen getreten sind. Es handelt sich vielmehr um die Unterprivilegierung nichtorganisierter und nichtproduzierender gesellschaftlicher Gruppen.

4b) Aus marxistischer Sicht ist diese so entstandene neue Armut auch eine den Traditionen des Lohnarbeiterpauperismus nahestehende Armut und dementsprechend als Pauperismus zu erkennen.

4c) In der nichtmarxistischen Deutung, die von einem Individualschicksal und einer Einzelfallarmut ausgeht, ist der Begriff des Pauperismus nicht anzuwenden. Man spricht von der neuen Armut oder der neuen sozialen Frage.

4d) Die Merkmale der neuen sozialen Frage sind: Weibliches Geschlecht, Alter und Kinderreichtum. Das Einkommen der neuen latenten Armen liegt unterhalb der staatlichen Armutsgrenze.

5a) Die Neue Armut kann sich entweder als eine relative oder als absolute Armut erweisen, denn die Armutsfrage ist zunächst relativ, da sie immer im Zusammenhang und im Vergleich mit denjenigen zu sehen ist, die im Produktionsprozeß stehen und am wirtschaftlichen Wachstum teilhaben.

5b) Sie kann aber auch als absolute Armut gekennzeichnet sein; dadurch nämlich, daß die entsprechende Person nicht über den Mindestlebensstandard verfügt, den die Gesellschaft für ein menschenwürdiges Dasein ansieht.

5c) Zu den absolut Armen können Menschen in außergewöhnlichen Lebensumständen gehören: Arbeitslose oder Erwerbsunfähige oder überhaupt die frühere Klientel der „Altenfürsorge".

6. Je mehr Sozialpolitik getrieben wird und einzelne Leistungen angehoben werden, um so größer wird auch die Zahl, die diese Leistungen in Anspruch nehmen, und um so mehr Menschen werden bereit sein, das Angebot der Gesellschaft zu akzeptieren.

7a) In der relativen Armut existiert der Arme unter den jeweils gegebenen gesellschaftlichen und ökonomischen Durchschnittswerten. Außer den materiellen Belastungen müssen immaterielle und auch psychische registriert werden. Hiervon sind auch die Arbeitslosen, die nicht nur die Arbeit verloren haben, sondern oft auch ihren sozialen Anschluß, betroffen.

7b) In der neuen sozialen Frage ist also die Armut nicht nur am Maßstab des Einkommens zu messen; es gibt auch Mangelerscheinungen im sozialen, psychischen und kulturellen Bereich. Wer in soziale Not und Armut gefallen ist, fühlt sich darum auch oft alleingelassen.

8a) Der entscheidende Lösungsansatz liegt zum einen im Rahmen der Sozialpolitik und zum anderen in einer allgemeinen, auf die Entfaltung der produktiven Kräfte der Wirtschaft gerichteten Wirtschaftspolitik.

8b) Materielle Armut gibt es in jeder Gesellschaftsform. Die Bekämpfung der Armut hat etwas mit der Umverteilung aus sozialer Gerechtigkeit zu tun. Dabei geht es um die sogenannte zweite Einkommensverteilung, die zu Gunsten der sozial Schwachen vorzunehmen ist.

8c) Aber Armut läßt sich durch eine Umverteilung des Vermögens und des Einkommens nicht völlig beseitigen. Für den einzelnen kann sie nur durch Arbeit überwunden werden. Die Forderung nach einem subjektiven Recht auf Arbeit kann jedoch nicht die Lösung des Armutsproblems bringen. Denn dieses Recht ist weder praktikabel noch sinnvoll durchsetzbar.

8d) Armut muß durch soziale Hilfsmaßnahmen gemildert werden. Diese Subsidien sind dort und dann zu zahlen, wenn durch Eigeninitiative die soziale Not nicht behoben werden kann. Solche staatlichen Unterstützungsmaßnahmen sind heute in der Bundesrepublik an die Stelle der früheren Almosen für den einzelnen getreten. Auf sie besteht ein Rechtsanspruch. Auf Grund des dem einzelnen zustehenden gesetzlichen Anspruchs kann der in Not Geratene an den Staat bzw. an die Gesellschaft entsprechende Forderungen richten.

Literaturverzeichnis

Bammel, Ernst: Ptochos, in: Theologisches Wörterbuch, Bd. VI, S. 888 ff., Stuttgart 1959.

Die Deutschen Bischöfe (Deutsche Bischofskonferenz): Gerechtigkeit schafft Frieden, vom 18. April 1983, Nr. 34.

Die Deutschen Bischöfe (Kommission Weltkirche): Die internationale Schuldenkrise — eine ethische Herausforderung, vom 16. Mai 1988, H. Nr. 7.

Bischofskonferenz der Vereinigten Staaten von Nordamerika: Wirtschaftliche Gerechtigkeit für alle. Die katholische Soziallehre und die amerikanische Wirtschaft, in: Stimmen der Weltkirche, Nr. 26 v. 13. 11. 1986 (Abgekürzt: Hirtenbrief).

Böhmer, Gerhard: Innovative Finanzierungsinstrumente der Weltbank, in: Die Bank, 10. Oktober 1987.

Boff, Clodovis: Die Befreiung der Armen, Freiburg, Schweiz 1980.

Boff, Leonardo: Die Neuentdeckung der Kirche, Mainz ^{2}1980 (Abgekürzt: Boff, Neuentdeckung).

— Jesus der Befreier, Freiburg, Basel, Wien 1986 (Abgekürzt: Boff, Der Befreier).

— Erfahrung von Gnade, Düsseldorf 1978 (Abgekürzt: Boff, Gnade).

— Aus dem Tal der Tränen ins gelobte Land, Düsseldorf 1982 (Abgekürzt: Boff, Tränen).

— Kirche: Charisma und Macht, Düsseldorf 1985.

Borcherdt, H. H. und Georg *Merz* (Hrsg.): Martin Luther, Ausgewählte Werke, Bd. V, München 1952.

Bundesverband der katholischen Arbeitnehmerbewegung: Texte zur katholischen Soziallehre, Kevelaer ^{4}1977.

Demandt, Dieter: Zur Wirtschaftsethik Huldrych Zwinglis, in: Beiträge zur Wirtschafts- und Sozialgeschichte des Mittelalters, Hrsg. Knut *Schulz,* Köln und Wien 1976.

Eicher, Peter (Hrsg.): Theologie der Befreiung im Gespräch, München 1985 (Abgekürzt: Eicher, im Gespräch).

Rat der EKD: Der Entwicklungsdienst der Kirche — Ein Beitrag für Frieden und Gerechtigkeit, Gütersloh 1972, wieder abgedruckt in: Die Denkschriften der EKD, Bd. 1 / 1, Gütersloh 1978.

EKD: Die Denkschrift der EKD, Bd. 2, Soziale Ordnung, Gütersloh 1978.

Kammer der EKD für Kirchlichen Entwicklungsdienst: Bewältigung der Schuldenkrise — Prüfstein der Nord-Süd-Beziehungen, EKD Texte Nr. 23, Mai 1988.

Elert, Werner: Morphologie des Luthertums, Bd. II, München 1932.

Enderle, Georges: Sicherung des Existenzminimums im nationalen und internationalen Kontext, Berlin und Stuttgart 1987 (Abgekürzt: Enderle, Sicherung).

epd: ÖRK-Zentralausschuß: Dokumentation, Papiere zu den Themen Mission und Evangelisation, politische Ethik, transnationale Konzerne, Frankfurt 1982.

epd: Dokumentation, Kommission für kirchlichen Entwicklungsdienst (CCPD) des ÖRK Nd. 25 a, Frankfurt 1980, in: Dokumentation Frankfurt 1982 (Abgekürzt: epd, Dokumentation).

— Entwicklungspolitik, Materialien III / 82, Frankfurt 1982.

Fischer, Wolfram: Armut in der Geschichte, Göttingen 1982.

Flood, David: Armut V und VI, in: Theologische Realenzyklopädie, Bd. 4, Berlin, New York 1979, S. 85 ff.

Geißler, Heiner: Die Neue Soziale Frage, Freiburg 1976, Herderbücherei Nr. 566.

Grundmann, Herbert: Religiöse Bewegungen im Mittelalter, Darmstadt 1961.

Gutiérrez, Gustavo: Theologie der Befreiung, München 1973 (Abgekürzt: Gutiérrez).

Hauck, Friedrich und Wilhelm *Kasch:* Ploutos, in: Theologisches Wörterbuch, Bd. VI, Stuttgart 1959, S. 316 ff.

Hengel, Martin: Eigentum und Reichtum in der frühen Kirche, Stuttgart 1973.

Herr, Theodor: Zur Frage nach dem Naturrecht im deutschen Protestantismus der Gegenwart, München, Paderborn, Wien 1972, Abhandlungen zur Sozialethik, herausgegeben von Wilhelm Weber und Anton Rauscher, Bd. 4.

Hesse, Helmut: Über Luthers „Von Kauffshandlung und Wucher“, in: Vademecum zu einem frühen Klassiker, Hrsg. Claus Recktenwald, Düsseldorf 1987.

Hillerdal, Gunnar: Armut VII, in: Theologische Realenzyklopädie, Bd. 4, Berlin, New York 1979, S. 106 ff.

Höffner, Joseph Kardinal: Soziallehre der Kirche oder Theologie der Befreiung, in: Der Vorsitzende der Deutschen Bischofskonferenz, Nr. 11, 1984.

Holthus, Manfred: Die Auslandsverschuldung der Entwicklungsländer, in: Materialien Nr. 76, Hrsg. Bundesministerium für wirtschaftliche Zusammenarbeit (Abgekürzt: Holthus, Materialien).

Johannes Paul II.: Dives in Misericordia vom 30. Nov. 1980 (Abgekürzt: Dives).

— Laborem Exercens vom 4. Sept. 1981.

— Sollicitudo Rei Socialis vom 30. Dez. 1987.

Päpstliche Kommission Justitia et Pax: Im Dienste der menschlichen Gemeinschaft: Ein ethischer Ansatz zur Überwindung der internationalen Schuldenkrise vom 27. 1. 1987 (Abgekürzt: Justitia et Pax).

Keck, Leander E.: Armut / NT, in: Theologische Realenzyklopädie, Berlin, New York 1979, S. 79.

Klein, Thomas: Sozialer Abstieg und Verarmung von Familien durch Arbeitslosigkeit, Frankfurt, New York 1987.

Gemeinsame Konferenz Kirche und Entwicklung: Der internationale Währungsfonds, die Weltbank und die Armen, Beiträge zur öffentlichen Anhörung des Bundestagsausschusses für wirtschaftliche Zusammenarbeit am 5. Nov. 1986 in Bonn, Bonn 1987.

Kongregation für die Glaubenslehre: Instruktion über einige Aspekte der ‚Theologie der Befreiung' vom 6. August 1984, Libertatis Nuntius, in: Verlautbarungen des Apostolischen Stuhls Nr. 57 (Abgekürzt: Libertatis Nuntius).

— Instruktion über die christliche Freiheit und die Befreiung vom 22. März 1986, Libertatis Conscientia, in: Verlautbarungen des Apostolischen Stuhls Nr. 70 (Abgekürzt: Libertatis Conscientia).

Kramer, Rolf: Arbeit, Göttingen 1982.

— Der Unternehmer und sein Gewinn, Berlin 1985.

— Sozialer Konflikt und christliche Ethik, Berlin 1988.

Krause, Gerhard: Armut VII, in: Theologische Realenzyklopädie, Bd. VII, Berlin, New York 1979, S. 98 ff.

Kuschke, A.: Arm und Reich im AT, in: Zeitschrift für alttestamentliche Wissenschaft 1939, S. 31 ff.

Locher, Gottfried W.: Der Eigentumsbegriff als Problem evangelischer Theologie, Zürich 1954 (Abgekürzt: Locher).

von Loewenich, Walther: Luther als Ausleger der Synoptiker, München 1954 (Abgekürzt: von Loewenich, Luther als Ausleger).

— Luthers theologia crucis, Bielefeld ^{6}1982 (Abgekürzt: von Loewenich, Luthers theologia).

Lohfink, Norbert: Von der „Anawim-Partei" zur „Kirche der Armen", in: Biblica 1986, S. 153 ff.

Lüthy, Herbert: Nochmals: „Calvinismus und Kapitalismus", in: Gesellschaft in der industriellen Revolution, Köln 1973, S. 18 ff.

Lusser, Markus: Internationale Verschuldung — Wege aus der Krise, in: Die Bank, 8. Aug. 1987.

Marx, Karl: Grundrisse der Kritik der politischen Ökonomie. Nachdruck der Moskauer Ausgabe von 1939 und 1941 (Abgekürzt: Marx, Grundrisse).

Michel, Diethelm: Armut / AT, in: Theologische Realenzyklopädie, Bd. 4, Berlin, New York 1979, S. 72.

Merkel, Helmut: Eigentum III, in: Theologische Realenzyklopädie, Bd. 9, S. 410 ff.

Mollat, Michel: Die Armen im Mittelalter, München 1984.

Müller, Eberhard: Eigentum in sozialer Verantwortung, Der Text der Denkschrift erläutert von Eberhard Müller, Hamburg 1962.

Ökumenischer Rat der Kirchen (Hrsg. Walter *Müller-Römheld)*: Bericht aus Vancouver 1983, Frankfurt 1983 (Abgekürzt: Vancouver).

Paul VI.: Evangelii Nuntiandi vom 8. Dez. 1975, in: Verlautbarungen des Apostolischen Stuhls Nr. 2 (Abgekürzt: Ev. Nuntiandi).

Pfürtner, Stephan H.: Einführung in die katholische Soziallehre, Darmstadt 1980 .

Pius XII. (Hrsg. Lutz *Groner)*: Aufbau und Entfaltung des gesellschaftlichen Lebens. Soziale Summe Pius XII., Bd. I, Freiburg ^{2}1954.

Prien, Hans-Jürgen: Lateinamerika: Gesellschaft, Kirche und Theologie, Bd. 2, Göttingen 1981.

von Rad, Gerhard: Theologie des Alten Testaments, Bd. I, München [4]1957.

Rauscher, Anton: Das Eigentum, Köln 1982, in: Katholische Soziallehre — in Text und Kommentar, Heft 15.

Roos, Lothar: Befreiungstheologie und katholische Soziallehre, in: Kirche und Gesellschaft. Hrsg. Kathol. Sozialwissenschaftl. Zentralstelle, Mönchengladbach, Nr. 119 f., Köln 1985.

Sachverständigenrat zur Begutachtung der Wirtschaft: Jahresgutachten 1983 / 84 (Abgekürzt: Der Sachverständigenrat).

— Jahresgutachten 1987 / 88.

Schäuble, Gerhard: Theorien, Definitionen und Beurteilung der Armut, Berlin 1984 (Abgekürzt: Schäuble, Theorien).

Scherl, Hermann: Absolute Armut in der Bundesrepublik Deutschland: Messungen, Vorkommen und Ursachen, in: Schriften des Vereins für Socialpolitik, Bd. 95, Berlin 1978 (Abgekürzt: Scherl).

Schmid, Heinrich: Zwinglis Lehre von der göttlichen und menschlichen Gerechtigkeit, Zürich 1959.

Schmithals, Walter: Lukas — Evangelist der Armen, in: Theologia Viatorum Band XII, Berlin und Schleswig-Holstein 1975.

Schrotthoff, Luise und Wolfgang *Stegemann:* Jesus von Nazareth — Hoffnung der Armen, Stuttgart, Berlin, Köln, Mainz 1978.

Thielicke, Helmut: Theologische Ethik, Bd. I, Tübingen [3]1965.

— Theologische Ethik, Bd. II, Tübingen [2]1958 (Abgekürzt: Thielicke Bd. II).

— Theologische Ethik, Bd. III, Tübingen 1968 (Abgekürzt: Thielicke, Bd. III).

Tjaden-Steinhauer, Margarete: Die verwaltete Armut, Hamburg 1985.

Vatikan: Die Evangelisierung Lateinamerikas in Gegenwart und Zukunft, in: Stimmen der Weltkirche, Bd. 5.

Weber, Wilhelm: Die Aussagen der katholischen Soziallehre, besonders des II. Vatikanischen Konzils zur Mitbestimmung, in: Anton Rauscher (Hrsg.), Mitbestimmung, Köln 1968.

— Laborismus, in: Kirche und Gesellschaft Nr. 95, Köln 1982.

Widmaier, Hans Peter: Zur Neuen Sozialen Frage, in: Schriften des Vereins für Socialpolitik, N. F. Bd. 95, Berlin 1978.

Winterstein, Helmut: Armut: Grundlage der Neuen Sozialen Frage, in: Schriften des Vereins für Socialpolitik, Bd 95, Berlin 1978 (Abgekürzt: Winterstein).

Zwiefelhofer, Hans: Neue Weltwirtschaftsordnung und katholische Soziallehre, München und Mainz 1980.

Zwingli, Huldrych: Von Göttlicher und menschlicher Gerechtigkeit, Leipzig und Stuttgart 1934 (Abgekürzt: Zwingli, Gerechtigkeit).

— Hauptschriften. Die Verteidigung des Glaubens, Bd. II, Zürich 1952 (Abgekürzt: Zwingli, Hauptschriften), bearbeitet von Oskar Frei.